駿台

2024
大学入学共通テスト
実戦問題集

数学 Ⅱ・B

駿台文庫編

はじめに

1990年度から31年間にわたって実施されてきた大学入試センター試験に代わり，2021年度から「大学入学共通テスト」が始まった。次回で4年目に突入する共通テストであるが，その問題には目新しいものも多く，次回どのような問題が出題されるか不安に感じる受験生も少なくないだろう。

出題範囲については，従来通り教科書の範囲から出題されるので，教科書の内容を正しく把握していれば特に問題はないと思われる。また，共通テスト特有の思考力を問う問題については，様々なタイプの問題にあたっておくことが有効な対策となろう。

本書は，本番に予想される問題のねらい・形式・内容・レベルなどを徹底的に研究した**実戦問題5回分**に加え，2023・2022年度本試験，2021年度本試験第1日程の**過去問題3回分**を収録した対策問題集である。そして，**わかりやすく，ポイントをついた解説によって学力を補強し，ゆるぎない自信を保証**しようとするものである。

次に，特に注意すべき点を記しておく。

1　基礎事項は正確に覚えよ。　教科書をもう一度ていねいに読み返すこと。忘れていたことや知らなかったことは，内容をしっかり理解した上で徹底的に覚える。

2　公式・定理は的確に活用せよ。　限られた時間内に正しい結果を得るためには，何をどのように用いればよいかを的確に判断することが肝要。このためには，重要な公式や定理は，事実をただ暗記するのではなく，その意味と証明も理解し，どのような形で用いるのかをまとめておきたい。

3　図形を描け。　穴埋め問題だからといって，図やグラフをいい加減に扱ってはいけない。図形を正しく描けば，容易に解が見えてくることが多い。関数のグラフについても同じことが言える。

4　計算力をつける。　考え方が正しくても，途中の計算が違っていれば0点である。特に，答だけが要求される共通テストでは，よほど慎重に計算しないと駄目。普段から，易しい問題でも最後まで計算するようにしておくことがたいせつである。

5　解答欄に注意する。　解答欄の形を見れば，どのような答になるのか，大略の見当がつくことがある。考え違い・計算ミスを防ぐためにも，まず解答欄を見ておくとよい。

この「**大学入学共通テスト 実戦問題集**」および姉妹編の「**大学入学共通テスト実戦パッケージ問題 青パック**」を徹底的に学習することによって，みごと栄冠を勝ち取られることを祈ってやまない。

（編集責任者）　榎明夫・吉川浩之

本書の特長と利用法

●特　長

1　実戦問題５回分，過去問題３回分の計８回分の問題を掲載！

計８回の全てに，ていねいでわかりやすい解説を施しました。また，本書収録の実戦問題は，全５回すべてが2023年度共通テスト本試の形式に対応しています。

2　重要事項の総復習ができる！

別冊巻頭には，共通テストに必要な重要事項をまとめた「直前チェック総整理」を掲載しています。コンパクトにまとめてありますので，限られた時間で効率よく重要事項をチェックすることができます。

3　各問に難易度を掲載！

８回分の全ての解説に，**設問ごとの難易度を掲載**しました。学習の際の参考としてください。

★…教科書と同レベル，★★…教科書よりやや難しい，★★★…教科書よりかなり難しい

4　自分の偏差値がわかる！

共通テスト本試験の各回の解答・解説のはじめに，大学入試センター公表の平均点と標準偏差をもとに作成した偏差値表を掲載しました。「自分の得点でどのくらいの偏差値になるのか」が一目でわかります。

5　わかりやすい解説で２次試験の準備も！

解説は，ていねいでわかりやすいだけでなく，そのテーマの背景，周辺の重要事項まで解説してありますので，２次試験の準備にも効果を発揮します。

●利用法

1　問題は，実際の試験に臨むつもりで，必ずマークシート解答用紙を用いて，制限時間を設けて取り組んでください。

2　解答したあとは，自己採点（結果は解答ページの自己採点欄に記入しておく）を行い，ウイークポイントの発見に役立ててください。ウイークポイントがあったら，再度同じ問題に挑戦し，わからないところは教科書や「直前チェック総整理」で調べるなどして克服しましょう！

●マークシート解答用紙を利用するにあたって

1　氏名・フリガナ，受験番号・試験場コードを記入する

受験番号・試験場コード欄には，クラス番号などを記入して，練習用として使用してください。

2　解答科目欄をマークする

特に，解答科目が無マークまたは複数マークの場合は，０点になります。

3　１つの欄には１つだけマークする

2024年度版 共通テスト実戦問題集『数学Ⅱ・B』 出題分野一覧

科目	分野	内容	実戦問題 第1回	実戦問題 第2回	実戦問題 第3回	実戦問題 第4回	実戦問題 第5回	過去問題 2023 本試	過去問題 2022 本試	過去問題 2021 第1日程
数学Ⅱ	いろいろな式	整式，分数式の計算					○			
		等式・不等式の性質		○						○
		2次方程式の解の性質							○	
		高次方程式								
	図形と方程式	点と直線	○		○	○			○	
		円	○		○	○			○	
		軌跡と領域	○		○	○			○	
	三角関数	三角関数と相互関係	○	○			○			○
		加法定理	○	○	○	○	○	○	○	○
		方程式・不等式		○	○	○	○	○		
		最大・最小		○	○	○				○
	指数・対数関数	指数・対数の性質	○	○	○		○	○	○	○
		方程式・不等式	○	○					○	○
		最大・最小			○					
	微分・積分の考え	極限の計算								
		接線・法線の方程式	○	○	○	○				○
		極値と最大・最小	○	○	○	○	○	○	○	○
		方程式への応用		○					○	
		積分の計算	○	○	○	○		○	○	○
		面積	○	○	○	○	○		○	○
数学B	確率分布と統計的な推測	確率分布と平均・分散	○	○	○	○	○	○	○	○
		二項分布と正規分布	○	○	○	○	○	○	○	○
		母平均・母比率の推定	○	○	○		○	○		○
	数列	等差数列・等比数列	○	○	○	○	○	○		○
		いろいろな数列と和	○	○	○	○			○	○
		群数列	○							
		漸化式の解法		○	○	○	○	○	○	○
		数学的帰納法								
	ベクトル	平面のベクトル					○		○	○
		空間のベクトル	○	○	○	○	○	○		○
		内積の計算	○	○	○	○	○	○	○	○
		ベクトル方程式	○	○		○	○			
		ベクトルの成分				○				

（注） 出題されている分野を○で上の表に示した。

2024年度版 共通テスト実戦問題集『数学Ⅱ・B』 難易度一覧

	年度・回数	第1問	第2問	第3問	第4問	第5問
実戦問題	第1回	〔1〕…★★ 〔2〕…★	〔1〕…★ 〔2〕…★	★	★★	★★
	第2回	〔1〕…★★ 〔2〕…★	〔1〕…★ 〔2〕…★	★	★★	★
	第3回	〔1〕…★ 〔2〕…★ 〔3〕…★★	〔1〕…★ 〔2〕…★★	★	★★	★★
	第4回	〔1〕…★★ 〔2〕…★	〔1〕…★ 〔2〕…★	★	★	★★
	第5回	〔1〕…★★ 〔2〕…★★	★★	★	★★★	★★
過去問題	2023 本試験	〔1〕…★★ 〔2〕…★	〔1〕…★ 〔2〕…★	★★	★	★
	2022 本試験	〔1〕…★ 〔2〕…★★	〔1〕…★★ 〔2〕…★	★★	★★	★★
	2021 第1日程	〔1〕…★ 〔2〕…★	〔1〕…★ 〔2〕…★	★	★★	★

(注)

1° 表記に用いた記号の意味は次の通りである。

★ ……教科書と同じレベル

★★ ……教科書よりやや難しいレベル

★★★……教科書よりかなり難しいレベル

2° 難易度評価は現行課程教科書を基準とした。

2024年度　大学入学共通テスト　出題教科・科目

以下は，大学入試センターが公表している大学入学共通テストの出題教科・科目等の一覧表です。

最新のものについて調べる場合は，下記のところへ原則として志願者本人がお問い合わせください。

●問い合わせ先　大学入試センター

TEL　03-3465-8600 （土日祝日を除く　9時30分～17時）　http://www.dnc.ac.jp

<table>
<tr><th>教　科</th><th>グループ</th><th>出題科目</th><th>出題方法等</th><th>科目選択の方法等</th><th>試験時間(配点)</th></tr>
<tr><td>国　語</td><td></td><td>『国　語』</td><td>「国語総合」の内容を出題範囲とし，近代以降の文章，古典（古文，漢文）を出題する。</td><td></td><td>80分
（200点）</td></tr>
<tr><td>地理歴史</td><td></td><td>「世界史Ａ」
「世界史Ｂ」
「日本史Ａ」
「日本史Ｂ」
「地理Ａ」
「地理Ｂ」</td><td rowspan="2">『倫理, 政治・経済』は,「倫理」と「政治・経済」を総合した出題範囲とする。</td><td rowspan="2">左記出題科目の10科目のうちから最大２科目を選択し，解答する。
ただし，同一名称を含む科目の組合せで２科目を選択することはできない。
なお，受験する科目数は出願時に申し出ること。</td><td rowspan="2">１科目選択
60分（100点）
２科目選択
130分（うち解答時間120分）
（200点）</td></tr>
<tr><td>公　民</td><td></td><td>「現代社会」
「倫　　理」
「政治・経済」
『倫理，政治・経済』</td></tr>
<tr><td rowspan="2">数　学</td><td>①</td><td>「数学Ⅰ」
『数学Ⅰ・数学Ａ』</td><td>『数学Ⅰ・数学Ａ』は,「数学Ⅰ」と「数学Ａ」を総合した出題範囲とする。
ただし，次に記す「数学Ａ」の３項目の内容のうち，２項目以上を学習した者に対応した出題とし，問題を選択解答させる。
〔場合の数と確率, 整数の性質, 図形の性質〕</td><td>左記出題科目の２科目のうちから１科目を選択し，解答する。</td><td>70分
（100点）</td></tr>
<tr><td>②</td><td>「数学Ⅱ」
『数学Ⅱ・数学Ｂ』
『簿記・会計』
『情報関係基礎』</td><td>『数学Ⅱ・数学Ｂ』は,「数学Ⅱ」と「数学Ｂ」を総合した出題範囲とする。
ただし，次に記す「数学Ｂ」の３項目の内容のうち，２項目以上を学習した者に対応した出題とし，問題を選択解答させる。
〔数列, ベクトル, 確率分布と統計的な推測〕</td><td>左記出題科目の４科目のうちから１科目を選択し，解答する。</td><td>60分
（100点）</td></tr>
<tr><td rowspan="2">理　科</td><td>①</td><td>「物理基礎」
「化学基礎」
「生物基礎」
「地学基礎」</td><td></td><td rowspan="2">左記出題科目の８科目のうちから下記のいずれかの選択方法により科目を選択し，解答する。
Ａ　理科①から２科目
Ｂ　理科②から１科目
Ｃ　理科①から２科目及び理科②から１科目
Ｄ　理科②から２科目
なお，受験する科目の選択方法は出願時に申し出ること。</td><td>２科目選択
60分（100点）</td></tr>
<tr><td>②</td><td>「物　理」
「化　学」
「生　物」
「地　学」</td><td></td><td>１科目選択
60分（100点）
２科目選択
130分（うち解答時間120分）（200点）</td></tr>
<tr><td>外国語</td><td></td><td>『英　語』
『ドイツ語』
『フランス語』
『中国語』
『韓国語』</td><td>『英語』は,「コミュニケーション英語Ⅰ」に加えて「コミュニケーション英語Ⅱ」及び「英語表現Ⅰ」を出題範囲とし,【リーディング】と【リスニング】を出題する。
なお,【リスニング】には，聞き取る英語の音声を２回流す問題と，１回流す問題がある。</td><td>左記出題科目の５科目のうちから１科目を選択し，解答する。</td><td>『英　語』
【リーディング】
80分（100点）
【リスニング】
60分(うち解答時間30分）(100点)

『ドイツ語』,『フランス語』,『中国語』,『韓国語』
【筆記】
80分（200点）</td></tr>
</table>

備考

1．「　」で記載されている科目は，高等学校学習指導要領上設定されている科目を表し，『　』はそれ以外の科目を表す。
2．地理歴史及び公民の「科目選択の方法等」欄中の「同一名称を含む科目の組合せ」とは,「世界史Ａ」と「世界史Ｂ」,「日本史Ａ」と「日本史Ｂ」,「地理Ａ」と「地理Ｂ」,「倫理」と『倫理，政治・経済』及び「政治・経済」と『倫理，政治・経済』の組合せをいう。
3．地理歴史及び公民並びに理科②の試験時間において２科目を選択する場合は，解答順に第１解答科目及び第２解答科目に区分し各60分間で解答を行うが，第１解答科目及び第２解答科目の間に答案回収等を行うために必要な時間を加えた時間を試験時間とする。
4．理科①については，１科目のみの受験は認めない。
5．外国語において『英語』を選択する受験者は，原則として，リーディングとリスニングの双方を解答する。
6．リスニングは，音声問題を用い30分間で解答を行うが，解答開始前に受験者に配付したICプレーヤーの作動確認・音量調節を受験者本人が行うために必要な時間を加えた時間を試験時間とする。

2018～2023年度　共通テスト・センター試験　受験者数・平均点の推移（大学入試センター公表）

センター試験←｜→共通テスト

科目名	2018年度		2019年度		2020年度		2021年度第１日程		2022年度		2023年度	
	受験者数	平均点	受験者数	平均点	受験者数	平均点	受験者数	平均点	受験者数	平均点	受験者数	平均点
英語 リーディング（筆記）	546,712	123.75	537,663	123.30	518,401	116.31	476,173	58.80	480,762	61.80	463,985	53.81
英語 リスニング	540,388	22.67	531,245	31.42	512,007	28.78	474,483	56.16	479,039	59.45	461,993	62.35
数学Ⅰ・数学A	396,479	61.91	392,486	59.68	382,151	51.88	356,492	57.68	357,357	37.96	346,628	55.65
数学Ⅱ・数学B	353,423	51.07	349,405	53.21	339,925	49.03	319,696	59.93	321,691	43.06	316,728	61.48
国　語	524,724	104.68	516,858	121.55	498,200	119.33	457,304	117.51	460,966	110.26	445,358	105.74
物理基礎	20,941	31.32	20,179	30.58	20,437	33.29	19,094	37.55	19,395	30.40	17,978	28.19
化学基礎	114,863	30.42	113,801	31.22	110,955	28.20	103,073	24.65	100,461	27.73	95,515	29.42
生物基礎	140,620	35.62	141,242	30.99	137,469	32.10	127,924	29.17	125,498	23.90	119,730	24.66
地学基礎	48,336	34.13	49,745	29.62	48,758	27.03	44,319	33.52	43,943	35.47	43,070	35.03
物　理	157,196	62.42	156,568	56.94	153,140	60.68	146,041	62.36	148,585	60.72	144,914	63.39
化　学	204,543	60.57	201,332	54.67	193,476	54.79	182,359	57.59	184,028	47.63	182,224	54.01
生　物	71,567	61.36	67,614	62.89	64,623	57.56	57,878	72.64	58,676	48.81	57,895	48.46
地　学	2,011	48.58	1,936	46.34	1,684	39.51	1,356	46.65	1,350	52.72	1,659	49.85
世界史B	92,753	67.97	93,230	65.36	91,609	62.97	85,689	63.49	82,985	65.83	78,185	58.43
日本史B	170,673	62.19	169,613	63.54	160,425	65.45	143,363	64.26	147,300	52.81	137,017	59.75
地理B	147,026	67.99	146,229	62.03	143,036	66.35	138,615	60.06	141,375	58.99	139,012	60.46
現代社会	80,407	58.22	75,824	56.76	73,276	57.30	68,983	58.40	63,604	60.84	64,676	59.46
倫　理	20,429	67.78	21,585	62.25	21,202	65.37	19,954	71.96	21,843	63.29	19,878	59.02
政治・経済	57,253	56.39	52,977	56.24	50,398	53.75	45,324	57.03	45,722	56.77	44,707	50.96
倫理，政治・経済	49,709	73.08	50,886	64.22	48,341	66.51	42,948	69.26	43,831	69.73	45,578	60.59

（注１）2020年度までのセンター試験『英語』は，筆記200点満点，リスニング50点満点である。

（注２）2021年度以降の共通テスト『英語』は，リーディング及びリスニングともに100点満点である。

（注３）2021年度第１日程及び2023年度の平均点は，得点調整後のものである。

2023年度　共通テスト本試「数学Ⅱ・B」
データネット（自己採点集計）による得点別人数

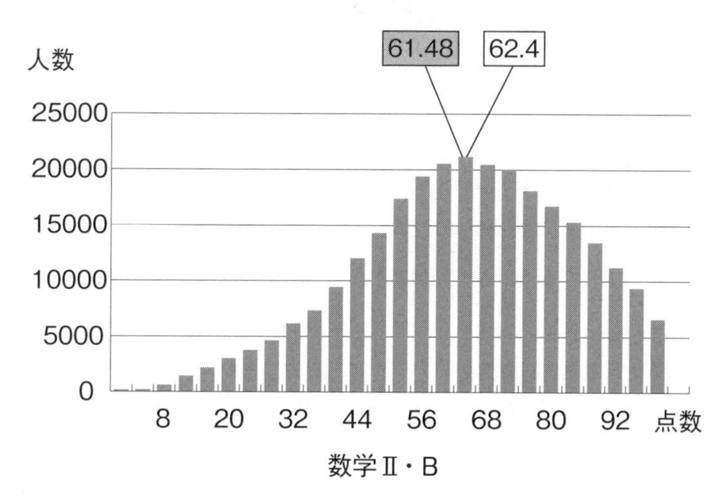

上のグラフは，2023年度大学入学共通テストデータネット（自己採点集計）に参加した，数学Ⅱ・B：275,358名の得点別人数をグラフ化したものです。

2023年度データネット集計による平均点は62.4，大学入試センター公表の2023年度本試平均点は61.48です。

共通テスト 攻略のポイント

過去問・試行調査を徹底分析！

1979 年度から始まった共通 1 次試験は，1990 年度からセンター試験と名前を変えて，2020 年度まで 42 年間にわたって実施されました。この間，何度か教育課程（カリキュラム）の変更があり，これに伴い出題分野も変化しながら毎年行われました。そして，2021 年度から「知識の深い理解と思考力・判断力・表現力を重視」する大学入学共通テストが始まりました。

2023 年度の共通テストは 3 回目の共通テストでした。難しかった昨年と比べるとやさしくなっていますが，昨年同様，「数学Ⅰ・数学 A」の平均点の方が，「数学Ⅱ・数学 B」の平均点より低くなりました。

ここでは，2023 ～ 2021 年度共通テストと 2017 年と 2018 年に行われた試行調査（プレテスト）を参考にして，共通テストの出題形式や問題の傾向と対策について考えてみたいと思います。

共通テストの出題形式は，記述式問題の出題が導入見送りとなったため，センター試験と同じマークシート形式であり，数字または記号をマークして答える方式となります。センター試験では，計算結果としての数値をマークする場合が多かったのですが，共通テストでは，いくつかの記述の中から正しいもの（あるいは誤っているもの）を選ぶという選択式の問題が多くなっています。これは，センター試験でも「データの分析」の出題に見られていましたが，2023，2022 年度の共通テストでも多くの問題で選択の解答群が載っています。2021 年第 1 日程の「数学Ⅱ・数学 B」第 2 問では，試行調査の場合と同じように，グラフの概形を選択する問題が出題されています。また，第 2 日程の「数学Ⅱ・数学 B」第 1 問〔2〕では，3 つの考察から得られる正しい記述を選ぶ問題が出題されています。このような問題は，各分野における基本事項を正しく理解することが要求されるため，日頃の学習習慣として身に着けておくことが大事になってきます。

共通テストの出題内容は，センター試験と比べて，「より考える力」を要求する問題が出題されています。本試験，試行調査のねらいは「思考力・判断力・表現力」を重視したことであり，実際の問題にはこのような「力」を要求される問題が多く含まれています。

2023 年「数学Ⅱ・数学 B」第 1 問〔1〕の三角不等式の解を求める問題，2022 年「数学Ⅰ・数学 A」第 1 問〔3〕の AB の範囲を求める問題，第 2 問〔2〕の解の個数を考える問題，「数学Ⅱ・数学 B」第 1 問〔2〕の対数の大小関係を調べる問題，また，2021 年第 1 日程の「数学Ⅰ・数学 A」第 1 問〔2〕における，正弦定理を利用する問題，第 2 日程の「数学Ⅱ・数学 B」第 4 問〔2〕における漸化式の問題など，与えられた条件から状況を正しく推測・判断していく能力を養うことも大切です。

また，共通テストでは，従来のような「公式を用いて答を出す」ような問題も出題されましたが，試行調査と同様に

- **公式の証明の過程を問う問題**
- **与えられた問題に対して，自らが変数を導入し，立式して答を出す問題**
- **条件を変えることによって，状況がどのように変わっていくかを問う問題**
- **高度な数学の問題を誘導によって解いていく問題**

など，レベルの高い問題も出題されました。2023 年「数学Ⅰ・数学 A」の第 3 問，第 5 問，「数学Ⅱ・数学 B」の第 2 問〔2〕，また，2022 年「数学Ⅰ・数学 A」の第 3 問，第 4 問，第 5 問においては，同じテーマの問題を繰り返し解くという形の出題でした。特に，第 4 問「整数の性質」の問題は，不定方程式の解を求める定番の問題ですが，数値が大きいので計算が大変でした。

また，2021 年第 2 日程の「数学Ⅰ・数学 A」第 4 問は，整数問題としてラグランジュの定理の具体例に関する問題であり，このような出題は，2018 年試行調査の「数学Ⅰ・数学 A」第 5 問の平面図形でフェルマー点に関する問題がありました。

問題の形式についても，センター試験と異なる点がいくつかあります。その一つが，**会話文の導入**です。先生と生徒または生徒同士が，会話を通しながら問題の解決へと考察を進めていきます。2022 年「数学Ⅰ・数学 A」第 2 問〔1〕では 2 次方程式の共通解を考えるやや難しい問題を 2 人の会話で誘導しています。

また，コンピュータのグラフ表示ソフトを用いた設定によって，グラフの問題を考える場面もあります。2022 年「数学Ⅰ・数学 A」第 2 問〔1〕で，2 次関数のグラフをパラメータ q の値を変化させることによってグラフの移動を考えています。

さらに，問題の解法は一つだけに限りません。いわゆる別解がある場合は，2023 年「数学Ⅱ・数学 B」第 4

問では方針1と方針2の両方を考えて答を導く場合もありました。2022年「数学Ⅱ・数学B」第1問〔1〕「図形と方程式」，第4問「数列」，第5問「ベクトル」では2人の会話によって2通りの解法を提示しています。これも共通テストの特徴です。

いろいろな工夫がこらされた問題の形式ですが，このことによって問題文が長文になりますので，根気強く長文の問題を読み柔軟に対応する必要もあります。

最後に，問題の題材について，従来のように数学の問題を誘導に従って解いていく問題の他に，**日常生活における現実の問題**を題材とし，それを数学的に表現し解決するタイプの問題が出題されています。また，会話文の中で，誤った解法を検討し正しい解法へと導くプロセスを示す場合などがあり，過去の入試問題ではあまり扱われなかった題材が数学の問題として出題される可能性があります。この点については，「データの分析」のように，目新しいテーマに対する正しい理解と速い反応が要求されることになります。

以上のように，2023～2021年度共通テストと試行調査をもとにして共通テストの出題内容について考えてきましたが，共通テストは3年実施されたとはいえ，新しい試みであるため未知の部分も多い状態です。まずは2023～2021年度の問題に挑戦してみましょう。そして来年の共通テストに向けて着実に勉強を進めていきましょう。

●共通テスト数学への取り組み方

当然のことではありますが，実力がなくては共通テストの数学は解くことができません。**基本的な定理，公式を単に記憶するだけではなく，その使い方にも慣れていなければなりません。**さらに，定石的な解法も覚えておく必要があります。

しかし，共通テストの性格上，**非常に特殊な知識や巧妙なテクニックといったものは必要ではありません。**あくまでも，教科書の範囲内の考え方や知識で十分に解決することができる問題が出題されます。したがって，教科書の内容を十分に学習し，公式や定理などの深い理解と考える力を養うことが重要になります。その上で共通テストの出題形式は2次試験とは異なり特殊ですから，このことを踏まえた効率のよい学習が必要でしょう。

共通テスト数学では，途中に空所があり，空所にあてはまる答を順にマークしていく形式が今後も引き続き出題されるものと予想されます。すなわち，最後の結果をいきなり問う形式ではなく，誘導に従って順次空所を埋めていくという形式です。つまり，自分で自由に方針を決定して，最終結果に向けて推論し計算していく2次試験とは異なっています。まず最初に，出題者の意図した誘導の意味を把握しようとすることが先決です。出題者の意図した誘導の順に考えることさえできれば，最終の結果に到達することができるという点では気楽ではあります。ところが，これがなかなか難しいのです。設定された条件の下で，最終の結果に到達するアプローチは1つとは限らないし，出題者の意図した誘導の意味がつかみにくいこともあります。また，最初から出題者の意図を把握しきれずに，順次空所を埋めていくに従って，徐々に出題者の意図した誘導の意味が判然としてくるという場合もあります。

出題者の意図した誘導の意味を把握するためには，順次空所を埋めていくだけでは不十分です。最初の空所を埋める前に，まず**最初の空所から最終結果の空所まで，一通り目を通すこと**が肝心です。一通り目を通すことにより，最終的に出題者がどのような内容を尋ねようとしているのか，また，そのためにどのようなプロセスを踏ませようとしているのかということを，途中の空所に埋めるべき内容から探らねばならないのです。

また，出題者の意図とは1つの解答方針です。数ある方針の中から，特に出題者の設定した解答方針を選び出すのですから，相当の実力が要求されます。問題を読んだとき，即座に，最終の解答を求めるための解答方針を複数思いつかねばなりません。その中から出題者の意図する解答方針を選び出すわけです。常日頃の学習態度が問われる部分です。「解ければよい」というような安易な学習態度では，共通テストの数学に対応することはできません。

しかし，共通テストの数学はマークシート形式であるため，それなりに対処しやすい面もあります。

空所のカタカナ1文字に対して，数学①（数学Ⅰまたは数学Ⅰ・数学A）では，符号－，±，0から9までの1つの数字，数学②（数学Ⅱまたは数学Ⅱ・数学B）では，符号－，0から9までの1つの数字，またはaからdまでのアルファベットのいずれかの1つがマークされます。したがって，自分の出した答に対して**マークされる部分が不足したり余ったりした場合は，明らかに間違いであるか，分数の場合は約分しきれていないことがわかります。**

また，［ア］aの場合に，［ア］に1が入ることはありません。……＋［ア］aの場合に，［ア］に－（マイナス）が入ることもありません。

特に座標平面上において，点の座標を求める場合，空所の形式から考えて整数値しか入らないとわかれば，丁寧に図やグラフを書くことにより，答の見当がつくこともあります。
また，答はかならず入るのだから，**1つ答が得られれば，これ以上答を探す必要もないし，十分性の確認をする必要もないということになります**（ただし，これは必要条件としての答が正しい場合に限りますが）。
このように，マークシート形式であるがゆえに，正解への手掛かりをつかむことができるというメリットもあります。
以上が，共通テストの数学の一般的な特徴とそのための学習上の注意，および解答する場合の注意です。
以下，出題科目別にねらわれる部分について考えてみましょう。

数学Ⅱ

いろいろな式，図形と方程式，三角関数，指数・対数関数，微分・積分の考えから出題されます。

いろいろな式

- **式と計算**
  二項定理，整式の割り算，分数式の計算など。
- **等式・不等式の性質**
  恒等式，相加平均と相乗平均の関係など。
- **２次方程式の解に関する性質**
  判別式，解と係数の関係など。
- **高次方程式の解法**
  複素数の計算，剰余の定理と因数定理など。

図形と方程式

- **点と直線**
  ２点間の距離，内分点・外分点の座標，直線の方程式，２直線の関係，点と直線の距離公式など。
- **円の方程式**
  円の方程式，円と直線の位置関係，２円の位置関係，接線の方程式など。
- **軌跡と領域**
  軌跡と方程式，アポロニウスの円，不等式と領域など。

三角関数

- **三角関数の定義と相互関係**
- **三角関数のグラフ**
- **加法定理と倍角・半角の公式**
- **三角関数の合成**

とともに

- **三角関数についての方程式・不等式**
- **三角関数の最大・最小問題**

などが重要です。また，図形への応用問題や大小比較の問題も出題されることがあります。

指数・対数関数

- **指数・対数関数の性質**
- **指数関数・対数関数のグラフ**
- **指数・対数についての方程式・不等式**
- **指数関数・対数関数の最大・最小問題**

この分野も，三角関数と同様に，多くの公式を正確に覚え，その使い方に習熟することが重要です。なお，対数については常用対数の応用（桁数など）にも注意しましょう。

微分・積分の考え

- **接線，法線の方程式**
- **関数の極大・極小**
- **関数の最大・最小**
- **方程式の実数解の個数**
- **積分の計算**
- **図形の面積**

この分野は計算量が多いので，十分な計算練習をする必要があります。また，グラフの描き方や特徴を理解することも大切です。

数学Ｂ

確率分布と統計的な推測，数列，ベクトルから出題されます。（３つの分野から２つの分野を選択して解答します。）

確率分布と統計的な推測

- **確率変数の平均・分散・標準偏差**
- **二項分布と正規分布**
- **母平均，母比率の推定**

この分野は，数学Ａで学習する確率をもとにして，確率変数とその分布から平均・分散などの値を求める問題，および二項分布と正規分布の特徴やその関係性を問う問題や，標本平均から母平均，母比率の値を推定する問題などが出題されています。

数列

- 等差数列の一般項と和
- 等比数列の一般項と和
- いろいろな数列の一般項と和
  和の記号Σとその公式
  階差数列
  いろいろな数列の和
  和 S_n と一般項 a_n の関係
  群数列
- 漸化式の解法
- 数学的帰納法

この分野における漸化式などの問題は教科書の内容を越える知識や応用力が必要となりますので，しっかり勉強しましょう。

ベクトル

- ベクトルの演算（和・差・実数倍）
- ベクトルの成分計算
- 位置ベクトル
- 内積とその応用
- ベクトル方程式（直線，平面）

この分野では，ベクトルの図形への応用という形で出題されます。平面ベクトル，空間ベクトルのどちらも出題され，いろいろな公式を利用して図形の性質を調べたり，量の計算をするなど多彩な内容をもっています。したがって，十分な実力と応用力を養うことが大切です。

解答上の注意

数学Ⅱ・数学B

1　解答は，解答用紙の問題番号に対応した解答欄にマークしなさい。

2　問題の文中の アア ， イウ などには，符号（－），数字（0～9），又は文字（a～d）が入ります。ア，イ，ウ，…の一つ一つは，これらのいずれか一つに対応します。それらを解答用紙のア，イ，ウ，…で示された解答欄にマークして答えなさい。

例　アイウ に $-8a$ と答えたいとき

ア	● ⓪ ① ② ③ ④ ⑤ ⑥ ⑦ ⑧ ⑨ ⓐ ⓑ ⓒ ⓓ
イ	⊖ ⓪ ① ② ③ ④ ⑤ ⑥ ⑦ ● ⑨ ⓐ ⓑ ⓒ ⓓ
ウ	⊖ ⓪ ① ② ③ ④ ⑤ ⑥ ⑦ ⑧ ⑨ ● ⓑ ⓒ ⓓ

3　数と文字の積の形で解答する場合，数を文字の前にして答えなさい。

例えば，$3a$ と答えるところを，$a3$ と答えてはいけません。

4　分数形で解答する場合，分数の符号は分子につけ，分母につけてはいけません。

例えば，$\frac{\boxed{エオ}}{\boxed{カ}}$ に $-\frac{4}{5}$ と答えたいときは，$\frac{-4}{5}$ として答えなさい。

また，それ以上約分できない形で答えなさい。

例えば，$\frac{3}{4}$，$\frac{2a+1}{3}$ と答えるところを，$\frac{6}{8}$，$\frac{4a+2}{6}$ のように答えてはいけません。

5　小数の形で解答する場合，指定された桁数の一つ下の桁を四捨五入して答えなさい。また，必要に応じて，指定された桁まで⓪にマークしなさい。

例えば，キ．クケ に2.5と答えたいときは，2.50として答えなさい。

6　根号を含む形で解答する場合は，根号の中に現れる自然数が最小となる形で答えなさい。

例えば，$4\sqrt{2}$，$\frac{\sqrt{13}}{2}$，$6\sqrt{2a}$ と答えるところを，$2\sqrt{8}$，$\frac{\sqrt{52}}{4}$，$3\sqrt{8a}$ のように答えてはいけません。

7　問題の文中に二重四角で表記された コ などには，選択肢から一つを選んで，答えなさい。

8　同一の問題文中に サシ ， ス などが2度以上現れる場合，原則として，2度目以降は， サシ ， ス のように細字で表記します。

第 1 回
実 戦 問 題

（100 点　60 分）

標 準 所 要 時 間

第 1 問	18 分	第 4 問	12 分
第 2 問	18 分	第 5 問	12 分
第 3 問	12 分		

（注）　第 1 問・第 2 問は必答，第 3 問～第 5 問のうち 2 問選択解答

（注）この科目には，選択問題があります。

数　学　II・B

第1問　（配点　30）

〔1〕　a を正の実数とする。O を原点とする座標平面上に 2 点 A(2, 0)，B(4, 0) と直線 ℓ: $y = ax$ があり，直線 ℓ 上に動点 P をとる。

太郎さんと花子さんは，線分 AP と線分 BP の長さの和が最小となるときの点 P の座標について話している。

太郎：P の座標を (t, at) とおいて，AP + BP を t を用いて表すと式が複雑すぎて，最小値を求めるのは大変そうだね。

花子：それじゃ，幾何を利用して考えたらどうだろう。点 B を ℓ に関して対称移動した点を C とすると，ℓ は線分 BC の垂直二等分線だから，BP = CP となるよね。だから AP + CP が最小になるような点 P が求めるべき点になるよ。

太郎：ということは，AP + BP が最小になるような点 P は 3 点 A，P，C が一直線上にあるとき，すなわち ℓ と直線 AC の交点 Q のときだね。

花子：求め方はわかったけれど，点 C や Q の座標を求めるのにはどうしたらいいのかな。

太郎：C の座標を (p, q) とおいて，p，q の連立方程式を立ててみよう。

花子：$\angle\text{POB} = \theta$ とおき，$\tan\theta$ を用いて点 C の座標を求めることもできるね。

（数学 II・数学 B 第 1 問は次ページに続く。）

(1)　点Bをℓに関して対称移動した点をCとする。

(i)　Cの座標を$(p,\ q)$とおくと，$\ell \perp$ BCであることから

$$\boxed{\text{ア}} = 0$$

が成り立ち，線分BCの中点がℓ上にあることから

$$\boxed{\text{イ}} = 0$$

が成り立つ。

$\boxed{\text{ア}}$，$\boxed{\text{イ}}$の解答群(同じものを繰り返し選んでもよい。)

⓪ $p+aq+4$	① $p+aq-4$	② $p-aq+4$
③ $p-aq-4$	④ $ap+q+4a$	⑤ $ap+q-4a$
⑥ $ap-q+4a$	⑦ $ap-q-4a$	

(ii)　$\angle\text{POB} = \theta$とおくと，$\tan\theta = \boxed{\text{ウ}}$であり

$\cos\theta = \boxed{\text{エ}}$，　$\sin\theta = \boxed{\text{オ}}$

である。

さらに，$\text{OB} = \text{OC}$，$\angle\text{BOC} = 2\theta$であることから，Cの座標を求めることができる。

(i)または(ii)より，点Cの座標は$\left(\boxed{\text{カ}},\ \boxed{\text{キ}}\right)$である。

$\boxed{\text{ウ}}$～$\boxed{\text{キ}}$の解答群(同じものを繰り返し選んでもよい。)

⓪ 1	① a	② $\dfrac{1}{a}$	③ $\dfrac{1}{1+a^2}$
④ $\sqrt{1+a^2}$	⑤ $\dfrac{1}{\sqrt{1+a^2}}$	⑥ $\dfrac{a}{\sqrt{1+a^2}}$	⑦ $\dfrac{\sqrt{1+a^2}}{a}$
⑧ $\dfrac{8}{1+a^2}$	⑨ $\dfrac{8a}{1+a^2}$	ⓐ $\dfrac{4(1-a^2)}{1+a^2}$	ⓑ $\dfrac{1+a^2}{4(1-a^2)}$

(数学II・数学B第1問は次ページに続く。)

(2) ℓ と直線 AC の交点を Q とする。

点 Q は三角形 OBC の [ク] であることから，Q の座標は

$$\mathrm{Q}\left(\boxed{ケ},\ \boxed{コ}\right)$$

である。

[ク] の解答群

⓪ 重心	① 内心	② 外心	③ 垂心	④ 傍心

[ケ]，[コ] の解答群

⓪ $\dfrac{1}{3(1+a^2)}$	① $\dfrac{2}{3(1+a^2)}$	② $\dfrac{4}{3(1+a^2)}$	③ $\dfrac{8}{3(1+a^2)}$
④ $\dfrac{a}{3(1+a^2)}$	⑤ $\dfrac{2a}{3(1+a^2)}$	⑥ $\dfrac{4a}{3(1+a^2)}$	⑦ $\dfrac{8a}{3(1+a^2)}$

(数学 II・数学 B 第 1 問は次ページに続く。)

花子さんと太郎さんは，グラフ表示ソフトを用いて点Qの動きを考えている。a の値を $0.1,\ 0.2,\ 0.3,\ \cdots$ などと正の範囲で増加させると，Qは円を描くようにみえる。

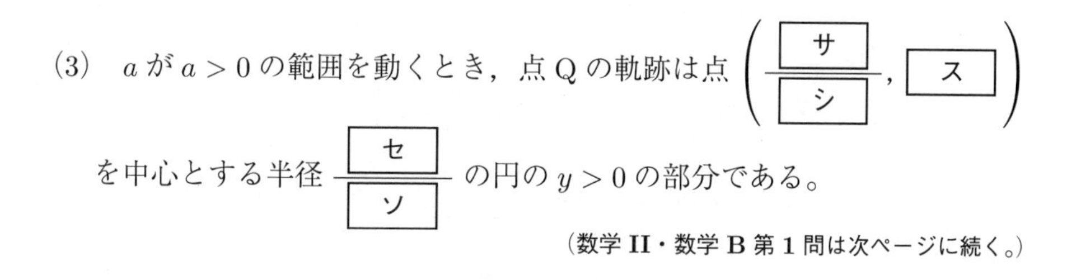

(3)　a が $a>0$ の範囲を動くとき，点Qの軌跡は点 $\left(\dfrac{\boxed{\text{サ}}}{\boxed{\text{シ}}},\ \boxed{\text{ス}}\right)$ を中心とする半径 $\dfrac{\boxed{\text{セ}}}{\boxed{\text{ソ}}}$ の円の $y>0$ の部分である。

(数学II・数学B 第1問は次ページに続く。)

〔2〕 x, y についての二つの方程式

$$3(\log_2 x)^2 - 7\log_2 x - 6 = 0 \quad \cdots\cdots ①$$

$$16^y - 5 \cdot 4^y + 6 = 0 \quad \cdots\cdots ②$$

を考える。

①より

$$\log_2 x = \boxed{\text{タ}},\ \frac{\boxed{\text{チツ}}}{\boxed{\text{テ}}}$$

であるから

$$x = \boxed{\text{ト}},\ \left(\frac{1}{4}\right)^{\frac{1}{\boxed{\text{ナ}}}}$$

である。

②より

$$y = \frac{1}{\boxed{\text{ニ}}},\ \log_4 \boxed{\text{ヌ}}$$

である。

$$\alpha = \left(\frac{1}{4}\right)^{\frac{1}{\boxed{\text{ナ}}}},\ \beta = \log_4 \boxed{\text{ヌ}}$$ とおく。

太郎さんと花子さんは，α と β の大小について考えている。

太郎：指数と対数の大小比較はどうするのかな。

花子：グラフを利用してみよう。

(数学 II・数学 B 第 1 問は次ページに続く。)

$Y = \log_{\frac{1}{4}} X$ と $Y = \left(\frac{1}{4}\right)^X$ のグラフの概形は [ネ] である。

[ネ] には，最も適当なものを，次の⓪～③のうちから一つ選べ。

⓪

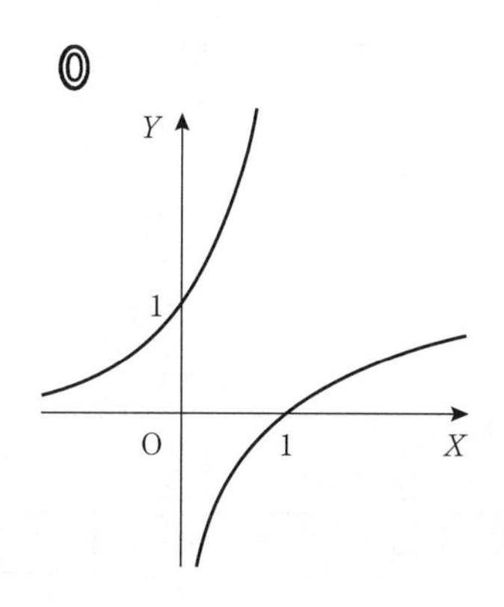

①

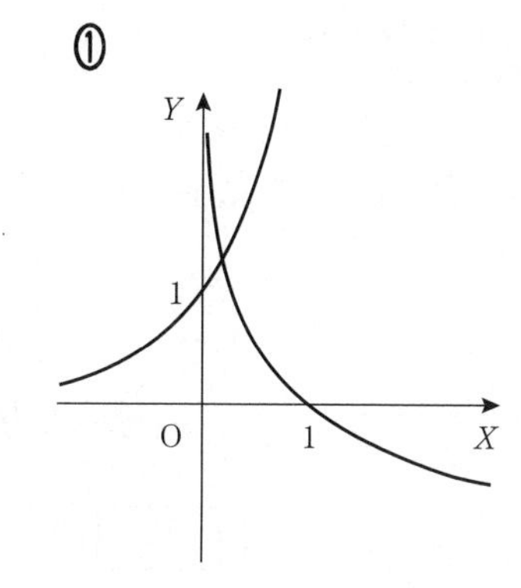

②

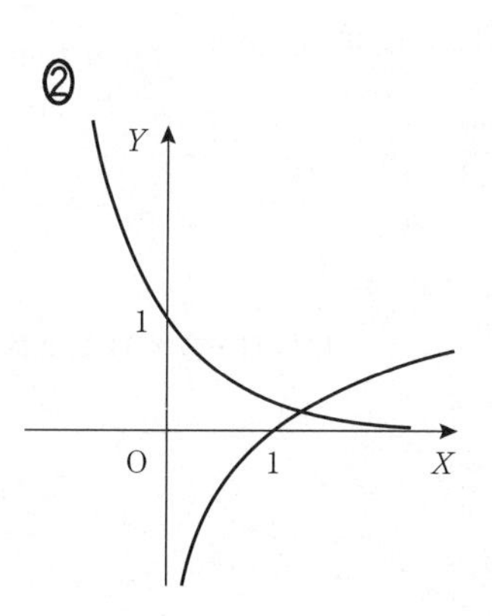

③

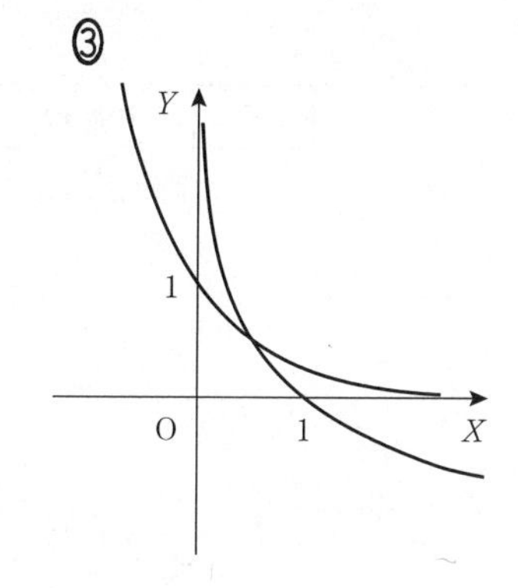

α，β，$\frac{1}{2}$，1 の大小関係は [ノ] である。

[ノ] の解答群

⓪ $\alpha < \frac{1}{2} < \beta < 1$	① $\frac{1}{2} < \alpha < \beta < 1$	② $\frac{1}{2} < \alpha < 1 < \beta$
③ $\beta < \frac{1}{2} < \alpha < 1$	④ $\frac{1}{2} < \beta < \alpha < 1$	⑤ $\frac{1}{2} < \beta < 1 < \alpha$

第2問 （必答問題） （配点　30）

〔1〕 座標平面上の曲線 $y=x^3-3x+1$ を C とし，曲線 C 上の点 $\mathrm{P}(\alpha,\ \alpha^3-3\alpha+1)$ における曲線 C の接線を ℓ とする。また，曲線 C と接線 ℓ との共有点で，点 P とは異なる点を $\mathrm{Q}(\beta,\ \beta^3-3\beta+1)$ とする。ただし，$\alpha<\beta$ とする。

(1) $y=x^3-3x+1$ について

$$y' = \boxed{\text{ア}}\,x^2 - \boxed{\text{イ}}$$

であるから，接線 ℓ の方程式は

$$y=\left(\boxed{\text{ウ}}\,\alpha^2-\boxed{\text{エ}}\right)x-\boxed{\text{オ}}\,\alpha^3+\boxed{\text{カ}}$$

である。よって，α と β の間には関係式

$$\boxed{\text{キ}}\,\alpha+\beta=\boxed{\text{ク}}$$

が成り立つ。

（数学 II・数学 B 第 2 問は次ページに続く。）

(2)　線分PQの中点をRとする。

点Rのx座標をαを用いて表すと$-\dfrac{\boxed{\text{ケ}}}{\boxed{\text{コ}}}\alpha$であるから，点Pが$\alpha<\beta$を満たしながら曲線$C$上を動いたとき，点Rは曲線

$$y=\boxed{\text{サシ}}x^3-\boxed{\text{ス}}x+\boxed{\text{セ}}$$

の$x>\boxed{\text{ソ}}$の部分を動き，これを図示すると$\boxed{\boxed{\text{タ}}}$の実線でかかれた部分となる。ただし，白丸は除く。

$\boxed{\boxed{\text{タ}}}$については，最も適当なものを，次の⓪～③のうちから一つ選べ。なお，設問の都合でy軸は省略しているが，上方向がy軸の正の方向である。

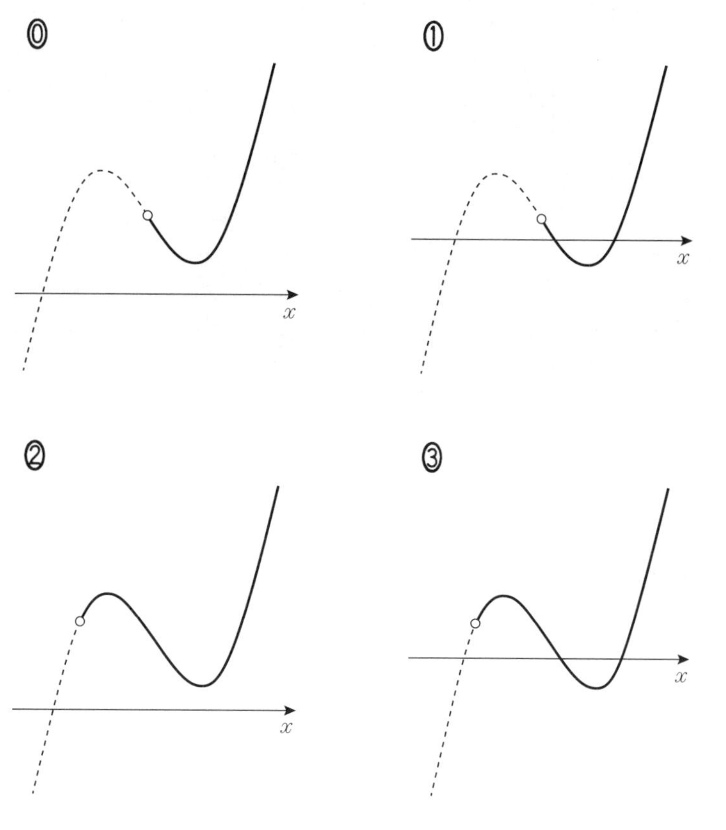

（数学II・数学B 第2問は次ページに続く。）

〔2〕 Oを原点とする座標平面上の曲線 $y = x^2 - 3x + 4$ を D とする。曲線 D 上の点 A(1, 2) について，直線 OA と曲線 D との交点で点 A とは異なる点を B とする。また，曲線 D 上を点 A から点 B まで動く点 T(t, $t^2 - 3t + 4$) をとる。

(1) t のとり得る値の範囲は $1 \leqq t \leqq$ $\boxed{\text{チ}}$ である。また，曲線 D と y 軸および線分 OA で囲まれた図形の面積は $\dfrac{\boxed{\text{ツテ}}}{\boxed{\text{ト}}}$ である。

(2) 直線 OT が曲線 D と接するときの直線 OT の傾きは $\boxed{\text{ナ}}$ である。

(3) 点 T が曲線 D 上を点 A から点 B まで動いたとき，線分 OT が通過した部分の面積は

である。

（下 書 き 用 紙）

数学II・数学Bの試験問題は次に続く。

第３問～第５問は，**いずれか２問を選択**し，解答しなさい。

第３問 （選択問題）（配点 20）

以下の問題を解答するにあたっては，必要に応じて 15 ページの正規分布表を用いてもよい。また，電話帳とは電話番号が載っている名簿のことである。

(1) 太郎さんは，何気なく電話帳を眺めていると，掲載されている電話番号の末尾の数字は，0, 1, …, 9 が均一に分布していないように感じた。そこで太郎さんは，住んでいる市の小学校，中学校，高等学校，大学，特別支援学校の電話番号が掲載されているページを調べたところ，100 軒分が掲載されており，電話番号の末尾の数字を調べて次の表を作った。

数字	0	1	2	3	4	5	6	7	8	9
軒数	10	36	12	6	5	10	7	6	4	4

この 100 軒分の電話番号から一つを無作為に選んだとき，その電話番号の末尾の数字を確率変数 X とする。このとき，X の平均（期待値）は $E(X) =$ [ア] であり，X^2 の平均は $E(X^2) = 15.94$ である。よって，X の分散は $V(X) =$ [イ].[ウエ] である。

（数学 II・数学 B 第 3 問は次ページに続く。）

(2)　太郎さんの住んでいる市の電話帳に掲載されている電話番号の末尾の数字を母集団とすると，電話番号の末尾の数字が1である割合は0.36であった。この母集団から400軒を無作為に選んだとき，その電話番号の末尾の数字が1である軒数を確率変数 Y で表す。

Y の平均は $E(Y) =$ [オカキ]，標準偏差は $\sigma(Y) =$ [ク].[ケ] である。

ここで，$Z = \dfrac{Y - \boxed{オカキ}}{\boxed{ク}.\boxed{ケ}}$ とおくと，標本の大きさ400は十分に大きいので，Z は近似的に標準正規分布に従う。このことを利用して，Y が120以下となる確率を求めると，その確率は0.[コサ]である。

また，[シ]となる確率は，およそ0.1056である。

[シ]の解答群

⓪　太郎さんの住んでいる市の電話帳に掲載されている電話番号の末尾の数字が1である軒数が156以上

①　太郎さんの住んでいる市の電話帳に掲載されている電話番号の末尾の数字が1である軒数が147以下

②　大きさ400の標本の電話番号の末尾の数字が1である軒数が156以上

③　大きさ400の標本の電話番号の末尾の数字が1である軒数が147以下

(数学II・数学B第3問は次ページに続く。)

(3)　(2)の母集団から無作為に400軒を選び，その電話番号の末尾の数字が2以下であるものを調査したところ，240軒であった。太郎さんの住んでいる市の電話帳に掲載されている電話番号のうち，末尾の数字が2以下である母比率pに対する信頼度95%の信頼区間を求めたい。

この調査での電話番号の末尾の数字が2以下である比率は0. ス である。標本の大きさ400は十分大きいので，二項分布の正規分布による近似を用いると，pに対する信頼度95%の信頼区間は

0. セソ $\leqq p \leqq$ 0. タチ

である。ただし，$\sqrt{6} = 2.45$とする。

(数学 **II**・数学 **B** 第 **3** 問は次ページに続く。)

正 規 分 布 表

次の表は，標準正規分布の分布曲線における右図の灰色部分の面積の値をまとめたものである。

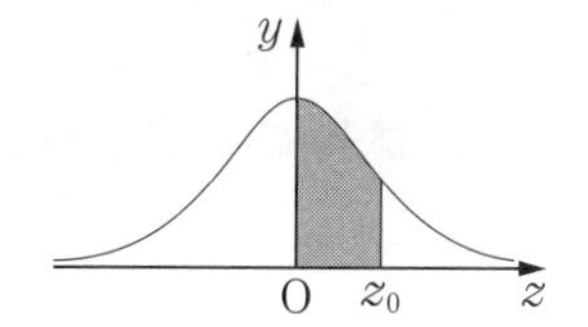

z_0	0.00	0.01	0.02	0.03	0.04	0.05	0.06	0.07	0.08	0.09
0.0	0.0000	0.0040	0.0080	0.0120	0.0160	0.0199	0.0239	0.0279	0.0319	0.0359
0.1	0.0398	0.0438	0.0478	0.0517	0.0557	0.0596	0.0636	0.0675	0.0714	0.0753
0.2	0.0793	0.0832	0.0871	0.0910	0.0948	0.0987	0.1026	0.1064	0.1103	0.1141
0.3	0.1179	0.1217	0.1255	0.1293	0.1331	0.1368	0.1406	0.1443	0.1480	0.1517
0.4	0.1554	0.1591	0.1628	0.1664	0.1700	0.1736	0.1772	0.1808	0.1844	0.1879
0.5	0.1915	0.1950	0.1985	0.2019	0.2054	0.2088	0.2123	0.2157	0.2190	0.2224
0.6	0.2257	0.2291	0.2324	0.2357	0.2389	0.2422	0.2454	0.2486	0.2517	0.2549
0.7	0.2580	0.2611	0.2642	0.2673	0.2704	0.2734	0.2764	0.2794	0.2823	0.2852
0.8	0.2881	0.2910	0.2939	0.2967	0.2995	0.3023	0.3051	0.3078	0.3106	0.3133
0.9	0.3159	0.3186	0.3212	0.3238	0.3264	0.3289	0.3315	0.3340	0.3365	0.3389
1.0	0.3413	0.3438	0.3461	0.3485	0.3508	0.3531	0.3554	0.3577	0.3599	0.3621
1.1	0.3643	0.3665	0.3686	0.3708	0.3729	0.3749	0.3770	0.3790	0.3810	0.3830
1.2	0.3849	0.3869	0.3888	0.3907	0.3925	0.3944	0.3962	0.3980	0.3997	0.4015
1.3	0.4032	0.4049	0.4066	0.4082	0.4099	0.4115	0.4131	0.4147	0.4162	0.4177
1.4	0.4192	0.4207	0.4222	0.4236	0.4251	0.4265	0.4279	0.4292	0.4306	0.4319
1.5	0.4332	0.4345	0.4357	0.4370	0.4382	0.4394	0.4406	0.4418	0.4429	0.4441
1.6	0.4452	0.4463	0.4474	0.4484	0.4495	0.4505	0.4515	0.4525	0.4535	0.4545
1.7	0.4554	0.4564	0.4573	0.4582	0.4591	0.4599	0.4608	0.4616	0.4625	0.4633
1.8	0.4641	0.4649	0.4656	0.4664	0.4671	0.4678	0.4686	0.4693	0.4699	0.4706
1.9	0.4713	0.4719	0.4726	0.4732	0.4738	0.4744	0.4750	0.4756	0.4761	0.4767
2.0	0.4772	0.4778	0.4783	0.4788	0.4793	0.4798	0.4803	0.4808	0.4812	0.4817
2.1	0.4821	0.4826	0.4830	0.4834	0.4838	0.4842	0.4846	0.4850	0.4854	0.4857
2.2	0.4861	0.4864	0.4868	0.4871	0.4875	0.4878	0.4881	0.4884	0.4887	0.4890
2.3	0.4893	0.4896	0.4898	0.4901	0.4904	0.4906	0.4909	0.4911	0.4913	0.4916
2.4	0.4918	0.4920	0.4922	0.4925	0.4927	0.4929	0.4931	0.4932	0.4934	0.4936
2.5	0.4938	0.4940	0.4941	0.4943	0.4945	0.4946	0.4948	0.4949	0.4951	0.4952
2.6	0.4953	0.4955	0.4956	0.4957	0.4959	0.4960	0.4961	0.4962	0.4963	0.4964
2.7	0.4965	0.4966	0.4967	0.4968	0.4969	0.4970	0.4971	0.4972	0.4973	0.4974
2.8	0.4974	0.4975	0.4976	0.4977	0.4977	0.4978	0.4979	0.4979	0.4980	0.4981
2.9	0.4981	0.4982	0.4982	0.4983	0.4984	0.4984	0.4985	0.4985	0.4986	0.4986
3.0	0.4987	0.4987	0.4987	0.4988	0.4988	0.4989	0.4989	0.4989	0.4990	0.4990

第３問～第５問は，**いずれか２問を選択**し，解答しなさい。

第４問 （選択問題）（配点　20）

太郎さんと花子さんの高校では，毎月，階段に数字を書き込んで，数学のゲームを楽しんでいる。

太郎：今月は数字をどのように並べようかな。
花子：三角形の形に並べて群数列の問題にしたらどうだろう。
太郎：そうだね。やってみよう。

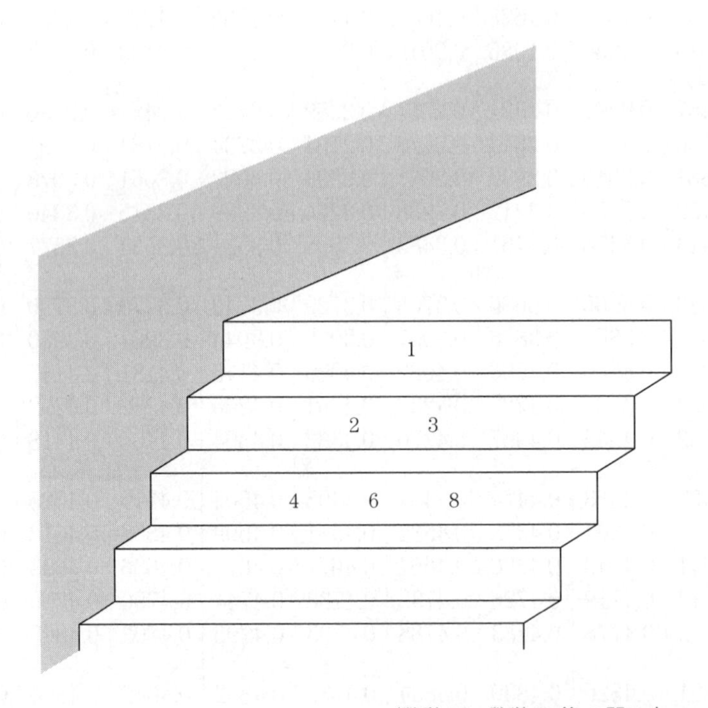

（数学Ⅱ・数学Ｂ第４問は次ページに続く。）

数列 $\{a_n\}$ を，初項1，公比2の等比数列とする。

次のように，整数を三角形状に並べた数列を考える。上から第1段には1を，第2段には2，3を，第3段には4，6，8を，……，第 n 段には，初項 a_n，公差 $n-1$ の等差数列の初項から第 n 項までの n 個の数を左から順に並べる。

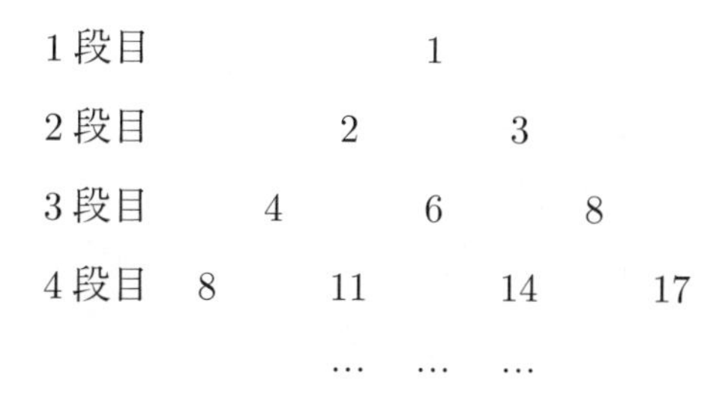

1段目　1
2段目　2　3
3段目　4　6　8
4段目　8　11　14　17
…　…　…

(1)　第5段に並ぶ数は左から順に

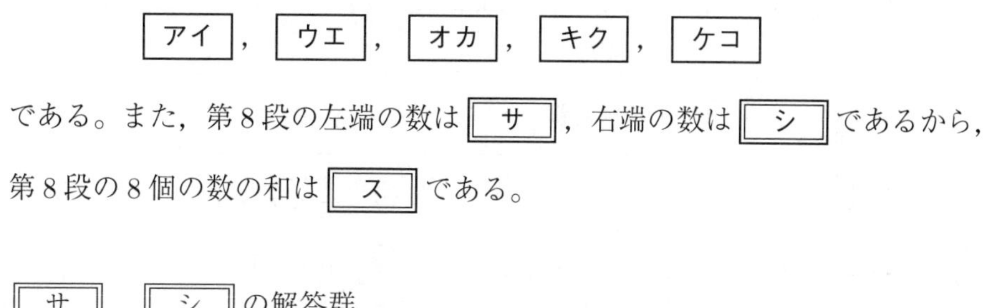

アイ，ウエ，オカ，キク，ケコ

である。また，第8段の左端の数は サ，右端の数は シ であるから，第8段の8個の数の和は ス である。

サ，シ の解答群

⓪　65	①　78	②　92	③　107	④　128
⑤　135	⑥　152	⑦　168	⑧　177	⑨　192

ス の解答群

⓪　1152	①　1184	②　1216	③　1220
④　1280	⑤　1312	⑥　1344	⑦　1376

（数学II・数学B第4問は次ページに続く。）

(2)　第 n 段の左端の数は a_n であり，右端の数を b_n とすると

$$a_n = \boxed{\text{セ}}, \qquad \sum_{k=1}^{n} a_k = \boxed{\text{ソ}}$$

であり

$$b_n = \boxed{\text{セ}} + \boxed{\text{タ}}, \qquad \sum_{k=1}^{n} b_k = \boxed{\text{ソ}} + \boxed{\text{チ}}$$

である。

$\boxed{\text{セ}}$，$\boxed{\text{ソ}}$ の解答群

⓪ $2^{n-1}-1$	① $2^{n}-1$	② $2^{n+1}-1$
③ 2^{n-1}	④ 2^{n}	⑤ 2^{n+1}
⑥ $2^{n-1}+1$	⑦ $2^{n}+1$	⑧ $2^{n+1}+1$

$\boxed{\text{タ}}$，$\boxed{\text{チ}}$ の解答群

⓪ $\dfrac{1}{2}(n-1)n$	① $\dfrac{1}{2}n(n+1)$
② $(n-1)^2$	③ $n(n+1)$
④ $\dfrac{1}{3}(n-2)(n-1)n$	⑤ $\dfrac{1}{6}(n-1)n(2n-1)$
⑥ $\dfrac{1}{6}n(n+1)(2n+1)$	⑦ $(n-2)(n-1)n$
⑧ $(n-1)n(2n-1)$	⑨ $n(n+1)(n+2)$

（数学 II・数学 B 第 4 問は次ページに続く。）

(3)　太郎さんと花子さんは，この数列について，考察している。

太郎：同じ数が2回現れることがあるね。
花子：そうだね。8が2つあるね。
太郎：下の方の段になれば，急に数が大きくなるから，まったく現れない数も多くなるね。

(i)　1000以下の自然数のうち，この数列に1回だけ現れる数は ツテ 個あり，このうち最大の数は トナニ である。トナニ は第 ヌネ 段の左から ノハ 番目にある。

(ii)　次の ⓪〜⑦ の8個の数のうち，この数列に現れるのは ヒ ， フ ， ヘ である。

ヒ 〜 ヘ の解答群(解答の順序は問わない。)

⓪ 1030	① 1064	② 1123	③ 1145
④ 2012	⑤ 2059	⑥ 2115	⑦ 2147

第3問～第5問は，いずれか2問を選択し，解答しなさい。

第5問 （選択問題）（配点　20）

右の図のような，1辺の長さが1の正八面体OABCDEを考える。正八面体とは，どの面もすべて合同な正三角形であり，どの頂点にも四つの面が集まっているへこみのない多面体のことである。$\overrightarrow{OA}=\vec{a}$，$\overrightarrow{OB}=\vec{b}$，$\overrightarrow{OC}=\vec{c}$ とする。

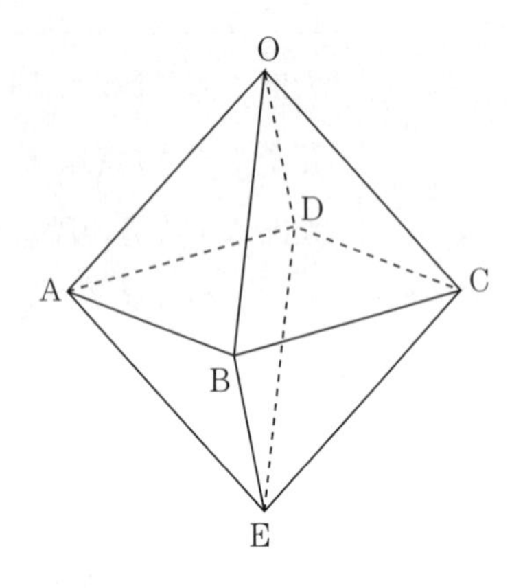

このとき

$$\overrightarrow{OD}=\boxed{ア}$$
$$\overrightarrow{OE}=\boxed{イ}$$

であり

$$\vec{a}\cdot\vec{b}=\boxed{ウ},\quad \vec{b}\cdot\vec{c}=\boxed{エ},$$
$$\vec{a}\cdot\vec{c}=\boxed{オ},\quad \vec{b}\cdot\overrightarrow{OD}=\boxed{カ}$$

である。

$\boxed{ア}$，$\boxed{イ}$ の解答群（同じものを繰り返し選んでもよい。）

⓪ $\vec{a}+\vec{b}$	① $\vec{b}+\vec{c}$	② $\vec{a}+\vec{c}$
③ $\vec{a}+\vec{b}+\vec{c}$	④ $-\vec{a}+\vec{b}+\vec{c}$	⑤ $\vec{a}-\vec{b}+\vec{c}$
⑥ $\vec{a}+\vec{b}-\vec{c}$	⑦ $-\vec{a}-\vec{b}+\vec{c}$	⑧ $-\vec{a}+\vec{b}-\vec{c}$
⑨ $\vec{a}-\vec{b}-\vec{c}$		

$\boxed{ウ}$ ～ $\boxed{カ}$ の解答群（同じものを繰り返し選んでもよい。）

⓪ -1	① $-\frac{\sqrt{3}}{2}$	② $-\frac{\sqrt{2}}{2}$	③ $-\frac{1}{2}$	④ 0
⑤ $\frac{1}{2}$	⑥ $\frac{\sqrt{2}}{2}$	⑦ $\frac{\sqrt{3}}{2}$	⑧ 1	⑨ 2

（数学II・数学B 第5問は次ページに続く。）

三角形OBCの重心をG_1，三角形ABEの重心をG_2，三角形CDEの重心をG_3とすると

$$\overrightarrow{OG_1} = \boxed{キ}\,\vec{b} + \boxed{ク}\,\vec{c}$$

$$\overrightarrow{OG_2} = \boxed{ケ}\,\vec{a} + \boxed{コ}\,\vec{b} + \boxed{サ}\,\vec{c}$$

$$\overrightarrow{OG_3} = \boxed{シ}\,\vec{a} - \boxed{ス}\,\vec{b} + \vec{c}$$

である。

$\boxed{キ}$ ～ $\boxed{ス}$ の解答群(同じものを繰り返し選んでもよい。)

⓪ $\frac{1}{3}$	① $\frac{1}{2}$	② $\frac{2}{3}$	③ $\frac{4}{3}$	④ $\frac{3}{2}$	⑤ $\frac{5}{3}$

(数学II・数学B第5問は次ページに続く。)

3点 $\mathrm{G_1}$，$\mathrm{G_2}$，$\mathrm{G_3}$ を通る平面上に点 X をとると，$\overrightarrow{\mathrm{G_1X}}$ は実数 s，t を用いて

$$\overrightarrow{\mathrm{G_1X}} = s\overrightarrow{\mathrm{G_1G_2}} + t\overrightarrow{\mathrm{G_1G_3}}$$

と表される。よって

$$\overrightarrow{\mathrm{OX}} = \frac{\boxed{\text{セ}}\,(s+t)}{\boxed{\text{ソ}}}\vec{a} + \frac{\boxed{\text{タ}} - \boxed{\text{チ}}\,t}{\boxed{\text{ソ}}}\vec{b} + \frac{\boxed{\text{ツ}} + \boxed{\text{テ}}\,t}{\boxed{\text{ソ}}}\vec{c}$$

と表される。

線分 DE の中点を M とする。

3点 $\mathrm{G_1}$，$\mathrm{G_2}$，$\mathrm{G_3}$ を通る平面と直線 OM の交点を P とすると

$$\overrightarrow{\mathrm{OP}} = \frac{\boxed{\text{ト}}\,\vec{a} - \boxed{\text{ナ}}\,\vec{b} + \boxed{\text{ニ}}\,\vec{c}}{\boxed{\text{ソ}}}$$

であり，$\dfrac{\mathrm{OP}}{\mathrm{OM}} = \dfrac{\boxed{\text{ヌ}}}{\boxed{\text{ネ}}}$ である。

また

$$|\overrightarrow{\mathrm{OP}}| = \frac{\boxed{\text{ノ}}\sqrt{\boxed{\text{ハ}}}}{\boxed{\text{ヒ}}}$$

$$\overrightarrow{\mathrm{OB}} \cdot \overrightarrow{\mathrm{OP}} = \frac{\boxed{\text{フ}}}{\boxed{\text{ヘ}}}$$

であるから

$$\cos\angle\mathrm{BOP} = \frac{\sqrt{\boxed{\text{ハ}}}}{\boxed{\text{ホ}}}$$

である。

第 2 回
実 戦 問 題

(100点　60分)

標準所要時間

第1問	18分	第4問	12分
第2問	18分	第5問	12分
第3問	12分		

(注)　第1問・第2問は必答，第3問～第5問のうち2問選択解答

(注) この科目には，選択問題があります。

数　学　II・B

第1問 （必答問題）（配点　30）

〔1〕 Oを原点とする座標平面上に2点$\mathrm{P}(\cos\theta, \sin\theta)$，$\mathrm{Q}(\cos 3\theta, \sin 3\theta)$をとり，点Pから$x$軸に垂線PRを引く。また，直線PQと$y$軸との交点をSとする。ただし，$\frac{\pi}{6} < \theta < \frac{\pi}{2}$とする。

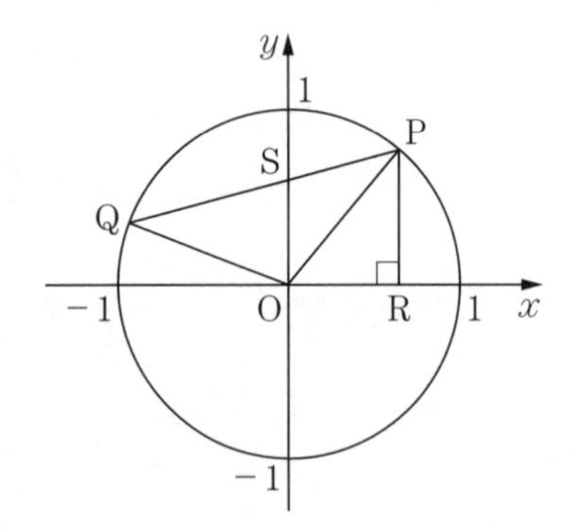

(1) $\ell = \mathrm{OR} + \mathrm{RP} + \mathrm{PQ} + \mathrm{QO}$とする。

$$\mathrm{PQ} = \boxed{\text{ア}}\sin\theta$$

であるから

$$\ell = \boxed{\text{イ}}\sin\theta + \cos\theta + \boxed{\text{ウ}}$$

である。θが$\frac{\pi}{6} < \theta < \frac{\pi}{2}$の範囲を動くとき，$\ell$の最大値は

$$\sqrt{\boxed{\text{エオ}}} + \boxed{\text{カ}}$$

である。

（数学II・数学B第1問は次ページに続く。）

(2)　$m = \mathrm{RP} + \mathrm{PS}$ とする。

(i)　$\mathrm{OP} = \mathrm{OQ}$ であるから

$$\angle \mathrm{OPQ} = \boxed{\text{キ}}$$

である。よって

$$m = \boxed{\text{ク}} + \frac{1}{\boxed{\text{ケ}}}$$

である。

$\boxed{\text{キ}}$ の解答群

⓪ θ	① $\dfrac{\pi}{2} + \theta$	② $\dfrac{\pi}{2} - \theta$
③ 2θ	④ $\pi - 2\theta$	

$\boxed{\text{ク}}$，$\boxed{\text{ケ}}$ の解答群（同じものを繰り返し選んでもよい。）

⓪ $\sin\theta$	① $\cos\theta$	② $\tan\theta$
③ $\sin 2\theta$	④ $\cos 2\theta$	⑤ $\tan 2\theta$
⑥ $2\sin\theta$	⑦ $2\cos\theta$	⑧ $2\tan\theta$

（数学II・数学B 第1問は次ページに続く。）

(ii)　m は $\theta = \dfrac{\pi}{\boxed{\text{コ}}}$ で最小値 $\sqrt{\boxed{\text{サ}}}$ をとる。

(iii)　$m = \dfrac{5\sqrt{3}}{6}$ を満たす θ の値は二つ存在する。それらを θ_1，θ_2 $\left(ただし，\dfrac{\pi}{6} < \theta_1 < \theta_2 < \dfrac{\pi}{2}\right)$ とおくとき，θ_1 は $\boxed{\text{シ}}$ であり，θ_2 は $\boxed{\text{ス}}$ である。

$\boxed{\text{シ}}$，$\boxed{\text{ス}}$ の解答群

⓪ $\dfrac{\pi}{4}$	① $\dfrac{\pi}{3}$	② $\dfrac{5}{12}\pi$
③ $\dfrac{\pi}{6}$ と $\dfrac{\pi}{4}$ の間の値	④ $\dfrac{\pi}{4}$ と $\dfrac{\pi}{3}$ の間の値	
⑤ $\dfrac{\pi}{3}$ と $\dfrac{5}{12}\pi$ の間の値	⑥ $\dfrac{5}{12}\pi$ と $\dfrac{\pi}{2}$ の間の値	

（数学 II・数学 B 第 1 問は 6 ページに続く。）

（下 書 き 用 紙）

数学II・数学Bの試験問題は次に続く。

〔2〕 $a>0$, $b>0$, $a \fallingdotseq 1$, $b \fallingdotseq 1$ として，x についての連立不等式

$$\begin{cases} a^{2x-x^2} < b^{2x-1} & \cdots\cdots ① \\ \log_a(2x-x^2) < \log_b(2x-1) & \cdots\cdots ② \end{cases}$$

について考えよう。

不等式②において，真数は正であるから

$$\frac{\boxed{セ}}{\boxed{ソ}} < x < \boxed{タ}$$

である。

(1) $b=\sqrt{a}$, $a>1$ とする。

不等式①を満たす x の値の範囲は

$$x < \boxed{チ}, \quad \boxed{ツ} < x$$

である。また，不等式②を満たす x の値の範囲は

$$\boxed{テ} < x < \boxed{ト}$$

である。よって，不等式①，②を同時に満たす x の値の範囲は

$$\boxed{ナ} < x < \boxed{ニ}$$

である。

$\boxed{チ}$ ～ $\boxed{ニ}$ の解答群(同じものを繰り返し選んでもよい。)

⓪ $1-\sqrt{2}$	① $\dfrac{1-\sqrt{3}}{2}$	② $\dfrac{1-\sqrt{2}}{2}$	③ $\dfrac{1}{2}$
④ 1	⑤ $\dfrac{1+\sqrt{2}}{2}$	⑥ $\dfrac{1+\sqrt{3}}{2}$	⑦ $\dfrac{3}{2}$
⑧ 2	⑨ $1+\sqrt{2}$		

(数学 II・数学 B 第 1 問は次ページに続く。)

(2)　$b=\dfrac{1}{a}$，$0<a<1$ とする。

不等式②を満たす x の値の範囲は

$$\boxed{\text{ヌ}} < x < \boxed{\text{ネ}}$$

である。よって，不等式①，②を同時に満たす x の値の範囲は

$$\boxed{\text{ノ}} < x < \boxed{\text{ハ}}$$

である。

$\boxed{\text{ヌ}}$ ～ $\boxed{\text{ハ}}$ の解答群(同じものを繰り返し選んでもよい。)

⓪ 0	① $\dfrac{1}{2}$	② $\dfrac{3+\sqrt{11}}{8}$	③ $\dfrac{3+\sqrt{13}}{8}$
④ $\dfrac{3+\sqrt{17}}{8}$	⑤ 1	⑥ $\dfrac{3+\sqrt{11}}{4}$	⑦ $\dfrac{3+\sqrt{13}}{4}$
⑧ $\dfrac{3+\sqrt{17}}{4}$	⑨ 2	ⓐ $2-\sqrt{3}$	ⓑ $2+\sqrt{3}$

第２問 （必答問題） （配点 30）

〔1〕 座標平面上で，放物線 $y = x^2$ を C とする。また，a を $0 < a < 1$ を満たす実数として，放物線 C 上の点 $(a,\ a^2)$ を A とする。

(1) 点 A における放物線 C の接線を ℓ とする。C と ℓ と直線 $x = -1$ および直線 $x = 1$ で囲まれた二つの図形の面積の和 S を a を用いて表そう。

ℓ の方程式は

$$y = \boxed{\text{アイ}}\, x - a^2$$

である。よって

$$S = \boxed{\text{ウ}}\, a^2 + \frac{\boxed{\text{エ}}}{\boxed{\text{オ}}}$$

である。

(2) C と直線 $y = a^2$ と直線 $x = -1$ および直線 $x = 1$ で囲まれた三つの図形の面積の和を T とする。

このとき

$$T_1 = \int_0^1 (x^2 - a^2)\, dx, \qquad T_2 = \int_0^a (x^2 - a^2)\, dx$$

とすると

$$T = \boxed{\text{カ}}\, T_1 - \boxed{\text{キ}}\, T_2$$

であるから

$$T = \frac{\boxed{\text{ク}}}{\boxed{\text{ケ}}} a^3 - \boxed{\text{コ}}\, a^2 + \frac{\boxed{\text{サ}}}{\boxed{\text{シ}}}$$

である。

よって，a が $0 < a < 1$ の範囲を動くとき，T は $a = \dfrac{\boxed{\text{ス}}}{\boxed{\text{セ}}}$ で最小値 $\dfrac{\boxed{\text{ソ}}}{\boxed{\text{タ}}}$ をとる。

（数学 II・数学 B 第２問は次ページに続く。）

(3)　$0 < a < 1$ とする。(1)の S，(2)の T について，S と T の大小関係は
［チ］。

［チ］の解答群

⓪　a の値に関わらずつねに $S < T$ である
①　a の値に関わらずつねに $S > T$ である
②　a の値により $S < T$ となることも，$S > T$ となることもある

（数学II・数学B 第2問は次ページに続く。）

〔2〕 a, bを実数, $a \neq 0$として

$$f(x) = x^3 - 3ax^2 - 9a^2x + b$$

とおく。関数 $f(x)$ は極小値0をもつとする。

(1) $a > 0$とする。

このとき, $b =$ ツテ a^3 であり, 極大値が4より大きくなるような a の値の範囲は

$$a > \frac{\boxed{\text{ト}}}{\boxed{\text{ナ}}}$$

である。

また, 方程式 $f(x) = 4$ の正の解の個数が2個になるような a の値の範囲は

$$a > \frac{\sqrt[3]{\boxed{\text{ニ}}}}{\boxed{\text{ヌ}}}$$

である。

(数学II・数学B 第2問は次ページに続く。)

(2)　$a<0$ とする。

このとき，$b=$ [ネノ] a^3 であり，$y=f(x)$ のグラフの概形は [ハ] である。

[ハ] については，最も適当なものを，次の⓪～③のうちから一つ選べ。

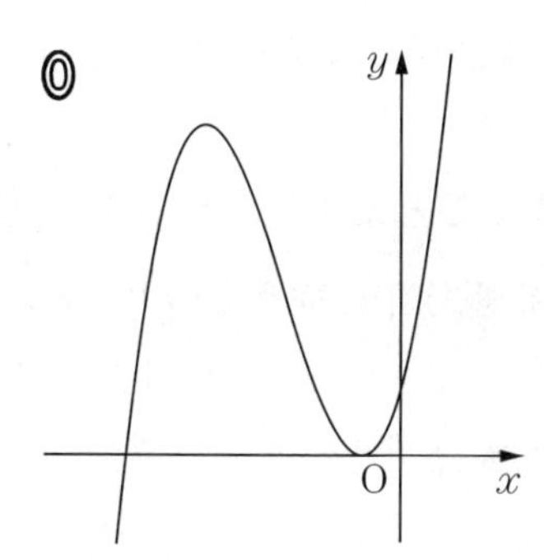

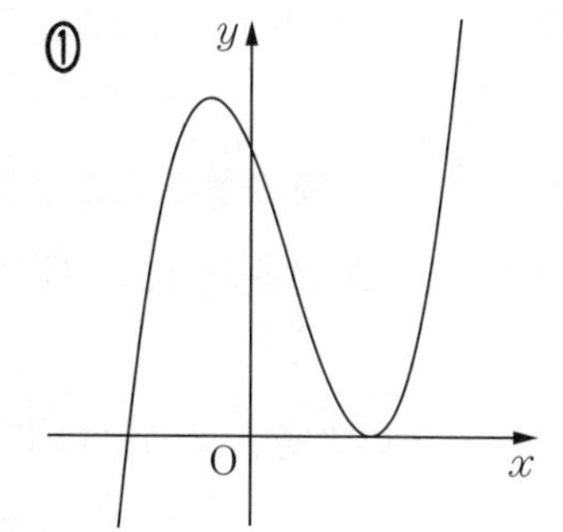

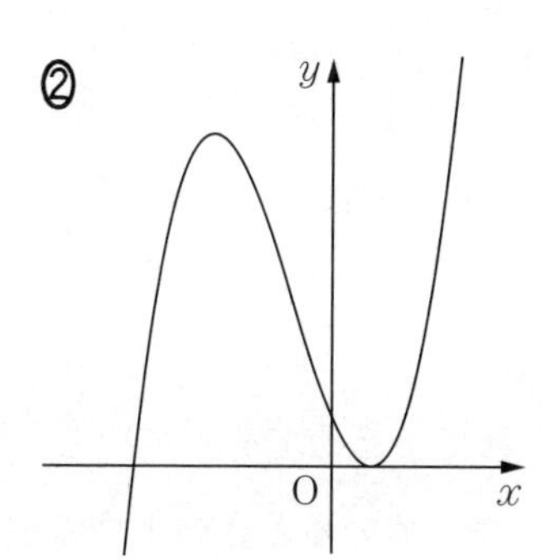

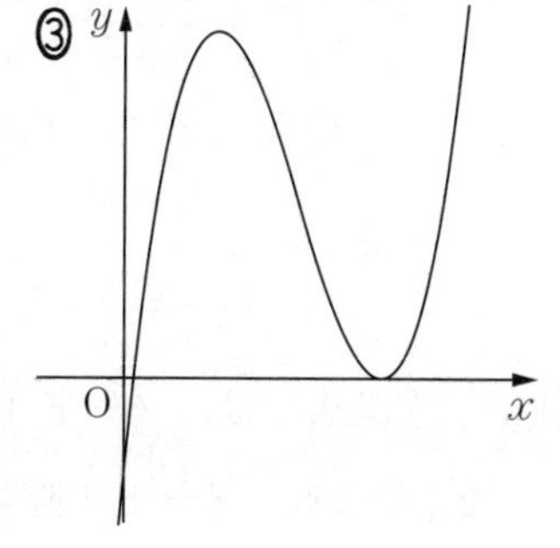

第3問～第5問は，いずれか2問を選択し，解答しなさい。

第3問 （選択問題）（配点　20）

以下の問題を解答するにあたっては，必要に応じて15ページの正規分布表を用いてもよい。

花子さんは，文具店でノートを100冊購入して，1冊ずつの重さ(単位はg)を調べたところ，標本平均は120，標本の標準偏差は3であった。

(1)　ノート1冊の重さを確率変数 X で表すことにする。花子さんの調査をもとにして，X は平均120，標準偏差3の正規分布に従うものとする。

(i)　このとき，X が117以上となる確率は

$$P(X \geqq 117) = 0.\boxed{\text{アイウエ}}$$

であり，X が129以上である確率は

$$P(X \geqq 129) = 0.\boxed{\text{オカキク}}$$

である。

(ii)　文具店では，ノート4冊を袋に入れてまとめて売っている。袋の重さは2gである。ノート4冊を袋に入れて売っているときの1袋の重さを確率変数 Y で表すと，Y の平均(期待値) $E(Y)$ は

$$E(Y) = \boxed{\text{ケ}}$$

Y の標準偏差 $\sigma(Y)$ は

$$\sigma(Y) = \boxed{\text{コ}}$$

である。

ケ，コ の解答群

⓪ 3	① 5	② 6	③ 8	④ 12
⑤ 14	⑥ 480	⑦ 482	⑧ 484	⑨ 486

(数学II・数学B第3問は次ページに続く。)

(2)　次に，太郎さんはノート225冊を購入し，ノート1冊の重さ(母平均) m の推定を行った。

ノート225冊の標本平均は119であった。母標準偏差は花子さんの調査から3として考えることにする。

(i)　母平均 m に対する信頼度95%の信頼区間は［サ］であり，信頼度90%の信頼区間は［シ］。

［サ］の解答群

⓪ $118.0 \leqq m \leqq 120.0$
① $118.2 \leqq m \leqq 119.8$
② $118.4 \leqq m \leqq 119.6$
③ $118.6 \leqq m \leqq 119.4$
④ $118.8 \leqq m \leqq 119.2$

［シ］の解答群

⓪ 信頼度95%の信頼区間と同じ範囲である
① 信頼度95%の信頼区間より狭い範囲になる
② 信頼度95%の信頼区間より広い範囲になる

(ii)　この標本から得られる母平均 m の信頼度90%の信頼区間を $A \leqq m \leqq B$ とし，信頼区間の幅を $L_1 = B - A$ とする。

また，信頼度95%の信頼区間を $C \leqq m \leqq D$ とし，信頼区間の幅を $L_2 = D - C$ とするとき

$$\frac{L_1}{L_2} = \boxed{ス}$$

が成り立つ。

［ス］の解答群

⓪ 0.76	① 0.80	② 0.84	③ 0.88	④ 0.92
⑤ 1.00	⑥ 1.08	⑦ 1.16	⑧ 1.24	⑨ 1.32

(数学II・数学B第3問は15ページに続く。)

(下 書 き 用 紙)

数学II・数学Bの試験問題は次に続く。

正 規 分 布 表

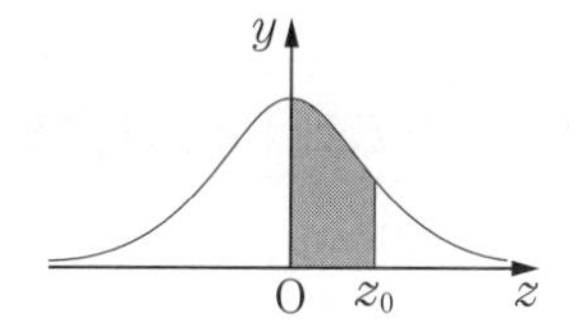

次の表は，標準正規分布の分布曲線における右図の灰色部分の面積の値をまとめたものである。

z_0	0.00	0.01	0.02	0.03	0.04	0.05	0.06	0.07	0.08	0.09
0.0	0.0000	0.0040	0.0080	0.0120	0.0160	0.0199	0.0239	0.0279	0.0319	0.0359
0.1	0.0398	0.0438	0.0478	0.0517	0.0557	0.0596	0.0636	0.0675	0.0714	0.0753
0.2	0.0793	0.0832	0.0871	0.0910	0.0948	0.0987	0.1026	0.1064	0.1103	0.1141
0.3	0.1179	0.1217	0.1255	0.1293	0.1331	0.1368	0.1406	0.1443	0.1480	0.1517
0.4	0.1554	0.1591	0.1628	0.1664	0.1700	0.1736	0.1772	0.1808	0.1844	0.1879
0.5	0.1915	0.1950	0.1985	0.2019	0.2054	0.2088	0.2123	0.2157	0.2190	0.2224
0.6	0.2257	0.2291	0.2324	0.2357	0.2389	0.2422	0.2454	0.2486	0.2517	0.2549
0.7	0.2580	0.2611	0.2642	0.2673	0.2704	0.2734	0.2764	0.2794	0.2823	0.2852
0.8	0.2881	0.2910	0.2939	0.2967	0.2995	0.3023	0.3051	0.3078	0.3106	0.3133
0.9	0.3159	0.3186	0.3212	0.3238	0.3264	0.3289	0.3315	0.3340	0.3365	0.3389
1.0	0.3413	0.3438	0.3461	0.3485	0.3508	0.3531	0.3554	0.3577	0.3599	0.3621
1.1	0.3643	0.3665	0.3686	0.3708	0.3729	0.3749	0.3770	0.3790	0.3810	0.3830
1.2	0.3849	0.3869	0.3888	0.3907	0.3925	0.3944	0.3962	0.3980	0.3997	0.4015
1.3	0.4032	0.4049	0.4066	0.4082	0.4099	0.4115	0.4131	0.4147	0.4162	0.4177
1.4	0.4192	0.4207	0.4222	0.4236	0.4251	0.4265	0.4279	0.4292	0.4306	0.4319
1.5	0.4332	0.4345	0.4357	0.4370	0.4382	0.4394	0.4406	0.4418	0.4429	0.4441
1.6	0.4452	0.4463	0.4474	0.4484	0.4495	0.4505	0.4515	0.4525	0.4535	0.4545
1.7	0.4554	0.4564	0.4573	0.4582	0.4591	0.4599	0.4608	0.4616	0.4625	0.4633
1.8	0.4641	0.4649	0.4656	0.4664	0.4671	0.4678	0.4686	0.4693	0.4699	0.4706
1.9	0.4713	0.4719	0.4726	0.4732	0.4738	0.4744	0.4750	0.4756	0.4761	0.4767
2.0	0.4772	0.4778	0.4783	0.4788	0.4793	0.4798	0.4803	0.4808	0.4812	0.4817
2.1	0.4821	0.4826	0.4830	0.4834	0.4838	0.4842	0.4846	0.4850	0.4854	0.4857
2.2	0.4861	0.4864	0.4868	0.4871	0.4875	0.4878	0.4881	0.4884	0.4887	0.4890
2.3	0.4893	0.4896	0.4898	0.4901	0.4904	0.4906	0.4909	0.4911	0.4913	0.4916
2.4	0.4918	0.4920	0.4922	0.4925	0.4927	0.4929	0.4931	0.4932	0.4934	0.4936
2.5	0.4938	0.4940	0.4941	0.4943	0.4945	0.4946	0.4948	0.4949	0.4951	0.4952
2.6	0.4953	0.4955	0.4956	0.4957	0.4959	0.4960	0.4961	0.4962	0.4963	0.4964
2.7	0.4965	0.4966	0.4967	0.4968	0.4969	0.4970	0.4971	0.4972	0.4973	0.4974
2.8	0.4974	0.4975	0.4976	0.4977	0.4977	0.4978	0.4979	0.4979	0.4980	0.4981
2.9	0.4981	0.4982	0.4982	0.4983	0.4984	0.4984	0.4985	0.4985	0.4986	0.4986
3.0	0.4987	0.4987	0.4987	0.4988	0.4988	0.4989	0.4989	0.4989	0.4990	0.4990

第3問～第5問は，いずれか2問を選択し，解答しなさい。

第4問 （選択問題）（配点　20）

数列 $\{a_n\}$ は，第2項が 10，第5項が 19 である等差数列である。この数列の一般項は

$$a_n = \boxed{\text{ア}}\,n + \boxed{\text{イ}}$$

である。また，数列 $\{b_n\}$ は

$$b_1 = -6, \quad b_{n+1} = -2b_n \quad (n = 1,\ 2,\ 3,\ \cdots)$$

により定められている。このとき，$\{b_n\}$ の一般項を表す式として正しいものは，$\boxed{\text{ウ}}$ と $\boxed{\text{エ}}$ である。

$\boxed{\text{ウ}}$，$\boxed{\text{エ}}$ の解答群（解答の順序は問わない。）

⓪ $3\cdot(-2)^{n-1}$	① $-3\cdot 2^{n-1}$	② $3\cdot(-2)^{n}$
③ $-3\cdot 2^{n}$	④ $-6\cdot(-2)^{n-1}$	⑤ $6\cdot 2^{n-1}$
⑥ $6\cdot(-2)^{n}$	⑦ $6\cdot 2^{n}$	⑧ 12^{n-1}
⑨ $(-12)^{n-1}$		

（数学 II・数学 B 第 4 問は次ページに続く。）

(1)　太郎さんと花子さんは，数列 $\{a_n\}$，$\{b_n\}$ に関する**問題 A** について話している。

問題 A　数列 $\{a_n{}^2\}$, $\{b_n{}^2\}$ の初項から第 n 項までの和をそれぞれ求めよ。

太郎：$\displaystyle\sum_{k=1}^{n} a_k{}^2$ は $\displaystyle\sum_{k=1}^{n} k$，$\displaystyle\sum_{k=1}^{n} k^2$ などの公式を利用することによって求められるね。

花子：$\displaystyle\sum_{k=1}^{n} b_k{}^2$ は等比数列の和として考えられそうだね。［ウ］，［エ］のどちらを使っても求めることができるよ。

$$\sum_{k=1}^{n} a_k{}^2 = \frac{1}{2}n\left(\boxed{\text{オ}}\,n^2 + \boxed{\text{カキ}}\,n + \boxed{\text{クケ}}\right)$$

$$\sum_{k=1}^{n} b_k{}^2 = \boxed{\text{コサ}}\left(\boxed{\text{シ}}^{\,n} - 1\right)$$

である。

（数学 II・数学 B 第 4 問は次ページに続く。）

(2)　次に，花子さんと太郎さんは数列の積の和について**問題B**を考えることにした。

問題B　$\sum_{k=1}^{n} {a_k}^2{b_k}^2 = S_n$ とするとき，S_n を n の式で表せ。

花子：**問題A**の $\sum_{k=1}^{n} {a_k}^2$ と $\sum_{k=1}^{n} {b_k}^2$ をかけた式 $\left(\sum_{k=1}^{n} {a_k}^2\right)\left(\sum_{k=1}^{n} {b_k}^2\right)$ とは異なるね。

太郎：そうだね，似ているけれどまったく異なるものだよ。具体的に表してみると

$$\sum_{k=1}^{n} {a_k}^2{b_k}^2 = {a_1}^2{b_1}^2 + {a_2}^2{b_2}^2 + \cdots + {a_n}^2{b_n}^2$$

$$\left(\sum_{k=1}^{n} {a_k}^2\right)\left(\sum_{k=1}^{n} {b_k}^2\right) = ({a_1}^2 + {a_2}^2 + \cdots + {a_n}^2)({b_1}^2 + {b_2}^2 + \cdots + {b_n}^2)$$

となるよ。

花子：そうすると，**問題B**を解くには何か工夫が必要だね。${a_k}^2{b_k}^2$ を計算すると $\boxed{\text{シ}}^{\,n}$ が必ず現れるよ。

太郎：一般項を求めるときに階差数列を考えるという方法があったよね。この方法を使うときは，階差数列の和を求める必要があるよ。

花子：そうか。$\{{a_n}^2{b_n}^2\}$ が階差数列となるような新しい数列を考えると，$\sum_{k=1}^{n} {a_k}^2{b_k}^2$ が求められそうだね。

(i)　次の ⓪ ～ ② のうち，正しいものは $\boxed{\text{ス}}$ である。

$\boxed{\text{ス}}$ の解答群

⓪　$\left(\sum_{k=1}^{n} {a_k}^2\right)\left(\sum_{k=1}^{n} {b_k}^2\right)$ は $\sum_{k=1}^{n} {a_k}^2{b_k}^2$ より大きい。

①　$\left(\sum_{k=1}^{n} {a_k}^2\right)\left(\sum_{k=1}^{n} {b_k}^2\right)$ は $\sum_{k=1}^{n} {a_k}^2{b_k}^2$ より小さい。

②　$\left(\sum_{k=1}^{n} {a_k}^2\right)\left(\sum_{k=1}^{n} {b_k}^2\right)$ と $\sum_{k=1}^{n} {a_k}^2{b_k}^2$ の大小関係はわからないが，同じ値にはならない。

（数学II・数学B 第4問は次ページに続く。）

(ii)　すべての自然数 k に対して

$$c_{k+1} - c_k = {a_k}^2{b_k}^2 \qquad \cdots\cdots ①$$

を満たしていて

$$c_n = (pn^2 + qn + r) \cdot \boxed{\text{シ}}^{\,n} \qquad (p,\ q,\ r \text{ は定数})$$

の形で表される数列 $\{c_n\}$ を考える。

$$\begin{aligned} c_{k+1} - c_k &= \{p(k+1)^2 + q(k+1) + r\} \cdot \boxed{\text{シ}}^{\,k+1} \\ &\qquad - (pk^2 + qk + r) \cdot \boxed{\text{シ}}^{\,k} \\ &= \{3pk^2 + (8p + 3q)k + (4p + 4q + 3r)\} \cdot \boxed{\text{シ}}^{\,k} \end{aligned}$$

である。すべての自然数 k に対して①が成り立つことを利用すると

$$p = \boxed{\text{セソ}}, \quad q = \boxed{\text{タ}}, \quad r = \boxed{\text{チツ}}$$

である。

(iii)　$\displaystyle\sum_{k=1}^{n} {a_k}^2{b_k}^2 = \sum_{k=1}^{n}(c_{k+1} - c_k)$ であることを利用して，$S_n = \displaystyle\sum_{k=1}^{n} {a_k}^2{b_k}^2$ を求めよう。

$$\sum_{k=1}^{n} {a_k}^2{b_k}^2 = c_{\boxed{\text{テ}}} - c_{\boxed{\text{ト}}}$$

であるから

$$\begin{aligned} S_n &= \sum_{k=1}^{n} {a_k}^2{b_k}^2 \\ &= \left(\boxed{\text{ナニ}}\,n^2 + \boxed{\text{ヌネ}}\,n + \boxed{\text{ノハ}}\right) \cdot \boxed{\text{シ}}^{\,n+1} - \boxed{\text{ヒフヘ}} \end{aligned}$$

である。

$\boxed{\text{テ}}$，$\boxed{\text{ト}}$ の解答群

⓪ $n-2$	① $n-1$	② n	③ $n+1$
④ $n+2$	⑤ 0	⑥ 1	⑦ 2

第3問〜第5問は，**いずれか2問を選択**し，解答しなさい。

第5問 （選択問題）（配点　20）

1辺の長さが $\sqrt{2}$ である正方形の紙を折ってできる図形について考えよう。

次の左の図のように紙の四つの頂点をA，B，C，Dとし，2本の対角線の交点をOとする。正方形の紙を対角線ACを折り目として折り，右の図のように折った後の頂点BをEとし，$\angle \mathrm{EOD} = \theta$ とおく。ただし，$0° < \theta < 180°$ とする。

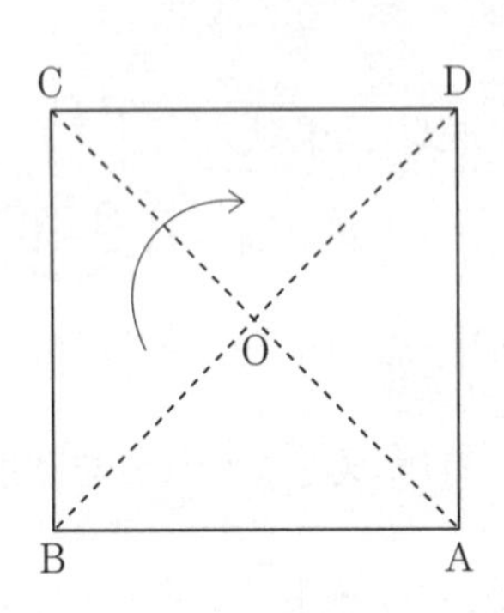

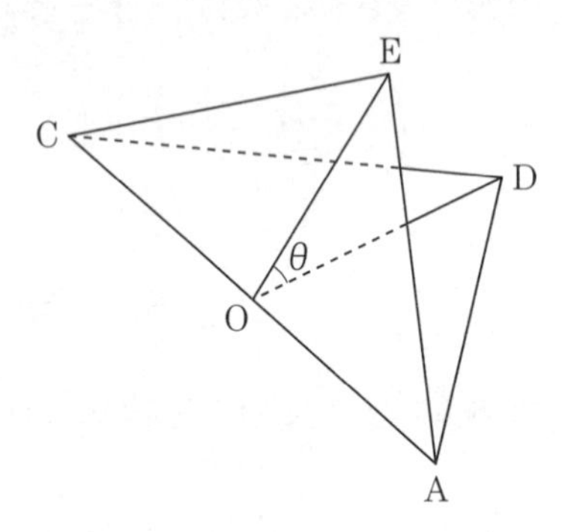

このとき

$$\overrightarrow{\mathrm{OA}} \cdot \overrightarrow{\mathrm{OB}} = \boxed{\text{ア}}, \quad \overrightarrow{\mathrm{OA}} \cdot \overrightarrow{\mathrm{OD}} = \boxed{\text{イ}}$$

である。

(1)　$\theta = 60°$ のとき

$$\overrightarrow{\mathrm{OE}} \cdot \overrightarrow{\mathrm{OD}} = \frac{\boxed{\text{ウ}}}{\boxed{\text{エ}}}, \quad \mathrm{ED} = \boxed{\text{オ}}$$

であり

$$\overrightarrow{\mathrm{AE}} \cdot \overrightarrow{\mathrm{AD}} = \frac{\boxed{\text{カ}}}{\boxed{\text{キ}}}$$

である。

（数学 II・数学 B 第5問は次ページに続く。）

(2)　$\angle \mathrm{EAD} = 60^\circ$ とする。

$$\mathrm{ED} = \sqrt{\boxed{\text{ク}}}$$

であるから，$\theta =$ ケ である。

ケ の解答群

⓪ 30°	① 45°	② 60°	③ 90°	④ 120°	⑤ 135°	⑥ 150°

また

$$\overrightarrow{\mathrm{CE}} = \boxed{\text{コ}}, \quad \overrightarrow{\mathrm{CD}} = \boxed{\text{サ}}$$

である。

コ ， サ の解答群(同じものを繰り返し選んでもよい。)

⓪ $\overrightarrow{\mathrm{OA}} + \overrightarrow{\mathrm{OE}}$	① $\overrightarrow{\mathrm{OA}} - \overrightarrow{\mathrm{OE}}$	② $-\overrightarrow{\mathrm{OA}} + \overrightarrow{\mathrm{OE}}$
③ $\overrightarrow{\mathrm{OA}} + \overrightarrow{\mathrm{OD}}$	④ $\overrightarrow{\mathrm{OA}} - \overrightarrow{\mathrm{OD}}$	⑤ $-\overrightarrow{\mathrm{OA}} + \overrightarrow{\mathrm{OD}}$

　このとき，3点E, C, Dを含む平面をαとし，Aからαに引いた垂線と，αの交点をHとする。Hはα上の点であるから，実数s，tを用いて$\overrightarrow{\mathrm{CH}} = s\overrightarrow{\mathrm{CE}} + t\overrightarrow{\mathrm{CD}}$の形に表される。$\overrightarrow{\mathrm{AH}} \cdot \overrightarrow{\mathrm{CE}} = \overrightarrow{\mathrm{AH}} \cdot \overrightarrow{\mathrm{CD}} =$ シ により

$$s = \frac{\boxed{\text{ス}}}{\boxed{\text{セ}}}, \quad t = \frac{\boxed{\text{ソ}}}{\boxed{\text{タ}}}$$

である。

(数学II・数学B 第5問は次ページに続く。)

さらに，このとき，4点A，E，C，Dを頂点とする四面体をKとする。Kについての記述として**正しくないもの**は，次の⓪～③のうち［チ］である。

［チ］の解答群

⓪ 三角形AECと三角形ECDは合同ではない。
① 辺ACの長さの方が辺DEの長さより長い。
② 4点A，E，C，Dをすべて通る球面が存在する。
③ 点Hは三角形ECDの内部にある。

第３回
実戦問題

（100点　60分）

標準所要時間

第１問	18分	第４問	12分
第２問	18分	第５問	12分
第３問	12分		

（注）　第１問・第２問は必答，第３問～第５問のうち２問選択解答

(注) この科目には，選択問題があります。

数　学　II・B

第1問 （必答問題）（配点　30）

〔1〕 O を原点とする座標平面上に 2 点 A(4, 0)，B(0, 2) がある。

(1) 3 点 O，A，B を通る円 C の方程式は

$$\left(x-\boxed{\text{ア}}\right)^2+\left(y-\boxed{\text{イ}}\right)^2=\boxed{\text{ウ}}$$

である。また，点 B における C の接線の方程式は

$$y=\boxed{\text{エ}}\,x+\boxed{\text{オ}}$$

である。

(2) 座標平面上で，連立不等式

$$\begin{cases}\left(x-\boxed{\text{ア}}\right)^2+\left(y-\boxed{\text{イ}}\right)^2 \leqq \boxed{\text{ウ}} \\ xy \geqq 0\end{cases}$$

の表す領域を D とする。D を図示すると $\boxed{\boxed{\text{カ}}}$ の斜線部分になる。ただし，境界を含む。

$\boxed{\boxed{\text{カ}}}$ については，最も適当なものを，次の ⓪～⑤ のうちから一つ選べ。

（数学 II・数学 B 第 1 問は次ページに続く。）

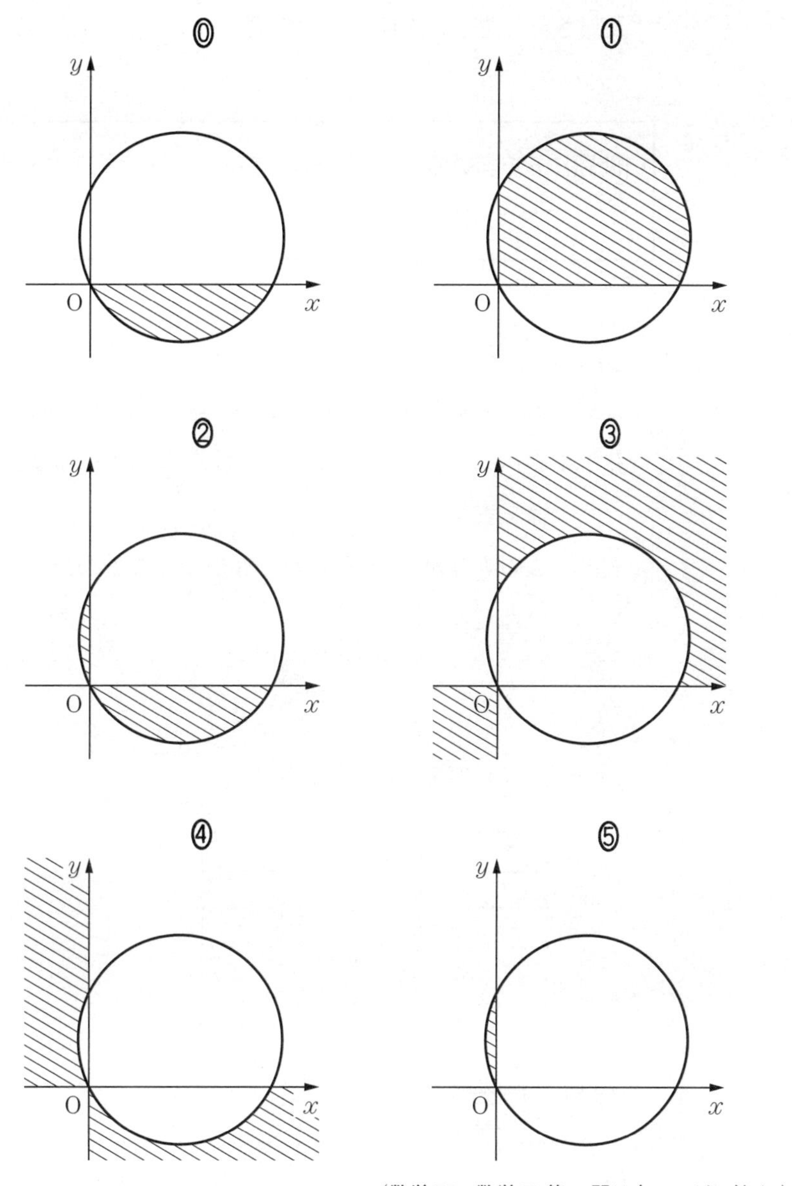

(数学 II・数学 B 第 1 問は次ページに続く。)

太郎さんと花子さんは，次の問題について考えている。

問題 a を実数の定数とする。点 $(x,\ y)$ が領域 D 内を動くとき，$y-ax$ の最大値を求めよ。

太郎：先生から $y-ax=k$ とおいて考えるように教わったよね。

花子：$y-ax=k$ とおくと，これは点 $(0,\ k)$ を通り，傾きが a の直線を表すから……

太郎：この直線が D と共有点をもつような k の最大値を求めればいいんだね。

$y-ax$ の最大値を M とすると

$a <$ キ のとき　$M=$ ク

$a \geqq$ キ のとき　$M=$ ケ

である。

ク，ケ の解答群

⓪ 0	① $2a-1+2\sqrt{a^2+1}$
② 1	③ $-2a+3+2\sqrt{a^2+1}$
④ 2	⑤ $2a+2+\sqrt{5(a^2+1)}$
⑥ 3	⑦ $-2a+1+\sqrt{5(a^2+1)}$

（数学 II・数学 B 第 1 問は 6 ページに続く。）

（下 書 き 用 紙）

数学II・数学Bの試験問題は次に続く。

〔2〕 $a>0$，$a \neq 1$ とする。$0<x \leqq a^2$ の範囲において，関数

$$y = 2(\log_{a^2} x)^2 + \log_a x^2$$

の最小値を求めよう。

$t = \log_a x$ とおくと

$$\log_{a^2} x = \boxed{\boxed{\text{コ}}}, \qquad \log_a x^2 = \boxed{\boxed{\text{サ}}}$$

であるから，y を t の式で表すと

$$y = \frac{\boxed{\text{シ}}}{\boxed{\text{ス}}}t^2 + \boxed{\text{セ}}\,t$$

となる。

$\boxed{\boxed{\text{コ}}}$，$\boxed{\boxed{\text{サ}}}$ の解答群

⓪ $\frac{1}{4}t$	① $\frac{1}{3}t$	② $\frac{1}{2}t$	③ t
④ $2t$	⑤ $3t$	⑥ $4t$	

(数学 II・数学 B 第 1 問は次ページに続く。)

(1)　$a=3$ とする。このとき，y は

$$x=\frac{\boxed{\text{ソ}}}{\boxed{\text{タ}}}$$ で最小値 $-\boxed{\text{チ}}$ をとる。

(2)　$a=\frac{1}{2}$ とする。このとき，y は

$$x=\frac{\boxed{\text{ツ}}}{\boxed{\text{テ}}}$$ で最小値 $\boxed{\text{ト}}$ をとる。

(数学II・数学B第1問は次ページに続く。)

〔3〕 a，b は $a > b > 0$ を満たす定数とする。$0 \leqq \theta \leqq \pi$ の範囲において関数 $f(\theta) = a\cos^2\theta + (a-b)\sin\theta\cos\theta + b\sin^2\theta$ を考える。

(1) $a = 5$，$b = 3$ のとき

$$f(\theta) = \sqrt{\boxed{\text{ナ}}}\sin\left(2\theta + \frac{\pi}{\boxed{\text{ニ}}}\right) + \boxed{\text{ヌ}}$$

と変形できる。$f(\theta)$ のとり得る値の範囲は

$$\boxed{\text{ネ}} - \sqrt{\boxed{\text{ノ}}} \leqq f(\theta) \leqq \boxed{\text{ネ}} + \sqrt{\boxed{\text{ノ}}}$$

である。

（数学 II・数学 B 第 1 問は次ページに続く。）

(2)　$a=4$ かつ $f(\theta)$ の最大値が $3+\sqrt{2}$ のとき

$$b=\boxed{\text{ハ}}$$

であり，$f(\theta)$ は $\theta=\dfrac{\pi}{\boxed{\text{ヒ}}}$ で最大となる。

(3)　$f(\theta)=0$ を満たす θ がただ一つである条件は

$$b=\left(\boxed{\text{フ}}-\boxed{\text{ヘ}}\sqrt{\boxed{\text{ホ}}}\right)a$$

である。

第2問 （必答問題）（配点　30）

〔1〕 a を実数の定数として，x の関数

$$f(x) = x^3 - 3(a+1)x^2 + 3a(a+2)x$$

を考える。

(1) $f(x)$ は $x =$ [ア]，$a +$ [イ] のとき極値をとる。
極大値を M，極小値を m とすると

$M = a^{[ウ]}\left(a + [エ]\right)$

$m = \left(a + [オ]\right)^2\left(a - [カ]\right)$

である。

$f(0) = 0$ に注意すると，$y = f(x)$ のグラフの概形は
$a = -2$ のとき [キ] であり，$0 < a < 1$ のとき [ク] である。

[キ]，[ク] については，最も適当なものを，次の ⓪～⑤ のうちから一つずつ選べ。

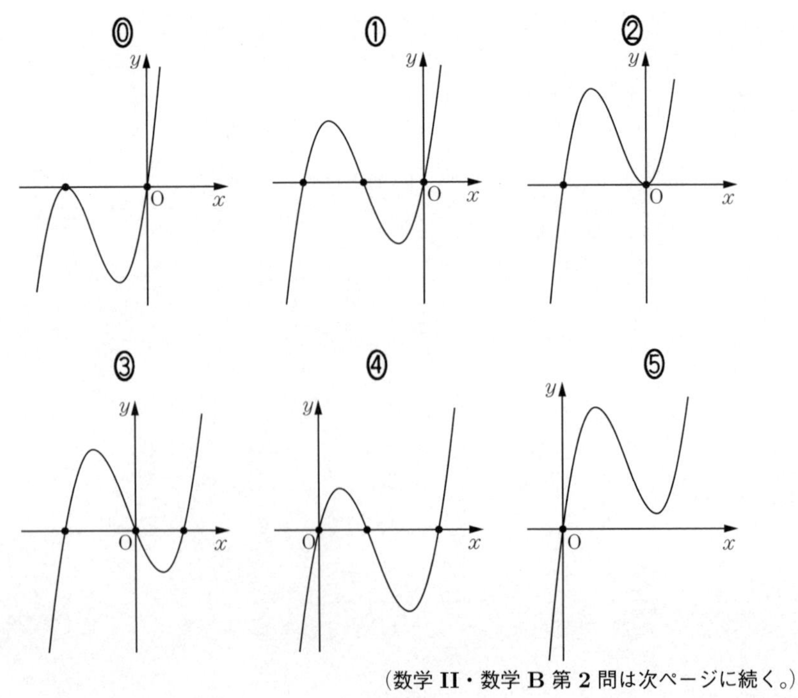

（数学 II・数学 B 第 2 問は次ページに続く。）

(2)　$a = -$ エ とする。

曲線 $y = f(x)$ の原点における接線を ℓ_1 とすると，ℓ_1 の傾きは ケ である。

$y = f(x)$ の接線で ℓ_1 と平行なもののうち，ℓ_1 と異なるものを ℓ_2 とする。ℓ_2 と $y = f(x)$ の接点の x 座標は コサ であり，ℓ_2 の方程式は

$y =$ ケ $x +$ シス

である。

曲線 $y = f(x)$ と ℓ_2 で囲まれた図形の $x \leqq 0$ を満たす部分の面積は セソ である。

(数学II・数学B 第2問は次ページに続く。)

〔2〕 $f(x)$，$g(x)$ を 2 次関数とし，放物線 $y=f(x)$ を C，放物線 $y=g(x)$ を D とする。

(1) α，β を $\alpha<\beta$ を満たす実数とし，2 曲線 C，D と 2 直線 $x=\alpha$，$x=\beta$ が図 1 のような位置関係にあるとする。2 曲線 C，D および 2 直線 $x=\alpha$，$x=\beta$ の四つのうち少なくとも二つで囲まれた三つの図形の斜線部分の面積を，それぞれ S_1，S_2，S_3 とすると

$$\int_{\alpha}^{\beta}\{f(x)-g(x)\}\,dx=\boxed{\text{タ}}$$

が成り立つ。なお，C を太線で示している。

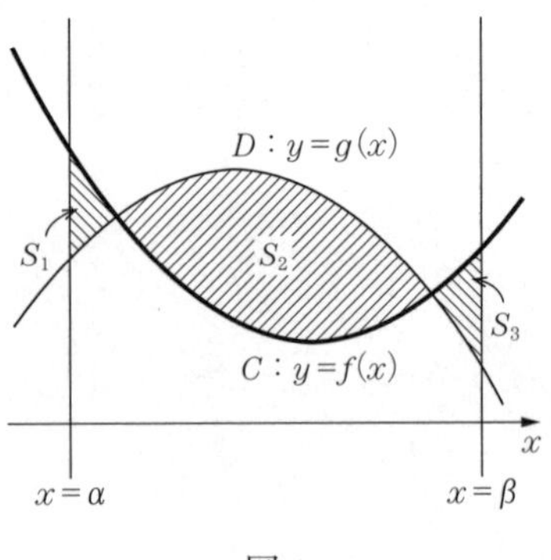

図 1

$\boxed{\text{タ}}$ の解答群

⓪ $S_1+S_2+S_3$	① $S_1-S_2+S_3$
② $-S_1+S_2-S_3$	③ $-S_1-S_2-S_3$

（数学 II・数学 B 第 2 問は次ページに続く。）

(2)　a を正の実数とし，関数 $f(x)$，$g(x)$ を

$$f(x) = x^2, \quad g(x) = -x^2 + 8ax - 6a^2$$

とする。

C，D の交点の x 座標は $x =$ [チ]，[ツテ] である。

2 曲線 C，D の $0 \leqq x \leqq 3$ を満たす部分，および，2 直線 $x = 0$，$x = 3$ の四つのうち少なくとも二つで囲まれた図形の面積の総和を S とする。

(i)　$a \geqq 3$ のとき

$$S = \boxed{\text{ト}} \int_0^3 (x^2 - 4ax + 3a^2)\,dx$$
$$= \boxed{\text{ナニ}} \left(a^2 - \boxed{\text{ヌ}}\,a + \boxed{\text{ネ}}\right)$$

である。

(ii)　$0 < a < 1$ のとき

(1)を利用することで

$$S = \boxed{\text{ト}} \int_0^3 (x^2 - 4ax + 3a^2)\,dx$$
$$+ \boxed{\text{ノ}} \int_{\boxed{\text{チ}}}^{\boxed{\text{ツテ}}} (x^2 - 4ax + 3a^2)\,dx$$
$$= \frac{\boxed{\text{ハヒ}}}{\boxed{\text{フ}}} a^3 + \boxed{\text{ナニ}} \left(a^2 - \boxed{\text{ヌ}}\,a + \boxed{\text{ネ}}\right)$$

である。

[ト]，[ノ] の解答群(同じものを繰り返し選んでもよい。)

⓪ 2	① (−2)	② 3
③ (−3)	④ 4	⑤ (−4)

(数学II・数学B 第2問は次ページに続く。)

(3)　a が $a>0$ の範囲を動くとする。

S は，$0<a<1$ の範囲で［ヘ］。

また，S は，$a>3$ の範囲で［ホ］。

［ヘ］，［ホ］の解答群(同じものを繰り返し選んでもよい。)

⓪　つねに減少する

①　つねに増加する

②　一定である

③　極小値をとるが，極大値はとらない

④　極大値をとるが，極小値はとらない

⑤　極大値と極小値の両方をとる

（下 書 き 用 紙）

数学II・数学Bの試験問題は次に続く。

第3問～第5問は，いずれか2問を選択し，解答しなさい。

第3問 （選択問題）（配点　20）

以下の問題を解答するにあたっては，必要に応じて21ページの正規分布表を用いてもよい。

S高校の保健室の先生は，最近体調を崩して保健室を訪れる生徒が増えたことを気にしており，保健室を訪れた生徒に聞き取り調査を行ったところ，大多数の生徒の睡眠時間が6時間未満であった。そこで平日の睡眠時間に関して，100人の生徒を無作為に抽出して調査を行った。

その結果，100人の生徒のうち，平日の睡眠時間が6時間未満である生徒は48人であり，平日の睡眠時間が8時間以上である生徒は7人であった。また，この100人の生徒の平日の睡眠時間(分)の平均値は350であった。S高校の生徒全員の平日の睡眠時間(分)の母平均をm，母標準偏差をσとする。

(1)　平日の睡眠時間が6時間未満である生徒の母比率を0.5，平日の睡眠時間が8時間以上である生徒の母比率を0.1とする。このとき，100人の無作為標本のうちで，平日の睡眠時間が6時間未満である生徒の数を表す確率変数をXとし，平日の睡眠時間が8時間以上である生徒の数を表す確率変数をYとすると，X，Yはともに二項分布に従う。X，Yの平均(期待値)をそれぞれ$E(X)$，$E(Y)$とすると

$$\frac{E(X)}{E(Y)} = \boxed{\text{ア}}$$

である。また，X，Yの標準偏差をそれぞれ$\sigma(X)$，$\sigma(Y)$とすると

$$\frac{\sigma(X)}{\sigma(Y)} = \frac{\boxed{\text{イ}}}{\boxed{\text{ウ}}}$$

である。

(数学II・数学B第3問は次ページに続く。)

無作為に抽出された100人の生徒のうち，平日の睡眠時間が6時間未満である生徒が48人以下である確率をp_1，平日の睡眠時間が8時間以上である生徒が7人以上である確率をp_2とする。

標本の大きさ100は十分に大きいので，X，Yは近似的に正規分布に従うことを用いてp_1の近似値を求めると，$p_1 =$ エ である。

また，p_1とp_2の大小関係について オ が成り立つ。

エ については，最も適当なものを，次の⓪～⑤のうちから一つ選べ。

⓪ 0.015	① 0.080	② 0.155
③ 0.345	④ 0.655	⑤ 0.845

オ の解答群

⓪ $p_1 < p_2$	① $p_1 = p_2$	② $p_1 > p_2$

（数学II・数学B第3問は次ページに続く。）

(2)　S 高校の 100 人の生徒を無作為に抽出して，平日の睡眠時間について調査した。ただし，平日の睡眠時間は母平均 m，母標準偏差 σ の分布に従うものとする。

$\sigma = 100$ と仮定したとき，平日の睡眠時間の母平均 m に対する信頼度 95% の信頼区間を $C_1 \leqq m \leqq C_2$ とする。このとき，標本の大きさ 100 は十分大きいことと，平日の睡眠時間の標本平均が 350 であることから

$C_1 =$ カキク . ケコ ，　$C_2 =$ サシス . セソ

である。

また，$\sigma = 200$ と仮定したとき，平日の睡眠時間の母平均 m に対する信頼度 95% の信頼区間を $D_1 \leqq m \leqq D_2$ とすると

$D_2 - D_1 =$ タ $(C_2 - C_1)$

である。

(数学 II・数学 B 第 3 問は次ページに続く。)

(3)　S高校の生活指導担当の先生も，保健室の先生が調査した同じ日に，生活指導の立場から独自に再調査を行った。

S高校の200人の生徒を無作為に抽出し調査を行ったところ，平日の睡眠時間が6時間未満であった人は n 人であった。また，調査を行った200人の平日の睡眠時間(分)の平均は350であり，保健室の先生が行った調査と同じ値になった。

このとき［チ］。

［チ］の解答群

⓪　n は必ず96と等しい	①　n は必ず96未満である
②　n は必ず96より大きい	③　n と96との大小はわからない

生活指導担当の先生が行った調査結果による，平日の睡眠時間(分)の母平均 m に対する信頼度95%の信頼区間を $E_1 \leqq m \leqq E_2$ とする。

また，保健室の先生が行った調査結果による，平日の睡眠時間(分)の母平均 m に対する信頼度95%の信頼区間を(2)の $C_1 \leqq m \leqq C_2$ とする。

ただし，母集団は同一であり，母標準偏差 $\sigma = 100$ とする。

このとき，次の⓪～⑤のうち，正しいものは［ツ］と［テ］である。

［ツ］，［テ］の解答群(解答の順序は問わない。)

⓪　$C_1 = E_1$ と $C_2 = E_2$ が必ず成り立つ。

①　$C_1 < E_1$ と $E_2 < C_2$ が必ず成り立つ。

②　$E_1 < C_1$ と $C_2 < E_2$ が必ず成り立つ。

③　$C_2 - C_1 > E_2 - E_1$ が必ず成り立つ。

④　$C_2 - C_1 = E_2 - E_1$ が必ず成り立つ。

⑤　$C_2 - C_1 < E_2 - E_1$ が必ず成り立つ。

(数学II・数学B第3問は21ページに続く。)

(下 書 き 用 紙)

数学 II・数学 B の試験問題は次に続く。

正 規 分 布 表

次の表は，標準正規分布の分布曲線における右図の灰色部分の面積の値をまとめたものである。

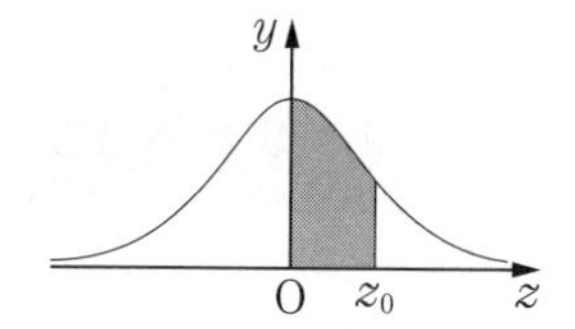

z_0	0.00	0.01	0.02	0.03	0.04	0.05	0.06	0.07	0.08	0.09
0.0	0.0000	0.0040	0.0080	0.0120	0.0160	0.0199	0.0239	0.0279	0.0319	0.0359
0.1	0.0398	0.0438	0.0478	0.0517	0.0557	0.0596	0.0636	0.0675	0.0714	0.0753
0.2	0.0793	0.0832	0.0871	0.0910	0.0948	0.0987	0.1026	0.1064	0.1103	0.1141
0.3	0.1179	0.1217	0.1255	0.1293	0.1331	0.1368	0.1406	0.1443	0.1480	0.1517
0.4	0.1554	0.1591	0.1628	0.1664	0.1700	0.1736	0.1772	0.1808	0.1844	0.1879
0.5	0.1915	0.1950	0.1985	0.2019	0.2054	0.2088	0.2123	0.2157	0.2190	0.2224
0.6	0.2257	0.2291	0.2324	0.2357	0.2389	0.2422	0.2454	0.2486	0.2517	0.2549
0.7	0.2580	0.2611	0.2642	0.2673	0.2704	0.2734	0.2764	0.2794	0.2823	0.2852
0.8	0.2881	0.2910	0.2939	0.2967	0.2995	0.3023	0.3051	0.3078	0.3106	0.3133
0.9	0.3159	0.3186	0.3212	0.3238	0.3264	0.3289	0.3315	0.3340	0.3365	0.3389
1.0	0.3413	0.3438	0.3461	0.3485	0.3508	0.3531	0.3554	0.3577	0.3599	0.3621
1.1	0.3643	0.3665	0.3686	0.3708	0.3729	0.3749	0.3770	0.3790	0.3810	0.3830
1.2	0.3849	0.3869	0.3888	0.3907	0.3925	0.3944	0.3962	0.3980	0.3997	0.4015
1.3	0.4032	0.4049	0.4066	0.4082	0.4099	0.4115	0.4131	0.4147	0.4162	0.4177
1.4	0.4192	0.4207	0.4222	0.4236	0.4251	0.4265	0.4279	0.4292	0.4306	0.4319
1.5	0.4332	0.4345	0.4357	0.4370	0.4382	0.4394	0.4406	0.4418	0.4429	0.4441
1.6	0.4452	0.4463	0.4474	0.4484	0.4495	0.4505	0.4515	0.4525	0.4535	0.4545
1.7	0.4554	0.4564	0.4573	0.4582	0.4591	0.4599	0.4608	0.4616	0.4625	0.4633
1.8	0.4641	0.4649	0.4656	0.4664	0.4671	0.4678	0.4686	0.4693	0.4699	0.4706
1.9	0.4713	0.4719	0.4726	0.4732	0.4738	0.4744	0.4750	0.4756	0.4761	0.4767
2.0	0.4772	0.4778	0.4783	0.4788	0.4793	0.4798	0.4803	0.4808	0.4812	0.4817
2.1	0.4821	0.4826	0.4830	0.4834	0.4838	0.4842	0.4846	0.4850	0.4854	0.4857
2.2	0.4861	0.4864	0.4868	0.4871	0.4875	0.4878	0.4881	0.4884	0.4887	0.4890
2.3	0.4893	0.4896	0.4898	0.4901	0.4904	0.4906	0.4909	0.4911	0.4913	0.4916
2.4	0.4918	0.4920	0.4922	0.4925	0.4927	0.4929	0.4931	0.4932	0.4934	0.4936
2.5	0.4938	0.4940	0.4941	0.4943	0.4945	0.4946	0.4948	0.4949	0.4951	0.4952
2.6	0.4953	0.4955	0.4956	0.4957	0.4959	0.4960	0.4961	0.4962	0.4963	0.4964
2.7	0.4965	0.4966	0.4967	0.4968	0.4969	0.4970	0.4971	0.4972	0.4973	0.4974
2.8	0.4974	0.4975	0.4976	0.4977	0.4977	0.4978	0.4979	0.4979	0.4980	0.4981
2.9	0.4981	0.4982	0.4982	0.4983	0.4984	0.4984	0.4985	0.4985	0.4986	0.4986
3.0	0.4987	0.4987	0.4987	0.4988	0.4988	0.4989	0.4989	0.4989	0.4990	0.4990

第3問〜第5問は，いずれか2問を選択し，解答しなさい。

第4問 （選択問題）（配点　20）

正の実数からなる数列 $\{a_n\}$ に対して，数列 $\{b_n\}$ は次の式を満たすとする。

$$b_n = \frac{3}{2a_n + 1} \quad (n = 1,\ 2,\ 3,\ \cdots)$$

(1)　a_n は，初項1，公比3の等比数列の初項から第 n 項までの和であるとする。このとき

$$a_n = \frac{\boxed{\text{ア}}}{\boxed{\text{イ}}}, \qquad b_n = \frac{1}{\boxed{\text{ウ}}}$$

である。よって

$$\sum_{k=1}^{n} b_k = \frac{1}{\boxed{\text{エ}}} \cdot \frac{\boxed{\text{オ}}}{\boxed{\text{カ}}}$$

である。

ア，ウ，オ，カ の解答群(同じものを繰り返し選んでもよい。)

⓪ $3^{n-1} - 1$	① 3^{n-1}	② $3^{n-1} + 1$
③ $3^n - 1$	④ 3^n	⑤ $3^n + 1$

(数学 II・数学 B 第4問は次ページに続く。)

(2)　$a_1 = 2$ であり，数列 $\{a_n\}$ の階差数列 $\{c_n\}$ が初項8，公差4の等差数列であるとする。このとき，$c_n = a_{n+1} - a_n$ であるから

$$a_{n+1} - a_n = \boxed{\text{キ}}\,n + \boxed{\text{ク}}$$

であり

$$a_n = \boxed{\text{ケ}}\,n^2 + \boxed{\text{コ}}\,n - \boxed{\text{サ}}$$

である。また

$$b_n = \frac{\boxed{\text{シ}}}{\boxed{\text{ス}}}\left(\frac{1}{\boxed{\boxed{\text{セ}}}} - \frac{1}{\boxed{\boxed{\text{ソ}}}}\right)$$

であるから

$$\sum_{k=1}^{n} b_k = \frac{n\left(\boxed{\boxed{\text{タ}}}\right)}{\left(\boxed{\boxed{\text{チ}}}\right)\left(\boxed{\boxed{\text{ツ}}}\right)}$$

である。

$\boxed{\boxed{\text{セ}}}$ ～ $\boxed{\boxed{\text{ツ}}}$ の解答群(同じものを繰り返し選んでもよい。また，$\boxed{\boxed{\text{チ}}}$，$\boxed{\boxed{\text{ツ}}}$ については，解答の順序は問わない。)

⓪ $n-1$	① $n+1$	② $n+3$	③ $2n-1$
④ $2n+1$	⑤ $2n+3$	⑥ $4n-5$	⑦ $4n-3$
⑧ $4n-1$	⑨ $4n+1$	ⓐ $4n+3$	ⓑ $4n+5$

(数学II・数学B 第4問は次ページに続く。)

(3)　$a_1=6$ であり，$a_{n+1}=b_n$ $(n=1,\ 2,\ 3,\cdots)$ すなわち

$$a_{n+1}=\frac{3}{2a_n+1}\quad(n=1,\ 2,\ 3,\cdots)\qquad\cdots\cdots①$$

が成り立つとする。$a_1\neq 1$ と①により，すべての自然数 n について $a_n\neq 1$ となるから，0 でない実数からなる数列 $\{d_n\}$ を，$d_n=\dfrac{1}{a_n-1}$ $(n=1,\ 2,\ 3,\cdots)$ と定めることができる。

このとき，$d_1=\dfrac{\boxed{テ}}{\boxed{ト}}$ である。また，①により，d_{n+1} を d_n で表すと

$$d_{n+1}=-\frac{\boxed{ナ}}{\boxed{ニ}}d_n-\boxed{ヌ}$$

であり，これを変形すると

$$d_{n+1}+\frac{\boxed{ネ}}{\boxed{ノ}}=-\frac{\boxed{ナ}}{\boxed{ニ}}\left(d_n+\frac{\boxed{ネ}}{\boxed{ノ}}\right)$$

であるから，$\{d_n\}$ の一般項を求めることができる。よって，$p=\boxed{ナ}$，$q=-\boxed{ニ}$ とすると，$\{a_n\}$ の一般項は

$$a_n=\boxed{ハ}$$

と表される。

$\boxed{ハ}$ の解答群

⓪ $\dfrac{2p^n}{p^{n-1}+q^{n-1}}$	① $\dfrac{-3q^n}{p^{n-1}+q^{n-1}}$	② $\dfrac{2p^n-3q^n}{p^n-q^{n-1}}$
③ $\dfrac{p^n+3q^{n-1}}{p^n-q^{n-1}}$	④ $\dfrac{2p^n}{p^n+q^n}$	⑤ $\dfrac{p^n+3q^{n-1}}{p^n+q^n}$

（下 書 き 用 紙）

数学II・数学Bの試験問題は次に続く。

第3問～第5問は，**いずれか2問を選択**し，解答しなさい。

第5問 （選択問題）（配点　20）

1辺の長さが2の正四面体OABCを考える。辺OA，OB，OCの中点を，それぞれD，E，Fとし，辺AB，BC，CAの中点を，それぞれL，M，Nとする。

$\overrightarrow{OA} = \vec{a}$，$\overrightarrow{OB} = \vec{b}$，$\overrightarrow{OC} = \vec{c}$ とおく。このとき

$$|\vec{a}| = |\vec{b}| = |\vec{c}| = 2$$

$$\vec{a} \cdot \vec{b} = \vec{b} \cdot \vec{c} = \vec{c} \cdot \vec{a} = \boxed{\text{ア}}$$

である。

(1)　太郎さんと花子さんは，四角形DLMFの形について話している。

太郎：四角形DLMFはどのような形になるのかな。

花子：その前に，4点D，L，M，Fが同じ平面上にあるのか調べてみよう。

太郎：そうだね。$\overrightarrow{DF}$，$\overrightarrow{DL}$，$\overrightarrow{DM}$ を $\vec{a}$，$\vec{b}$，$\vec{c}$ で表してみよう。

$\overrightarrow{DF} = \boxed{\text{イ}}$，$\overrightarrow{DL} = \boxed{\text{ウ}}$，$\overrightarrow{DM} = \boxed{\text{エ}}$ であるから

$$\overrightarrow{DM} = \boxed{\text{オ}}$$

が成り立つ。

$\boxed{\text{イ}}$ ～ $\boxed{\text{エ}}$ の解答群

⓪ $\frac{1}{2}\vec{a}$	① $\frac{1}{2}\vec{b}$	② $\frac{1}{2}\vec{c}$
③ $\frac{1}{2}(\vec{a} - \vec{b})$	④ $\frac{1}{2}(\vec{b} - \vec{c})$	⑤ $\frac{1}{2}(\vec{c} - \vec{a})$
⑥ $\frac{1}{2}(\vec{a} + \vec{b} - \vec{c})$	⑦ $\frac{1}{2}(\vec{b} + \vec{c} - \vec{a})$	⑧ $\frac{1}{2}(\vec{c} + \vec{a} - \vec{b})$

$\boxed{\text{オ}}$ の解答群

⓪ $\overrightarrow{DF} + \overrightarrow{DL}$	① $\overrightarrow{DF} - \overrightarrow{DL}$	② $\overrightarrow{DL} - \overrightarrow{DF}$

（数学 II・数学 B 第5問は次ページに続く。）

さらに，$|\overrightarrow{DF}| =$ カ ，$|\overrightarrow{DL}| =$ キ であり，$\overrightarrow{DF} \cdot \overrightarrow{DL} =$ ク であるから，四角形 DLMF は ケ ことがわかる。

ケ の解答群

⓪ 正方形である
① 正方形ではないが，長方形である
② 正方形ではないが，ひし形である
③ 長方形でもひし形でもないが，平行四辺形である

(2)　線分 DL，EM，FN の中点をそれぞれ P，Q，R とし，$\overrightarrow{PQ}$，$\overrightarrow{PR}$ を $\vec{a}$，$\vec{b}$，$\vec{c}$ で表すと

$$\overrightarrow{PQ} = \boxed{コ}, \quad \overrightarrow{PR} = \boxed{サ}$$

である。

コ ，サ の解答群

⓪ $\frac{1}{4}(2\vec{a} - \vec{b} - \vec{c})$　① $\frac{1}{4}(-2\vec{a} + \vec{b} + \vec{c})$　② $\frac{1}{4}(-2\vec{a} - \vec{b} + \vec{c})$
③ $\frac{1}{4}(-\vec{a} + 2\vec{b} - \vec{c})$　④ $\frac{1}{4}(\vec{a} - 2\vec{b} + \vec{c})$　⑤ $\frac{1}{4}(-\vec{a} - 2\vec{b} + \vec{c})$
⑥ $\frac{1}{4}(\vec{a} + \vec{b} - 2\vec{c})$　⑦ $\frac{1}{4}(\vec{a} - \vec{b} - 2\vec{c})$　⑧ $\frac{1}{4}(-\vec{a} - \vec{b} + 2\vec{c})$

（数学II・数学B 第5問は次ページに続く。）

(3) 次に，花子さんと太郎さんは，三角形PQRの形について考えている。

花子：三角形PQRの形も調べてみよう。
太郎：辺PQ，PRの長さが求められるね。
花子：∠QPRの大きさも求められないかな。

$|\overrightarrow{PQ}| =$ [シ]， $|\overrightarrow{PR}| =$ [ス]， $\overrightarrow{PQ} \cdot \overrightarrow{PR} =$ [セ]

であり ∠QPR = [ソ]° であるから，三角形PQRは [タ] である。

[シ] ～ [セ] の解答群(同じものを繰り返し選んでもよい。)

⓪ $\frac{1}{4}$	① $\frac{3}{8}$	② $\frac{1}{2}$	③ $\frac{5}{8}$	④ $\frac{3}{4}$
⑤ $\frac{\sqrt{2}}{2}$	⑥ $\frac{\sqrt{3}}{2}$	⑦ $\frac{\sqrt{2}}{4}$	⑧ $\frac{\sqrt{3}}{4}$	⑨ 0

[ソ] の解答群

⓪ 30	① 45	② 60	③ 90

[タ] については，最も適当なものを，次の⓪～③のうちから一つ選べ。

⓪ 正三角形
① 二等辺三角形
② 直角三角形
③ 直角二等辺三角形

(数学 II・数学 B 第5問は次ページに続く。)

(4)　三角形PQRの重心をGとすると［チ］。

［チ］の解答群

⓪　Gは三角形DLFの重心と一致する
①　Gは三角形DLFの内心と一致する
②　Gは三角形DLFの外心と一致する
③　Gは三角形DLFの重心，内心，外心のどれとも一致しない

ただし，三角形の内接円の中心を内心といい，外接円の中心を外心という。

第 4 回

実 戦 問 題

(100 点　60 分)

標準所要時間

第 1 問	18 分	第 4 問	12 分
第 2 問	18 分	第 5 問	12 分
第 3 問	12 分		

(注)　第 1 問・第 2 問は必答，第 3 問～第 5 問のうち 2 問選択解答

（注）この科目には，選択問題があります。

数　学　II・B

第1問　（必答問題）（配点　30）

〔1〕

(1)　次の問題Aについて考えよう。

> **問題A**　$0 \leqq \theta \leqq \pi$ の範囲で，方程式 $\sqrt{3}\sin\theta - \cos\theta = 1$ を満たす θ の値を求めよ。

三角関数の合成により

$$\sqrt{3}\sin\theta - \cos\theta = \boxed{\text{ア}}\sin\left(\theta - \boxed{\text{イ}}\right)$$

と変形できるので，求める θ の値は $\theta = \boxed{\text{ウ}}$，$\boxed{\text{エ}}$ である。

$\boxed{\text{イ}}$ ～ $\boxed{\text{エ}}$ の解答群（同じものを繰り返し選んでもよい。また，$\boxed{\text{ウ}}$，$\boxed{\text{エ}}$ については，解答の順序は問わない。）

⓪ 0	① $\frac{\pi}{6}$	② $\frac{\pi}{4}$	③ $\frac{\pi}{3}$	④ $\frac{\pi}{2}$
⑤ $\frac{2}{3}\pi$	⑥ $\frac{3}{4}\pi$	⑦ $\frac{5}{6}\pi$	⑧ π	

（数学II・数学B 第1問は次ページに続く。）

(2)　次の**問題B**について考えよう。

> **問題B**　$0 \leqq \theta \leqq \pi$ のとき，関数 $y = 4\cos\theta + 3\sin\theta$ の最大値，最小値を求めよ。

加法定理

$$\cos(\theta - \alpha) = \cos\theta\cos\alpha + \sin\theta\sin\alpha$$

を用いると

$$y = \boxed{\text{オ}}\cos(\theta - \alpha)$$

と表すことができる。ただし，α は

$$\sin\alpha = \frac{\boxed{\text{カ}}}{\boxed{\text{オ}}}, \quad \cos\alpha = \frac{\boxed{\text{キ}}}{\boxed{\text{オ}}}, \quad 0 < \alpha < \frac{\pi}{4}$$

を満たすものとする。

よって，$0 \leqq \theta \leqq \pi$ のとき，y は最大値 $\boxed{\text{ク}}$，最小値 $\boxed{\text{ケコ}}$ をとる。

(数学II・数学B第1問は次ページに続く。)

(3)　(2)の α に対して，O を原点とする座標平面上に 2 点

$$\mathrm{P}(5\cos(\alpha-\theta),\ 5\sin(\alpha-\theta))$$
$$\mathrm{Q}(\sqrt{3}\cos\theta+\sin\theta,\ \sqrt{3}\sin\theta-\cos\theta)$$

をとる。P は中心 O，半径 5 の円周上にある。また，(1)の変形および(2)と同様の変形により

$$\sqrt{3}\cos\theta+\sin\theta=\boxed{\text{ア}}\cos\left(\theta-\boxed{\text{イ}}\right)$$
$$\sqrt{3}\sin\theta-\cos\theta=\boxed{\text{ア}}\sin\left(\theta-\boxed{\text{イ}}\right)$$

と表されるので，Q は中心 O，半径 $\boxed{\text{ア}}$ の円周上にあることがわかる。

$0\leqq\theta\leqq\dfrac{\pi}{2}$ のとき，三角形 OPQ の面積の最大値は $\boxed{\text{サ}}$ であり，最大値をとるときの θ の値を θ_0 とすると

$$\sin 2\theta_0=\boxed{\text{シ}}$$

である。

$\boxed{\text{シ}}$ の解答群

⓪ $\dfrac{2\sqrt{3}-1}{10}$	① $\dfrac{2\sqrt{3}-3}{10}$	② $\dfrac{3\sqrt{3}-2}{10}$
③ $\dfrac{3\sqrt{3}-4}{10}$	④ $\dfrac{4\sqrt{3}-3}{10}$	⑤ $\dfrac{4\sqrt{3}-5}{10}$

(数学 II・数学 B 第 1 問は 6 ページに続く。)

（下 書 き 用 紙）

数学II・数学Bの試験問題は次に続く。

〔2〕 太郎さんはS大学に進学するにあたり，実家から通学することは困難であるので引っ越すことを予定している。そこで，S大学に近いT駅周辺で物件を探すことにした。

T駅の周辺には，T駅から南に600 m 離れたところに市役所，T駅から北東に $300\sqrt{2}$ m 離れたところに病院，T駅から北西に $100\sqrt{2}$ m 離れたところにスーパーマーケットがある。太郎さんは次の二つの条件(I)，(II)を満たす場所に住みたいと考えている。

太郎さんの希望

(I) 病気になったときは大変だから，家から病院までの距離は家からスーパーマーケットまでの距離以下のところがいいな。

(II) 利用の頻度を考えて，家から病院までの距離は家から市役所までの距離の半分以下のところがいいな。

これらを満たすような場所の範囲を D として，D がどのようになるかを座標平面上で考えてみよう。T駅の位置を原点Oとし，東西南北の向きについては東向きを x 軸の正の方向，北向きを y 軸の正の方向とする。また，市役所の位置をAとし，座標 $(0, -6)$ で表すことにする。

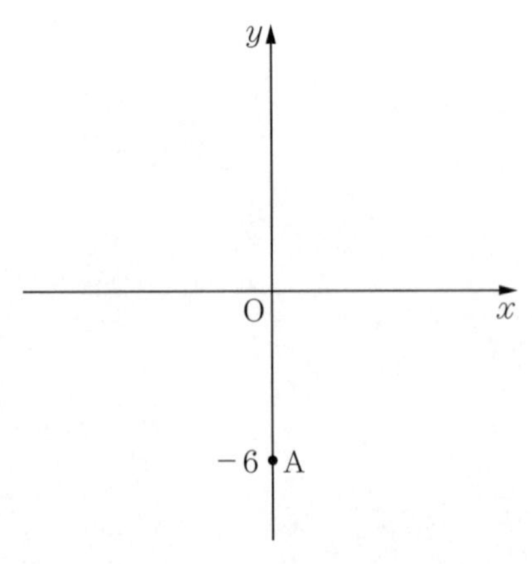

(数学 II・数学 B 第1問は次ページに続く。)

(1)　病院の位置をB，スーパーマーケットの位置をCとするとき，2点B，Cを表す座標の組合せとして正しいものは，次の⓪～⑧のうち［ス］である。

［ス］の解答群

⓪　B(3, 3)，C(1, 1)	①　B(3, 3)，C(−1, 1)
②　B(3, 3)，C(1, −1)	③　B(−3, 3)，C(1, 1)
④　B(−3, 3)，C(−1, 1)	⑤　B(−3, 3)，C(1, −1)
⑥　B(3, −3)，C(1, 1)	⑦　B(3, −3)，C(−1, 1)
⑧　B(3, −3)，C(1, −1)	

(2)　2点B，Cから等距離にある点の軌跡は線分BCの垂直二等分線である。この直線をℓとするとき，直線ℓの方程式は

$$y = \boxed{セソ}\,x + \boxed{タ}$$

である。よって，条件(I)を満たすような場所の範囲を座標平面上で考えたとき，それを表す不等式は

$$y \;\boxed{チ}\; \boxed{セソ}\,x + \boxed{タ}$$

である。

［チ］の解答群

⓪　$\leqq$	①　$\geqq$	②　$<$	③　$>$

（数学II・数学B第1問は次ページに続く。）

(3)　条件(II)を満たすような場所の範囲を座標平面上で考えたとき，それを表す不等式は

$$\left(x-\boxed{\text{ツ}}\right)^2+\left(y-\boxed{\text{テ}}\right)^2\ \boxed{\text{ト}}\ \boxed{\text{ナニ}}$$

である。

ト の解答群

⓪ $\leqq$	① $\geqq$	② $<$	③ $>$

(4)　次の(a)，(b)，(c)は，D に関する記述である。

(a)　T 駅から東に 500 m 離れたところにあるコンビニエンスストアは D に属する。

(b)　T 駅を通る南北方向に平行な直線の西側にあり，かつ D に属するような場所はない。

(c)　D に属するすべての場所は，T 駅からの距離が 1 km 以内である。

(a)，(b)，(c)の正誤の組合せとして正しいものは ヌ である。

ヌ の解答群

	⓪	①	②	③	④	⑤	⑥	⑦
(a)	正	正	正	正	誤	誤	誤	誤
(b)	正	正	誤	誤	正	正	誤	誤
(c)	正	誤	正	誤	正	誤	正	誤

(数学 II・数学 B 第 1 問は次ページに続く。)

(5)　D 内でT駅から最も近いところはT駅から

$\boxed{\text{ネノ}}\sqrt{\boxed{\text{ハ}}}$ m

だけ離れている。

第2問 （必答問題）（配点　30）

〔1〕 $0 < a < 4$ とする。O を原点とする座標平面上の放物線 $y = -x^2 + 8x$ を C とし，C 上に点 A $(a, -a^2 + 8a)$ をとる。

(1) 点 A における放物線 C の接線 ℓ の方程式は

$$y = \left(\boxed{\text{アイ}}\, a + \boxed{\text{ウ}} \right) x + a^2$$

である。点 $(0,\ a^2)$ を通る C の接線は 2 本あり，それらの方程式は ℓ と

$$y = \left(\boxed{\text{エ}}\, a + \boxed{\text{オ}} \right) x + a^2$$

である。

(2) 直線 $x = 4$ に関して点 A と対称な点を B とすると，B の x 座標は a を用いて

$$\boxed{\text{カ}} - \boxed{\text{キ}}$$

と表される。よって，D $(8,\ 0)$ とし，四角形 OABD の面積を S とすると

$$S = a^3 - \boxed{\text{クケ}}\, a^2 + \boxed{\text{コサ}}\, a$$

である。

また，C と直線 OA で囲まれた図形の面積を T とすると

$$T = \frac{\boxed{\text{シ}}}{\boxed{\text{ス}}}\, a^{\boxed{\text{セ}}}$$

である。

（数学 II・数学 B 第 2 問は次ページに続く。）

$0<a<4$ の範囲において，$f(a)=S-2T$ の増減を調べよう。

$$f'(a)= \boxed{\text{ソ}}\,a^2-\boxed{\text{タチ}}\,a+\boxed{\text{ツテ}}$$

であるから，$y=f(a)$ のグラフの概形は $\boxed{\text{ト}}$ である。

$\boxed{\text{ト}}$ については，最も適当なものを，次の⓪～⑤のうちから一つ選べ。

⓪
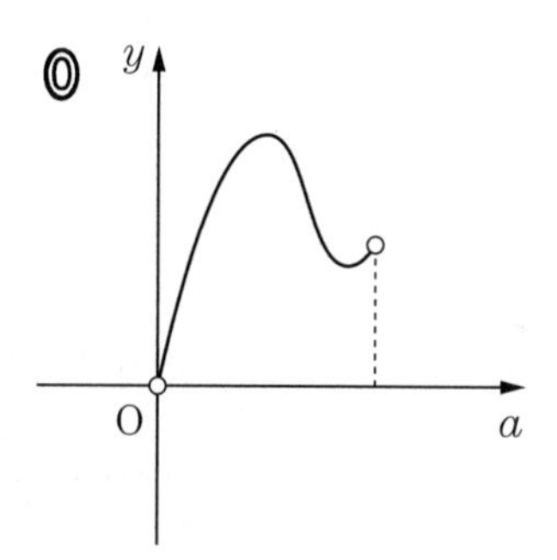

①
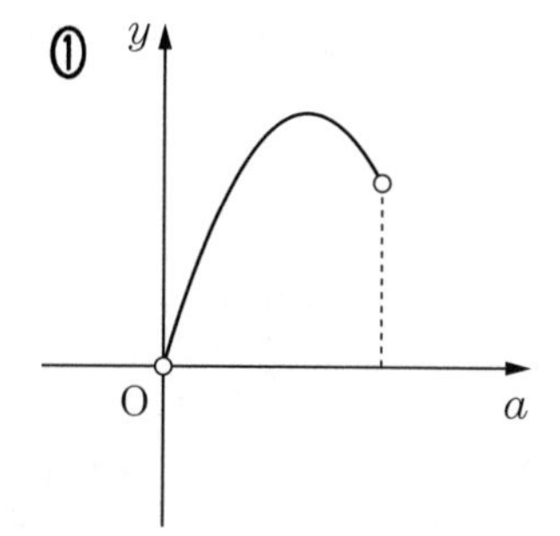

②
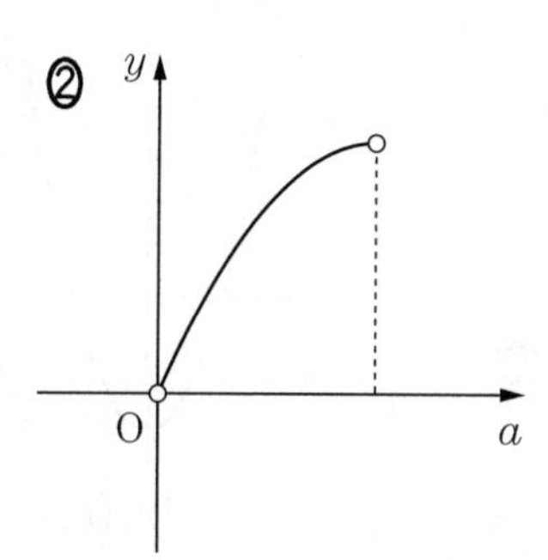

③
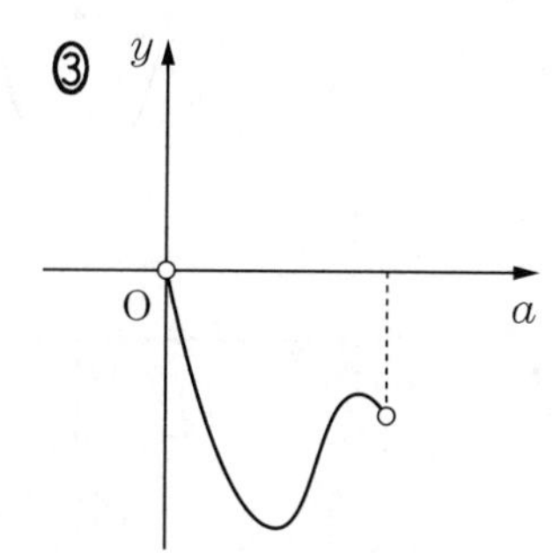

④
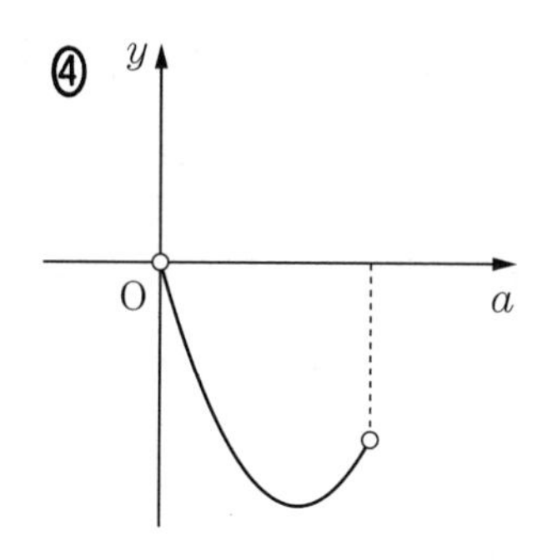

⑤
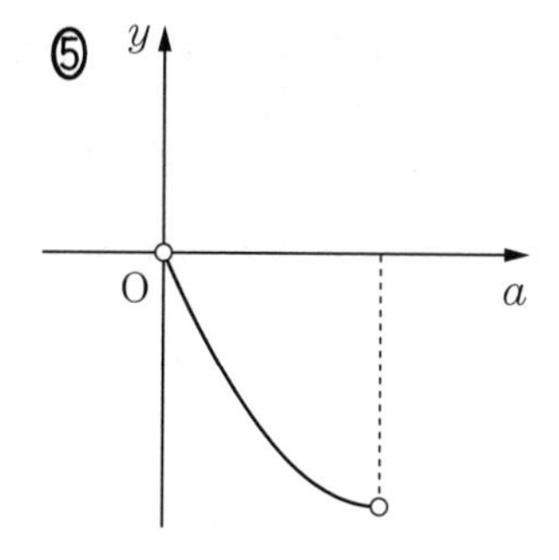

(数学II・数学B第2問は次ページに続く。)

〔2〕 関数 $f(x)$ に対し

$$g(x)=\int_0^x f(t)\,dt$$

とおく。次の図(A)，(B)，(C)，(D)は $y=f(x)$ のグラフの概形である。それぞれのグラフと矛盾しないような $y=g(x)$ のグラフを考える。

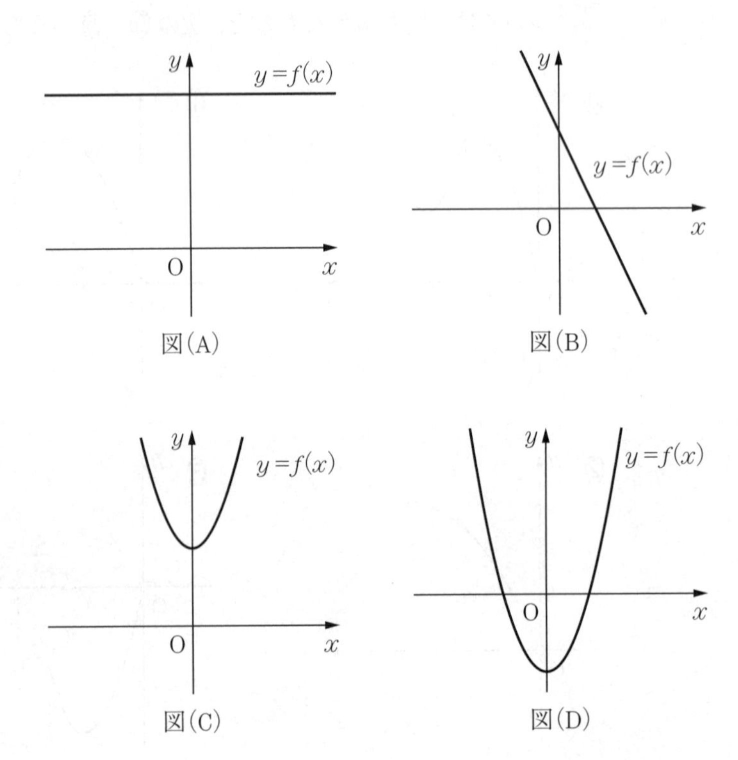

図(A)のグラフと矛盾しない $y=g(x)$ のグラフの概形は [ナ] である。

図(B)のグラフと矛盾しない $y=g(x)$ のグラフの概形は [ニ] である。

図(C)のグラフと矛盾しない $y=g(x)$ のグラフの概形は [ヌ] である。

図(D)のグラフと矛盾しない $y=g(x)$ のグラフの概形は [ネ] である。

[ナ] ～ [ネ] については，最も適当なものを，次の⓪～⑨のうちから一つずつ選べ。ただし，同じものを繰り返し選んでもよい。

(数学 II・数学 B 第 2 問は次ページに続く。)

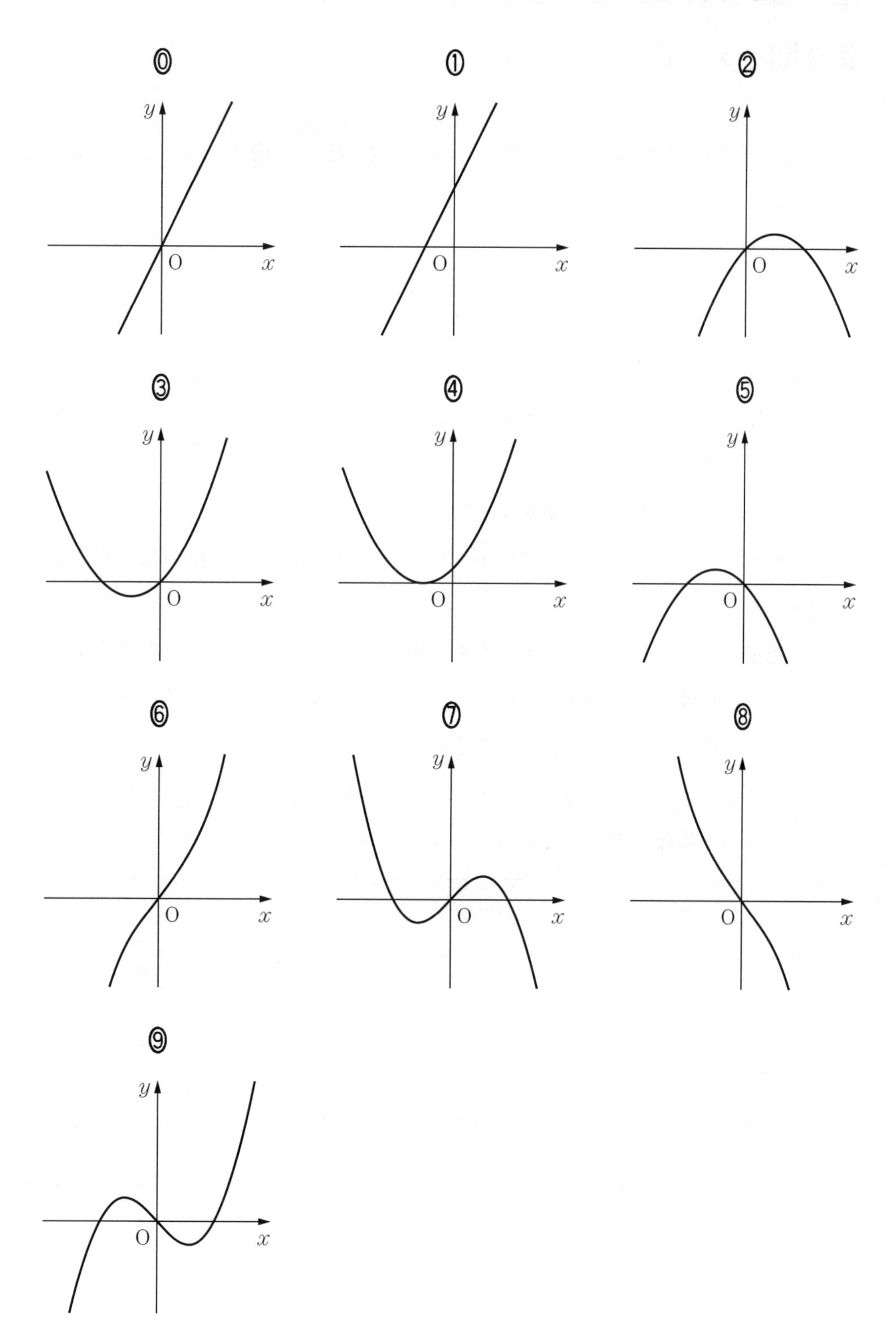
⓪
①
②
③
④
⑤
⑥
⑦
⑧
⑨
y
x
O

第3問～第5問は，**いずれか2問を選択**し，解答しなさい。

第3問 （選択問題）（配点　20）

以下の問題を解答するにあたっては，必要に応じて19ページの正規分布表を用いてもよい。

太郎さんと花子さんは，ゲーム機の景品について話している。

太郎：新しくできたお店のゲーム機は景品が当たる確率が $\frac{1}{3}$ らしいよ。行ってみない？

花子：景品が当たる確率が $\frac{1}{3}$ なんてずいぶん高いね。

太郎：そうだよ。ゲームを3回やったら，景品が当たる確率は1になるんだよ。

花子：ちょっと待って。ゲームを3回やったとき，景品が当たる回数は0回，1回，2回，3回のいずれかで，これらは互いに排反だよね。だから，それらの確率の和が1だと思うよ。

太郎：そうか。じゃあ，(a)景品が当たる回数を X として，$X=0,\ 1,\ 2,\ 3$ となる確率をそれぞれ計算してみよう。

(1)　下線部(a)のような，X の値とその値をとる確率の対応関係を［ア］という。

［ア］の解答群

⓪ 確率変数　① 確率分布　② 母集団　③ 母平均

（数学 II・数学 B 第3問は次ページに続く。）

(2)　景品が当たる確率が毎回 $\frac{1}{3}$ であるゲーム機で3回ゲームを行うとき，当たる回数を X とすると

$$P(X=1)=\boxed{\text{イ}}$$

である。また

$$P(X \geqq 2)=\boxed{\text{ウ}}$$

である。

X の平均(期待値)は

$$E(X)=\boxed{\text{エ}}$$

であり，分散は

$$V(X)=\boxed{\text{オ}}$$

である。

$\boxed{\text{イ}}$ ～ $\boxed{\text{オ}}$ の解答群(同じものを繰り返し選んでもよい。)

⓪ 0	① 1	② $\frac{5}{27}$	③ $\frac{2}{9}$	④ $\frac{7}{27}$
⑤ $\frac{1}{3}$	⑥ $\frac{11}{27}$	⑦ $\frac{4}{9}$	⑧ $\frac{13}{27}$	⑨ $\frac{2}{3}$

(数学II・数学B第3問は次ページに続く。)

太郎：ゲーム機が人気で，友達もみんなよくお店に行ってるみたいだよ。

花子：以前，太郎さんが話していた景品が当たる確率が $\frac{1}{3}$ のゲーム機のことだね。

太郎：そうだよ。それでね，みんなどのくらい景品が当たっているのか聞いてみたんだ。そしたら景品が当たった回数の合計は 25 回だったんだ。

花子：ずいぶんたくさん当たってるね。

太郎：でもね，友達がやったゲームの回数の合計は 98 回なんだ。ねえ，98 回のうち当たった回数が 25 というのは少ない気がしない？　ゲーム機は正常に作動してるんだろうか？

花子：当たる回数を Y とすると，Y は二項分布に従うけれど，98 は十分に大きいと考えて，正規分布に従うと考えてみたらどうかな。

太郎：正規分布に従うとすれば，たとえば $P(a \leqq Y \leqq b) = 0.95$ となる a，b の値を求めることができるね。

花子：(b) $Y = 25$ が $a \leqq Y \leqq b$ の範囲に含まれていたら，ゲーム機は正常に作動していると判断してもいいと思う。

太郎：そうだね。じゃあ，a と b の値を求めてみよう。

(3)　98 は十分大きいと考える。ゲーム機で 98 回ゲームを行ったとき景品が当たる回数 Y は，近似的に平均 [カ]，標準偏差 [キ] の正規分布に従う。

[カ]，[キ] については，最も適当なものを，次の⓪～⑨のうちから一つずつ選べ。ただし，同じものを繰り返し選んでもよい。

⓪ $\frac{1}{3}$	① $\frac{5}{3}$	② $\frac{14}{3}$	③ $\frac{25}{3}$	④ $\frac{49}{3}$
⑤ $\frac{98}{3}$	⑥ $\frac{7}{9}$	⑦ $\frac{25}{9}$	⑧ $\frac{98}{9}$	⑨ $\frac{196}{9}$

（数学 II・数学 B 第 3 問は次ページに続く。）

(4)　Y は正規分布に従うと考えてよいので

$$Z = \frac{Y - \boxed{カ}}{\boxed{キ}}$$

とおくと，Z は近似的に標準正規分布 $N(0,\ 1)$ に従う。

正規分布表により $P(|Z| \leqq c) = 0.95$ となる c の値が求められる。

$|Z| \leqq c$ のとき，$-c \leqq \dfrac{Y - \boxed{カ}}{\boxed{キ}} \leqq c$ により

$$\boxed{カ} - c \times \boxed{キ} \leqq Y \leqq \boxed{カ} + c \times \boxed{キ}$$

であるから

$$a = \boxed{クケ}.\boxed{コ}$$

$$b = \boxed{サシ}.\boxed{ス}$$

である。

会話中の下線部(b)の基準で考えるとゲーム機は $\boxed{セ}$。

$\boxed{セ}$ の解答群

⓪　正常に作動していると判断できる
①　正常に作動していると判断できない

(数学 II・数学 B 第 3 問は 19 ページに続く。)

（下 書 き 用 紙）

数学II・数学Bの試験問題は次に続く。

正規分布表

次の表は，標準正規分布の分布曲線における右図の灰色部分の面積の値をまとめたものである。

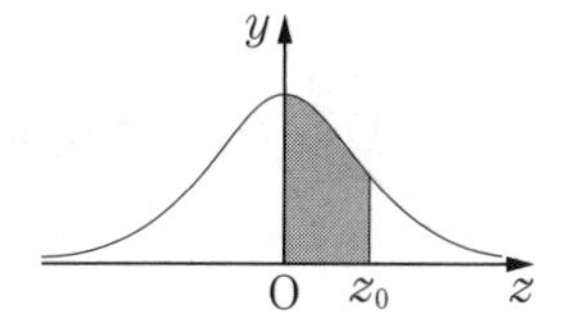

z_0	0.00	0.01	0.02	0.03	0.04	0.05	0.06	0.07	0.08	0.09
0.0	0.0000	0.0040	0.0080	0.0120	0.0160	0.0199	0.0239	0.0279	0.0319	0.0359
0.1	0.0398	0.0438	0.0478	0.0517	0.0557	0.0596	0.0636	0.0675	0.0714	0.0753
0.2	0.0793	0.0832	0.0871	0.0910	0.0948	0.0987	0.1026	0.1064	0.1103	0.1141
0.3	0.1179	0.1217	0.1255	0.1293	0.1331	0.1368	0.1406	0.1443	0.1480	0.1517
0.4	0.1554	0.1591	0.1628	0.1664	0.1700	0.1736	0.1772	0.1808	0.1844	0.1879
0.5	0.1915	0.1950	0.1985	0.2019	0.2054	0.2088	0.2123	0.2157	0.2190	0.2224
0.6	0.2257	0.2291	0.2324	0.2357	0.2389	0.2422	0.2454	0.2486	0.2517	0.2549
0.7	0.2580	0.2611	0.2642	0.2673	0.2704	0.2734	0.2764	0.2794	0.2823	0.2852
0.8	0.2881	0.2910	0.2939	0.2967	0.2995	0.3023	0.3051	0.3078	0.3106	0.3133
0.9	0.3159	0.3186	0.3212	0.3238	0.3264	0.3289	0.3315	0.3340	0.3365	0.3389
1.0	0.3413	0.3438	0.3461	0.3485	0.3508	0.3531	0.3554	0.3577	0.3599	0.3621
1.1	0.3643	0.3665	0.3686	0.3708	0.3729	0.3749	0.3770	0.3790	0.3810	0.3830
1.2	0.3849	0.3869	0.3888	0.3907	0.3925	0.3944	0.3962	0.3980	0.3997	0.4015
1.3	0.4032	0.4049	0.4066	0.4082	0.4099	0.4115	0.4131	0.4147	0.4162	0.4177
1.4	0.4192	0.4207	0.4222	0.4236	0.4251	0.4265	0.4279	0.4292	0.4306	0.4319
1.5	0.4332	0.4345	0.4357	0.4370	0.4382	0.4394	0.4406	0.4418	0.4429	0.4441
1.6	0.4452	0.4463	0.4474	0.4484	0.4495	0.4505	0.4515	0.4525	0.4535	0.4545
1.7	0.4554	0.4564	0.4573	0.4582	0.4591	0.4599	0.4608	0.4616	0.4625	0.4633
1.8	0.4641	0.4649	0.4656	0.4664	0.4671	0.4678	0.4686	0.4693	0.4699	0.4706
1.9	0.4713	0.4719	0.4726	0.4732	0.4738	0.4744	0.4750	0.4756	0.4761	0.4767
2.0	0.4772	0.4778	0.4783	0.4788	0.4793	0.4798	0.4803	0.4808	0.4812	0.4817
2.1	0.4821	0.4826	0.4830	0.4834	0.4838	0.4842	0.4846	0.4850	0.4854	0.4857
2.2	0.4861	0.4864	0.4868	0.4871	0.4875	0.4878	0.4881	0.4884	0.4887	0.4890
2.3	0.4893	0.4896	0.4898	0.4901	0.4904	0.4906	0.4909	0.4911	0.4913	0.4916
2.4	0.4918	0.4920	0.4922	0.4925	0.4927	0.4929	0.4931	0.4932	0.4934	0.4936
2.5	0.4938	0.4940	0.4941	0.4943	0.4945	0.4946	0.4948	0.4949	0.4951	0.4952
2.6	0.4953	0.4955	0.4956	0.4957	0.4959	0.4960	0.4961	0.4962	0.4963	0.4964
2.7	0.4965	0.4966	0.4967	0.4968	0.4969	0.4970	0.4971	0.4972	0.4973	0.4974
2.8	0.4974	0.4975	0.4976	0.4977	0.4977	0.4978	0.4979	0.4979	0.4980	0.4981
2.9	0.4981	0.4982	0.4982	0.4983	0.4984	0.4984	0.4985	0.4985	0.4986	0.4986
3.0	0.4987	0.4987	0.4987	0.4988	0.4988	0.4989	0.4989	0.4989	0.4990	0.4990

第3問～第5問は，いずれか2問を選択し，解答しなさい。

第4問 （選択問題）（配点 20）

数列 $\{p_n\}$ は $p_1=1$，$p_2=5$，$p_3=\dfrac{35}{3}$ であり，$\{p_n\}$ の階差数列が等差数列であるような数列とする。また，数列 $\{q_n\}$ は

$$\sum_{k=1}^{n} q_k = \frac{3}{2}q_n - 9 \quad (n=1,\ 2,\ 3,\ \cdots) \qquad \cdots\cdots①$$

を満たすとする。

(1) 数列 $\{p_n\}$ の一般項を求めよう。

$\{p_n\}$ の階差数列を $\{x_n\}$ とする。$x_n = p_{n+1}-p_n$ であるから，等差数列 $\{x_n\}$ の初項は $\boxed{ア}$，公差は $\dfrac{\boxed{イ}}{\boxed{ウ}}$ である。このことにより，$\{p_n\}$ の一般項は

$$p_n = \frac{\boxed{エ}}{\boxed{オ}}n^2 - \frac{\boxed{カ}}{\boxed{キ}}$$

である。

(2) 数列 $\{q_n\}$ の一般項を求めよう。

$q_1 = \boxed{クケ}$ である。また，$\displaystyle\sum_{k=1}^{n+1} q_k = \sum_{k=1}^{n} q_k + q_{n+1}$ と，①により

$$q_{n+1} = \boxed{コ}\,q_n \quad (n=1,\ 2,\ 3,\cdots)$$

が成り立つ。このことにより，$\{q_n\}$ の一般項は

$$q_n = \boxed{サ}\cdot\boxed{シ}^{\,n+1}$$

である。

（数学II・数学B 第4問は次ページに続く。）

(3)　数列 $\{a_n\}$ は，初項が5であり，漸化式

$$(2n-1)a_{n+1}=3(2n+1)a_n+p_nq_n \quad (n=1,\ 2,\ 3,\ \cdots)$$

を満たすとする。$\{a_n\}$ の一般項を求めよう。

そのために，$b_n=\dfrac{a_n}{2n-1}$ により定められる数列 $\{b_n\}$ を考える。$\{b_n\}$ は漸化式

$$b_{n+1}=\boxed{\text{ス}}\,b_n+\boxed{\text{セ}}\cdot\boxed{\text{ソ}}^{\,n} \quad (n=1,\ 2,\ 3,\ \cdots)$$

を満たすことがわかる。さらに，これは

$$\frac{b_{n+1}}{\boxed{\text{ソ}}^{\boxed{\text{タ}}}}=\frac{b_n}{\boxed{\text{ソ}}^{\boxed{\text{チ}}}}+\boxed{\text{セ}} \quad (n=1,\ 2,\ 3,\ \cdots)$$

と変形できる。

$\boxed{\text{タ}}$，$\boxed{\text{チ}}$ の解答群(同じものを繰り返し選んでもよい。)

⓪ $n-1$	① n	② $n+1$	③ $n+2$	④ $n+3$

(数学II・数学B第4問は次ページに続く。)

ここで，$c_n = \dfrac{b_n}{\boxed{\text{ソ}}^{\boxed{\text{チ}}}}$ とおくと数列 $\{c_n\}$ は［ツ］。

［ツ］の解答群

⓪ すべての項が同じ値をとる数列である
① 公差が 0 より大きい等差数列である
② 公差が 0 より小さい等差数列である
③ 公比が 1 より大きい等比数列である
④ 公比が 1 より小さい等比数列である
⑤ 等差数列でも等比数列でもない

よって，$\{b_n\}$ の一般項は

$$b_n = \left(\boxed{\text{テ}}\,n + \boxed{\text{ト}}\right) \cdot \boxed{\text{ソ}}^{\,n-1}$$

であるから，$\{a_n\}$ の一般項は

$$a_n = \left(\boxed{\text{ナ}}\,n^2 + \boxed{\text{ニ}}\,n - \boxed{\text{ヌ}}\right) \cdot \boxed{\text{ソ}}^{\,n-1}$$

である。

（下 書 き 用 紙）

数学II・数学Bの試験問題は次に続く。

第3問～第5問は，**いずれか2問を選択**し，解答しなさい。

第5問 （選択問題）（配点 20）

Oを原点とする座標空間に2点A(3, 4, 0)，B(6, 0, 0)がある。点Aをx軸のまわりに1回転させてできる円周とzx平面の二つの交点のうち，z座標が正である点をPとする。また，点Aをy軸のまわりに1回転させてできる円周とyz平面の二つの交点のうち，z座標が正である点をQとする。

Pの座標は$\left(\boxed{\text{ア}},\ 0,\ \boxed{\text{イ}}\right)$であり，Qの座標は$\left(0,\ \boxed{\text{ウ}},\ \boxed{\text{エ}}\right)$である。よって

$$|\overrightarrow{\mathrm{AP}}| = \boxed{\text{オ}}\sqrt{\boxed{\text{カ}}}$$

$$|\overrightarrow{\mathrm{AQ}}| = \boxed{\text{キ}}\sqrt{\boxed{\text{ク}}}$$

$$\overrightarrow{\mathrm{AP}}\cdot\overrightarrow{\mathrm{AQ}} = \boxed{\text{ケコ}}$$

であり，三角形APQの面積は$\boxed{\text{サ}}\sqrt{\boxed{\text{シ}}}$である。

（数学II・数学B第5問は次ページに続く。）

3点A，P，Qの定める平面をαとし，α上に点Hを$\overrightarrow{\mathrm{OH}} \perp \overrightarrow{\mathrm{AP}}$，$\overrightarrow{\mathrm{OH}} \perp \overrightarrow{\mathrm{AQ}}$が成り立つようにとる。$\overrightarrow{\mathrm{AH}}$を$\overrightarrow{\mathrm{AP}}$，$\overrightarrow{\mathrm{AQ}}$を用いて表そう。

Hがα上にあることから，実数s，tを用いて

$$\overrightarrow{\mathrm{AH}} = s\overrightarrow{\mathrm{AP}} + t\overrightarrow{\mathrm{AQ}}$$

と表される。よって

$$\overrightarrow{\mathrm{OH}} = \overrightarrow{\mathrm{OA}} + s\overrightarrow{\mathrm{AP}} + t\overrightarrow{\mathrm{AQ}}$$
$$= \left(\boxed{\text{ス}} - \boxed{\text{セ}}\,t,\ \boxed{\text{ソ}} - \boxed{\text{タ}}\,s,\ \boxed{\text{チ}}\,s + \boxed{\text{ツ}}\,t\right)$$

である。これと，$\overrightarrow{\mathrm{OH}} \perp \overrightarrow{\mathrm{AP}}$および$\overrightarrow{\mathrm{OH}} \perp \overrightarrow{\mathrm{AQ}}$が成り立つことから，$s = \dfrac{\boxed{\text{テ}}}{\boxed{\text{トナ}}}$，

$t = \dfrac{\boxed{\text{ニ}}}{\boxed{\text{ヌ}}}$が得られる。ゆえに

$$\overrightarrow{\mathrm{AH}} = \frac{\boxed{\text{テ}}}{\boxed{\text{トナ}}}\overrightarrow{\mathrm{AP}} + \frac{\boxed{\text{ニ}}}{\boxed{\text{ヌ}}}\overrightarrow{\mathrm{AQ}}$$

となり，$\mathrm{OH} = \dfrac{\boxed{\text{ネ}}\sqrt{\boxed{\text{ノ}}}}{\boxed{\text{ハ}}}$である。

α上に点Iを$\overrightarrow{\mathrm{BI}} \perp \overrightarrow{\mathrm{AP}}$，$\overrightarrow{\mathrm{BI}} \perp \overrightarrow{\mathrm{AQ}}$が成り立つようにとると，同様にして

$$\overrightarrow{\mathrm{AI}} = \frac{11}{12}\overrightarrow{\mathrm{AP}} - \frac{10}{9}\overrightarrow{\mathrm{AQ}}$$

となり，$\mathrm{BI} = \dfrac{\sqrt{3}}{3}$である。よって

$$\frac{\text{四面体ABPQの体積}}{\text{四面体OAPQの体積}} = \frac{\boxed{\text{ヒ}}}{\boxed{\text{フ}}}$$

であり，直線OBとαの交点をCとすると，Cの座標は$\left(\boxed{\text{ヘ}},\ 0,\ 0\right)$である。

第 5 回

実戦問題

(100 点　60 分)

標準所要時間

問	時間	問	時間
第 1 問	18 分	第 4 問	12 分
第 2 問	18 分	第 5 問	12 分
第 3 問	12 分		

(注)　第 1 問・第 2 問は必答，第 3 問～第 5 問のうち 2 問選択解答

(注) この科目には，選択問題があります。

数　学　II・B

第1問 (必答問題) (配点　30)

〔1〕 $0 \leqq \theta < 2\pi$ とする。θ の関数 $f(\theta)$，$g(\theta)$ を次のように定める。

$$f(\theta) = \sin\theta + \sqrt{3}\cos\theta$$

$$g(\theta) = \sin\theta + \sqrt{3}|\cos\theta|$$

(1) $f(0) =$ ア，$f\left(\frac{\pi}{2}\right) =$ イ，$f(\pi) =$ ウ である。

ア ～ ウ の解答群(同じものを繰り返し選んでもよい。)

⓪ -2	① $-\sqrt{3}$	② -1	③ $-\frac{1}{\sqrt{3}}$
④ $\frac{1}{\sqrt{3}}$	⑤ 1	⑥ $\sqrt{3}$	⑦ 2

(数学 II・数学 B 第1問は次ページに続く。)

(2) (i)　三角関数の合成により，$f(\theta) =$ [エ] と変形できる。

[エ] の解答群

⓪ $\sin\left(\theta + \dfrac{\pi}{6}\right)$	① $\sin\left(\theta + \dfrac{\pi}{3}\right)$	② $\sqrt{3}\sin\left(\theta + \dfrac{\pi}{6}\right)$
③ $\sqrt{3}\sin\left(\theta + \dfrac{\pi}{3}\right)$	④ $2\sin\left(\theta + \dfrac{\pi}{6}\right)$	⑤ $2\sin\left(\theta + \dfrac{\pi}{3}\right)$

(ii)　不等式 $f(\theta) > \sqrt{2}$ を満たす θ の値の範囲は

$$0 \leqq \theta < \frac{\boxed{\text{オ}}}{\boxed{\text{カキ}}}\pi, \qquad \frac{\boxed{\text{クケ}}}{\boxed{\text{コサ}}}\pi < \theta < 2\pi$$

である。

(数学II・数学B 第1問は次ページに続く。)

(3) (i)　方程式 $f(\theta)=g(\theta)$ を満たす θ の値の範囲は 【シ】 である。

【シ】 の解答群

⓪	$0 \leqq \theta \leqq \pi$	①	$0 \leqq \theta \leqq \dfrac{\pi}{2},\ \pi \leqq \theta \leqq \dfrac{3}{2}\pi$
②	$0 \leqq \theta \leqq \dfrac{\pi}{2},\ \dfrac{3}{2}\pi \leqq \theta < 2\pi$	③	$\dfrac{\pi}{2} \leqq \theta \leqq \dfrac{3}{2}\pi$
④	$\dfrac{\pi}{2} \leqq \theta \leqq \pi,\ \dfrac{3}{2}\pi \leqq \theta < 2\pi$	⑤	$\pi \leqq \theta < 2\pi$

(ii)　$y=g(\theta)$ のグラフの概形は 【ス】 である。

【ス】 については，最も適当なものを，次の ⓪～⑤ のうちから一つ選べ。

⓪

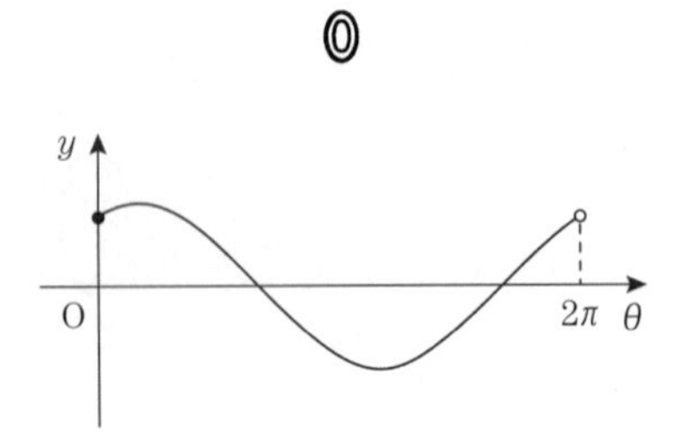

①

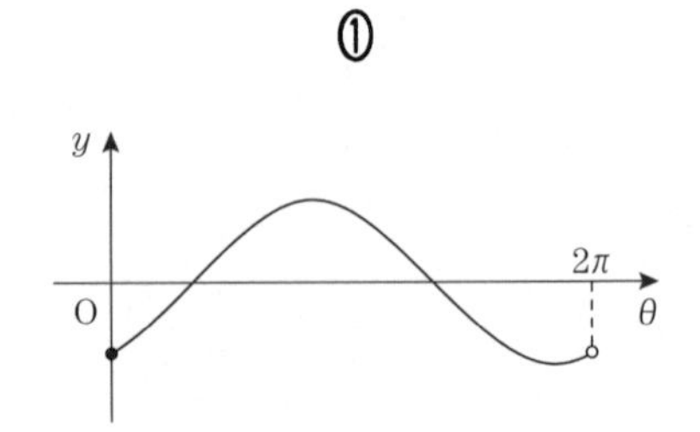

②

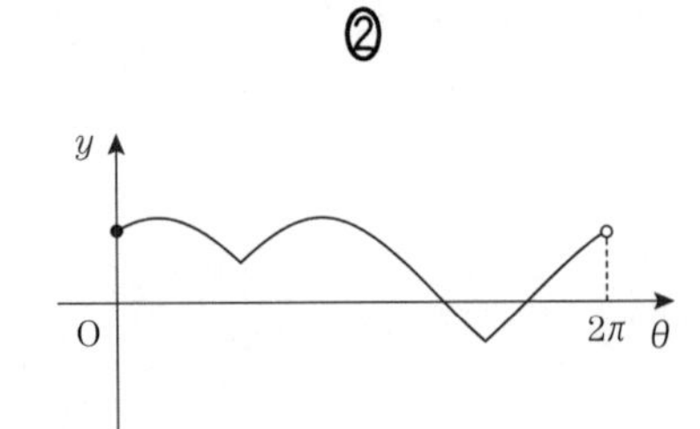

③

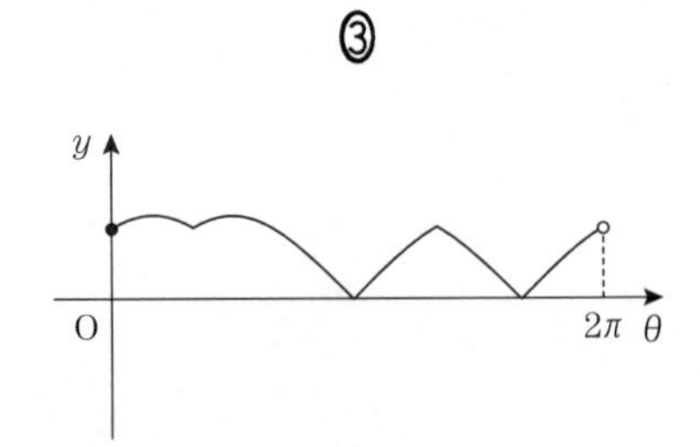

④

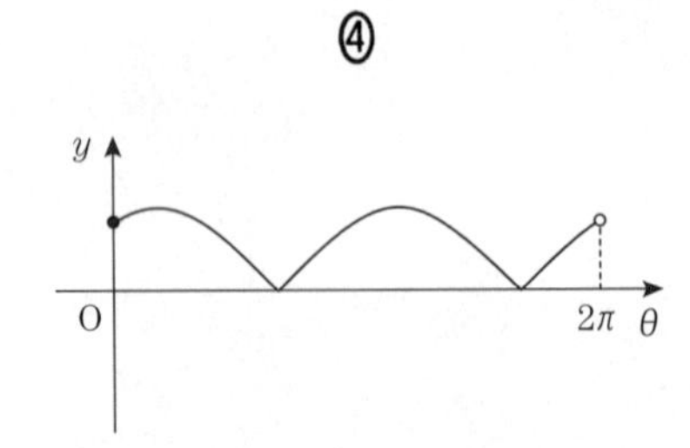

⑤

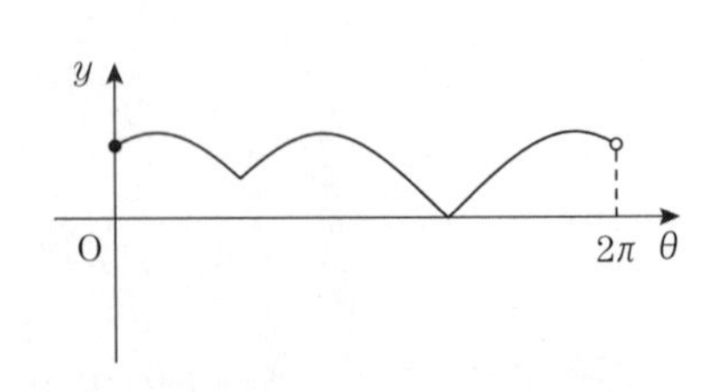

（数学 II・数学 B 第 1 問は次ページに続く。）

(4)　k を実数の定数とする。$0 \leqq \theta < 2\pi$ の範囲で $g(\theta) = k$ を満たす θ の値がちょうど4個となるような k の値の範囲は［セ］である。

［セ］の解答群

⓪ $1 \leqq k < 2$	① $1 < k < 2$	② $-1 < k < 1$
③ $-1 < k < \sqrt{3}$	④ $\sqrt{3} \leqq k < 2$	⑤ $\sqrt{3} < k < 2$
⑥ $1 \leqq k \leqq \sqrt{3}$	⑦ $1 < k < \sqrt{3}$	

(数学II・数学B 第1問は次ページに続く。)

〔2〕 以下の問題を解答するにあたっては，必要に応じて9ページの常用対数表を用いてもよい。

星の明るさを示すのに「等級」という単位を使う。また，「n 等級」の星を略して「n 等星」という。紀元前に，空に見える星を明るさのちがいで6段階に分類したことから始まり，天体観測技術などの発展により，1等星は6等星の100倍の明るさであることが発見され，また，小数や負の数を用いてさらに細かく星ごとの明るさを表すことができるようになった。例えば，恒星の中で太陽の次に明るいおおいぬ座のシリウスは -1.46 等星である。

図　空に見える星

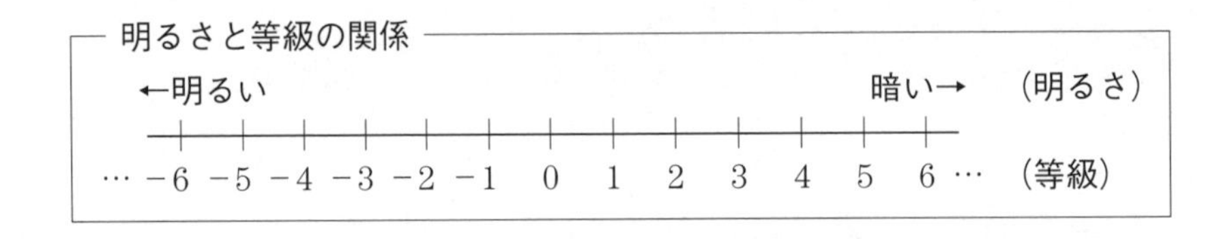

これらのことにより，等級が1減るごとに明るさが k 倍($k > 0$)になるとすると，6等星から1等星まで等級が5減るから

$$k^5 = 100 \qquad \cdots\cdots(*)$$

であり，等級が x 減るごとに明るさは k^x 倍となる。

（数学II・数学B第1問は次ページに続く。）

(1)　1等星の明るさを m_1，11等星の明るさを m_{11} とすると

$$\frac{m_1}{m_{11}} = k^{\boxed{ソ}}$$

であり，1等星の明るさは11等星の明るさの［タ］倍である。

［ソ］の解答群

⓪ −100	① −50	② −25	③ −10
④ 10	⑤ 25	⑥ 50	⑦ 100

［タ］の解答群

⓪ 200	① 400	② 1000	③ 2000
④ 4000	⑤ 10000	⑥ 20000	⑦ 40000

(数学II・数学B第1問は次ページに続く。)

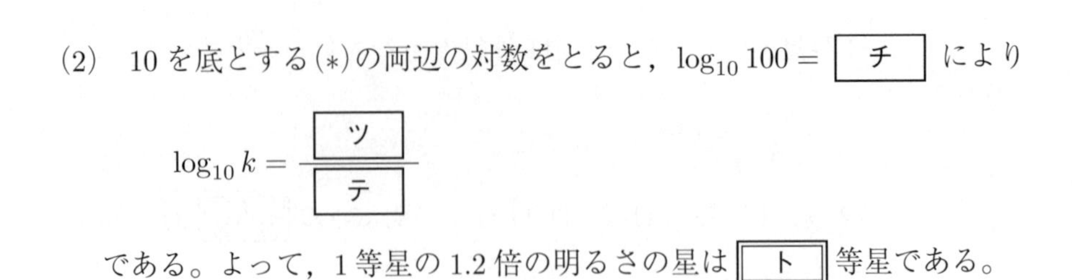

(2)　10 を底とする(∗)の両辺の対数をとると，$\log_{10} 100 =$ ［チ］ により

$$\log_{10} k = \frac{［ツ］}{［テ］}$$

である。よって，1 等星の 1.2 倍の明るさの星は ［ト］ 等星である。

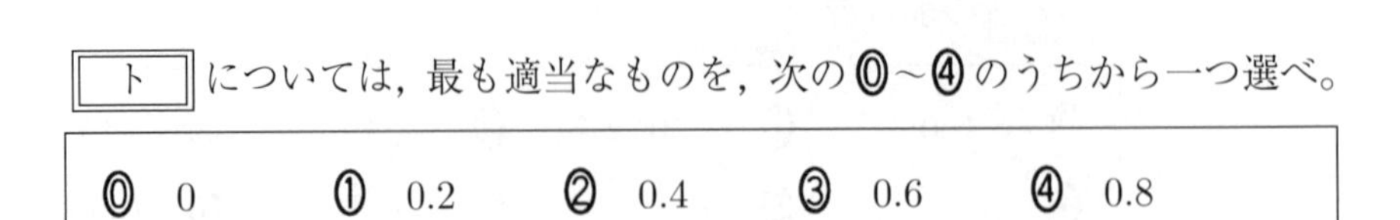

［ト］ については，最も適当なものを，次の ⓪～④ のうちから一つ選べ。

⓪ 0	① 0.2	② 0.4	③ 0.6	④ 0.8

(3)　-1.46 等星のシリウスの明るさは 0.03 等星のベガの明るさの ［ナ］ 倍である。

［ナ］ については，最も適当なものを，次の ⓪～⑤ のうちから一つ選べ。

⓪ 0.61	① 1.86	② 2.79	③ 3.94	④ 4.52	⑤ 5.18

(数学 II・数学 B 第 1 問は次ページに続く。)

常用対数表

数	0	1	2	3	4	5	6	7	8	9
1.0	.0000	.0043	.0086	.0128	.0170	.0212	.0253	.0294	.0334	.0374
1.1	.0414	.0453	.0492	.0531	.0569	.0607	.0645	.0682	.0719	.0755
1.2	.0792	.0828	.0864	.0899	.0934	.0969	.1004	.1038	.1072	.1106
1.3	.1139	.1173	.1206	.1239	.1271	.1303	.1335	.1367	.1399	.1430
1.4	.1461	.1492	.1523	.1553	.1584	.1614	.1644	.1673	.1703	.1732
1.5	.1761	.1790	.1818	.1847	.1875	.1903	.1931	.1959	.1987	.2014
1.6	.2041	.2068	.2095	.2122	.2148	.2175	.2201	.2227	.2253	.2279
1.7	.2304	.2330	.2355	.2380	.2405	.2430	.2455	.2480	.2504	.2529
1.8	.2553	.2577	.2601	.2625	.2648	.2672	.2695	.2718	.2742	.2765
1.9	.2788	.2810	.2833	.2856	.2878	.2900	.2923	.2945	.2967	.2989
2.0	.3010	.3032	.3054	.3075	.3096	.3118	.3139	.3160	.3181	.3201
2.1	.3222	.3243	.3263	.3284	.3304	.3324	.3345	.3365	.3385	.3404
2.2	.3424	.3444	.3464	.3483	.3502	.3522	.3541	.3560	.3579	.3598
2.3	.3617	.3636	.3655	.3674	.3692	.3711	.3729	.3747	.3766	.3784
2.4	.3802	.3820	.3838	.3856	.3874	.3892	.3909	.3927	.3945	.3962
2.5	.3979	.3997	.4014	.4031	.4048	.4065	.4082	.4099	.4116	.4133
2.6	.4150	.4166	.4183	.4200	.4216	.4232	.4249	.4265	.4281	.4298
2.7	.4314	.4330	.4346	.4362	.4378	.4393	.4409	.4425	.4440	.4456
2.8	.4472	.4487	.4502	.4518	.4533	.4548	.4564	.4579	.4594	.4609
2.9	.4624	.4639	.4654	.4669	.4683	.4698	.4713	.4728	.4742	.4757
3.0	.4771	.4786	.4800	.4814	.4829	.4843	.4857	.4871	.4886	.4900
3.1	.4914	.4928	.4942	.4955	.4969	.4983	.4997	.5011	.5024	.5038
3.2	.5051	.5065	.5079	.5092	.5105	.5119	.5132	.5145	.5159	.5172
3.3	.5185	.5198	.5211	.5224	.5237	.5250	.5263	.5276	.5289	.5302
3.4	.5315	.5328	.5340	.5353	.5366	.5378	.5391	.5403	.5416	.5428
3.5	.5441	.5453	.5465	.5478	.5490	.5502	.5514	.5527	.5539	.5551
3.6	.5563	.5575	.5587	.5599	.5611	.5623	.5635	.5647	.5658	.5670
3.7	.5682	.5694	.5705	.5717	.5729	.5740	.5752	.5763	.5775	.5786
3.8	.5798	.5809	.5821	.5832	.5843	.5855	.5866	.5877	.5888	.5899
3.9	.5911	.5922	.5933	.5944	.5955	.5966	.5977	.5988	.5999	.6010
4.0	.6021	.6031	.6042	.6053	.6064	.6075	.6085	.6096	.6107	.6117
4.1	.6128	.6138	.6149	.6160	.6170	.6180	.6191	.6201	.6212	.6222
4.2	.6232	.6243	.6253	.6263	.6274	.6284	.6294	.6304	.6314	.6325
4.3	.6335	.6345	.6355	.6365	.6375	.6385	.6395	.6405	.6415	.6425
4.4	.6435	.6444	.6454	.6464	.6474	.6484	.6493	.6503	.6513	.6522
4.5	.6532	.6542	.6551	.6561	.6571	.6580	.6590	.6599	.6609	.6618
4.6	.6628	.6637	.6646	.6656	.6665	.6675	.6684	.6693	.6702	.6712
4.7	.6721	.6730	.6739	.6749	.6758	.6767	.6776	.6785	.6794	.6803
4.8	.6812	.6821	.6830	.6839	.6848	.6857	.6866	.6875	.6884	.6893
4.9	.6902	.6911	.6920	.6928	.6937	.6946	.6955	.6964	.6972	.6981
5.0	.6990	.6998	.7007	.7016	.7024	.7033	.7042	.7050	.7059	.7067
5.1	.7076	.7084	.7093	.7101	.7110	.7118	.7126	.7135	.7143	.7152
5.2	.7160	.7168	.7177	.7185	.7193	.7202	.7210	.7218	.7226	.7235
5.3	.7243	.7251	.7259	.7267	.7275	.7284	.7292	.7300	.7308	.7316
5.4	.7324	.7332	.7340	.7348	.7356	.7364	.7372	.7380	.7388	.7396

第2問 （必答問題）（配点　30）

a，b，c を実数とし，$f(x)=x^3+3ax^2+3bx+c$ とする。

関数 $f(x)$ は，$x=2$ で極値をとり，また，$f(x)$ を $\dfrac{1}{3}f'(x)$ で割ったときの余りは $-2x+4$ である。

このとき，$f'(2)=$ [ア] であるから

$$b=\boxed{\text{イウ}}\,a-\boxed{\text{エ}}$$

である。

また，割り算を実行すると商は $x+$ [オ] であり，余りを求めることにより，a，b，c の値は

$$a=\boxed{\text{カキ}},\quad b=\boxed{\text{ク}},\quad c=\boxed{\text{ケコサ}}$$

または

$$a=\boxed{\text{シス}},\quad b=\boxed{\text{セ}},\quad c=\boxed{\text{ソ}}$$

である。

（数学 II・数学 B 第 2 問は次ページに続く。）

(1)　$a = \boxed{\text{カキ}}$，$b = \boxed{\text{ク}}$，$c = \boxed{\text{ケコサ}}$ とする。

このとき $f(x)$ は

$$x = \boxed{\text{タ}} \text{ で極大}$$

となり

$$x = \boxed{\text{チ}} \text{ で極小}$$

となる。

このときの $y = f(x)$ のグラフを C_1 として，C_1 上の x 座標が $\boxed{\text{タ}}$，$\boxed{\text{チ}}$ である点を，それぞれ A，B とすると，直線 AB の方程式は

$$y = \boxed{\text{ツテ}}\,x + \boxed{\text{ト}}$$

であり

$$f(x) - \left(\boxed{\text{ツテ}}\,x + \boxed{\text{ト}}\right) = \left(x - \boxed{\text{ナ}}\right)\left(x - \boxed{\text{ニ}}\right)\left(x - \boxed{\text{ヌ}}\right)$$

である。ただし，$\boxed{\text{ナ}} < \boxed{\text{ニ}} < \boxed{\text{ヌ}}$ とする。

(数学 II・数学 B 第 2 問は次ページに続く。)

(2)　$a=$ シス ，$b=$ セ ，$c=$ ソ とする。

このとき，$y=f(x)$ のグラフを C_2 とする。また，(1)の ツテ $x+$ ト に対して

$$f(x)-\left(\boxed{\text{ツテ}}\,x+\boxed{\text{ト}}\right)=x\left(x-\boxed{\text{ネ}}\right)\left(x-\boxed{\text{ノ}}\right)$$

である。ただし， ネ $<$ ノ とする。

(数学 II・数学 B 第 2 問は次ページに続く。)

(3)　C_1，C_2 をそれぞれ(1)，(2)で定めた曲線とする。

C_1 の $0 \leqq x \leqq$ [タ] の部分と，C_2 の $0 \leqq x \leqq$ [タ] の部分，および y 軸で囲まれた図形の面積を S_1 とすると

$$S_1 = \boxed{\text{ハヒ}}$$

である。

また，C_1 の [タ] $\leqq x \leqq$ [チ] の部分と C_2 の [タ] $\leqq x \leqq$ [チ] の部分，および直線 $x =$ [チ] で囲まれた図形の面積を S_2 とすると，S_1，S_2 の間の関係は [フ] である。

[フ] の解答群

⓪ $S_1 = S_2$	① $S_1 = 2S_2$	② $S_1 = 3S_2$
③ $S_1 = 4S_2$	④ $2S_1 = S_2$	⑤ $3S_1 = S_2$

第3問～第5問は，いずれか2問を選択し，解答しなさい。

第3問 （選択問題）（配点　20）

以下の問題を解答するにあたっては，必要に応じて17ページの正規分布表を用いてもよい。

地球温暖化の影響で，魚の漁獲量が減っているニュースをネットでみた太郎さんは，大好物の魚 v について調べることにした。魚 v は成長するごとに名前が変わり，体長が 60 cm 以上のものを魚 v と呼んでいる。

(1)　例年1月に漁港Gで水揚げされる魚 v のうち，体長が 100 cm 以上であるものが10%含まれることが経験的にわかっている。漁港Gの近くに住んでいる太郎さんは，1月のある日に水揚げされた魚 v について，無作為に100匹を抽出して体長を調べた。

そのうち，体長が 100 cm 以上の魚 v の数を表す確率変数を X とする。このとき X は二項分布 $B\left(100,\ 0.\boxed{アイ}\right)$ に従うから，X の平均(期待値)は $\boxed{ウエ}$，標準偏差は $\sigma = \boxed{オ}$ である。太郎さんが調査した日の魚 v 100匹からなる標本において，体長が 100 cm 以上である魚 v の標本における比率 R について考えると，標本の大きさ100は十分に大きいので，R は近似的に正規分布 $N\left(0.\boxed{アイ},\ \left(\frac{\sigma}{100}\right)^2\right)$ に従う。

したがって，$P(R \geqq 0.124) = \boxed{カ}$ である。

$\boxed{カ}$ については，最も適当なものを，次の⓪～⑦のうちから一つ選べ。

⓪ 0.0239	① 0.0557	② 0.1591	③ 0.2119
④ 0.2881	⑤ 0.4443	⑥ 0.5557	⑦ 0.7881

(数学 II・数学 B 第3問は次ページに続く。)

(2)　太郎さんは，漁港の人から，近年の地球温暖化の影響で海水温度が上昇し，魚 v の体長も大きくなり，漁獲高も増えていることを聞いた。

太郎さんが調査した日の漁港 G における魚 v の体長の母標準偏差を s とし，太郎さんが調査した魚 v 100 匹の体長平均を $\overline{L}$ とする。魚 v の体長の母平均 m に対する信頼度 95%の信頼区間を $A \leqq m \leqq B$ とするとき，標本の大きさ 100 は十分に大きいので，A を $\overline{L}$ と s を用いて［キ］と表すことができる。

後日，太郎さんが魚 v について再調査したとき，調査する魚の数を n 匹とし，調査した魚 v の体長平均を $\overline{L_1}$ とする。また，再調査した日の漁港 G における魚 v の体長の母標準偏差を s_1 とし，再調査した日の魚 v の体長の母平均 m に対する信頼度 95%の信頼区間を $C \leqq m \leqq D$ とする。このとき，$B-A$ と $D-C$ の大小について

- $n=100$，$\overline{L_1} > \overline{L}$，$s_1 = s$ ならば，［ク］
- $n>100$，$\overline{L_1} = \overline{L}$，$s_1 = s$ ならば，［ケ］
- $n=100$，$\overline{L_1} = \overline{L}$，$s_1 < s$ ならば，［コ］

である。

［キ］の解答群

⓪ $\overline{L} - 0.95 \times \dfrac{s}{10}$	① $\overline{L} - 0.95 \times \dfrac{s}{100}$
② $\overline{L} - 1.64 \times \dfrac{s}{10}$	③ $\overline{L} - 1.64 \times \dfrac{s}{100}$
④ $\overline{L} - 1.96 \times \dfrac{s}{10}$	⑤ $\overline{L} - 1.96 \times \dfrac{s}{100}$
⑥ $\overline{L} - 2.58 \times \dfrac{s}{10}$	⑦ $\overline{L} - 2.58 \times \dfrac{s}{100}$

［ク］～［コ］の解答群(同じものを繰り返し選んでもよい。)

⓪ $D-C > B-A$　① $D-C = B-A$　② $D-C < B-A$

③ $B-A$ と $D-C$ の大小は比較できない

(数学 II・数学 B 第 3 問は次ページに続く。)

(3) 1月のある日に，漁港Hで水揚げされた魚vのうち，体長の最大値は110 cmであった。魚vの体長を表す確率変数をYとするとき，Yは連続型確率変数であり，Yの標本平均は80 cmであった。太郎さんは，漁港Hで水揚げされた魚vのうち体長が100 cm以上の割合や60 cmから何cmまでが全体の$\frac{1}{3}$であるのかなど，体長による割合をYの確率密度関数を用いて見積もりたいと考えている。

その日に漁港Hで水揚げされた魚vから400匹を無作為に抽出して体長を調べ，ヒストグラムを作成した。階級の幅を狭くして，何度かヒストグラムを作成していくと，体長が大きくなるとともに度数がほぼ一定の割合で減少していく傾向にあることがわかった。そこで太郎さんは，Yの確率密度関数を$f(y)$として，1次関数

$$f(y) = ay + b \quad (60 \leqq y \leqq 110)$$

を考えることにした。ただし，$60 \leqq y \leqq 110$の範囲で$f(y) \geqq 0$とする。

このとき，$P(60 \leqq Y \leqq 110) =$ サ であることから

$$\boxed{\text{シス}}\, a + b = \frac{\boxed{\text{セ}}}{\boxed{\text{ソタ}}} \qquad \cdots\cdots ①$$

である。また，Yの標本平均は80 cmであったので，連続型確率変数Yの期待値の定義に従って計算すると，①とあわせて$a = -\frac{3}{6250}$，$b = \frac{38}{625}$と求められる。このようにして得られた$f(y)$は，$60 \leqq y \leqq 110$の範囲で$f(y) \geqq 0$を満たしており，確かに確率密度関数として適当である。

この確率密度関数$f(y)$を用いて，体長100 cm以上のものの割合を見積もると チ %であるといえる。

チ については，最も適当なものを，次の⓪～③のうちから一つ選べ。

⓪ 8.4	① 9.4	② 10.4	③ 11.4

(数学II・数学B第3問は次ページに続く。)

正 規 分 布 表

次の表は，標準正規分布の分布曲線における右図の灰色部分の面積の値をまとめたものである。

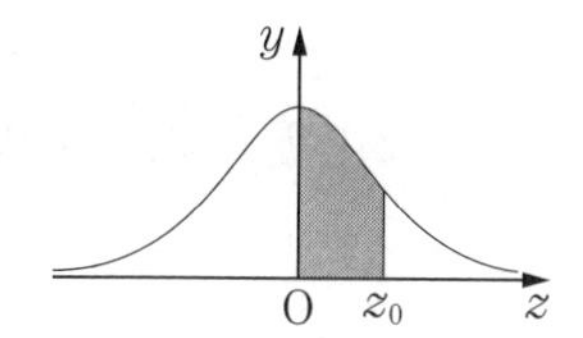

z_0	0.00	0.01	0.02	0.03	0.04	0.05	0.06	0.07	0.08	0.09
0.0	0.0000	0.0040	0.0080	0.0120	0.0160	0.0199	0.0239	0.0279	0.0319	0.0359
0.1	0.0398	0.0438	0.0478	0.0517	0.0557	0.0596	0.0636	0.0675	0.0714	0.0753
0.2	0.0793	0.0832	0.0871	0.0910	0.0948	0.0987	0.1026	0.1064	0.1103	0.1141
0.3	0.1179	0.1217	0.1255	0.1293	0.1331	0.1368	0.1406	0.1443	0.1480	0.1517
0.4	0.1554	0.1591	0.1628	0.1664	0.1700	0.1736	0.1772	0.1808	0.1844	0.1879
0.5	0.1915	0.1950	0.1985	0.2019	0.2054	0.2088	0.2123	0.2157	0.2190	0.2224
0.6	0.2257	0.2291	0.2324	0.2357	0.2389	0.2422	0.2454	0.2486	0.2517	0.2549
0.7	0.2580	0.2611	0.2642	0.2673	0.2704	0.2734	0.2764	0.2794	0.2823	0.2852
0.8	0.2881	0.2910	0.2939	0.2967	0.2995	0.3023	0.3051	0.3078	0.3106	0.3133
0.9	0.3159	0.3186	0.3212	0.3238	0.3264	0.3289	0.3315	0.3340	0.3365	0.3389
1.0	0.3413	0.3438	0.3461	0.3485	0.3508	0.3531	0.3554	0.3577	0.3599	0.3621
1.1	0.3643	0.3665	0.3686	0.3708	0.3729	0.3749	0.3770	0.3790	0.3810	0.3830
1.2	0.3849	0.3869	0.3888	0.3907	0.3925	0.3944	0.3962	0.3980	0.3997	0.4015
1.3	0.4032	0.4049	0.4066	0.4082	0.4099	0.4115	0.4131	0.4147	0.4162	0.4177
1.4	0.4192	0.4207	0.4222	0.4236	0.4251	0.4265	0.4279	0.4292	0.4306	0.4319
1.5	0.4332	0.4345	0.4357	0.4370	0.4382	0.4394	0.4406	0.4418	0.4429	0.4441
1.6	0.4452	0.4463	0.4474	0.4484	0.4495	0.4505	0.4515	0.4525	0.4535	0.4545
1.7	0.4554	0.4564	0.4573	0.4582	0.4591	0.4599	0.4608	0.4616	0.4625	0.4633
1.8	0.4641	0.4649	0.4656	0.4664	0.4671	0.4678	0.4686	0.4693	0.4699	0.4706
1.9	0.4713	0.4719	0.4726	0.4732	0.4738	0.4744	0.4750	0.4756	0.4761	0.4767
2.0	0.4772	0.4778	0.4783	0.4788	0.4793	0.4798	0.4803	0.4808	0.4812	0.4817
2.1	0.4821	0.4826	0.4830	0.4834	0.4838	0.4842	0.4846	0.4850	0.4854	0.4857
2.2	0.4861	0.4864	0.4868	0.4871	0.4875	0.4878	0.4881	0.4884	0.4887	0.4890
2.3	0.4893	0.4896	0.4898	0.4901	0.4904	0.4906	0.4909	0.4911	0.4913	0.4916
2.4	0.4918	0.4920	0.4922	0.4925	0.4927	0.4929	0.4931	0.4932	0.4934	0.4936
2.5	0.4938	0.4940	0.4941	0.4943	0.4945	0.4946	0.4948	0.4949	0.4951	0.4952
2.6	0.4953	0.4955	0.4956	0.4957	0.4959	0.4960	0.4961	0.4962	0.4963	0.4964
2.7	0.4965	0.4966	0.4967	0.4968	0.4969	0.4970	0.4971	0.4972	0.4973	0.4974
2.8	0.4974	0.4975	0.4976	0.4977	0.4977	0.4978	0.4979	0.4979	0.4980	0.4981
2.9	0.4981	0.4982	0.4982	0.4983	0.4984	0.4984	0.4985	0.4985	0.4986	0.4986
3.0	0.4987	0.4987	0.4987	0.4988	0.4988	0.4989	0.4989	0.4989	0.4990	0.4990

第3問～第5問は，**いずれか2問を選択**し，解答しなさい。

第4問 （選択問題）（配点 20）

長方形の紙を半分に折るという操作を繰り返し，折った後の長方形の各辺に重なっている紙の枚数について考える。ただし，紙は何回でも折れるものとする。各回で折った折り目の辺に重なっている紙の枚数は1枚とみなす。例えば，図1のような長方形の紙を点線に沿って1回折ると，各辺に重なっている紙の枚数は，図2のようになる。

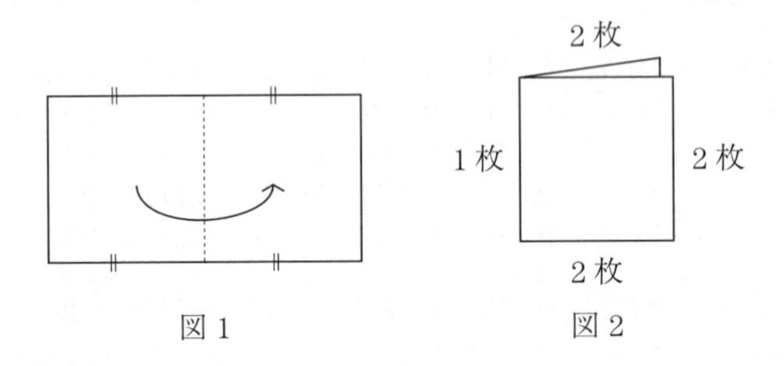

図1　　図2

n を自然数とする。この操作を n 回繰り返したとき，n 回目の折り目の辺の対辺に重なっている紙の枚数を a_n とし，n 回目の折り目の辺の両隣りの辺に重なっている紙の枚数のうち，多くない方の枚数を b_n，もう一方の枚数を c_n とすると，$n=1$ のとき，$a_1=2$，$b_1=2$，$c_1=2$ である。

m を n より大きい自然数とし，m 回目の操作において，n 回目の折り目と平行に半分折ることを「n 回目と同じ方向に折る」といい，n 回目の折り目と垂直に半分に折ることを「n 回目と違う方向に折る」ということにする。

（数学 II・数学 B 第 4 問は次ページに続く。）

(1)　毎回1回目と同じ方向に折るとする。

このとき，$a_2=3$，$b_2=4$，$c_2=4$ である。

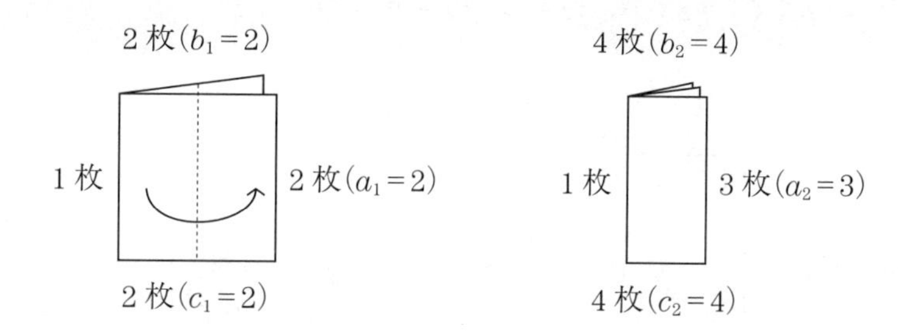

また

$$a_3 = \boxed{\text{ア}},\quad b_3 = \boxed{\text{イ}},\quad c_3 = \boxed{\text{ウ}}$$

である。

数列 $\{a_n\}$ は［エ］であり，数列 $\{b_n\}$ は［オ］であり，数列 $\{c_n\}$ は［カ］である。

［エ］～［カ］の解答群(同じものを繰り返し選んでもよい。)

⓪　公差1の等差数列
①　公差2の等差数列
②　公比2の等比数列
③　公比4の等比数列
④　階差数列の一般項が $n+1$ である数列
⑤　階差数列の一般項が $2n$ である数列

(数学II・数学B第4問は次ページに続く。)

(2)　2回目以降，偶数回目は1回目と違う方向に折り，奇数回目は1回目と同じ方向に折るとする。

このとき，$a_2 = 4$，$b_2 = 2$，$c_2 = 4$ である。

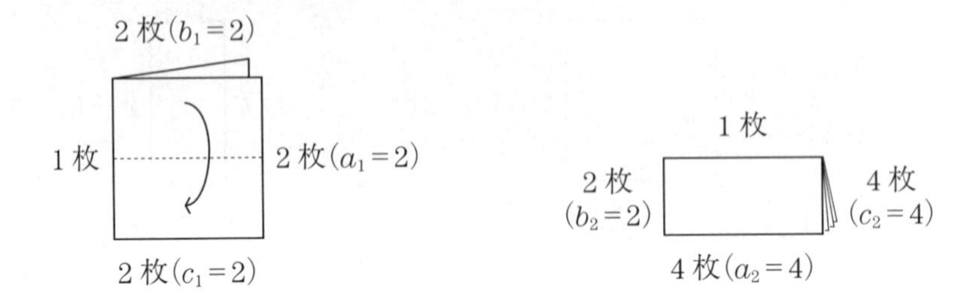

また

$$a_3 = \boxed{\text{キ}},\quad b_3 = \boxed{\text{ク}},\quad c_3 = \boxed{\text{ケ}}$$

である。

$n+1$ 回目は n 回目と違う方向に折るから

$$a_{n+1} = \boxed{\text{コ}},\ b_{n+1} = \boxed{\text{サ}},\ c_{n+1} = \boxed{\text{シ}}\quad (n = 1,\ 2,\ 3,\ \cdots)$$

である。

$\boxed{\text{コ}}$ ～ $\boxed{\text{シ}}$ の解答群(同じものを繰り返し選んでもよい。)

⓪ $a_n + 1$	① $a_n + 2$	② $b_n + 1$	③ $b_n + 2$
④ $2a_n$	⑤ $2b_n$	⑥ $2c_n$	⑦ 2
⑧ $b_n + c_n$	⑨ $a_n + b_n + c_n$		

(数学II・数学B第4問は次ページに続く。)

よって

$$a_{n+2} = \boxed{\text{ス}}\, a_n + \boxed{\text{セ}} \quad (n = 1,\ 2,\ 3,\ \cdots)$$

が成り立つ。m を自然数として，$n = 2m$ とおくと

$$a_{2m+2} = \boxed{\text{ス}}\, a_{2m} + \boxed{\text{セ}}$$

となる。

よって，m を自然数として，$d_m = a_{2m}$ とおくと

$$d_{m+1} = \boxed{\text{ス}}\, d_m + \boxed{\text{セ}}$$

となるから，数列 $\{d_m\}$ の一般項は

$$d_m = \boxed{\text{ソ}} \cdot \boxed{\text{ス}}^{\boxed{\text{タ}}} - \boxed{\text{チ}}$$

である。また，m を自然数として，$e_m = c_{2m}$ とおくと，数列 $\{e_m\}$ の一般項は

$$e_m = \boxed{\text{ス}}^{\boxed{\text{ツ}}} - \boxed{\text{テ}}$$

である。

タ，ツ の解答群(同じものを繰り返し選んでもよい。)

⓪ m	① $m+1$	② $m+2$	③ $2m-1$
④ $2m$	⑤ $2m+1$	⑥ $2m+2$	

第3問～第5問は，いずれか2問を選択し，解答しなさい。

第5問 （選択問題）（配点　20）

1辺の長さが1の正四面体OABCがある。

(1)　次の問題Aについて考えよう。

> 問題A　次の記述(I)，(II)について正誤を判定せよ。
>
> (I)　内積 $\overrightarrow{OA}\cdot\overrightarrow{AB}$ の値は $\frac{1}{2}$ である。
>
> (II)　$\overrightarrow{AB}$ と $\overrightarrow{OC}$ は垂直である。

$\overrightarrow{OA}$ の大きさを $|\overrightarrow{OA}|$，$\overrightarrow{OB}$ の大きさを $|\overrightarrow{OB}|$ とし，$\overrightarrow{OA}$ と $\overrightarrow{OB}$ のなす角を θ としたとき

$$\overrightarrow{OA}\cdot\overrightarrow{OB} = \boxed{\text{ア}}$$

であり，$\overrightarrow{AB}$ をOを始点としたベクトルを用いて表すと

$$\overrightarrow{AB} = \boxed{\text{イ}}$$

である。

ア の解答群

⓪ $\frac{1}{2}|\overrightarrow{OA}||\overrightarrow{OB}|\sin\theta$	① $\frac{1}{2}|\overrightarrow{OA}||\overrightarrow{OB}|\cos\theta$
② $|\overrightarrow{OA}||\overrightarrow{OB}|\sin\theta$	③ $|\overrightarrow{OA}||\overrightarrow{OB}|\cos\theta$

イ の解答群

⓪ $\overrightarrow{OA}+\overrightarrow{OB}$	① $\overrightarrow{OA}-\overrightarrow{OB}$
② $-\overrightarrow{OA}+\overrightarrow{OB}$	③ $-\overrightarrow{OA}-\overrightarrow{OB}$

（数学II・数学B第5問は次ページに続く。）

四つの面 OAB，OBC，OAC，ABC は正三角形であることにも注意すると，(I)，(II)の正誤の組合せとして正しいものは [ウ] である。

[ウ] の解答群

	⓪	①	②	③
(I)	正	正	誤	誤
(II)	正	誤	正	誤

（数学 II・数学 B 第 5 問は次ページに続く。）

(2)　次の**問題 B** について考えよう。

問題 B　3 点 A, B, C の定める平面上に点 D をとり，実数 α, β を用いて

$$\overrightarrow{AD} = \alpha\overrightarrow{AB} + \beta\overrightarrow{AC} \quad \cdots\cdots①$$

と表すことにする。D が

$$\angle AOD = 90^\circ,\ 0 \leqq \alpha \leqq 1$$

を満たしながら動くとき，D の動く範囲を図示せよ。

花子さんと太郎さんは**問題 B** について話している。

花子：① を変形すると $\overrightarrow{OD}$ が $\overrightarrow{OA}$, $\overrightarrow{OB}$, $\overrightarrow{OC}$ で表されるよ。

太郎：$\angle AOD = 90^\circ$ だから，β を α で表すことができるね。

① において，$\overrightarrow{AD}$, $\overrightarrow{AB}$, $\overrightarrow{AC}$ を O を始点としたベクトルに書き換えると

$$\overrightarrow{OD} = \boxed{\text{エ}}\overrightarrow{OA} + \boxed{\text{オ}}\overrightarrow{OB} + \boxed{\text{カ}}\overrightarrow{OC}$$

となる。さらに，$\angle AOD = 90^\circ$ により α, β の関係式が得られるから，β を α で表すと

$$\beta = \boxed{\text{キ}}$$

となる。

[エ] ～ [カ] の解答群(同じものを繰り返し選んでもよい。)

⓪ α	① β	② $(1-\alpha)$	③ $(1-\beta)$
④ $(1-\alpha-\beta)$	⑤ $(\alpha-1)$	⑥ $(\beta-1)$	⑦ $(\alpha+\beta-1)$

[キ] の解答群

⓪ $-1+\alpha$	① $-1-\alpha$	② $1+\alpha$	③ $1-\alpha$
④ $-2+\alpha$	⑤ $-2-\alpha$	⑥ $2+\alpha$	⑦ $2-\alpha$

(数学 II・数学 B 第 5 問は次ページに続く。)

$\overrightarrow{AD}$ を α と $\overrightarrow{AC}$，$\overrightarrow{CB}$ で表すと

$$\overrightarrow{AD} = \alpha\overrightarrow{AB} + \left(\boxed{キ}\right)\overrightarrow{AC}$$
$$= \boxed{ク}\,\overrightarrow{AC} + \boxed{ケ}\,\overrightarrow{CB}$$

となる。よって，$0 \leqq \alpha \leqq 1$ のとき，D の動く範囲を図示すると，B′，C′ をそれぞれ $\overrightarrow{AB'} = 2\overrightarrow{AB}$，$\overrightarrow{AC'} = 2\overrightarrow{AC}$ を満たす点として，［コ］の太線部分である。

［ク］，［ケ］の解答群(同じものを繰り返し選んでもよい。)

⓪ α	① $(\alpha - 1)$	② $(\alpha + 1)$	③ $(1 - \alpha)$
④ $(\alpha - 2)$	⑤ $(\alpha + 2)$	⑥ $(2 - \alpha)$	⑦ 2

［コ］の解答群

⓪

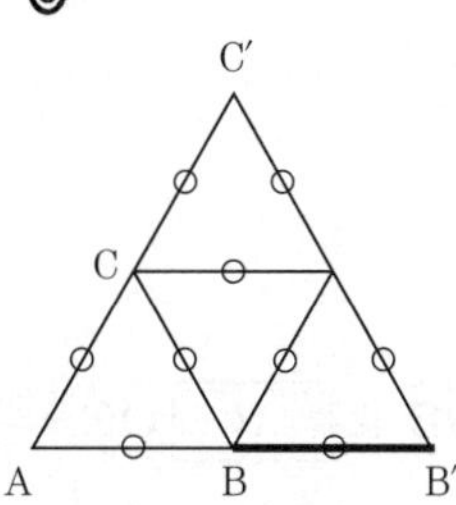

①

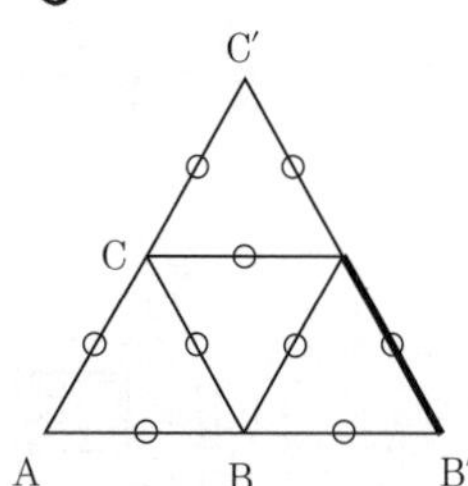

②

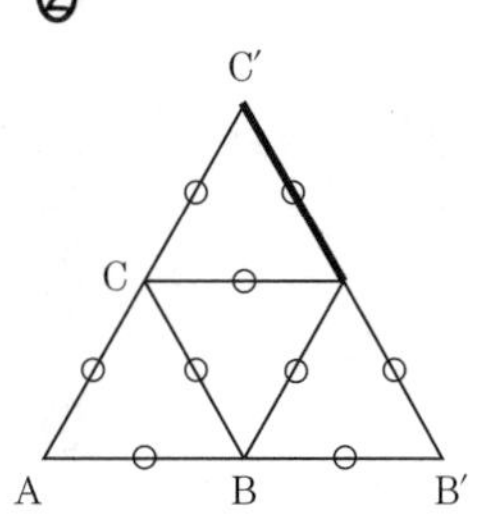

③

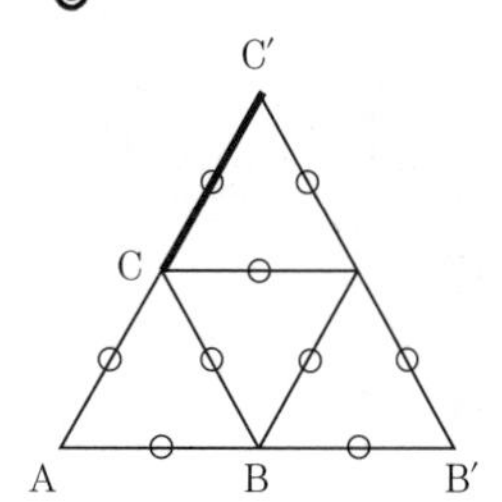

(数学 II・数学 B 第 5 問は次ページに続く。)

(3)　次の**問題 C** について考えよう。

> **問題 C**　辺 AB を 1 : 2 に内分する点を E とし，辺 OC 上に O，C と異なる点 F をとる。さらに，三角形 BCE の重心を G とする。直線 EF と直線 OG は交わらないことを示せ。

太郎さんと花子さんは，**問題 C** について話している。

太郎：F の位置によっては 2 直線は交わるような気もするんだけど。2 直線が交わらないことを示すには，どうしたらいいかな。

花子：それぞれの直線上の点を考えて，それらが一致するとき矛盾が生じることを示せばいいね。

$$\overrightarrow{OE} = \boxed{サ}\,\overrightarrow{OA} + \boxed{シ}\,\overrightarrow{OB}$$

であり

$$\overrightarrow{OG} = \boxed{ス}\,\overrightarrow{OA} + \boxed{セ}\,\overrightarrow{OB} + \boxed{ソ}\,\overrightarrow{OC}$$

である。

$\boxed{サ}$ ～ $\boxed{ソ}$ の解答群(同じものを繰り返し選んでもよい。)

⓪ $\frac{1}{9}$	① $\frac{2}{9}$	② $\frac{1}{3}$	③ $\frac{4}{9}$
④ $\frac{5}{9}$	⑤ $\frac{2}{3}$	⑥ $\frac{7}{9}$	⑦ $\frac{8}{9}$

(数学 II・数学 B 第 5 問は次ページに続く。)

直線OG上に点H_1をとり，直線EF上に点H_2をとる。s, tを，$\overrightarrow{OH_1} = s\overrightarrow{OG}$, $\overrightarrow{EH_2} = t\overrightarrow{EF}$となる実数とする。また，$0 < x < 1$であるような実数$x$を用いて，$\overrightarrow{OF} = x\overrightarrow{OC}$と表す。

$$\overrightarrow{OH_2} = \boxed{\text{タ}}\,\overrightarrow{OA} + \boxed{\text{チ}}\,\overrightarrow{OB} + \boxed{\text{ツ}}\,x\overrightarrow{OC}$$

である。

H_1とH_2が一致すると仮定すると，4点O，A，B，Cは同一平面上にないから

$\boxed{\text{ス}}\,s = \boxed{\text{タ}}$　　……②

$\boxed{\text{セ}}\,s = \boxed{\text{チ}}$　　……③

$\boxed{\text{ソ}}\,s = \boxed{\text{ツ}}\,x$　　……④

が成り立つ。②は

$$s = \boxed{\text{テト}}\,t + \boxed{\text{ナ}}$$

と変形できて，③とあわせてsとtの値が求まる。この値を④に代入すると，$x = \boxed{\text{ニ}}$となり矛盾する。

よって，H_1とH_2が一致するとした仮定が間違っていたことがわかる。したがって，直線EFと直線OGは交わらない。

$\boxed{\text{タ}}$～$\boxed{\text{ツ}}$の解答群(同じものを繰り返し選んでもよい。)

⓪ t	① $(1-t)$	② $\frac{2}{9}t$	③ $\frac{2}{9}(1-t)$
④ $\frac{1}{3}t$	⑤ $\frac{1}{3}(1-t)$	⑥ $\frac{4}{9}t$	⑦ $\frac{4}{9}(1-t)$
⑧ $\frac{5}{9}t$	⑨ $\frac{5}{9}(1-t)$	ⓐ $\frac{2}{3}t$	ⓑ $\frac{2}{3}(1-t)$

2023 年度

大学入学共通テスト
本試験

（100 点　60 分）

標 準 所 要 時 間

第 1 問	18 分	第 4 問	12 分
第 2 問	18 分	第 5 問	12 分
第 3 問	12 分		

（注）　第 1 問・第 2 問は必答，第 3 問～第 5 問のうち 2 問選択解答

数学Ⅱ・数学B

第1問　(必答問題)（配点　30）

〔1〕　三角関数の値の大小関係について考えよう。

(1)　$x = \frac{\pi}{6}$ のとき $\sin x$ [ア] $\sin 2x$ であり，$x = \frac{2}{3}\pi$ のとき $\sin x$ [イ] $\sin 2x$ である。

[ア]，[イ] の解答群（同じものを繰り返し選んでもよい。）

⓪ $<$	① $=$	② $>$

（数学Ⅱ・数学B第1問は次ページに続く。）

(2) $\sin x$ と $\sin 2x$ の値の大小関係を詳しく調べよう。

$$\sin 2x - \sin x = \sin x\left(\boxed{\text{ウ}}\cos x - \boxed{\text{エ}}\right)$$

であるから，$\sin 2x - \sin x > 0$ が成り立つことは

「$\sin x > 0$ かつ $\boxed{\text{ウ}}\cos x - \boxed{\text{エ}} > 0$」 ……………… ①

または

「$\sin x < 0$ かつ $\boxed{\text{ウ}}\cos x - \boxed{\text{エ}} < 0$」 ……………… ②

が成り立つことと同値である。$0 \leqq x \leqq 2\pi$ のとき，①が成り立つような x の値の範囲は

$$0 < x < \frac{\pi}{\boxed{\text{オ}}}$$

であり，②が成り立つような x の値の範囲は

$$\pi < x < \frac{\boxed{\text{カ}}}{\boxed{\text{キ}}}\pi$$

である。よって，$0 \leqq x \leqq 2\pi$ のとき，$\sin 2x > \sin x$ が成り立つような x の値の範囲は

$$0 < x < \frac{\pi}{\boxed{\text{オ}}}, \quad \pi < x < \frac{\boxed{\text{カ}}}{\boxed{\text{キ}}}\pi$$

である。

（数学II・数学B第１問は次ページに続く。）

(3) $\sin 3x$ と $\sin 4x$ の値の大小関係を調べよう。

三角関数の加法定理を用いると，等式

$$\sin(\alpha+\beta)-\sin(\alpha-\beta)=2\cos\alpha\sin\beta \quad \cdots\cdots\cdots ③$$

が得られる。$\alpha+\beta=4x$，$\alpha-\beta=3x$ を満たす α，β に対して③を用いることにより，$\sin 4x-\sin 3x>0$ が成り立つことは

「$\cos$ 〔ク〕 >0　かつ　$\sin$ 〔ケ〕 >0」 ……………… ④

または

「$\cos$ 〔ク〕 <0　かつ　$\sin$ 〔ケ〕 <0」 ……………… ⑤

が成り立つことと同値であることがわかる。

$0 \leqq x \leqq \pi$ のとき，④，⑤により，$\sin 4x>\sin 3x$ が成り立つような x の値の範囲は

$$0<x<\frac{\pi}{\boxed{\text{コ}}},\quad \frac{\boxed{\text{サ}}}{\boxed{\text{シ}}}\pi<x<\frac{\boxed{\text{ス}}}{\boxed{\text{セ}}}\pi$$

である。

〔ク〕，〔ケ〕 の解答群（同じものを繰り返し選んでもよい。）

⓪ 0	① x	② $2x$	③ $3x$
④ $4x$	⑤ $5x$	⑥ $6x$	⑦ $\frac{x}{2}$
⑧ $\frac{3}{2}x$	⑨ $\frac{5}{2}x$	ⓐ $\frac{7}{2}x$	ⓑ $\frac{9}{2}x$

（数学Ⅱ・数学B第1問は次ページに続く。）

(4) (2), (3) の考察から，$0 \leqq x \leqq \pi$ のとき，$\sin 3x > \sin 4x > \sin 2x$ が成り立つような x の値の範囲は

$$\frac{\pi}{\boxed{\text{コ}}} < x < \frac{\pi}{\boxed{\text{ソ}}},\quad \frac{\boxed{\text{ス}}}{\boxed{\text{セ}}}\pi < x < \frac{\boxed{\text{タ}}}{\boxed{\text{チ}}}\pi$$

であることがわかる。

（数学Ⅱ・数学B第1問は次ページに続く。）

〔2〕

(1) $a>0$, $a \neq 1$, $b>0$ のとき, $\log_a b = x$ とおくと, ツ が成り立つ。

ツ の解答群

⓪ $x^a = b$	① $x^b = a$
② $a^x = b$	③ $b^x = a$
④ $a^b = x$	⑤ $b^a = x$

(2) 様々な対数の値が有理数か無理数かについて考えよう。

(i) $\log_5 25 =$ テ, $\log_9 27 = \dfrac{\text{ト}}{\text{ナ}}$ であり, どちらも有理数である。

(ii) $\log_2 3$ が有理数と無理数のどちらであるかを考えよう。

$\log_2 3$ が有理数であると仮定すると, $\log_2 3 > 0$ であるので, 二つの自然数 p, q を用いて $\log_2 3 = \dfrac{p}{q}$ と表すことができる。このとき, (1)により $\log_2 3 = \dfrac{p}{q}$ は ニ と変形できる。いま, 2 は偶数であり 3 は奇数であるので, ニ を満たす自然数 p, q は存在しない。

したがって, $\log_2 3$ は無理数であることがわかる。

(iii) a, b を 2 以上の自然数とするとき, (ii) と同様に考えると, 「ヌ ならば $\log_a b$ はつねに無理数である」ことがわかる。

(数学Ⅱ・数学B第1問は次ページに続く。)

ニ の解答群

⓪ $p^2 = 3q^2$	① $q^2 = p^3$	② $2^q = 3^p$
③ $p^3 = 2q^3$	④ $p^2 = q^3$	⑤ $2^p = 3^q$

ヌ の解答群

⓪ a が偶数

① b が偶数

② a が奇数

③ b が奇数

④ a と b がともに偶数，または a と b がともに奇数

⑤ a と b のいずれか一方が偶数で，もう一方が奇数

第２問 （必答問題）（配点　30）

〔１〕

(1) kを正の定数とし，次の３次関数を考える。

$$f(x)=x^2(k-x)$$

$y=f(x)$のグラフとx軸との共有点の座標は$(0,\ 0)$と$\left(\boxed{ア},\ 0\right)$である。

$f(x)$の導関数$f'(x)$は

$$f'(x)=\boxed{イウ}x^2+\boxed{エ}kx$$

である。

$x=\boxed{オ}$のとき，$f(x)$は極小値$\boxed{カ}$をとる。

$x=\boxed{キ}$のとき，$f(x)$は極大値$\boxed{ク}$をとる。

また，$0<x<k$の範囲において$x=\boxed{キ}$のとき$f(x)$は最大となることがわかる。

$\boxed{ア}$，$\boxed{オ}$〜$\boxed{ク}$の解答群(同じものを繰り返し選んでもよい。)

⓪ 0	① $\frac{1}{3}k$	② $\frac{1}{2}k$	③ $\frac{2}{3}k$
④ k	⑤ $\frac{3}{2}k$	⑥ $-4k^2$	⑦ $\frac{1}{8}k^2$
⑧ $\frac{2}{27}k^3$	⑨ $\frac{4}{27}k^3$	ⓐ $\frac{4}{9}k^3$	ⓑ $4k^3$

(数学Ⅱ・数学Ｂ第２問は次ページに続く。)

(2) 後の図のように底面が半径 9 の円で高さが 15 の円錐(すい)に内接する円柱を考える。円柱の底面の半径と体積をそれぞれ x, V とする。V を x の式で表すと

$$V = \frac{\boxed{\text{ケ}}}{\boxed{\text{コ}}}\pi x^2\left(\boxed{\text{サ}} - x\right) \quad (0 < x < 9)$$

である。(1)の考察より，$x = \boxed{\text{シ}}$ のとき V は最大となることがわかる。V の最大値は $\boxed{\text{スセソ}}\,\pi$ である。

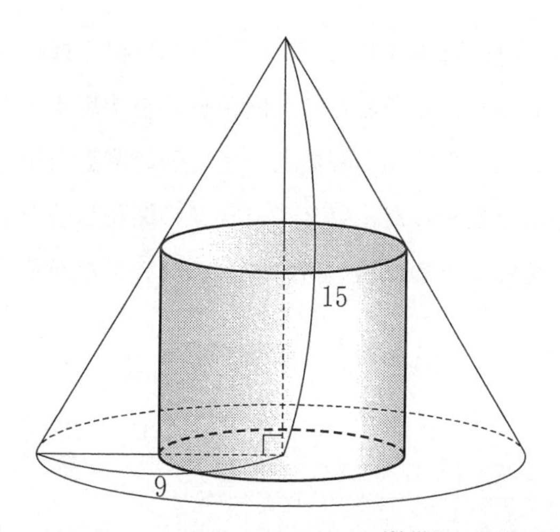

(数学 II・数学 B 第 2 問は次ページに続く。)

〔2〕

(1)　定積分 $\int_0^{30}\left(\frac{1}{5}x+3\right)dx$ の値は $\boxed{タチツ}$ である。

また，関数 $\frac{1}{100}x^2-\frac{1}{6}x+5$ の不定積分は

$$\int\left(\frac{1}{100}x^2-\frac{1}{6}x+5\right)dx=\frac{1}{\boxed{テトナ}}x^3-\frac{1}{\boxed{ニヌ}}x^2+\boxed{ネ}x+C$$

である。ただし，C は積分定数とする。

(2)　ある地域では，毎年3月頃「ソメイヨシノ（桜の種類）の開花予想日」が話題になる。太郎さんと花子さんは，開花日時を予想する方法の一つに，2月に入ってからの気温を時間の関数とみて，その関数を積分した値をもとにする方法があることを知った。ソメイヨシノの開花日時を予想するために，二人は図1の6時間ごとの気温の折れ線グラフを見ながら，次のように考えることにした。

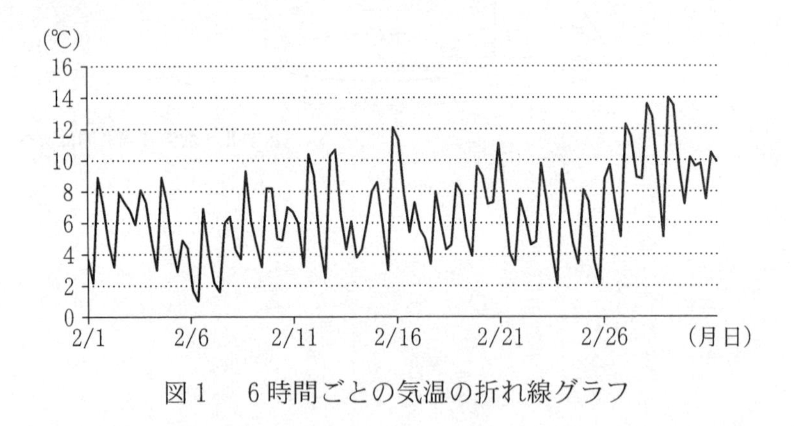

図1　6時間ごとの気温の折れ線グラフ

x の値の範囲を0以上の実数全体として，2月1日午前0時から $24x$ 時間経った時点を x 日後とする。（例えば，10.3日後は2月11日午前7時12分を表す。）また，x 日後の気温を y ℃とする。このとき，y は x の関数であり，これを $y=f(x)$ とおく。ただし，y は負にはならないものとする。

（数学Ⅱ・数学B第2問は次ページに続く。）

気温を表す関数 $f(x)$ を用いて二人はソメイヨシノの開花日時を次の**設定**で考えることにした。

設定

正の実数 t に対して，$f(x)$ を 0 から t まで積分した値を $S(t)$ とする。すなわち，$S(t)=\int_0^t f(x)\,dx$ とする。この $S(t)$ が 400 に到達したとき，ソメイヨシノが開花する。

設定のもと，太郎さんは気温を表す関数 $y=f(x)$ のグラフを図 2 のように直線とみなしてソメイヨシノの開花日時を考えることにした。

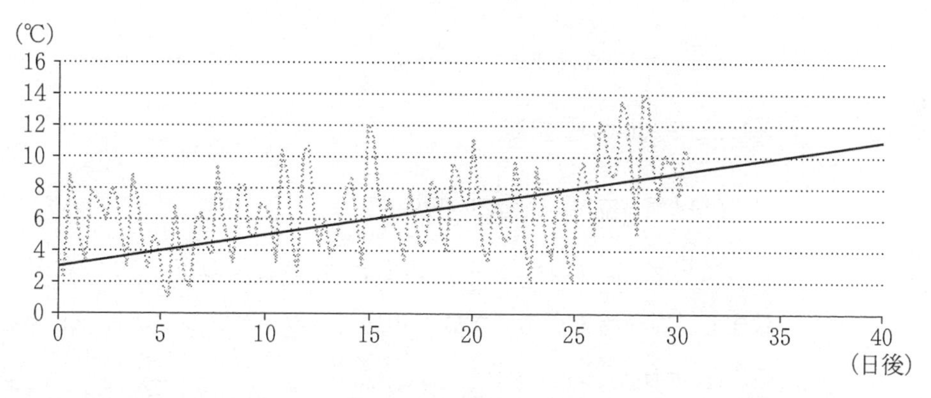

図 2　図 1 のグラフと，太郎さんが直線とみなした $y=f(x)$ のグラフ

(i)　太郎さんは

$$f(x)=\frac{1}{5}x+3 \quad (x \geqq 0)$$

として考えた。このとき，ソメイヨシノの開花日時は 2 月に入ってから [ノ] となる。

[ノ] の解答群

⓪ 30 日後	① 35 日後	② 40 日後
③ 45 日後	④ 50 日後	⑤ 55 日後
⑥ 60 日後	⑦ 65 日後	

(数学Ⅱ・数学B第 2 問は次ページに続く。)

(ii) 太郎さんと花子さんは，2月に入ってから30日後以降の気温について話をしている。

太郎：1次関数を用いてソメイヨシノの開花日時を求めてみたよ。
花子：気温の上がり方から考えて，2月に入ってから30日後以降の気温を表す関数が2次関数の場合も考えてみようか。

花子さんは気温を表す関数$f(x)$を，$0 \leqq x \leqq 30$のときは太郎さんと同じように

$$f(x) = \frac{1}{5}x + 3 \quad \cdots\cdots ①$$

とし，$x \geqq 30$のときは

$$f(x) = \frac{1}{100}x^2 - \frac{1}{6}x + 5 \quad \cdots\cdots ②$$

として考えた。なお，$x = 30$のとき①の右辺の値と②の右辺の値は一致する。花子さんの考えた式を用いて，ソメイヨシノの開花日時を考えよう。(1)より

$$\int_0^{30} \left(\frac{1}{5}x + 3\right) dx = \boxed{\text{タチツ}}$$

であり

$$\int_{30}^{40} \left(\frac{1}{100}x^2 - \frac{1}{6}x + 5\right) dx = 115$$

となることがわかる。

また，$x \geqq 30$の範囲において$f(x)$は増加する。よって

$$\int_{30}^{40} f(x)\,dx \quad \boxed{\text{ハ}} \quad \int_{40}^{50} f(x)\,dx$$

であることがわかる。以上より，ソメイヨシノの開花日時は2月に入ってから $\boxed{\text{ヒ}}$ となる。

(数学Ⅱ・数学B第2問は次ページに続く。)

ハ の解答群

⓪ <	① ＝	② >

ヒ の解答群

⓪ 30 日後より前
① 30 日後
② 30 日後より後，かつ 40 日後より前
③ 40 日後
④ 40 日後より後，かつ 50 日後より前
⑤ 50 日後
⑥ 50 日後より後，かつ 60 日後より前
⑦ 60 日後
⑧ 60 日後より後

第 3 問 （選択問題）（配点　20）

以下の問題を解答するにあたっては，必要に応じて 19 ページの正規分布表を用いてもよい。

(1)　ある生産地で生産されるピーマン全体を母集団とし，この母集団におけるピーマン 1 個の重さ(単位は g)を表す確率変数を X とする。m と σ を正の実数とし，X は正規分布 $N(m,\ \sigma^2)$ に従うとする。

(i)　この母集団から 1 個のピーマンを無作為に抽出したとき，重さが m g 以上である確率 $P(X \geqq m)$ は

$$P(X \geqq m) = P\left(\frac{X-m}{\sigma} \geqq \boxed{\text{ア}}\right) = \frac{\boxed{\text{イ}}}{\boxed{\text{ウ}}}$$

である。

(ii)　母集団から無作為に抽出された大きさ n の標本 $X_1,\ X_2,\ \cdots,\ X_n$ の標本平均を $\overline{X}$ とする。$\overline{X}$ の平均(期待値)と標準偏差はそれぞれ

$$E(\overline{X}) = \boxed{\boxed{\text{エ}}},\qquad \sigma(\overline{X}) = \boxed{\boxed{\text{オ}}}$$

となる。

$n = 400$，標本平均が 30.0 g，標本の標準偏差が 3.6 g のとき，m の信頼度 90 % の信頼区間を次の**方針**で求めよう。

> **方針**
>
> Z を標準正規分布 $N(0,\ 1)$ に従う確率変数として，$P(-z_0 \leqq Z \leqq z_0) = 0.901$ となる z_0 を正規分布表から求める。この z_0 を用いると m の信頼度 90.1 % の信頼区間が求められるが，これを信頼度 90 % の信頼区間とみなして考える。

方針において，$z_0 = \boxed{\text{カ}}.\boxed{\text{キク}}$ である。

（数学Ⅱ・数学B第 3 問は次ページに続く。）

一般に，標本の大きさ n が大きいときには，母標準偏差の代わりに，標本の標準偏差を用いてよいことが知られている。$n = 400$ は十分に大きいので，**方針**に基づくと，m の信頼度 90 % の信頼区間は［ケ］となる。

［エ］，［オ］の解答群(同じものを繰り返し選んでもよい。)

⓪ σ	① σ^2	② $\dfrac{\sigma}{\sqrt{n}}$	③ $\dfrac{\sigma^2}{n}$
④ m	⑤ $2m$	⑥ m^2	⑦ $\sqrt{m}$
⑧ $\dfrac{\sigma}{n}$	⑨ $n\sigma$	ⓐ nm	ⓑ $\dfrac{m}{n}$

［ケ］については，最も適当なものを，次の⓪～⑤のうちから一つ選べ。

⓪ $28.6 \leqq m \leqq 31.4$	① $28.7 \leqq m \leqq 31.3$	② $28.9 \leqq m \leqq 31.1$
③ $29.6 \leqq m \leqq 30.4$	④ $29.7 \leqq m \leqq 30.3$	⑤ $29.9 \leqq m \leqq 30.1$

(数学II・数学B第3問は次ページに続く。)

(2) (1)の確率変数 X において，$m = 30.0$，$\sigma = 3.6$ とした母集団から無作為にピーマンを1個ずつ抽出し，ピーマン2個を1組にしたものを袋に入れていく。このようにしてピーマン2個を1組にしたものを25袋作る。その際，1袋ずつの重さの分散を小さくするために，次の**ピーマン分類法**を考える。

ピーマン分類法

無作為に抽出したいくつかのピーマンについて，重さが30.0g以下のときをSサイズ，30.0gを超えるときはLサイズと分類する。そして，分類されたピーマンからSサイズとLサイズのピーマンを一つずつ選び，ピーマン2個を1組とした袋を作る。

(i) ピーマンを無作為に50個抽出したとき，**ピーマン分類法**で25袋作ることができる確率 p_0 を考えよう。無作為に1個抽出したピーマンがSサイズである確率は $\dfrac{\boxed{\text{コ}}}{\boxed{\text{サ}}}$ である。ピーマンを無作為に50個抽出したときのSサイズのピーマンの個数を表す確率変数を U_0 とすると，U_0 は二項分布 $B\left(50,\ \dfrac{\boxed{\text{コ}}}{\boxed{\text{サ}}}\right)$ に従うので

$$p_0 = {}_{50}\mathrm{C}_{\boxed{\text{シス}}} \times \left(\frac{\boxed{\text{コ}}}{\boxed{\text{サ}}}\right)^{\boxed{\text{シス}}} \times \left(1 - \frac{\boxed{\text{コ}}}{\boxed{\text{サ}}}\right)^{50-\boxed{\text{シス}}}$$

となる。

p_0 を計算すると，$p_0 = 0.1122\cdots$ となることから，ピーマンを無作為に50個抽出したとき，25袋作ることができる確率は0.11程度とわかる。

(ii) **ピーマン分類法**で25袋作ることができる確率が0.95以上となるようなピーマンの個数を考えよう。

（数学Ⅱ・数学B第3問は次ページに続く。）

kを自然数とし，ピーマンを無作為に$(50+k)$個抽出したとき，Sサイズのピーマンの個数を表す確率変数をU_kとすると，U_kは二項分布$B\left(50+k,\ \dfrac{\boxed{コ}}{\boxed{サ}}\right)$に従う。

$(50+k)$は十分に大きいので，U_kは近似的に正規分布$N\left(\boxed{セ},\ \boxed{ソ}\right)$に従い，$Y=\dfrac{U_k-\boxed{セ}}{\sqrt{\boxed{ソ}}}$とすると，$Y$は近似的に標準正規分布$N(0,1)$に従う。

よって，**ピーマン分類法**で，25袋作ることができる確率をp_kとすると

$$p_k=P(25\leqq U_k\leqq 25+k)=P\left(-\frac{\boxed{タ}}{\sqrt{50+k}}\leqq Y\leqq\frac{\boxed{タ}}{\sqrt{50+k}}\right)$$

となる。

$\boxed{タ}=\alpha$，$\sqrt{50+k}=\beta$とおく。

$p_k\geqq 0.95$になるような$\dfrac{\alpha}{\beta}$について，正規分布表から$\dfrac{\alpha}{\beta}\geqq 1.96$を満たせばよいことがわかる。ここでは

$$\frac{\alpha}{\beta}\geqq 2 \qquad \cdots\cdots\cdots\cdots\ ①$$

を満たす自然数kを考えることとする。①の両辺は正であるから，$\alpha^2\geqq 4\beta^2$を満たす最小のkをk_0とすると，$k_0=\boxed{チツ}$であることがわかる。ただし，$\boxed{チツ}$の計算においては，$\sqrt{51}=7.14$を用いてもよい。

したがって，少なくとも$\left(50+\boxed{チツ}\right)$個のピーマンを抽出しておけば，**ピーマン分類法**で25袋作ることができる確率は0.95以上となる。

$\boxed{セ}$ ～ $\boxed{タ}$ の解答群(同じものを繰り返し選んでもよい。)

⓪ k	① $2k$	② $3k$	③ $\dfrac{50+k}{2}$
④ $\dfrac{25+k}{2}$	⑤ $25+k$	⑥ $\dfrac{\sqrt{50+k}}{2}$	⑦ $\dfrac{50+k}{4}$

(数学II・数学B第3問は19ページに続く。)

（下 書 き 用 紙）

数学Ⅱ・数学Ｂの試験問題は次に続く。

正 規 分 布 表

次の表は，標準正規分布の分布曲線における右図の灰色部分の面積の値をまとめたものである。

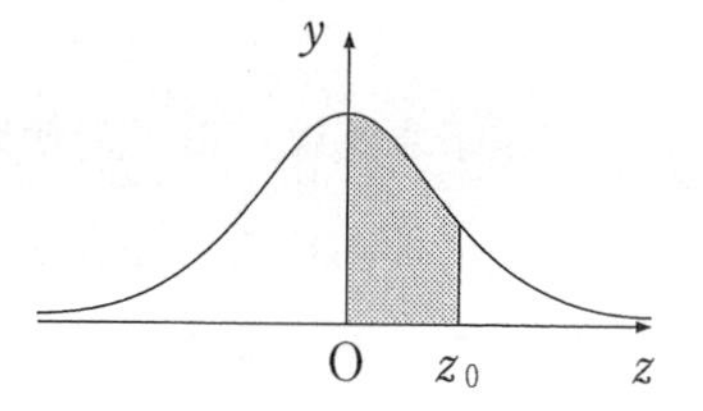

z_0	0.00	0.01	0.02	0.03	0.04	0.05	0.06	0.07	0.08	0.09
0.0	0.0000	0.0040	0.0080	0.0120	0.0160	0.0199	0.0239	0.0279	0.0319	0.0359
0.1	0.0398	0.0438	0.0478	0.0517	0.0557	0.0596	0.0636	0.0675	0.0714	0.0753
0.2	0.0793	0.0832	0.0871	0.0910	0.0948	0.0987	0.1026	0.1064	0.1103	0.1141
0.3	0.1179	0.1217	0.1255	0.1293	0.1331	0.1368	0.1406	0.1443	0.1480	0.1517
0.4	0.1554	0.1591	0.1628	0.1664	0.1700	0.1736	0.1772	0.1808	0.1844	0.1879
0.5	0.1915	0.1950	0.1985	0.2019	0.2054	0.2088	0.2123	0.2157	0.2190	0.2224
0.6	0.2257	0.2291	0.2324	0.2357	0.2389	0.2422	0.2454	0.2486	0.2517	0.2549
0.7	0.2580	0.2611	0.2642	0.2673	0.2704	0.2734	0.2764	0.2794	0.2823	0.2852
0.8	0.2881	0.2910	0.2939	0.2967	0.2995	0.3023	0.3051	0.3078	0.3106	0.3133
0.9	0.3159	0.3186	0.3212	0.3238	0.3264	0.3289	0.3315	0.3340	0.3365	0.3389
1.0	0.3413	0.3438	0.3461	0.3485	0.3508	0.3531	0.3554	0.3577	0.3599	0.3621
1.1	0.3643	0.3665	0.3686	0.3708	0.3729	0.3749	0.3770	0.3790	0.3810	0.3830
1.2	0.3849	0.3869	0.3888	0.3907	0.3925	0.3944	0.3962	0.3980	0.3997	0.4015
1.3	0.4032	0.4049	0.4066	0.4082	0.4099	0.4115	0.4131	0.4147	0.4162	0.4177
1.4	0.4192	0.4207	0.4222	0.4236	0.4251	0.4265	0.4279	0.4292	0.4306	0.4319
1.5	0.4332	0.4345	0.4357	0.4370	0.4382	0.4394	0.4406	0.4418	0.4429	0.4441
1.6	0.4452	0.4463	0.4474	0.4484	0.4495	0.4505	0.4515	0.4525	0.4535	0.4545
1.7	0.4554	0.4564	0.4573	0.4582	0.4591	0.4599	0.4608	0.4616	0.4625	0.4633
1.8	0.4641	0.4649	0.4656	0.4664	0.4671	0.4678	0.4686	0.4693	0.4699	0.4706
1.9	0.4713	0.4719	0.4726	0.4732	0.4738	0.4744	0.4750	0.4756	0.4761	0.4767
2.0	0.4772	0.4778	0.4783	0.4788	0.4793	0.4798	0.4803	0.4808	0.4812	0.4817
2.1	0.4821	0.4826	0.4830	0.4834	0.4838	0.4842	0.4846	0.4850	0.4854	0.4857
2.2	0.4861	0.4864	0.4868	0.4871	0.4875	0.4878	0.4881	0.4884	0.4887	0.4890
2.3	0.4893	0.4896	0.4898	0.4901	0.4904	0.4906	0.4909	0.4911	0.4913	0.4916
2.4	0.4918	0.4920	0.4922	0.4925	0.4927	0.4929	0.4931	0.4932	0.4934	0.4936
2.5	0.4938	0.4940	0.4941	0.4943	0.4945	0.4946	0.4948	0.4949	0.4951	0.4952
2.6	0.4953	0.4955	0.4956	0.4957	0.4959	0.4960	0.4961	0.4962	0.4963	0.4964
2.7	0.4965	0.4966	0.4967	0.4968	0.4969	0.4970	0.4971	0.4972	0.4973	0.4974
2.8	0.4974	0.4975	0.4976	0.4977	0.4977	0.4978	0.4979	0.4979	0.4980	0.4981
2.9	0.4981	0.4982	0.4982	0.4983	0.4984	0.4984	0.4985	0.4985	0.4986	0.4986
3.0	0.4987	0.4987	0.4987	0.4988	0.4988	0.4989	0.4989	0.4989	0.4990	0.4990

第4問 （選択問題）（配点　20）

花子さんは，毎年の初めに預金口座に一定額の入金をすることにした。この入金を始める前における花子さんの預金は10万円である。ここで，預金とは預金口座にあるお金の額のことである。預金には年利1％で利息がつき，ある年の初めの預金がx万円であれば，その年の終わりには預金は$1.01x$万円となる。次の年の初めには$1.01x$万円に入金額を加えたものが預金となる。

毎年の初めの入金額をp万円とし，n年目の初めの預金をa_n万円とおく。ただし，$p>0$とし，nは自然数とする。

例えば，$a_1=10+p$，$a_2=1.01(10+p)+p$である。

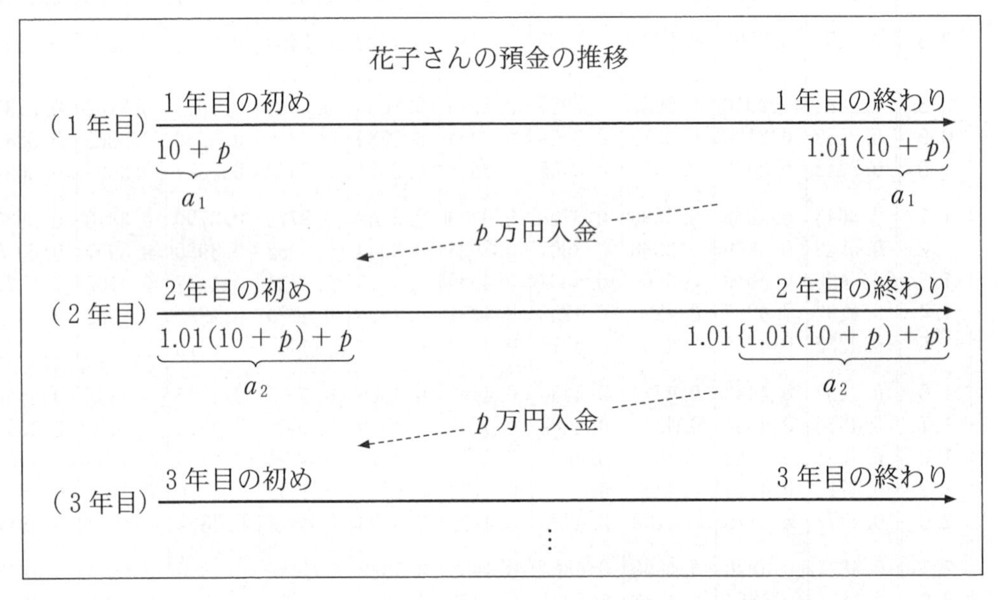

参考図

（数学Ⅱ・数学B第4問は次ページに続く。）

(1) a_n を求めるために二つの方針で考える。

方針1

n 年目の初めの預金と $(n+1)$ 年目の初めの預金との関係に着目して考える。

3年目の初めの預金 a_3 万円について，$a_3 =$ [ア] である。すべての自然数 n について

$$a_{n+1} = \boxed{イ}\, a_n + \boxed{ウ}$$

が成り立つ。これは

$$a_{n+1} + \boxed{エ} = \boxed{オ}\left(a_n + \boxed{エ}\right)$$

と変形でき，a_n を求めることができる。

[ア] の解答群

⓪ $1.01\{1.01(10+p)+p\}$	① $1.01\{1.01(10+p)+1.01p\}$
② $1.01\{1.01(10+p)+p\}+p$	③ $1.01\{1.01(10+p)+p\}+1.01p$
④ $1.01(10+p)+1.01p$	⑤ $1.01(10+1.01p)+1.01p$

[イ] ～ [オ] の解答群(同じものを繰り返し選んでもよい。)

⓪ 1.01	① 1.01^{n-1}	② 1.01^{n}
③ p	④ $100p$	⑤ np
⑥ $100np$	⑦ $1.01^{n-1}\times 100p$	⑧ $1.01^{n}\times 100p$

(数学Ⅱ・数学B第4問は次ページに続く。)

方針 2

もともと預金口座にあった 10 万円と毎年の初めに入金した p 万円について，n 年目の初めにそれぞれがいくらになるかに着目して考える。

もともと預金口座にあった 10 万円は，2 年目の初めには 10×1.01 万円になり，3 年目の初めには 10×1.01^2 万円になる。同様に考えると n 年目の初めには $10 \times 1.01^{n-1}$ 万円になる。

- 1 年目の初めに入金した p 万円は，n 年目の初めには $p \times 1.01^{\boxed{カ}}$ 万円になる。
- 2 年目の初めに入金した p 万円は，n 年目の初めには $p \times 1.01^{\boxed{キ}}$ 万円になる。

⋮

- n 年目の初めに入金した p 万円は，n 年目の初めには p 万円のままである。

これより

$$a_n = 10 \times 1.01^{n-1} + p \times 1.01^{\boxed{カ}} + p \times 1.01^{\boxed{キ}} + \cdots + p$$
$$= 10 \times 1.01^{n-1} + p \sum_{k=1}^{n} 1.01^{\boxed{ク}}$$

となることがわかる。ここで，$\sum_{k=1}^{n} 1.01^{\boxed{ク}} = \boxed{ケ}$ となるので，a_n を求めることができる。

$\boxed{カ}$，$\boxed{キ}$ の解答群（同じものを繰り返し選んでもよい。）

⓪ $n+1$	① n	② $n-1$	③ $n-2$

$\boxed{ク}$ の解答群

⓪ $k+1$	① k	② $k-1$	③ $k-2$

$\boxed{ケ}$ の解答群

⓪ 100×1.01^n	① $100(1.01^n - 1)$
② $100(1.01^{n-1} - 1)$	③ $n + 1.01^{n-1} - 1$
④ $0.01(101n - 1)$	⑤ $\dfrac{n \times 1.01^{n-1}}{2}$

（数学Ⅱ・数学B第 4 問は次ページに続く。）

(2) 花子さんは，10年目の終わりの預金が30万円以上になるための入金額について考えた。

10年目の終わりの預金が30万円以上であることを不等式を用いて表すと［コ］$\geqq 30$ となる。この不等式を p について解くと

$$p \geqq \frac{\boxed{サシ} - \boxed{スセ} \times 1.01^{10}}{101\left(1.01^{10} - 1\right)}$$

となる。したがって，毎年の初めの入金額が例えば18000円であれば，10年目の終わりの預金が30万円以上になることがわかる。

［コ］の解答群

⓪ a_{10}	① $a_{10} + p$	② $a_{10} - p$
③ $1.01\,a_{10}$	④ $1.01\,a_{10} + p$	⑤ $1.01\,a_{10} - p$

（数学II・数学B第4問は次ページに続く。）

(3)　1 年目の入金を始める前における花子さんの預金が 10 万円ではなく，13 万円の場合を考える。すべての自然数 n に対して，この場合の n 年目の初めの預金は a_n 万円よりも［ソ］万円多い。なお，年利は 1 ％であり，毎年の初めの入金額は p 万円のままである。

［ソ］の解答群

⓪ 3	① 13	② $3(n-1)$
③ $3n$	④ $13(n-1)$	⑤ $13n$
⑥ 3^n	⑦ $3+1.01(n-1)$	⑧ $3\times1.01^{n-1}$
⑨ 3×1.01^n	ⓐ $13\times1.01^{n-1}$	ⓑ 13×1.01^n

（下 書 き 用 紙）

数学Ⅱ・数学Bの試験問題は次に続く。

第5問 (選択問題)(配点 20)

三角錐(すい)PABCにおいて，辺BCの中点をMとおく。また，$\angle PAB = \angle PAC$とし，この角度をθとおく。ただし，$0° < \theta < 90°$とする。

(1) $\overrightarrow{AM}$は

$$\overrightarrow{AM} = \frac{\boxed{ア}}{\boxed{イ}}\overrightarrow{AB} + \frac{\boxed{ウ}}{\boxed{エ}}\overrightarrow{AC}$$

と表せる。また

$$\frac{\overrightarrow{AP}\cdot\overrightarrow{AB}}{|\overrightarrow{AP}|\,|\overrightarrow{AB}|} = \frac{\overrightarrow{AP}\cdot\overrightarrow{AC}}{|\overrightarrow{AP}|\,|\overrightarrow{AC}|} = \boxed{オ} \quad \cdots\cdots\cdots\cdots ①$$

である。

$\boxed{オ}$ の解答群

⓪ $\sin\theta$	① $\cos\theta$	② $\tan\theta$
③ $\dfrac{1}{\sin\theta}$	④ $\dfrac{1}{\cos\theta}$	⑤ $\dfrac{1}{\tan\theta}$
⑥ $\sin\angle BPC$	⑦ $\cos\angle BPC$	⑧ $\tan\angle BPC$

(2) $\theta = 45°$とし，さらに

$$|\overrightarrow{AP}| = 3\sqrt{2}, \quad |\overrightarrow{AB}| = |\overrightarrow{PB}| = 3, \quad |\overrightarrow{AC}| = |\overrightarrow{PC}| = 3$$

が成り立つ場合を考える。このとき

$$\overrightarrow{AP}\cdot\overrightarrow{AB} = \overrightarrow{AP}\cdot\overrightarrow{AC} = \boxed{カ}$$

である。さらに，直線AM上の点Dが$\angle APD = 90°$を満たしているとする。このとき，$\overrightarrow{AD} = \boxed{キ}\,\overrightarrow{AM}$である。

(数学Ⅱ・数学B第5問は次ページに続く。)

(3)

$$\overrightarrow{AQ} = \boxed{\text{キ}}\,\overrightarrow{AM}$$

で定まる点をQとおく。$\overrightarrow{PA}$ と $\overrightarrow{PQ}$ が垂直である三角錐PABCはどのようなものかについて考えよう。例えば(2)の場合では，点Qは点Dと一致し，$\overrightarrow{PA}$ と $\overrightarrow{PQ}$ は垂直である。

(i) $\overrightarrow{PA}$ と $\overrightarrow{PQ}$ が垂直であるとき，$\overrightarrow{PQ}$ を $\overrightarrow{AB}$，$\overrightarrow{AC}$，$\overrightarrow{AP}$ を用いて表して考えると，**ク** が成り立つ。さらに①に注意すると，ク から **ケ** が成り立つことがわかる。

したがって，$\overrightarrow{PA}$ と $\overrightarrow{PQ}$ が垂直であれば，ケ が成り立つ。逆に，ケ が成り立てば，$\overrightarrow{PA}$ と $\overrightarrow{PQ}$ は垂直である。

ク の解答群

⓪ $\overrightarrow{AP}\cdot\overrightarrow{AB}+\overrightarrow{AP}\cdot\overrightarrow{AC}=\overrightarrow{AP}\cdot\overrightarrow{AP}$
① $\overrightarrow{AP}\cdot\overrightarrow{AB}+\overrightarrow{AP}\cdot\overrightarrow{AC}=-\overrightarrow{AP}\cdot\overrightarrow{AP}$
② $\overrightarrow{AP}\cdot\overrightarrow{AB}+\overrightarrow{AP}\cdot\overrightarrow{AC}=\overrightarrow{AB}\cdot\overrightarrow{AC}$
③ $\overrightarrow{AP}\cdot\overrightarrow{AB}+\overrightarrow{AP}\cdot\overrightarrow{AC}=-\overrightarrow{AB}\cdot\overrightarrow{AC}$
④ $\overrightarrow{AP}\cdot\overrightarrow{AB}+\overrightarrow{AP}\cdot\overrightarrow{AC}=0$
⑤ $\overrightarrow{AP}\cdot\overrightarrow{AB}-\overrightarrow{AP}\cdot\overrightarrow{AC}=0$

ケ の解答群

⓪ $|\overrightarrow{AB}|+|\overrightarrow{AC}|=\sqrt{2}\,|\overrightarrow{BC}|$
① $|\overrightarrow{AB}|+|\overrightarrow{AC}|=2\,|\overrightarrow{BC}|$
② $|\overrightarrow{AB}|\sin\theta+|\overrightarrow{AC}|\sin\theta=|\overrightarrow{AP}|$
③ $|\overrightarrow{AB}|\cos\theta+|\overrightarrow{AC}|\cos\theta=|\overrightarrow{AP}|$
④ $|\overrightarrow{AB}|\sin\theta=|\overrightarrow{AC}|\sin\theta=2\,|\overrightarrow{AP}|$
⑤ $|\overrightarrow{AB}|\cos\theta=|\overrightarrow{AC}|\cos\theta=2\,|\overrightarrow{AP}|$

(数学Ⅱ・数学B第5問は次ページに続く。)

(ii) k を正の実数とし

$$k\overrightarrow{AP}\cdot\overrightarrow{AB}=\overrightarrow{AP}\cdot\overrightarrow{AC}$$

が成り立つとする。このとき，［コ］が成り立つ。

また，点Bから直線APに下ろした垂線と直線APとの交点をB′とし，同様に点Cから直線APに下ろした垂線と直線APとの交点をC′とする。

このとき，$\overrightarrow{PA}$ と $\overrightarrow{PQ}$ が垂直であることは，［サ］であることと同値である。特に $k=1$ のとき，$\overrightarrow{PA}$ と $\overrightarrow{PQ}$ が垂直であることは，［シ］であることと同値である。

［コ］の解答群

⓪ $k\lvert\overrightarrow{AB}\rvert=\lvert\overrightarrow{AC}\rvert$	① $\lvert\overrightarrow{AB}\rvert=k\lvert\overrightarrow{AC}\rvert$
② $k\lvert\overrightarrow{AP}\rvert=\sqrt{2}\,\lvert\overrightarrow{AB}\rvert$	③ $k\lvert\overrightarrow{AP}\rvert=\sqrt{2}\,\lvert\overrightarrow{AC}\rvert$

［サ］の解答群

⓪ B′とC′がともに線分APの中点

① B′とC′が線分APをそれぞれ $(k+1):1$ と $1:(k+1)$ に内分する点

② B′とC′が線分APをそれぞれ $1:(k+1)$ と $(k+1):1$ に内分する点

③ B′とC′が線分APをそれぞれ $k:1$ と $1:k$ に内分する点

④ B′とC′が線分APをそれぞれ $1:k$ と $k:1$ に内分する点

⑤ B′とC′がともに線分APを $k:1$ に内分する点

⑥ B′とC′がともに線分APを $1:k$ に内分する点

(数学Ⅱ・数学B第5問は次ページに続く。)

シ の解答群

⓪ $\triangle$PAB と $\triangle$PAC がともに正三角形

① $\triangle$PAB と $\triangle$PAC がそれぞれ $\angle \mathrm{PBA} = 90^\circ$，$\angle \mathrm{PCA} = 90^\circ$ を満たす直角二等辺三角形

② $\triangle$PAB と $\triangle$PAC がそれぞれ $\mathrm{BP} = \mathrm{BA}$，$\mathrm{CP} = \mathrm{CA}$ を満たす二等辺三角形

③ $\triangle$PAB と $\triangle$PAC が合同

④ $\mathrm{AP} = \mathrm{BC}$

2022 年度

大学入学共通テスト
本試験

(100 点　60 分)

標 準 所 要 時 間

第 1 問	18 分	第 4 問	12 分
第 2 問	18 分	第 5 問	12 分
第 3 問	12 分		

(注)　第 1 問・第 2 問は必答，第 3 問～第 5 問のうち 2 問選択解答

数学Ⅱ・数学B

第1問 (必答問題)(配点 30)

〔1〕 座標平面上に点A$(-8, 0)$をとる。また，不等式

$$x^2+y^2-4x-10y+4 \leqq 0$$

の表す領域を D とする。

(1) 領域 D は，中心が点(ア , イ)，半径が ウ の円の エ である。

エ の解答群

⓪ 周	① 内　部	② 外　部
③ 周および内部	④ 周および外部	

以下，点(ア , イ)をQとし，方程式

$$x^2+y^2-4x-10y+4=0$$

の表す図形を C とする。

(数学Ⅱ・数学B第1問は次ページに続く。)

(2) 点Aを通る直線と領域Dが共有点をもつのはどのようなときかを考えよう。

(i) (1)により，直線$y=$ **オ** は点Aを通るCの接線の一つとなることがわかる。

太郎さんと花子さんは点Aを通るCのもう一つの接線について話している。

点Aを通り，傾きがkの直線をℓとする。

太郎：直線ℓの方程式は$y=k(x+8)$と表すことができるから，

これを

$$x^2+y^2-4x-10y+4=0$$

に代入することで接線を求められそうだね。

花子：x軸と直線AQのなす角のタンジェントに着目することでも求められそうだよ。

（数学Ⅱ・数学B第1問は次ページに続く。）

(ii) 太郎さんの求め方について考えてみよう。

$y = k(x + 8)$ を $x^2 + y^2 - 4x - 10y + 4 = 0$ に代入すると，x についての2次方程式

$$(k^2 + 1)x^2 + (16k^2 - 10k - 4)x + 64k^2 - 80k + 4 = 0$$

が得られる。この方程式が [カ] ときの k の値が接線の傾きとなる。

[カ] の解答群

⓪ 重解をもつ
① 異なる二つの実数解をもち，一つは0である
② 異なる二つの正の実数解をもつ
③ 正の実数解と負の実数解をもつ
④ 異なる二つの負の実数解をもつ
⑤ 異なる二つの虚数解をもつ

(iii) 花子さんの求め方について考えてみよう。

x 軸と直線AQのなす角を θ $\left(0 < \theta \leqq \frac{\pi}{2}\right)$ とすると

$$\tan\theta = \frac{\boxed{キ}}{\boxed{ク}}$$

であり，直線 $y =$ [オ] と異なる接線の傾きは $\tan$ [ケ] と表すことができる。

[ケ] の解答群

⓪ θ	① 2θ	② $\left(\theta + \frac{\pi}{2}\right)$
③ $\left(\theta - \frac{\pi}{2}\right)$	④ $(\theta + \pi)$	⑤ $(\theta - \pi)$
⑥ $\left(2\theta + \frac{\pi}{2}\right)$	⑦ $\left(2\theta - \frac{\pi}{2}\right)$	

(数学Ⅱ・数学B第1問は次ページに続く。)

(iv) 点Aを通るCの接線のうち，直線$y=$ オ と異なる接線の傾きをk_0とする。このとき，(ii)または(iii)の考え方を用いることにより

$$k_0 = \frac{\boxed{\text{コ}}}{\boxed{\text{サ}}}$$

であることがわかる。

直線ℓと領域Dが共有点をもつようなkの値の範囲は シ である。

シ の解答群

⓪ $k > k_0$	① $k \geqq k_0$
② $k < k_0$	③ $k \leqq k_0$
④ $0 < k < k_0$	⑤ $0 \leqq k \leqq k_0$

(数学II・数学B第1問は次ページに続く。)

〔2〕 a, bは正の実数であり，$a \neq 1$，$b \neq 1$を満たすとする。太郎さんは $\log_a b$ と $\log_b a$ の大小関係を調べることにした。

(1) 太郎さんは次のような考察をした。

まず，$\log_3 9 = \boxed{\text{ス}}$，$\log_9 3 = \dfrac{1}{\boxed{\text{ス}}}$ である。この場合

$\log_3 9 > \log_9 3$

が成り立つ。

一方，$\log_{\frac{1}{4}} \boxed{\text{セ}} = -\dfrac{3}{2}$，$\log_{\boxed{\text{セ}}} \dfrac{1}{4} = -\dfrac{2}{3}$ である。この場合

$\log_{\frac{1}{4}} \boxed{\text{セ}} < \log_{\boxed{\text{セ}}} \dfrac{1}{4}$

が成り立つ。

（数学Ⅱ・数学B第１問は次ページに続く。）

(2) ここで

$$\log_a b = t \quad \cdots\cdots ①$$

とおく。

(1)の考察をもとにして，太郎さんは次の式が成り立つと推測し，それが正しいことを確かめることにした。

$$\log_b a = \frac{1}{t} \quad \cdots\cdots ②$$

①により，[ソ]である。このことにより[タ]が得られ，②が成り立つことが確かめられる。

[ソ]の解答群

⓪ $a^b = t$	① $a^t = b$	② $b^a = t$
③ $b^t = a$	④ $t^a = b$	⑤ $t^b = a$

[タ]の解答群

⓪ $a = t^{\frac{1}{b}}$	① $a = b^{\frac{1}{t}}$	② $b = t^{\frac{1}{a}}$
③ $b = a^{\frac{1}{t}}$	④ $t = b^{\frac{1}{a}}$	⑤ $t = a^{\frac{1}{b}}$

(数学Ⅱ・数学B第1問は次ページに続く。)

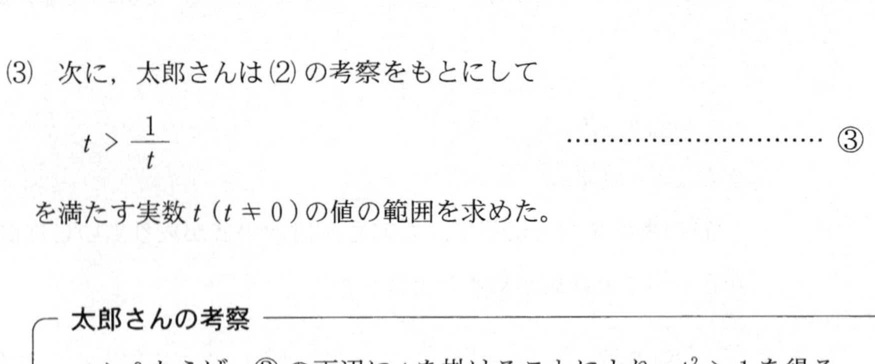

(3) 次に，太郎さんは(2)の考察をもとにして

$$t > \frac{1}{t} \quad \cdots\cdots\cdots\cdots ③$$

を満たす実数 t $(t \neq 0)$ の値の範囲を求めた。

太郎さんの考察

$t > 0$ ならば，③の両辺に t を掛けることにより，$t^2 > 1$ を得る。このような t $(t > 0)$ の値の範囲は $1 < t$ である。

$t < 0$ ならば，③の両辺に t を掛けることにより，$t^2 < 1$ を得る。このような t $(t < 0)$ の値の範囲は $-1 < t < 0$ である。

この考察により，③を満たす t $(t \neq 0)$ の値の範囲は

$-1 < t < 0$, $1 < t$

であることがわかる。

ここで，a の値を一つ定めたとき，不等式

$$\log_a b > \log_b a \quad \cdots\cdots\cdots\cdots ④$$

を満たす実数 b $(b > 0,\ b \neq 1)$ の値の範囲について考える。

④を満たす b の値の範囲は，$a > 1$ のときは［チ］であり，$0 < a < 1$ のときは［ツ］である。

(数学Ⅱ・数学B第1問は次ページに続く。)

チ の解答群

⓪ $0 < b < \frac{1}{a}$, $1 < b < a$　① $0 < b < \frac{1}{a}$, $a < b$

② $\frac{1}{a} < b < 1$, $1 < b < a$　③ $\frac{1}{a} < b < 1$, $a < b$

ツ の解答群

⓪ $0 < b < a$, $1 < b < \frac{1}{a}$　① $0 < b < a$, $\frac{1}{a} < b$

② $a < b < 1$, $1 < b < \frac{1}{a}$　③ $a < b < 1$, $\frac{1}{a} < b$

(4) $p = \frac{12}{13}$, $q = \frac{12}{11}$, $r = \frac{14}{13}$ とする。

次の⓪～③のうち，正しいものは テ である。

テ の解答群

⓪ $\log_p q > \log_q p$ かつ $\log_p r > \log_r p$

① $\log_p q > \log_q p$ かつ $\log_p r < \log_r p$

② $\log_p q < \log_q p$ かつ $\log_p r > \log_r p$

③ $\log_p q < \log_q p$ かつ $\log_p r < \log_r p$

第２問　（必答問題）（配点　30）

〔1〕 aを実数とし，$f(x) = x^3 - 6ax + 16$とおく。

(1) $y = f(x)$のグラフの概形は

$a = 0$のとき，［ア］

$a < 0$のとき，［イ］

である。

［ア］，［イ］については，最も適当なものを，次の⓪～⑤のうちから一つずつ選べ。ただし，同じものを繰り返し選んでもよい。

⓪
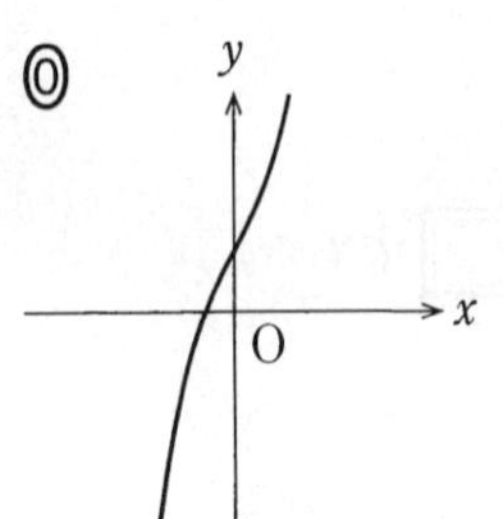

①
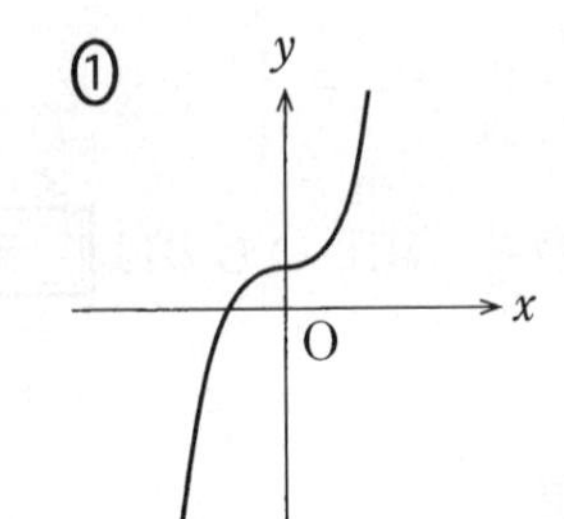

②
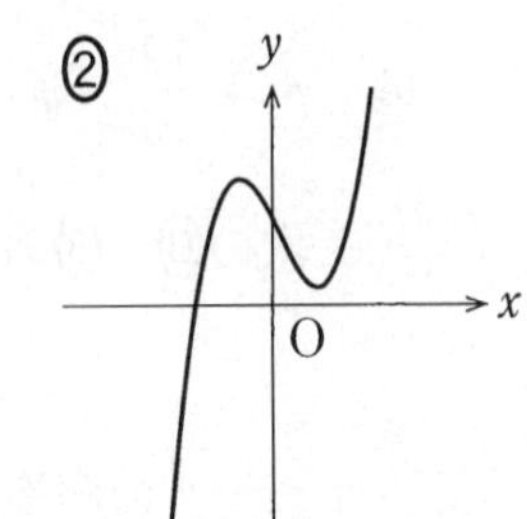

③
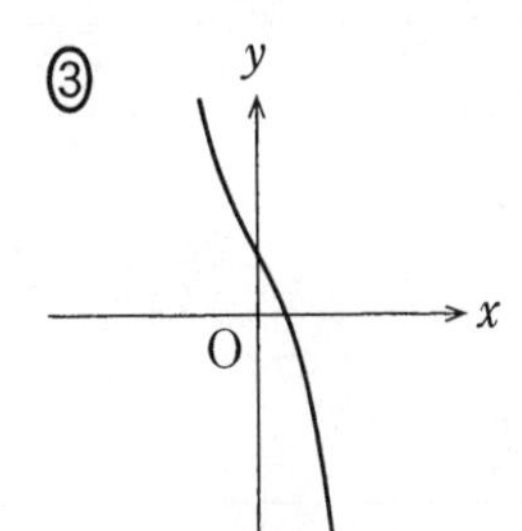

④
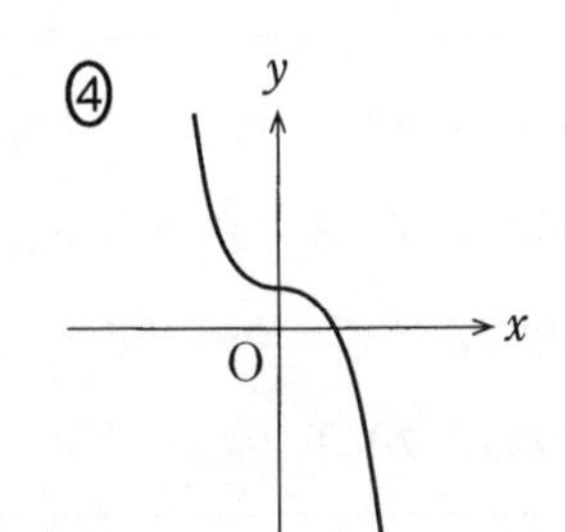

⑤
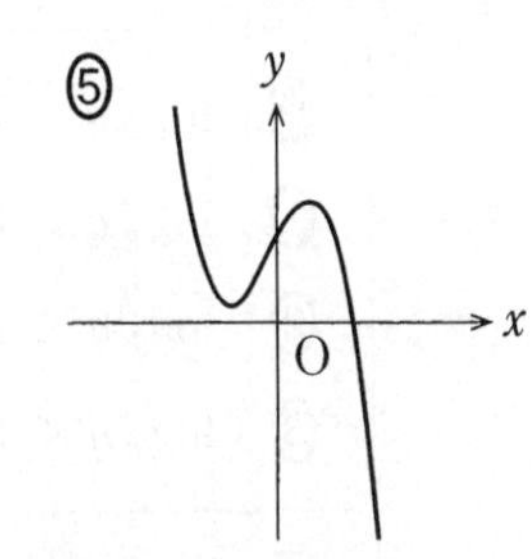

（数学Ⅱ・数学B第２問は次ページに続く。）

(2) $a > 0$ とし，p を実数とする。座標平面上の曲線 $y = f(x)$ と直線 $y = p$ が3個の共有点をもつような p の値の範囲は［ウ］$< p <$［エ］である。

$p =$［ウ］のとき，曲線 $y = f(x)$ と直線 $y = p$ は2個の共有点をもつ。それらの x 座標を q，r $(q < r)$ とする。曲線 $y = f(x)$ と直線 $y = p$ が点 $(r,\ p)$ で接することに注意すると

$$q = \boxed{オカ}\sqrt{\boxed{キ}}\,a^{\frac{1}{2}},\quad r = \sqrt{\boxed{ク}}\,a^{\frac{1}{2}}$$

と表せる。

［ウ］，［エ］の解答群(同じものを繰り返し選んでもよい。)

⓪ $2\sqrt{2}\,a^{\frac{3}{2}} + 16$	① $-2\sqrt{2}\,a^{\frac{3}{2}} + 16$
② $4\sqrt{2}\,a^{\frac{3}{2}} + 16$	③ $-4\sqrt{2}\,a^{\frac{3}{2}} + 16$
④ $8\sqrt{2}\,a^{\frac{3}{2}} + 16$	⑤ $-8\sqrt{2}\,a^{\frac{3}{2}} + 16$

(3) 方程式 $f(x) = 0$ の異なる実数解の個数を n とする。次の⓪～⑤のうち，正しいものは［ケ］と［コ］である。

［ケ］，［コ］の解答群(解答の順序は問わない。)

⓪ $n = 1$ ならば $a < 0$	① $a < 0$ ならば $n = 1$
② $n = 2$ ならば $a < 0$	③ $a < 0$ ならば $n = 2$
④ $n = 3$ ならば $a > 0$	⑤ $a > 0$ ならば $n = 3$

(数学Ⅱ・数学B第2問は次ページに続く。)

〔2〕 $b > 0$ とし，$g(x) = x^3 - 3bx + 3b^2$，$h(x) = x^3 - x^2 + b^2$ とおく。座標平面上の曲線 $y = g(x)$ を C_1，曲線 $y = h(x)$ を C_2 とする。

C_1 と C_2 は2点で交わる。これらの交点の x 座標をそれぞれ α，β $(\alpha < \beta)$ とすると，$\alpha =$ サ，$\beta =$ シス である。

$\alpha \leqq x \leqq \beta$ の範囲で C_1 と C_2 で囲まれた図形の面積を S とする。また，$t > \beta$ とし，$\beta \leqq x \leqq t$ の範囲で C_1 と C_2 および直線 $x = t$ で囲まれた図形の面積を T とする。

このとき

$$S = \int_{\alpha}^{\beta} \boxed{セ} \, dx$$

$$T = \int_{\beta}^{t} \boxed{ソ} \, dx$$

$$S - T = \int_{\alpha}^{t} \boxed{タ} \, dx$$

であるので

$$S - T = \frac{\boxed{チツ}}{\boxed{テ}}\left(2t^3 - \boxed{ト}\,bt^2 + \boxed{ナニ}\,b^2t - \boxed{ヌ}\,b^3\right)$$

が得られる。

したがって，$S = T$ となるのは $t = \dfrac{\boxed{ネ}}{\boxed{ノ}}b$ のときである。

(数学Ⅱ・数学B第2問は次ページに続く。)

セ ～ タ の解答群(同じものを繰り返し選んでもよい。)

⓪ $\{g(x)+h(x)\}$	① $\{g(x)-h(x)\}$
② $\{h(x)-g(x)\}$	③ $\{2g(x)+2h(x)\}$
④ $\{2g(x)-2h(x)\}$	⑤ $\{2h(x)-2g(x)\}$
⑥ $2g(x)$	⑦ $2h(x)$

第3問 (選択問題) (配点 20)

以下の問題を解答するにあたっては，必要に応じて19ページの正規分布表を用いてもよい。

ジャガイモを栽培し販売している会社に勤務する花子さんは，A地区とB地区で収穫されるジャガイモについて調べることになった。

(1) A地区で収穫されるジャガイモには1個の重さが200gを超えるものが25％含まれることが経験的にわかっている。花子さんはA地区で収穫されたジャガイモから400個を無作為に抽出し，重さを計測した。そのうち，重さが200gを超えるジャガイモの個数を表す確率変数をZとする。このときZは二項分布$B\left(400,\ 0.\boxed{\text{アイ}}\right)$に従うから，$Z$の平均(期待値)は$\boxed{\text{ウエオ}}$である。

(数学Ⅱ・数学B第3問は次ページに続く。)

(2) Zを(1)の確率変数とし，A地区で収穫されたジャガイモ400個からなる標本において，重さが200gを超えていたジャガイモの標本における比率を$R=\dfrac{Z}{400}$とする。このとき，Rの標準偏差は$\sigma(R)=$ **カ** である。

標本の大きさ400は十分に大きいので，Rは近似的に正規分布$N\left(0.\boxed{アイ},\ \left(\boxed{カ}\right)^2\right)$に従う。

したがって，$P(R \geqq x)=0.0465$となるようなxの値は **キ** となる。ただし， **キ** の計算においては$\sqrt{3}=1.73$とする。

カ の解答群

⓪ $\dfrac{3}{6400}$	① $\dfrac{\sqrt{3}}{4}$	② $\dfrac{\sqrt{3}}{80}$	③ $\dfrac{3}{40}$

キ については，最も適当なものを，次の⓪～③のうちから一つ選べ。

⓪ 0.209	① 0.251	② 0.286	③ 0.395

(数学Ⅱ・数学B第3問は次ページに続く。)

(3) B地区で収穫され，出荷される予定のジャガイモ1個の重さは100gから300gの間に分布している。B地区で収穫され，出荷される予定のジャガイモ1個の重さを表す確率変数をXとするとき，Xは連続型確率変数であり，Xのとり得る値xの範囲は$100 \leqq x \leqq 300$である。

花子さんは，B地区で収穫され，出荷される予定のすべてのジャガイモのうち，重さが200g以上のものの割合を見積もりたいと考えた。そのために花子さんは，Xの確率密度関数$f(x)$として適当な関数を定め，それを用いて割合を見積もるという方針を立てた。

B地区で収穫され，出荷される予定のジャガイモから206個を無作為に抽出したところ，重さの標本平均は180gであった。図1はこの標本のヒストグラムである。

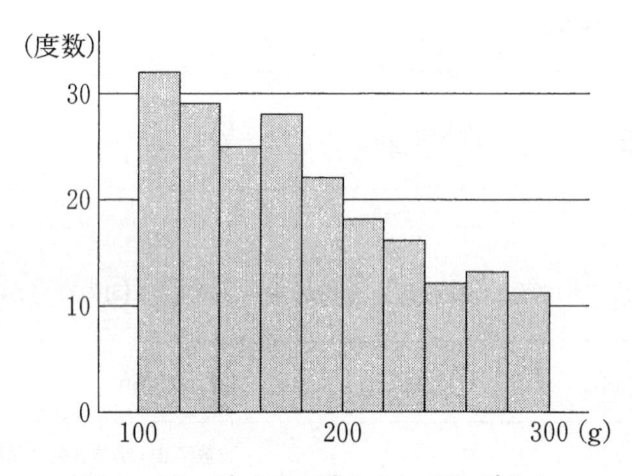

図1　ジャガイモの重さのヒストグラム

花子さんは図1のヒストグラムにおいて，重さxの増加とともに度数がほぼ一定の割合で減少している傾向に着目し，Xの確率密度関数$f(x)$として，1次関数

$$f(x) = ax + b \qquad (100 \leqq x \leqq 300)$$

を考えることにした。ただし，$100 \leqq x \leqq 300$の範囲で$f(x) \geqq 0$とする。

このとき，$P(100 \leqq X \leqq 300) =$ **［ク］** であることから

［ケ］ $\cdot 10^4 a +$ **［コ］** $\cdot 10^2 b =$ ［ク］ ……………………… ①

である。

(数学Ⅱ・数学B第3問は次ページに続く。)

花子さんは，Xの平均(期待値)が重さの標本平均180 gと等しくなるように確率密度関数を定める方法を用いることにした。

連続型確率変数Xのとり得る値xの範囲が$100 \leqq x \leqq 300$で，その確率密度関数が$f(x)$のとき，Xの平均(期待値)mは

$$m = \int_{100}^{300} xf(x)\,dx$$

で定義される。この定義と花子さんの採用した方法から

$$m = \frac{26}{3} \cdot 10^6 a + 4 \cdot 10^4 b = 180 \quad \cdots\cdots\cdots\cdots\cdots\cdots ②$$

となる。①と②により，確率密度関数は

$$f(x) = -\boxed{\text{サ}} \cdot 10^{-5} x + \boxed{\text{シス}} \cdot 10^{-3} \quad \cdots\cdots\cdots\cdots\cdots\cdots ③$$

と得られる。このようにして得られた③の$f(x)$は，$100 \leqq x \leqq 300$の範囲で$f(x) \geqq 0$を満たしており，確かに確率密度関数として適当である。

したがって，この花子さんの方針に基づくと，B地区で収穫され，出荷される予定のすべてのジャガイモのうち，重さが200 g以上のものは［セ］%あると見積もることができる。

［セ］については，最も適当なものを，次の⓪～③のうちから一つ選べ。

⓪ 33	① 34	② 35	③ 36

(数学II・数学B第3問は19ページに続く。)

(下 書 き 用 紙)

数学Ⅱ・数学Bの試験問題は次に続く。

正 規 分 布 表

次の表は，標準正規分布の分布曲線における右図の灰色部分の面積の値をまとめたものである。

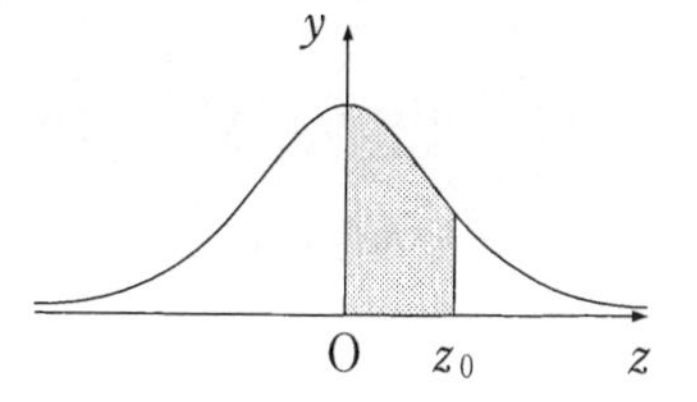

z_0	0.00	0.01	0.02	0.03	0.04	0.05	0.06	0.07	0.08	0.09
0.0	0.0000	0.0040	0.0080	0.0120	0.0160	0.0199	0.0239	0.0279	0.0319	0.0359
0.1	0.0398	0.0438	0.0478	0.0517	0.0557	0.0596	0.0636	0.0675	0.0714	0.0753
0.2	0.0793	0.0832	0.0871	0.0910	0.0948	0.0987	0.1026	0.1064	0.1103	0.1141
0.3	0.1179	0.1217	0.1255	0.1293	0.1331	0.1368	0.1406	0.1443	0.1480	0.1517
0.4	0.1554	0.1591	0.1628	0.1664	0.1700	0.1736	0.1772	0.1808	0.1844	0.1879
0.5	0.1915	0.1950	0.1985	0.2019	0.2054	0.2088	0.2123	0.2157	0.2190	0.2224
0.6	0.2257	0.2291	0.2324	0.2357	0.2389	0.2422	0.2454	0.2486	0.2517	0.2549
0.7	0.2580	0.2611	0.2642	0.2673	0.2704	0.2734	0.2764	0.2794	0.2823	0.2852
0.8	0.2881	0.2910	0.2939	0.2967	0.2995	0.3023	0.3051	0.3078	0.3106	0.3133
0.9	0.3159	0.3186	0.3212	0.3238	0.3264	0.3289	0.3315	0.3340	0.3365	0.3389
1.0	0.3413	0.3438	0.3461	0.3485	0.3508	0.3531	0.3554	0.3577	0.3599	0.3621
1.1	0.3643	0.3665	0.3686	0.3708	0.3729	0.3749	0.3770	0.3790	0.3810	0.3830
1.2	0.3849	0.3869	0.3888	0.3907	0.3925	0.3944	0.3962	0.3980	0.3997	0.4015
1.3	0.4032	0.4049	0.4066	0.4082	0.4099	0.4115	0.4131	0.4147	0.4162	0.4177
1.4	0.4192	0.4207	0.4222	0.4236	0.4251	0.4265	0.4279	0.4292	0.4306	0.4319
1.5	0.4332	0.4345	0.4357	0.4370	0.4382	0.4394	0.4406	0.4418	0.4429	0.4441
1.6	0.4452	0.4463	0.4474	0.4484	0.4495	0.4505	0.4515	0.4525	0.4535	0.4545
1.7	0.4554	0.4564	0.4573	0.4582	0.4591	0.4599	0.4608	0.4616	0.4625	0.4633
1.8	0.4641	0.4649	0.4656	0.4664	0.4671	0.4678	0.4686	0.4693	0.4699	0.4706
1.9	0.4713	0.4719	0.4726	0.4732	0.4738	0.4744	0.4750	0.4756	0.4761	0.4767
2.0	0.4772	0.4778	0.4783	0.4788	0.4793	0.4798	0.4803	0.4808	0.4812	0.4817
2.1	0.4821	0.4826	0.4830	0.4834	0.4838	0.4842	0.4846	0.4850	0.4854	0.4857
2.2	0.4861	0.4864	0.4868	0.4871	0.4875	0.4878	0.4881	0.4884	0.4887	0.4890
2.3	0.4893	0.4896	0.4898	0.4901	0.4904	0.4906	0.4909	0.4911	0.4913	0.4916
2.4	0.4918	0.4920	0.4922	0.4925	0.4927	0.4929	0.4931	0.4932	0.4934	0.4936
2.5	0.4938	0.4940	0.4941	0.4943	0.4945	0.4946	0.4948	0.4949	0.4951	0.4952
2.6	0.4953	0.4955	0.4956	0.4957	0.4959	0.4960	0.4961	0.4962	0.4963	0.4964
2.7	0.4965	0.4966	0.4967	0.4968	0.4969	0.4970	0.4971	0.4972	0.4973	0.4974
2.8	0.4974	0.4975	0.4976	0.4977	0.4977	0.4978	0.4979	0.4979	0.4980	0.4981
2.9	0.4981	0.4982	0.4982	0.4983	0.4984	0.4984	0.4985	0.4985	0.4986	0.4986
3.0	0.4987	0.4987	0.4987	0.4988	0.4988	0.4989	0.4989	0.4989	0.4990	0.4990

第4問 （選択問題） （配点　20）

以下のように，歩行者と自転車が自宅を出発して移動と停止を繰り返している。歩行者と自転車の動きについて，数学的に考えてみよう。

自宅を原点とする数直線を考え，歩行者と自転車をその数直線上を動く点とみなす。数直線上の点の座標が y であるとき，その点は位置 y にあるということにする。また，歩行者が自宅を出発してから x 分経過した時点を時刻 x と表す。歩行者は時刻 0 に自宅を出発し，正の向きに毎分 1 の速さで歩き始める。自転車は時刻 2 に自宅を出発し，毎分 2 の速さで歩行者を追いかける。自転車が歩行者に追いつくと，歩行者と自転車はともに 1 分だけ停止する。その後，歩行者は再び正の向きに毎分 1 の速さで歩き出し，自転車は毎分 2 の速さで自宅に戻る。自転車は自宅に到着すると，1 分だけ停止した後，再び毎分 2 の速さで歩行者を追いかける。これを繰り返し，自転車は自宅と歩行者の間を往復する。

$x = a_n$ を自転車が n 回目に自宅を出発する時刻とし，$y = b_n$ をそのときの歩行者の位置とする。

(1)　花子さんと太郎さんは，数列 $\{a_n\}$，$\{b_n\}$ の一般項を求めるために，歩行者と自転車について，時刻 x において位置 y にいることを O を原点とする座標平面上の点 $(x,\ y)$ で表すことにした。

（数学Ⅱ・数学B第4問は次ページに続く。）

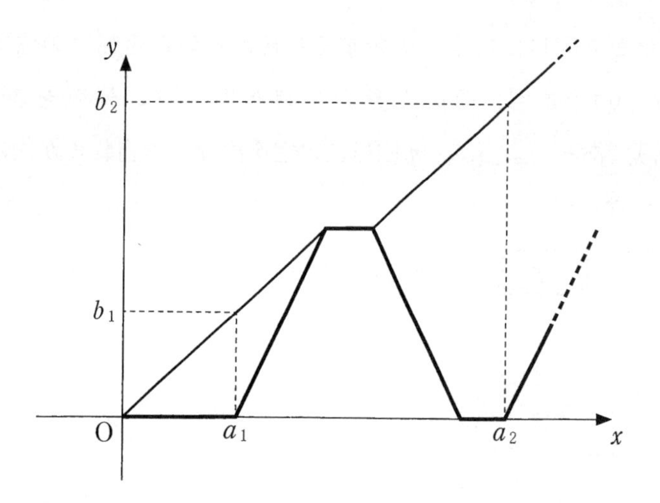

$a_1 = 2$，$b_1 = 2$により，自転車が最初に自宅を出発するときの時刻と自転車の位置を表す点の座標は$(2, 0)$であり，そのときの時刻と歩行者の位置を表す点の座標は$(2, 2)$である。また，自転車が最初に歩行者に追いつくときの時刻と位置を表す点の座標は(ア ， ア)である。よって

$a_2 =$ イ ，$b_2 =$ ウ

である。

花子：数列$\{a_n\}$，$\{b_n\}$の一般項について考える前に，(ア ， ア)の求め方について整理してみようか。

太郎：花子さんはどうやって求めたの？

花子：自転車が歩行者を追いかけるときに，間隔が1分間に1ずつ縮まっていくことを利用したよ。

太郎：歩行者と自転車の動きをそれぞれ直線の方程式で表して，交点を計算して求めることもできるね。

（数学Ⅱ・数学B第4問は次ページに続く。）

自転車が n 回目に自宅を出発するときの時刻と自転車の位置を表す点の座標は$(a_n,\ 0)$であり，そのときの時刻と歩行者の位置を表す点の座標は$(a_n,\ b_n)$である。よって，n 回目に自宅を出発した自転車が次に歩行者に追いつくときの時刻と位置を表す点の座標は，a_n，b_nを用いて，(［エ］，［オ］)と表せる。

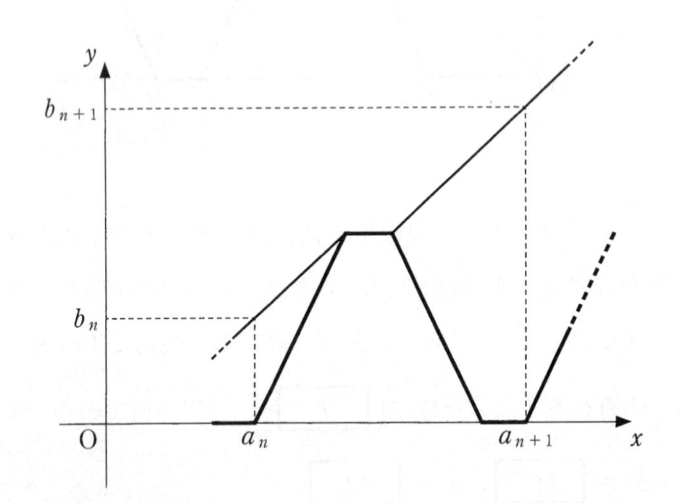

［エ］，［オ］の解答群(同じものを繰り返し選んでもよい。)

⓪ a_n	① b_n	② $2a_n$
③ $a_n + b_n$	④ $2b_n$	⑤ $3a_n$
⑥ $2a_n + b_n$	⑦ $a_n + 2b_n$	⑧ $3b_n$

(数学Ⅱ・数学B第4問は次ページに続く。)

以上から，数列$\{a_n\}$，$\{b_n\}$について，自然数nに対して，関係式

$$a_{n+1} = a_n + \boxed{\text{カ}}\, b_n + \boxed{\text{キ}} \quad \cdots\cdots ①$$

$$b_{n+1} = 3b_n + \boxed{\text{ク}} \quad \cdots\cdots ②$$

が成り立つことがわかる。まず，$b_1 = 2$と②から

$$b_n = \boxed{\text{ケ}} \quad (n = 1,\ 2,\ 3,\ \cdots)$$

を得る。この結果と，$a_1 = 2$および①から

$$a_n = \boxed{\text{コ}} \quad (n = 1,\ 2,\ 3,\ \cdots)$$

がわかる。

$\boxed{\text{ケ}}$，$\boxed{\text{コ}}$の解答群(同じものを繰り返し選んでもよい。)

⓪ $3^{n-1} + 1$	① $\frac{1}{2} \cdot 3^n + \frac{1}{2}$
② $3^{n-1} + n$	③ $\frac{1}{2} \cdot 3^n + n - \frac{1}{2}$
④ $3^{n-1} + n^2$	⑤ $\frac{1}{2} \cdot 3^n + n^2 - \frac{1}{2}$
⑥ $2 \cdot 3^{n-1}$	⑦ $\frac{5}{2} \cdot 3^{n-1} - \frac{1}{2}$
⑧ $2 \cdot 3^{n-1} + n - 1$	⑨ $\frac{5}{2} \cdot 3^{n-1} + n - \frac{3}{2}$
ⓐ $2 \cdot 3^{n-1} + n^2 - 1$	ⓑ $\frac{5}{2} \cdot 3^{n-1} + n^2 - \frac{3}{2}$

(2) 歩行者が$y = 300$の位置に到着するときまでに，自転車が歩行者に追いつく回数は$\boxed{\text{サ}}$回である。また，$\boxed{\text{サ}}$回目に自転車が歩行者に追いつく時刻は，$x = \boxed{\text{シスセ}}$である。

第5問 （選択問題）（配点　20）

平面上の点Oを中心とする半径1の円周上に，3点A，B，Cがあり，$\overrightarrow{OA} \cdot \overrightarrow{OB} = -\frac{2}{3}$ および $\overrightarrow{OC} = -\overrightarrow{OA}$ を満たすとする。t を $0 < t < 1$ を満たす実数とし，線分ABを $t : (1-t)$ に内分する点をPとする。また，直線OP上に点Qをとる。

(1) $\cos \angle AOB = \dfrac{\boxed{アイ}}{\boxed{ウ}}$ である。

また，実数 k を用いて，$\overrightarrow{OQ} = k\overrightarrow{OP}$ と表せる。したがって

$$\overrightarrow{OQ} = \boxed{エ}\,\overrightarrow{OA} + \boxed{オ}\,\overrightarrow{OB} \quad \cdots\cdots ①$$

$$\overrightarrow{CQ} = \boxed{カ}\,\overrightarrow{OA} + \boxed{キ}\,\overrightarrow{OB}$$

となる。

$\overrightarrow{OA}$ と $\overrightarrow{OP}$ が垂直となるのは，$t = \dfrac{\boxed{ク}}{\boxed{ケ}}$ のときである。

$\boxed{エ}$ ～ $\boxed{キ}$ の解答群（同じものを繰り返し選んでもよい。）

⓪ kt	① $(k - kt)$	② $(kt + 1)$
③ $(kt - 1)$	④ $(k - kt + 1)$	⑤ $(k - kt - 1)$

（数学Ⅱ・数学B第5問は次ページに続く。）

以下，$t \neq \frac{\boxed{ク}}{\boxed{ケ}}$ とし，∠OCQ が直角であるとする。

(2) ∠OCQ が直角であることにより，(1)の k は

$$k = \frac{\boxed{コ}}{\boxed{サ}\,t - \boxed{シ}} \quad \cdots\cdots ②$$

となることがわかる。

平面から直線 OA を除いた部分は，直線 OA を境に二つの部分に分けられる。そのうち，点 B を含む部分を D_1，含まない部分を D_2 とする。また，平面から直線 OB を除いた部分は，直線 OB を境に二つの部分に分けられる。そのうち，点 A を含む部分を E_1，含まない部分を E_2 とする。

- $0 < t < \frac{\boxed{ク}}{\boxed{ケ}}$ ならば，点 Q は $\boxed{ス}$。
- $\frac{\boxed{ク}}{\boxed{ケ}} < t < 1$ ならば，点 Q は $\boxed{セ}$。

$\boxed{ス}$，$\boxed{セ}$ の解答群(同じものを繰り返し選んでもよい。)

⓪ D_1 に含まれ，かつ E_1 に含まれる
① D_1 に含まれ，かつ E_2 に含まれる
② D_2 に含まれ，かつ E_1 に含まれる
③ D_2 に含まれ，かつ E_2 に含まれる

(数学II・数学B第5問は次ページに続く。)

(3) 太郎さんと花子さんは，点Pの位置と$|\overrightarrow{OQ}|$の関係について考えている。

$t=\dfrac{1}{2}$のとき，①と②により，$|\overrightarrow{OQ}|=\sqrt{\boxed{ソ}}$とわかる。

太郎：$t \neq \dfrac{1}{2}$のときにも，$|\overrightarrow{OQ}|=\sqrt{\boxed{ソ}}$となる場合があるかな。

花子：$|\overrightarrow{OQ}|$をtを用いて表して，$|\overrightarrow{OQ}|=\sqrt{\boxed{ソ}}$を満たす$t$の値について考えればいいと思うよ。

太郎：計算が大変そうだね。

花子：直線OAに関して，$t=\dfrac{1}{2}$のときの点Qと対称な点をRとしたら，$|\overrightarrow{OR}|=\sqrt{\boxed{ソ}}$となるよ。

太郎：$\overrightarrow{OR}$を$\overrightarrow{OA}$と$\overrightarrow{OB}$を用いて表すことができれば，tの値が求められそうだね。

直線OAに関して，$t=\dfrac{1}{2}$のときの点Qと対称な点をRとすると

$$\overrightarrow{CR}=\boxed{タ}\,\overrightarrow{CQ}$$
$$=\boxed{チ}\,\overrightarrow{OA}+\boxed{ツ}\,\overrightarrow{OB}$$

となる。

$t \neq \dfrac{1}{2}$のとき，$|\overrightarrow{OQ}|=\sqrt{\boxed{ソ}}$となる$t$の値は$\dfrac{\boxed{テ}}{\boxed{ト}}$である。

2021年度

大学入学共通テスト
本試験（第1日程）

（100点　60分）

標準所要時間

第1問	18分	第4問	12分
第2問	18分	第5問	12分
第3問	12分		

（注）　第1問・第2問は必答，第3問～第5問のうち2問選択解答

数学Ⅱ・数学B

第1問 （必答問題）（配点　30）

〔1〕

(1)　次の**問題A**について考えよう。

> **問題A**　関数 $y = \sin\theta + \sqrt{3}\cos\theta \left(0 \leqq \theta \leqq \dfrac{\pi}{2}\right)$ の最大値を求めよ。

$$\sin\frac{\pi}{\boxed{\text{ア}}} = \frac{\sqrt{3}}{2},\quad \cos\frac{\pi}{\boxed{\text{ア}}} = \frac{1}{2}$$

であるから，三角関数の合成により

$$y = \boxed{\text{イ}}\sin\left(\theta + \frac{\pi}{\boxed{\text{ア}}}\right)$$

と変形できる。よって，y は $\theta = \dfrac{\pi}{\boxed{\text{ウ}}}$ で最大値 $\boxed{\text{エ}}$ をとる。

(2)　p を定数とし，次の**問題B**について考えよう。

> **問題B**　関数 $y = \sin\theta + p\cos\theta \left(0 \leqq \theta \leqq \dfrac{\pi}{2}\right)$ の最大値を求めよ。

(i)　$p = 0$ のとき，y は $\theta = \dfrac{\pi}{\boxed{\text{オ}}}$ で最大値 $\boxed{\text{カ}}$ をとる。

（数学Ⅱ・数学B第1問は次ページに続く。）

(ii) $p > 0$ のときは，加法定理

$$\cos(\theta - \alpha) = \cos\theta\cos\alpha + \sin\theta\sin\alpha$$

を用いると

$$y = \sin\theta + p\cos\theta = \sqrt{\boxed{キ}}\cos(\theta - \alpha)$$

と表すことができる。ただし，α は

$$\sin\alpha = \frac{\boxed{ク}}{\sqrt{\boxed{キ}}},\quad \cos\alpha = \frac{\boxed{ケ}}{\sqrt{\boxed{キ}}},\quad 0 < \alpha < \frac{\pi}{2}$$

を満たすものとする。このとき，y は $\theta = \boxed{コ}$ で最大値 $\sqrt{\boxed{サ}}$ をとる。

(iii) $p < 0$ のとき，y は $\theta = \boxed{シ}$ で最大値 $\boxed{ス}$ をとる。

$\boxed{キ}$ ～ $\boxed{ケ}$，$\boxed{サ}$，$\boxed{ス}$ の解答群(同じものを繰り返し選んでもよい。)

⓪ -1	① 1	② $-p$
③ p	④ $1-p$	⑤ $1+p$
⑥ $-p^2$	⑦ p^2	⑧ $1-p^2$
⑨ $1+p^2$	ⓐ $(1-p)^2$	ⓑ $(1+p)^2$

$\boxed{コ}$，$\boxed{シ}$ の解答群(同じものを繰り返し選んでもよい。)

⓪ 0	① α	② $\frac{\pi}{2}$

(数学II・数学B第1問は次ページに続く。)

〔2〕 二つの関数 $f(x)=\dfrac{2^x+2^{-x}}{2}$，$g(x)=\dfrac{2^x-2^{-x}}{2}$ について考える。

(1) $f(0)=$ セ ，$g(0)=$ ソ である。また，$f(x)$ は相加平均と相乗平均の関係から，$x=$ タ で最小値 チ をとる。

$g(x)=-2$ となる x の値は $\log_2\left(\sqrt{\text{ツ}}-\text{テ}\right)$ である。

(2) 次の ①〜④ は，x にどのような値を代入してもつねに成り立つ。

$f(-x)=$ ト ………………………… ①

$g(-x)=$ ナ ………………………… ②

$\{f(x)\}^2-\{g(x)\}^2=$ ニ ………………………… ③

$g(2x)=$ ヌ $f(x)g(x)$ ………………………… ④

ト ，ナ の解答群（同じものを繰り返し選んでもよい。）

⓪ $f(x)$	① $-f(x)$	② $g(x)$	③ $-g(x)$

（数学Ⅱ・数学B第１問は次ページに続く。）

(3) 花子さんと太郎さんは，$f(x)$ と $g(x)$ の性質について話している。

花子：①～④ は三角関数の性質に似ているね。

太郎：三角関数の加法定理に類似した式(A)～(D)を考えてみたけど，つねに成り立つ式はあるだろうか。

花子：成り立たない式を見つけるために，式(A)～(D)の β に何か具体的な値を代入して調べてみたらどうかな。

太郎さんが考えた式

$f(\alpha-\beta)=f(\alpha)g(\beta)+g(\alpha)f(\beta)$ ………………………… (A)

$f(\alpha+\beta)=f(\alpha)f(\beta)+g(\alpha)g(\beta)$ ………………………… (B)

$g(\alpha-\beta)=f(\alpha)f(\beta)+g(\alpha)g(\beta)$ ………………………… (C)

$g(\alpha+\beta)=f(\alpha)g(\beta)-g(\alpha)f(\beta)$ ………………………… (D)

(1), (2)で示されたことのいくつかを利用すると，式(A)～(D)のうち，[ネ] 以外の三つは成り立たないことがわかる。[ネ] は左辺と右辺をそれぞれ計算することによって成り立つことが確かめられる。

[ネ] の解答群

⓪ (A)　　① (B)　　② (C)　　③ (D)

第２問 （必答問題）（配点　30）

(1) 座標平面上で，次の二つの２次関数のグラフについて考える。

$y = 3x^2 + 2x + 3$ ……………………………… ①

$y = 2x^2 + 2x + 3$ ……………………………… ②

①，②の２次関数のグラフには次の**共通点**がある。

共通点

- y 軸との交点の y 座標は［ア］である。
- y 軸との交点における接線の方程式は $y =$［イ］$x +$［ウ］である。

次の⓪～⑤の２次関数のグラフのうち，y 軸との交点における接線の方程式が $y =$［イ］$x +$［ウ］となるものは［エ］である。

［エ］の解答群

⓪ $y = 3x^2 - 2x - 3$	① $y = -3x^2 + 2x - 3$
② $y = 2x^2 + 2x - 3$	③ $y = 2x^2 - 2x + 3$
④ $y = -x^2 + 2x + 3$	⑤ $y = -x^2 - 2x + 3$

a，b，c を０でない実数とする。

曲線 $y = ax^2 + bx + c$ 上の点$\left(0,\ \text{［オ］}\right)$における接線を ℓ とすると，その方程式は $y =$［カ］$x +$［キ］である。

（数学Ⅱ・数学Ｂ第２問は次ページに続く。）

接線 ℓ と x 軸との交点の x 座標は $\dfrac{\boxed{\text{クケ}}}{\boxed{\text{コ}}}$ である。

a，b，c が正の実数であるとき，曲線 $y = ax^2 + bx + c$ と接線 ℓ および直線 $x = \dfrac{\boxed{\text{クケ}}}{\boxed{\text{コ}}}$ で囲まれた図形の面積を S とすると

$$S = \frac{ac^{\boxed{\text{サ}}}}{\boxed{\text{シ}}\,b^{\boxed{\text{ス}}}} \quad \cdots\cdots\cdots\cdots\cdots\cdots\cdots\cdots \text{③}$$

である。

③において，$a = 1$ とし，S の値が一定となるように正の実数 b，c の値を変化させる。このとき，b と c の関係を表すグラフの概形は $\boxed{\text{セ}}$ である。

$\boxed{\text{セ}}$ については，最も適当なものを，次の⓪～⑤のうちから一つ選べ。

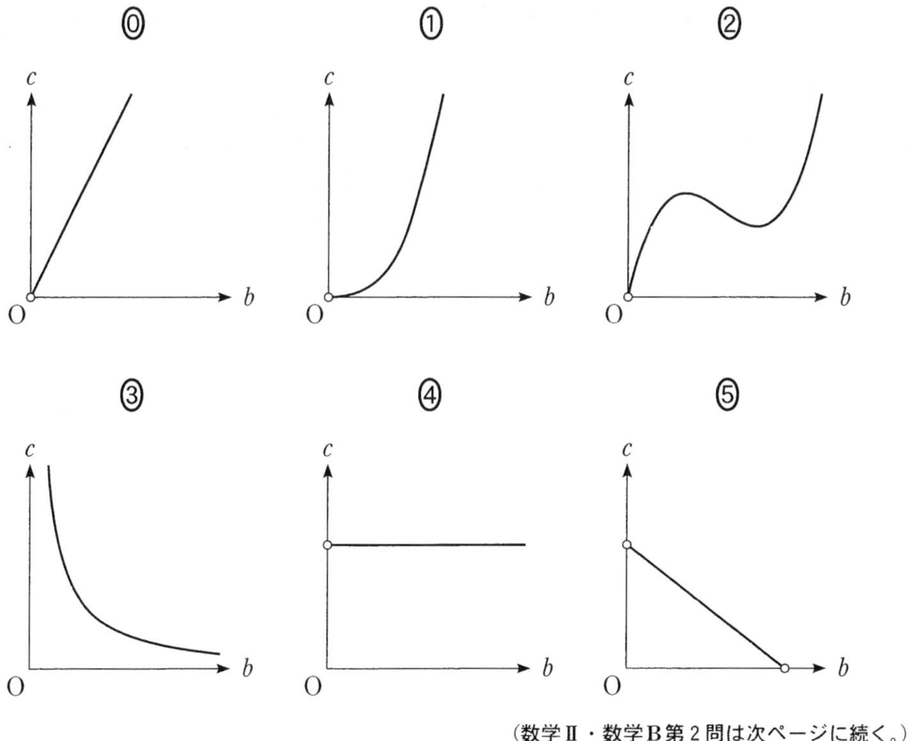

（数学Ⅱ・数学B第２問は次ページに続く。）

(2) 座標平面上で，次の三つの３次関数のグラフについて考える。

$y = 4x^3 + 2x^2 + 3x + 5$ ……………………………… ④

$y = -2x^3 + 7x^2 + 3x + 5$ ……………………………… ⑤

$y = 5x^3 - x^2 + 3x + 5$ ……………………………… ⑥

④，⑤，⑥の３次関数のグラフには次の**共通点**がある。

共通点

- y 軸との交点の y 座標は［ソ］である。
- y 軸との交点における接線の方程式は $y =$［タ］$x +$［チ］である。

a，b，c，d を０でない実数とする。

曲線 $y = ax^3 + bx^2 + cx + d$ 上の点（０，［ツ］）における接線の方程式は $y =$［テ］$x +$［ト］である。

（数学Ⅱ・数学Ｂ第２問は次ページに続く。）

次に，$f(x) = ax^3 + bx^2 + cx + d$，$g(x) = \boxed{\text{テ}}\,x + \boxed{\text{ト}}$ とし，$f(x) - g(x)$ について考える。

$h(x) = f(x) - g(x)$ とおく。a，b，c，d が正の実数であるとき，$y = h(x)$ のグラフの概形は $\boxed{\text{ナ}}$ である。

$y = f(x)$ のグラフと $y = g(x)$ のグラフの共有点の x 座標は $\dfrac{\boxed{\text{ニヌ}}}{\boxed{\text{ネ}}}$ と $\boxed{\text{ノ}}$ である。また，x が $\dfrac{\boxed{\text{ニヌ}}}{\boxed{\text{ネ}}}$ と $\boxed{\text{ノ}}$ の間を動くとき，$|f(x) - g(x)|$ の値が最大となるのは，$x = \dfrac{\boxed{\text{ハヒフ}}}{\boxed{\text{ヘホ}}}$ のときである。

$\boxed{\text{ナ}}$ については，最も適当なものを，次の⓪～⑤のうちから一つ選べ。

⓪

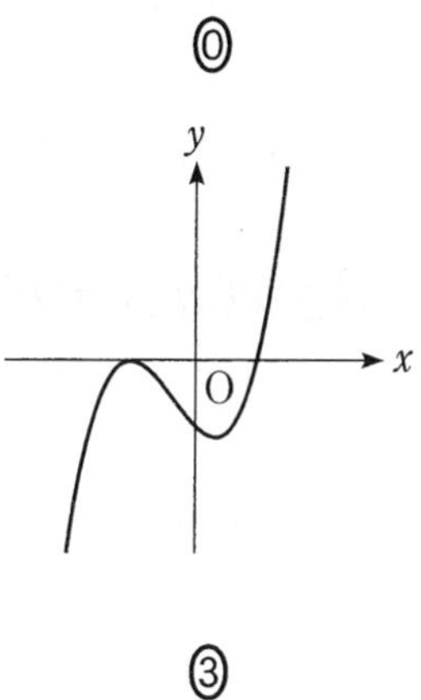

①

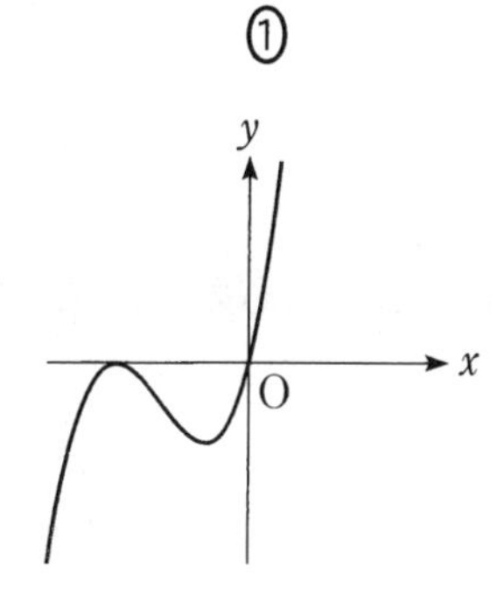

②

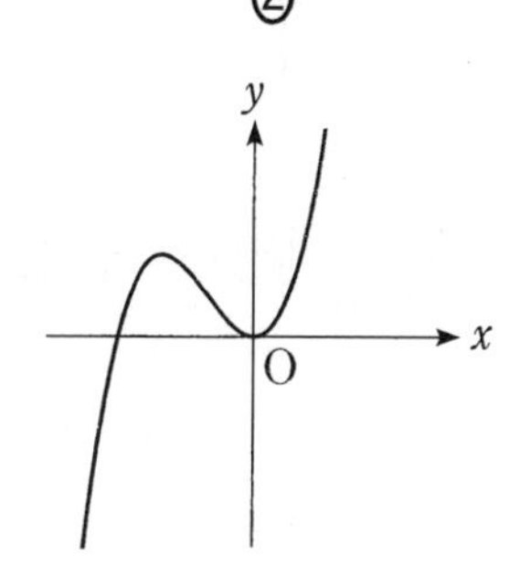

③

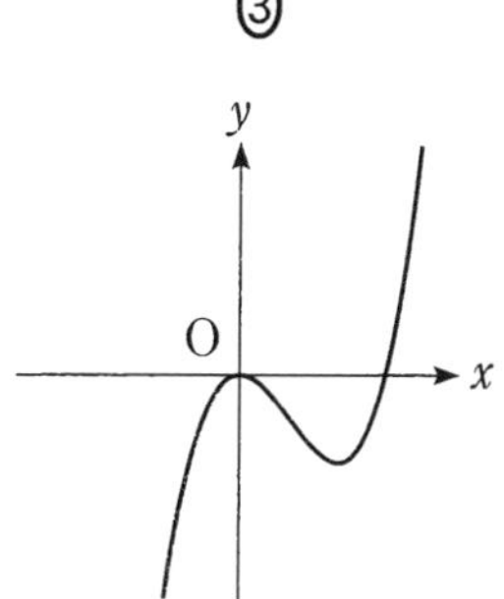

④

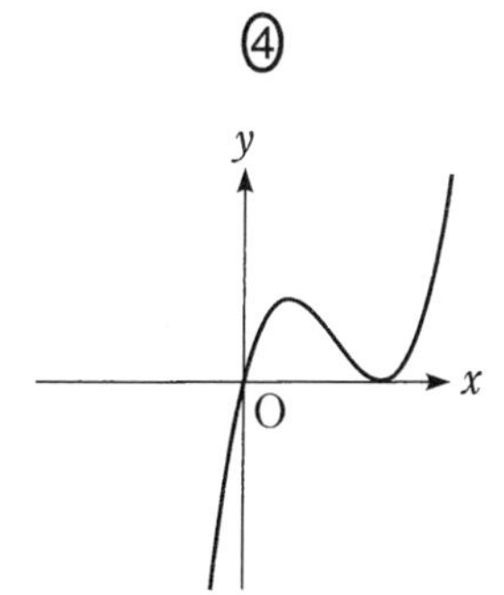

⑤

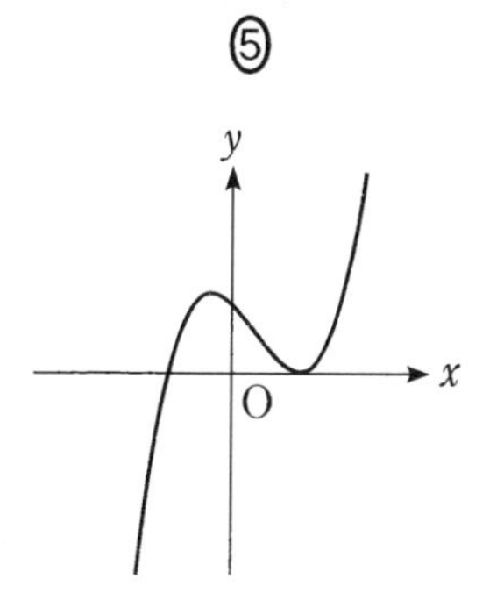

第3問 (選択問題)(配点　20)

以下の問題を解答するにあたっては，必要に応じて13ページの正規分布表を用いてもよい。

Q高校の校長先生は，ある日，新聞で高校生の読書に関する記事を読んだ。そこで，Q高校の生徒全員を対象に，直前の1週間の読書時間に関して，100人の生徒を無作為に抽出して調査を行った。その結果，100人の生徒のうち，この1週間に全く読書をしなかった生徒が36人であり，100人の生徒のこの1週間の読書時間(分)の平均値は204であった。Q高校の生徒全員のこの1週間の読書時間の母平均をm，母標準偏差を150とする。

(1) 全く読書をしなかった生徒の母比率を0.5とする。このとき，100人の無作為標本のうちで全く読書をしなかった生徒の数を表す確率変数をXとすると，Xは［ア］に従う。また，Xの平均(期待値)は［イウ］，標準偏差は［エ］である。

［ア］については，最も適当なものを，次の⓪～⑤のうちから一つ選べ。

⓪ 正規分布$N(0, 1)$	① 二項分布$B(0, 1)$
② 正規分布$N(100, 0.5)$	③ 二項分布$B(100, 0.5)$
④ 正規分布$N(100, 36)$	⑤ 二項分布$B(100, 36)$

(数学Ⅱ・数学B第3問は次ページに続く。)

(2) 標本の大きさ100は十分に大きいので，100人のうち全く読書をしなかった生徒の数は近似的に正規分布に従う。

全く読書をしなかった生徒の母比率を0.5とするとき，全く読書をしなかった生徒が36人以下となる確率をp_5とおく。p_5の近似値を求めると，$p_5 =$ [オ] である。

また，全く読書をしなかった生徒の母比率を0.4とするとき，全く読書をしなかった生徒が36人以下となる確率をp_4とおくと，[カ] である。

[オ] については，最も適当なものを，次の⓪〜⑤のうちから一つ選べ。

⓪ 0.001	① 0.003	② 0.026
③ 0.050	④ 0.133	⑤ 0.497

[カ] の解答群

⓪ $p_4 < p_5$	① $p_4 = p_5$	② $p_4 > p_5$

(3) 1週間の読書時間の母平均mに対する信頼度95％の信頼区間を$C_1 \leqq m \leqq C_2$とする。標本の大きさ100は十分大きいことと，1週間の読書時間の標本平均が204，母標準偏差が150であることを用いると，$C_1 + C_2 =$ [キクケ]，$C_2 - C_1 =$ [コサ].[シ] であることがわかる。

また，母平均mとC_1，C_2については，[ス]。

[ス] の解答群

⓪ $C_1 \leqq m \leqq C_2$が必ず成り立つ

① $m \leqq C_2$は必ず成り立つが，$C_1 \leqq m$が成り立つとは限らない

② $C_1 \leqq m$は必ず成り立つが，$m \leqq C_2$が成り立つとは限らない

③ $C_1 \leqq m$も$m \leqq C_2$も成り立つとは限らない

(数学Ⅱ・数学B第3問は次ページに続く。)

(4) Q 高校の図書委員長も，校長先生と同じ新聞記事を読んだため，校長先生が調査をしていることを知らずに，図書委員会として校長先生と同様の調査を独自に行った。ただし，調査期間は校長先生による調査と同じ直前の 1 週間であり，対象を Q 高校の生徒全員として 100 人の生徒を無作為に抽出した。その調査における，全く読書をしなかった生徒の数を n とする。

校長先生の調査結果によると全く読書をしなかった生徒は 36 人であり，［セ］。

［セ］の解答群

⓪ n は必ず 36 に等しい　① n は必ず 36 未満である
② n は必ず 36 より大きい　③ n と 36 との大小はわからない

(5) (4) の図書委員会が行った調査結果による母平均 m に対する信頼度 95 % の信頼区間を $D_1 \leqq m \leqq D_2$，校長先生が行った調査結果による母平均 m に対する信頼度 95 % の信頼区間を (3) の $C_1 \leqq m \leqq C_2$ とする。ただし，母集団は同一であり，1 週間の読書時間の母標準偏差は 150 とする。

このとき，次の⓪～⑤のうち，正しいものは［ソ］と［タ］である。

［ソ］，［タ］の解答群(解答の順序は問わない。)

⓪ $C_1 = D_1$ と $C_2 = D_2$ が必ず成り立つ。
① $C_1 < D_2$ または $D_1 < C_2$ のどちらか一方のみが必ず成り立つ。
② $D_2 < C_1$ または $C_2 < D_1$ となる場合もある。
③ $C_2 - C_1 > D_2 - D_1$ が必ず成り立つ。
④ $C_2 - C_1 = D_2 - D_1$ が必ず成り立つ。
⑤ $C_2 - C_1 < D_2 - D_1$ が必ず成り立つ。

(数学Ⅱ・数学B第 3 問は次ページに続く。)

正 規 分 布 表

次の表は，標準正規分布の分布曲線における右図の灰色部分の面積の値をまとめたものである。

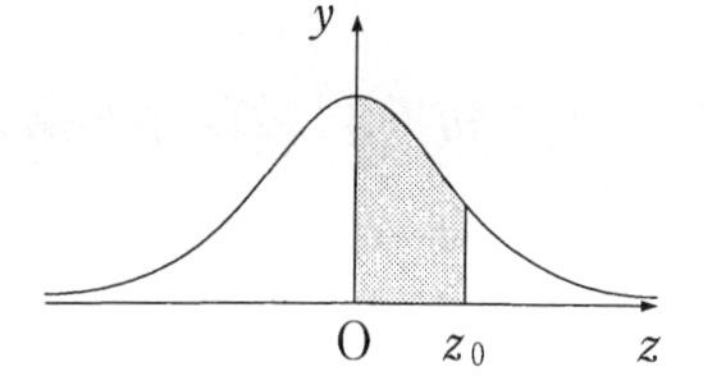

z_0	0.00	0.01	0.02	0.03	0.04	0.05	0.06	0.07	0.08	0.09
0.0	0.0000	0.0040	0.0080	0.0120	0.0160	0.0199	0.0239	0.0279	0.0319	0.0359
0.1	0.0398	0.0438	0.0478	0.0517	0.0557	0.0596	0.0636	0.0675	0.0714	0.0753
0.2	0.0793	0.0832	0.0871	0.0910	0.0948	0.0987	0.1026	0.1064	0.1103	0.1141
0.3	0.1179	0.1217	0.1255	0.1293	0.1331	0.1368	0.1406	0.1443	0.1480	0.1517
0.4	0.1554	0.1591	0.1628	0.1664	0.1700	0.1736	0.1772	0.1808	0.1844	0.1879
0.5	0.1915	0.1950	0.1985	0.2019	0.2054	0.2088	0.2123	0.2157	0.2190	0.2224
0.6	0.2257	0.2291	0.2324	0.2357	0.2389	0.2422	0.2454	0.2486	0.2517	0.2549
0.7	0.2580	0.2611	0.2642	0.2673	0.2704	0.2734	0.2764	0.2794	0.2823	0.2852
0.8	0.2881	0.2910	0.2939	0.2967	0.2995	0.3023	0.3051	0.3078	0.3106	0.3133
0.9	0.3159	0.3186	0.3212	0.3238	0.3264	0.3289	0.3315	0.3340	0.3365	0.3389
1.0	0.3413	0.3438	0.3461	0.3485	0.3508	0.3531	0.3554	0.3577	0.3599	0.3621
1.1	0.3643	0.3665	0.3686	0.3708	0.3729	0.3749	0.3770	0.3790	0.3810	0.3830
1.2	0.3849	0.3869	0.3888	0.3907	0.3925	0.3944	0.3962	0.3980	0.3997	0.4015
1.3	0.4032	0.4049	0.4066	0.4082	0.4099	0.4115	0.4131	0.4147	0.4162	0.4177
1.4	0.4192	0.4207	0.4222	0.4236	0.4251	0.4265	0.4279	0.4292	0.4306	0.4319
1.5	0.4332	0.4345	0.4357	0.4370	0.4382	0.4394	0.4406	0.4418	0.4429	0.4441
1.6	0.4452	0.4463	0.4474	0.4484	0.4495	0.4505	0.4515	0.4525	0.4535	0.4545
1.7	0.4554	0.4564	0.4573	0.4582	0.4591	0.4599	0.4608	0.4616	0.4625	0.4633
1.8	0.4641	0.4649	0.4656	0.4664	0.4671	0.4678	0.4686	0.4693	0.4699	0.4706
1.9	0.4713	0.4719	0.4726	0.4732	0.4738	0.4744	0.4750	0.4756	0.4761	0.4767
2.0	0.4772	0.4778	0.4783	0.4788	0.4793	0.4798	0.4803	0.4808	0.4812	0.4817
2.1	0.4821	0.4826	0.4830	0.4834	0.4838	0.4842	0.4846	0.4850	0.4854	0.4857
2.2	0.4861	0.4864	0.4868	0.4871	0.4875	0.4878	0.4881	0.4884	0.4887	0.4890
2.3	0.4893	0.4896	0.4898	0.4901	0.4904	0.4906	0.4909	0.4911	0.4913	0.4916
2.4	0.4918	0.4920	0.4922	0.4925	0.4927	0.4929	0.4931	0.4932	0.4934	0.4936
2.5	0.4938	0.4940	0.4941	0.4943	0.4945	0.4946	0.4948	0.4949	0.4951	0.4952
2.6	0.4953	0.4955	0.4956	0.4957	0.4959	0.4960	0.4961	0.4962	0.4963	0.4964
2.7	0.4965	0.4966	0.4967	0.4968	0.4969	0.4970	0.4971	0.4972	0.4973	0.4974
2.8	0.4974	0.4975	0.4976	0.4977	0.4977	0.4978	0.4979	0.4979	0.4980	0.4981
2.9	0.4981	0.4982	0.4982	0.4983	0.4984	0.4984	0.4985	0.4985	0.4986	0.4986
3.0	0.4987	0.4987	0.4987	0.4988	0.4988	0.4989	0.4989	0.4989	0.4990	0.4990

第４問 （選択問題）（配点　20）

初項３，公差 p の等差数列を $\{a_n\}$ とし，初項３，公比 r の等比数列を $\{b_n\}$ とする。ただし，$p \neq 0$ かつ $r \neq 0$ とする。さらに，これらの数列が次を満たすとする。

$$a_n b_{n+1} - 2a_{n+1}b_n + 3b_{n+1} = 0 \qquad (n = 1, 2, 3, \cdots) \cdots\cdots ①$$

(1) p と r の値を求めよう。自然数 n について，a_n，a_{n+1}，b_n はそれぞれ

$$a_n = \boxed{\text{ア}} + (n-1)p \qquad \cdots\cdots\cdots\cdots ②$$

$$a_{n+1} = \boxed{\text{ア}} + np \qquad \cdots\cdots\cdots\cdots ③$$

$$b_n = \boxed{\text{イ}}\, r^{n-1}$$

と表される。$r \neq 0$ により，すべての自然数 n について，$b_n \neq 0$ となる。

$\dfrac{b_{n+1}}{b_n} = r$ であることから，① の両辺を b_n で割ることにより

$$\boxed{\text{ウ}}\, a_{n+1} = r\left(a_n + \boxed{\text{エ}}\right) \qquad \cdots\cdots\cdots\cdots ④$$

が成り立つことがわかる。④ に ② と ③ を代入すると

$$\left(r - \boxed{\text{オ}}\right)pn = r\left(p - \boxed{\text{カ}}\right) + \boxed{\text{キ}} \qquad \cdots\cdots\cdots\cdots ⑤$$

となる。⑤ がすべての n で成り立つことおよび $p \neq 0$ により，$r = \boxed{\text{オ}}$ を得る。さらに，このことから，$p = \boxed{\text{ク}}$ を得る。

以上から，すべての自然数 n について，a_n と b_n が正であることもわかる。

（数学Ⅱ・数学Ｂ第４問は次ページに続く。）

(2) $p=$ [ク], $r=$ [オ] であることから，$\{a_n\}$，$\{b_n\}$ の初項から第 n 項までの和は，それぞれ次の式で与えられる。

$$\sum_{k=1}^{n} a_k = \frac{\boxed{ケ}}{\boxed{コ}} n\left(n+\boxed{サ}\right)$$

$$\sum_{k=1}^{n} b_k = \boxed{シ}\left(\boxed{オ}^{\,n}-\boxed{ス}\right)$$

(3) 数列 $\{a_n\}$ に対して，初項 3 の数列 $\{c_n\}$ が次を満たすとする。

$$a_n c_{n+1} - 4a_{n+1}c_n + 3c_{n+1} = 0 \quad (n=1,\ 2,\ 3,\ \cdots) \ \cdots\cdots\cdots ⑥$$

a_n が正であることから，⑥ を変形して，$c_{n+1} = \dfrac{\boxed{セ}\,a_{n+1}}{a_n+\boxed{ソ}}c_n$ を得る。

さらに，$p=$ [ク] であることから，数列 $\{c_n\}$ は [タ] ことがわかる。

[タ] の解答群

⓪ すべての項が同じ値をとる数列である

① 公差が 0 でない等差数列である

② 公比が 1 より大きい等比数列である

③ 公比が 1 より小さい等比数列である

④ 等差数列でも等比数列でもない

(4) q，u は定数で，$q \neq 0$ とする。数列 $\{b_n\}$ に対して，初項 3 の数列 $\{d_n\}$ が次を満たすとする。

$$d_n b_{n+1} - q d_{n+1} b_n + u b_{n+1} = 0 \quad (n=1,\ 2,\ 3,\ \cdots) \ \cdots\cdots\cdots ⑦$$

$r=$ [オ] であることから，⑦ を変形して，$d_{n+1} = \dfrac{\boxed{チ}}{q}(d_n+u)$

を得る。したがって，数列 $\{d_n\}$ が，公比が 0 より大きく 1 より小さい等比数列となるための必要十分条件は，$q >$ [ツ] かつ $u =$ [テ] である。

第5問 （選択問題）（配点　20）

1辺の長さが1の正五角形の対角線の長さを a とする。

(1)　1辺の長さが1の正五角形 $\mathrm{OA_1B_1C_1A_2}$ を考える。

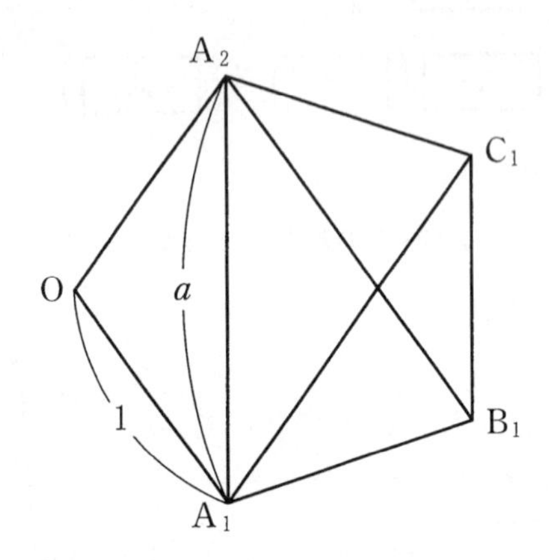

$\angle \mathrm{A_1C_1B_1} =$ **アイ**°，$\angle \mathrm{C_1A_1A_2} =$ アイ° となることから，$\overrightarrow{\mathrm{A_1A_2}}$ と $\overrightarrow{\mathrm{B_1C_1}}$ は平行である。ゆえに

$$\overrightarrow{\mathrm{A_1A_2}} = \boxed{\text{ウ}}\,\overrightarrow{\mathrm{B_1C_1}}$$

であるから

$$\overrightarrow{\mathrm{B_1C_1}} = \frac{1}{\boxed{\text{ウ}}}\overrightarrow{\mathrm{A_1A_2}} = \frac{1}{\boxed{\text{ウ}}}\left(\overrightarrow{\mathrm{OA_2}} - \overrightarrow{\mathrm{OA_1}}\right)$$

また，$\overrightarrow{\mathrm{OA_1}}$ と $\overrightarrow{\mathrm{A_2B_1}}$ は平行で，さらに，$\overrightarrow{\mathrm{OA_2}}$ と $\overrightarrow{\mathrm{A_1C_1}}$ も平行であることから

$$\begin{aligned}\overrightarrow{\mathrm{B_1C_1}} &= \overrightarrow{\mathrm{B_1A_2}} + \overrightarrow{\mathrm{A_2O}} + \overrightarrow{\mathrm{OA_1}} + \overrightarrow{\mathrm{A_1C_1}} \\ &= -\boxed{\text{ウ}}\,\overrightarrow{\mathrm{OA_1}} - \overrightarrow{\mathrm{OA_2}} + \overrightarrow{\mathrm{OA_1}} + \boxed{\text{ウ}}\,\overrightarrow{\mathrm{OA_2}} \\ &= \left(\boxed{\text{エ}} - \boxed{\text{オ}}\right)\left(\overrightarrow{\mathrm{OA_2}} - \overrightarrow{\mathrm{OA_1}}\right)\end{aligned}$$

となる。したがって

$$\frac{1}{\boxed{\text{ウ}}} = \boxed{\text{エ}} - \boxed{\text{オ}}$$

が成り立つ。$a > 0$ に注意してこれを解くと，$a = \dfrac{1+\sqrt{5}}{2}$ を得る。

（数学Ⅱ・数学B第5問は次ページに続く。）

⑵　下の図のような，１辺の長さが１の正十二面体を考える。正十二面体とは，どの面もすべて合同な正五角形であり，どの頂点にも三つの面が集まっているへこみのない多面体のことである。

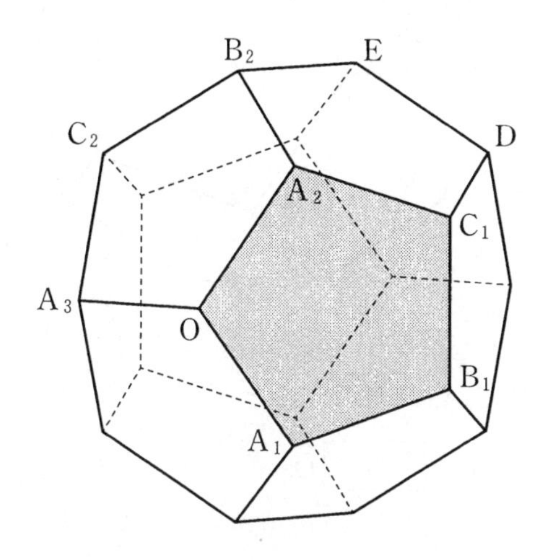

面 $\mathrm{OA_1B_1C_1A_2}$ に着目する。$\overrightarrow{\mathrm{OA_1}}$ と $\overrightarrow{\mathrm{A_2B_1}}$ が平行であることから

$$\overrightarrow{\mathrm{OB_1}}=\overrightarrow{\mathrm{OA_2}}+\overrightarrow{\mathrm{A_2B_1}}=\overrightarrow{\mathrm{OA_2}}+\boxed{\text{ウ}}\,\overrightarrow{\mathrm{OA_1}}$$

である。また

$$\left|\overrightarrow{\mathrm{OA_2}}-\overrightarrow{\mathrm{OA_1}}\right|^2=\left|\overrightarrow{\mathrm{A_1A_2}}\right|^2=\frac{\boxed{\text{カ}}+\sqrt{\boxed{\text{キ}}}}{\boxed{\text{ク}}}$$

に注意すると

$$\overrightarrow{\mathrm{OA_1}}\cdot\overrightarrow{\mathrm{OA_2}}=\frac{\boxed{\text{ケ}}-\sqrt{\boxed{\text{コ}}}}{\boxed{\text{サ}}}$$

を得る。

ただし，$\boxed{\text{カ}}$ ～ $\boxed{\text{サ}}$ は，文字 a を用いない形で答えること。

（数学Ⅱ・数学B第５問は次ページに続く。）

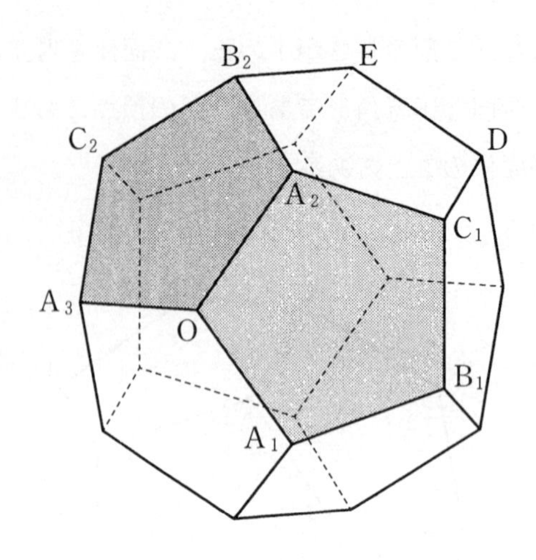

次に，面 $OA_2B_2C_2A_3$ に着目すると

$$\overrightarrow{OB_2}=\overrightarrow{OA_3}+\boxed{\text{ウ}}\,\overrightarrow{OA_2}$$

である。さらに

$$\overrightarrow{OA_2}\cdot\overrightarrow{OA_3}=\overrightarrow{OA_3}\cdot\overrightarrow{OA_1}=\frac{\boxed{\text{ケ}}-\sqrt{\boxed{\text{コ}}}}{\boxed{\text{サ}}}$$

が成り立つことがわかる。ゆえに

$$\overrightarrow{OA_1}\cdot\overrightarrow{OB_2}=\boxed{\text{シ}},\quad \overrightarrow{OB_1}\cdot\overrightarrow{OB_2}=\boxed{\text{ス}}$$

である。

シ，ス の解答群（同じものを繰り返し選んでもよい。）

⓪ 0	① 1	② -1	③ $\frac{1+\sqrt{5}}{2}$
④ $\frac{1-\sqrt{5}}{2}$	⑤ $\frac{-1+\sqrt{5}}{2}$	⑥ $\frac{-1-\sqrt{5}}{2}$	⑦ $-\frac{1}{2}$
⑧ $\frac{-1+\sqrt{5}}{4}$	⑨ $\frac{-1-\sqrt{5}}{4}$		

（数学Ⅱ・数学B第5問は次ページに続く。）

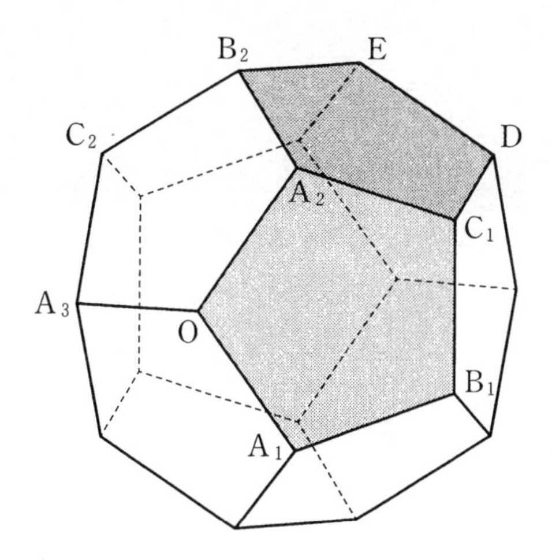

最後に，面 $A_2C_1DEB_2$ に着目する。

$$\overrightarrow{B_2D} = \boxed{\text{ウ}}\ \overrightarrow{A_2C_1} = \overrightarrow{OB_1}$$

であることに注意すると，4 点 O，B_1，D，B_2 は同一平面上にあり，四角形 OB_1DB_2 は $\boxed{\text{セ}}$ ことがわかる。

$\boxed{\text{セ}}$ の解答群

⓪ 正方形である
① 正方形ではないが，長方形である
② 正方形ではないが，ひし形である
③ 長方形でもひし形でもないが，平行四辺形である
④ 平行四辺形ではないが，台形である
⑤ 台形でない

ただし，少なくとも一組の対辺が平行な四角形を台形という。

2024－駿台(すんだい)　大学入試完全対策(だいがくにゅうしかんぜんたいさく)シリーズ
大学入学共通(だいがくにゅうがくきょうつう)テスト実戦問題集(じっせんもんだいしゅう)　数学(すうがく)Ⅱ・B

2023年7月6日　2024年版発行

編　　者　　駿台文庫
発行者　　山﨑良子
印刷・製本　　三美印刷株式会社

発行所　　駿台文庫株式会社
〒101-0062 東京都千代田区神田駿河台1-7-4
小畑ビル内
TEL. 編集 03（5259）3302
販売 03（5259）3301
《共通テスト実戦・数学Ⅱ・B 332pp.》

ISBN978-4-7961-6444-3 Printed in Japan

駿台文庫 Webサイト
https://www.sundaibunko.jp

数学② 解答用紙
第1面

・1科目だけマークしなさい。
・解答科目欄が無マーク又は複数マークの場合は，0点となることがあります。

解答科目欄	数学Ⅱ	数学B Ⅱ・
	○	○

氏名・フリガナ，試験場コードを記入しなさい。

フリガナ	
氏　名	

試験場コード	十万位	万位	千位	百位	十位	一位

注意事項
1 問題番号4 5の解答欄は，この用紙の第2面にあります。
2 選択問題は，選択した問題番号の解答欄に解答しなさい。
3 訂正は，消しゴムできれいに消し，消しくずを残してはいけません。
4 所定欄以外にはマークしたり，記入したりしてはいけません。
5 汚したり，折りまげたりしてはいけません。

受験番号を記入し，その下のマーク欄にマークしなさい。

受験番号欄

千位	百位	十位	一位	英字
−	0	0	0	A
1	1	1	1	B
2	2	2	2	C
3	3	3	3	H
4	4	4	4	K
5	5	5	5	M
6	6	6	6	R
7	7	7	7	U
8	8	8	8	X
9	9	9	9	Y
−	−	−	−	Z

マーク例

良い例	悪い例
●	⊙ ⊗ ◓ ○

駿　台　文　庫

1 解答欄

	−	0	1	2	3	4	5	6	7	8	9	a	b	c	d
ア	−	0	1	2	3	4	5	6	7	8	9	a	b	c	d
イ	−	0	1	2	3	4	5	6	7	8	9	a	b	c	d
ウ	−	0	1	2	3	4	5	6	7	8	9	a	b	c	d
エ	−	0	1	2	3	4	5	6	7	8	9	a	b	c	d
オ	−	0	1	2	3	4	5	6	7	8	9	a	b	c	d
カ	−	0	1	2	3	4	5	6	7	8	9	a	b	c	d
キ	−	0	1	2	3	4	5	6	7	8	9	a	b	c	d
ク	−	0	1	2	3	4	5	6	7	8	9	a	b	c	d
ケ	−	0	1	2	3	4	5	6	7	8	9	a	b	c	d
コ	−	0	1	2	3	4	5	6	7	8	9	a	b	c	d
サ	−	0	1	2	3	4	5	6	7	8	9	a	b	c	d
シ	−	0	1	2	3	4	5	6	7	8	9	a	b	c	d
ス	−	0	1	2	3	4	5	6	7	8	9	a	b	c	d
セ	−	0	1	2	3	4	5	6	7	8	9	a	b	c	d
ソ	−	0	1	2	3	4	5	6	7	8	9	a	b	c	d
タ	−	0	1	2	3	4	5	6	7	8	9	a	b	c	d
チ	−	0	1	2	3	4	5	6	7	8	9	a	b	c	d
ツ	−	0	1	2	3	4	5	6	7	8	9	a	b	c	d
テ	−	0	1	2	3	4	5	6	7	8	9	a	b	c	d
ト	−	0	1	2	3	4	5	6	7	8	9	a	b	c	d
ナ	−	0	1	2	3	4	5	6	7	8	9	a	b	c	d
ニ	−	0	1	2	3	4	5	6	7	8	9	a	b	c	d
ヌ	−	0	1	2	3	4	5	6	7	8	9	a	b	c	d
ネ	−	0	1	2	3	4	5	6	7	8	9	a	b	c	d
ノ	−	0	1	2	3	4	5	6	7	8	9	a	b	c	d
ハ	−	0	1	2	3	4	5	6	7	8	9	a	b	c	d
ヒ	−	0	1	2	3	4	5	6	7	8	9	a	b	c	d
フ	−	0	1	2	3	4	5	6	7	8	9	a	b	c	d
ヘ	−	0	1	2	3	4	5	6	7	8	9	a	b	c	d
ホ	−	0	1	2	3	4	5	6	7	8	9	a	b	c	d

2 解答欄

	−	0	1	2	3	4	5	6	7	8	9	a	b	c	d
ア	−	0	1	2	3	4	5	6	7	8	9	a	b	c	d
イ	−	0	1	2	3	4	5	6	7	8	9	a	b	c	d
ウ	−	0	1	2	3	4	5	6	7	8	9	a	b	c	d
エ	−	0	1	2	3	4	5	6	7	8	9	a	b	c	d
オ	−	0	1	2	3	4	5	6	7	8	9	a	b	c	d
カ	−	0	1	2	3	4	5	6	7	8	9	a	b	c	d
キ	−	0	1	2	3	4	5	6	7	8	9	a	b	c	d
ク	−	0	1	2	3	4	5	6	7	8	9	a	b	c	d
ケ	−	0	1	2	3	4	5	6	7	8	9	a	b	c	d
コ	−	0	1	2	3	4	5	6	7	8	9	a	b	c	d
サ	−	0	1	2	3	4	5	6	7	8	9	a	b	c	d
シ	−	0	1	2	3	4	5	6	7	8	9	a	b	c	d
ス	−	0	1	2	3	4	5	6	7	8	9	a	b	c	d
セ	−	0	1	2	3	4	5	6	7	8	9	a	b	c	d
ソ	−	0	1	2	3	4	5	6	7	8	9	a	b	c	d
タ	−	0	1	2	3	4	5	6	7	8	9	a	b	c	d
チ	−	0	1	2	3	4	5	6	7	8	9	a	b	c	d
ツ	−	0	1	2	3	4	5	6	7	8	9	a	b	c	d
テ	−	0	1	2	3	4	5	6	7	8	9	a	b	c	d
ト	−	0	1	2	3	4	5	6	7	8	9	a	b	c	d
ナ	−	0	1	2	3	4	5	6	7	8	9	a	b	c	d
ニ	−	0	1	2	3	4	5	6	7	8	9	a	b	c	d
ヌ	−	0	1	2	3	4	5	6	7	8	9	a	b	c	d
ネ	−	0	1	2	3	4	5	6	7	8	9	a	b	c	d
ノ	−	0	1	2	3	4	5	6	7	8	9	a	b	c	d
ハ	−	0	1	2	3	4	5	6	7	8	9	a	b	c	d
ヒ	−	0	1	2	3	4	5	6	7	8	9	a	b	c	d
フ	−	0	1	2	3	4	5	6	7	8	9	a	b	c	d
ヘ	−	0	1	2	3	4	5	6	7	8	9	a	b	c	d
ホ	−	0	1	2	3	4	5	6	7	8	9	a	b	c	d

3 解答欄

	−	0	1	2	3	4	5	6	7	8	9	a	b	c	d
ア	−	0	1	2	3	4	5	6	7	8	9	a	b	c	d
イ	−	0	1	2	3	4	5	6	7	8	9	a	b	c	d
ウ	−	0	1	2	3	4	5	6	7	8	9	a	b	c	d
エ	−	0	1	2	3	4	5	6	7	8	9	a	b	c	d
オ	−	0	1	2	3	4	5	6	7	8	9	a	b	c	d
カ	−	0	1	2	3	4	5	6	7	8	9	a	b	c	d
キ	−	0	1	2	3	4	5	6	7	8	9	a	b	c	d
ク	−	0	1	2	3	4	5	6	7	8	9	a	b	c	d
ケ	−	0	1	2	3	4	5	6	7	8	9	a	b	c	d
コ	−	0	1	2	3	4	5	6	7	8	9	a	b	c	d
サ	−	0	1	2	3	4	5	6	7	8	9	a	b	c	d
シ	−	0	1	2	3	4	5	6	7	8	9	a	b	c	d
ス	−	0	1	2	3	4	5	6	7	8	9	a	b	c	d
セ	−	0	1	2	3	4	5	6	7	8	9	a	b	c	d
ソ	−	0	1	2	3	4	5	6	7	8	9	a	b	c	d
タ	−	0	1	2	3	4	5	6	7	8	9	a	b	c	d
チ	−	0	1	2	3	4	5	6	7	8	9	a	b	c	d
ツ	−	0	1	2	3	4	5	6	7	8	9	a	b	c	d
テ	−	0	1	2	3	4	5	6	7	8	9	a	b	c	d
ト	−	0	1	2	3	4	5	6	7	8	9	a	b	c	d
ナ	−	0	1	2	3	4	5	6	7	8	9	a	b	c	d
ニ	−	0	1	2	3	4	5	6	7	8	9	a	b	c	d
ヌ	−	0	1	2	3	4	5	6	7	8	9	a	b	c	d
ネ	−	0	1	2	3	4	5	6	7	8	9	a	b	c	d
ノ	−	0	1	2	3	4	5	6	7	8	9	a	b	c	d
ハ	−	0	1	2	3	4	5	6	7	8	9	a	b	c	d
ヒ	−	0	1	2	3	4	5	6	7	8	9	a	b	c	d
フ	−	0	1	2	3	4	5	6	7	8	9	a	b	c	d
ヘ	−	0	1	2	3	4	5	6	7	8	9	a	b	c	d
ホ	−	0	1	2	3	4	5	6	7	8	9	a	b	c	d

数学② 解答用紙
第2面

注意事項

1 問題番号[1] [2] [3]の解答欄は，この用紙の第1面にあります。

2 選択問題は，選択した問題番号の解答欄に解答しなさい。

マーク例

良い例	悪い例
●	⊙ ⊗ ◕ ○

4

	解答欄														
	-	0	1	2	3	4	5	6	7	8	9	a	b	c	d
ア	⊖	⓪	①	②	③	④	⑤	⑥	⑦	⑧	⑨	ⓐ	ⓑ	ⓒ	ⓓ
イ	⊖	⓪	①	②	③	④	⑤	⑥	⑦	⑧	⑨	ⓐ	ⓑ	ⓒ	ⓓ
ウ	⊖	⓪	①	②	③	④	⑤	⑥	⑦	⑧	⑨	ⓐ	ⓑ	ⓒ	ⓓ
エ	⊖	⓪	①	②	③	④	⑤	⑥	⑦	⑧	⑨	ⓐ	ⓑ	ⓒ	ⓓ
オ	⊖	⓪	①	②	③	④	⑤	⑥	⑦	⑧	⑨	ⓐ	ⓑ	ⓒ	ⓓ
カ	⊖	⓪	①	②	③	④	⑤	⑥	⑦	⑧	⑨	ⓐ	ⓑ	ⓒ	ⓓ
キ	⊖	⓪	①	②	③	④	⑤	⑥	⑦	⑧	⑨	ⓐ	ⓑ	ⓒ	ⓓ
ク	⊖	⓪	①	②	③	④	⑤	⑥	⑦	⑧	⑨	ⓐ	ⓑ	ⓒ	ⓓ
ケ	⊖	⓪	①	②	③	④	⑤	⑥	⑦	⑧	⑨	ⓐ	ⓑ	ⓒ	ⓓ
コ	⊖	⓪	①	②	③	④	⑤	⑥	⑦	⑧	⑨	ⓐ	ⓑ	ⓒ	ⓓ
サ	⊖	⓪	①	②	③	④	⑤	⑥	⑦	⑧	⑨	ⓐ	ⓑ	ⓒ	ⓓ
シ	⊖	⓪	①	②	③	④	⑤	⑥	⑦	⑧	⑨	ⓐ	ⓑ	ⓒ	ⓓ
ス	⊖	⓪	①	②	③	④	⑤	⑥	⑦	⑧	⑨	ⓐ	ⓑ	ⓒ	ⓓ
セ	⊖	⓪	①	②	③	④	⑤	⑥	⑦	⑧	⑨	ⓐ	ⓑ	ⓒ	ⓓ
ソ	⊖	⓪	①	②	③	④	⑤	⑥	⑦	⑧	⑨	ⓐ	ⓑ	ⓒ	ⓓ
タ	⊖	⓪	①	②	③	④	⑤	⑥	⑦	⑧	⑨	ⓐ	ⓑ	ⓒ	ⓓ
チ	⊖	⓪	①	②	③	④	⑤	⑥	⑦	⑧	⑨	ⓐ	ⓑ	ⓒ	ⓓ
ツ	⊖	⓪	①	②	③	④	⑤	⑥	⑦	⑧	⑨	ⓐ	ⓑ	ⓒ	ⓓ
テ	⊖	⓪	①	②	③	④	⑤	⑥	⑦	⑧	⑨	ⓐ	ⓑ	ⓒ	ⓓ
ト	⊖	⓪	①	②	③	④	⑤	⑥	⑦	⑧	⑨	ⓐ	ⓑ	ⓒ	ⓓ
ナ	⊖	⓪	①	②	③	④	⑤	⑥	⑦	⑧	⑨	ⓐ	ⓑ	ⓒ	ⓓ
ニ	⊖	⓪	①	②	③	④	⑤	⑥	⑦	⑧	⑨	ⓐ	ⓑ	ⓒ	ⓓ
ヌ	⊖	⓪	①	②	③	④	⑤	⑥	⑦	⑧	⑨	ⓐ	ⓑ	ⓒ	ⓓ
ネ	⊖	⓪	①	②	③	④	⑤	⑥	⑦	⑧	⑨	ⓐ	ⓑ	ⓒ	ⓓ
ノ	⊖	⓪	①	②	③	④	⑤	⑥	⑦	⑧	⑨	ⓐ	ⓑ	ⓒ	ⓓ
ハ	⊖	⓪	①	②	③	④	⑤	⑥	⑦	⑧	⑨	ⓐ	ⓑ	ⓒ	ⓓ
ヒ	⊖	⓪	①	②	③	④	⑤	⑥	⑦	⑧	⑨	ⓐ	ⓑ	ⓒ	ⓓ
フ	⊖	⓪	①	②	③	④	⑤	⑥	⑦	⑧	⑨	ⓐ	ⓑ	ⓒ	ⓓ
ヘ	⊖	⓪	①	②	③	④	⑤	⑥	⑦	⑧	⑨	ⓐ	ⓑ	ⓒ	ⓓ
ホ	⊖	⓪	①	②	③	④	⑤	⑥	⑦	⑧	⑨	ⓐ	ⓑ	ⓒ	ⓓ

5

	解答欄														
	-	0	1	2	3	4	5	6	7	8	9	a	b	c	d
ア	⊖	⓪	①	②	③	④	⑤	⑥	⑦	⑧	⑨	ⓐ	ⓑ	ⓒ	ⓓ
イ	⊖	⓪	①	②	③	④	⑤	⑥	⑦	⑧	⑨	ⓐ	ⓑ	ⓒ	ⓓ
ウ	⊖	⓪	①	②	③	④	⑤	⑥	⑦	⑧	⑨	ⓐ	ⓑ	ⓒ	ⓓ
エ	⊖	⓪	①	②	③	④	⑤	⑥	⑦	⑧	⑨	ⓐ	ⓑ	ⓒ	ⓓ
オ	⊖	⓪	①	②	③	④	⑤	⑥	⑦	⑧	⑨	ⓐ	ⓑ	ⓒ	ⓓ
カ	⊖	⓪	①	②	③	④	⑤	⑥	⑦	⑧	⑨	ⓐ	ⓑ	ⓒ	ⓓ
キ	⊖	⓪	①	②	③	④	⑤	⑥	⑦	⑧	⑨	ⓐ	ⓑ	ⓒ	ⓓ
ク	⊖	⓪	①	②	③	④	⑤	⑥	⑦	⑧	⑨	ⓐ	ⓑ	ⓒ	ⓓ
ケ	⊖	⓪	①	②	③	④	⑤	⑥	⑦	⑧	⑨	ⓐ	ⓑ	ⓒ	ⓓ
コ	⊖	⓪	①	②	③	④	⑤	⑥	⑦	⑧	⑨	ⓐ	ⓑ	ⓒ	ⓓ
サ	⊖	⓪	①	②	③	④	⑤	⑥	⑦	⑧	⑨	ⓐ	ⓑ	ⓒ	ⓓ
シ	⊖	⓪	①	②	③	④	⑤	⑥	⑦	⑧	⑨	ⓐ	ⓑ	ⓒ	ⓓ
ス	⊖	⓪	①	②	③	④	⑤	⑥	⑦	⑧	⑨	ⓐ	ⓑ	ⓒ	ⓓ
セ	⊖	⓪	①	②	③	④	⑤	⑥	⑦	⑧	⑨	ⓐ	ⓑ	ⓒ	ⓓ
ソ	⊖	⓪	①	②	③	④	⑤	⑥	⑦	⑧	⑨	ⓐ	ⓑ	ⓒ	ⓓ
タ	⊖	⓪	①	②	③	④	⑤	⑥	⑦	⑧	⑨	ⓐ	ⓑ	ⓒ	ⓓ
チ	⊖	⓪	①	②	③	④	⑤	⑥	⑦	⑧	⑨	ⓐ	ⓑ	ⓒ	ⓓ
ツ	⊖	⓪	①	②	③	④	⑤	⑥	⑦	⑧	⑨	ⓐ	ⓑ	ⓒ	ⓓ
テ	⊖	⓪	①	②	③	④	⑤	⑥	⑦	⑧	⑨	ⓐ	ⓑ	ⓒ	ⓓ
ト	⊖	⓪	①	②	③	④	⑤	⑥	⑦	⑧	⑨	ⓐ	ⓑ	ⓒ	ⓓ
ナ	⊖	⓪	①	②	③	④	⑤	⑥	⑦	⑧	⑨	ⓐ	ⓑ	ⓒ	ⓓ
ニ	⊖	⓪	①	②	③	④	⑤	⑥	⑦	⑧	⑨	ⓐ	ⓑ	ⓒ	ⓓ
ヌ	⊖	⓪	①	②	③	④	⑤	⑥	⑦	⑧	⑨	ⓐ	ⓑ	ⓒ	ⓓ
ネ	⊖	⓪	①	②	③	④	⑤	⑥	⑦	⑧	⑨	ⓐ	ⓑ	ⓒ	ⓓ
ノ	⊖	⓪	①	②	③	④	⑤	⑥	⑦	⑧	⑨	ⓐ	ⓑ	ⓒ	ⓓ
ハ	⊖	⓪	①	②	③	④	⑤	⑥	⑦	⑧	⑨	ⓐ	ⓑ	ⓒ	ⓓ
ヒ	⊖	⓪	①	②	③	④	⑤	⑥	⑦	⑧	⑨	ⓐ	ⓑ	ⓒ	ⓓ
フ	⊖	⓪	①	②	③	④	⑤	⑥	⑦	⑧	⑨	ⓐ	ⓑ	ⓒ	ⓓ
ヘ	⊖	⓪	①	②	③	④	⑤	⑥	⑦	⑧	⑨	ⓐ	ⓑ	ⓒ	ⓓ
ホ	⊖	⓪	①	②	③	④	⑤	⑥	⑦	⑧	⑨	ⓐ	ⓑ	ⓒ	ⓓ

数学② 解答用紙
第１面

・１科目だけマークしなさい。
・解答科目欄が無マーク又は複数マークの場合は，０点となることがあります。

解答科目欄	数学Ⅱ	数学Ⅱ・数学B
	○	○

氏名・フリガナ，試験場コードを記入しなさい。

フリガナ	
氏　名	

試験場コード	十万位	万位	千位	百位	十位	一位

注意事項

1　問題番号４ ５の解答欄は，この用紙の第２面にあります。
2　選択問題は，選択した問題番号の解答欄に解答しなさい。
3　訂正は，消しゴムできれいに消し，消しくずを残してはいけません。
4　所定欄以外にはマークしたり，記入したりしてはいけません。
5　汚したり，折りまげたりしてはいけません。

受験番号を記入し，その下のマーク欄にマークしなさい。

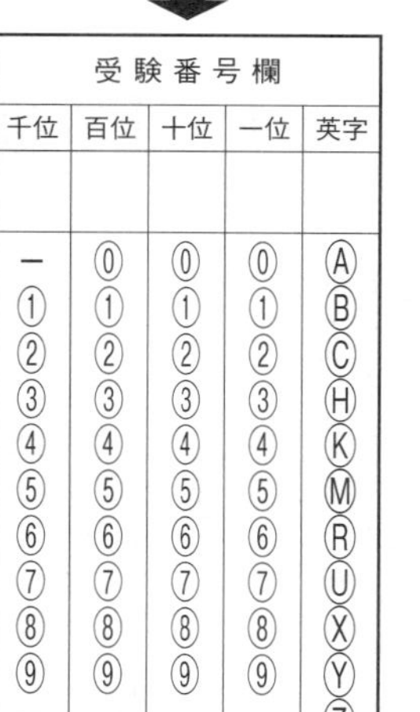

受験番号欄				
千位	百位	十位	一位	英字
－	0	0	0	A
1	1	1	1	B
2	2	2	2	C
3	3	3	3	H
4	4	4	4	K
5	5	5	5	M
6	6	6	6	R
7	7	7	7	U
8	8	8	8	X
9	9	9	9	Y
－	－	－	－	Z

マーク例

良い例	悪い例
●	⊙ ⊗ ◕ ○

1

	解答欄													
	-	0	1	2	3	4	5	6	7	8	9	a	b	c	d
ア	-	0	1	2	3	4	5	6	7	8	9	a	b	c	d
イ	-	0	1	2	3	4	5	6	7	8	9	a	b	c	d
ウ	-	0	1	2	3	4	5	6	7	8	9	a	b	c	d
エ	-	0	1	2	3	4	5	6	7	8	9	a	b	c	d
オ	-	0	1	2	3	4	5	6	7	8	9	a	b	c	d
カ	-	0	1	2	3	4	5	6	7	8	9	a	b	c	d
キ	-	0	1	2	3	4	5	6	7	8	9	a	b	c	d
ク	-	0	1	2	3	4	5	6	7	8	9	a	b	c	d
ケ	-	0	1	2	3	4	5	6	7	8	9	a	b	c	d
コ	-	0	1	2	3	4	5	6	7	8	9	a	b	c	d
サ	-	0	1	2	3	4	5	6	7	8	9	a	b	c	d
シ	-	0	1	2	3	4	5	6	7	8	9	a	b	c	d
ス	-	0	1	2	3	4	5	6	7	8	9	a	b	c	d
セ	-	0	1	2	3	4	5	6	7	8	9	a	b	c	d
ソ	-	0	1	2	3	4	5	6	7	8	9	a	b	c	d
タ	-	0	1	2	3	4	5	6	7	8	9	a	b	c	d
チ	-	0	1	2	3	4	5	6	7	8	9	a	b	c	d
ツ	-	0	1	2	3	4	5	6	7	8	9	a	b	c	d
テ	-	0	1	2	3	4	5	6	7	8	9	a	b	c	d
ト	-	0	1	2	3	4	5	6	7	8	9	a	b	c	d
ナ	-	0	1	2	3	4	5	6	7	8	9	a	b	c	d
ニ	-	0	1	2	3	4	5	6	7	8	9	a	b	c	d
ヌ	-	0	1	2	3	4	5	6	7	8	9	a	b	c	d
ネ	-	0	1	2	3	4	5	6	7	8	9	a	b	c	d
ノ	-	0	1	2	3	4	5	6	7	8	9	a	b	c	d
ハ	-	0	1	2	3	4	5	6	7	8	9	a	b	c	d
ヒ	-	0	1	2	3	4	5	6	7	8	9	a	b	c	d
フ	-	0	1	2	3	4	5	6	7	8	9	a	b	c	d
ヘ	-	0	1	2	3	4	5	6	7	8	9	a	b	c	d
ホ	-	0	1	2	3	4	5	6	7	8	9	a	b	c	d

2

	解答欄													
	-	0	1	2	3	4	5	6	7	8	9	a	b	c	d
ア	-	0	1	2	3	4	5	6	7	8	9	a	b	c	d
イ	-	0	1	2	3	4	5	6	7	8	9	a	b	c	d
ウ	-	0	1	2	3	4	5	6	7	8	9	a	b	c	d
エ	-	0	1	2	3	4	5	6	7	8	9	a	b	c	d
オ	-	0	1	2	3	4	5	6	7	8	9	a	b	c	d
カ	-	0	1	2	3	4	5	6	7	8	9	a	b	c	d
キ	-	0	1	2	3	4	5	6	7	8	9	a	b	c	d
ク	-	0	1	2	3	4	5	6	7	8	9	a	b	c	d
ケ	-	0	1	2	3	4	5	6	7	8	9	a	b	c	d
コ	-	0	1	2	3	4	5	6	7	8	9	a	b	c	d
サ	-	0	1	2	3	4	5	6	7	8	9	a	b	c	d
シ	-	0	1	2	3	4	5	6	7	8	9	a	b	c	d
ス	-	0	1	2	3	4	5	6	7	8	9	a	b	c	d
セ	-	0	1	2	3	4	5	6	7	8	9	a	b	c	d
ソ	-	0	1	2	3	4	5	6	7	8	9	a	b	c	d
タ	-	0	1	2	3	4	5	6	7	8	9	a	b	c	d
チ	-	0	1	2	3	4	5	6	7	8	9	a	b	c	d
ツ	-	0	1	2	3	4	5	6	7	8	9	a	b	c	d
テ	-	0	1	2	3	4	5	6	7	8	9	a	b	c	d
ト	-	0	1	2	3	4	5	6	7	8	9	a	b	c	d
ナ	-	0	1	2	3	4	5	6	7	8	9	a	b	c	d
ニ	-	0	1	2	3	4	5	6	7	8	9	a	b	c	d
ヌ	-	0	1	2	3	4	5	6	7	8	9	a	b	c	d
ネ	-	0	1	2	3	4	5	6	7	8	9	a	b	c	d
ノ	-	0	1	2	3	4	5	6	7	8	9	a	b	c	d
ハ	-	0	1	2	3	4	5	6	7	8	9	a	b	c	d
ヒ	-	0	1	2	3	4	5	6	7	8	9	a	b	c	d
フ	-	0	1	2	3	4	5	6	7	8	9	a	b	c	d
ヘ	-	0	1	2	3	4	5	6	7	8	9	a	b	c	d
ホ	-	0	1	2	3	4	5	6	7	8	9	a	b	c	d

3

	解答欄													
	-	0	1	2	3	4	5	6	7	8	9	a	b	c	d
ア	-	0	1	2	3	4	5	6	7	8	9	a	b	c	d
イ	-	0	1	2	3	4	5	6	7	8	9	a	b	c	d
ウ	-	0	1	2	3	4	5	6	7	8	9	a	b	c	d
エ	-	0	1	2	3	4	5	6	7	8	9	a	b	c	d
オ	-	0	1	2	3	4	5	6	7	8	9	a	b	c	d
カ	-	0	1	2	3	4	5	6	7	8	9	a	b	c	d
キ	-	0	1	2	3	4	5	6	7	8	9	a	b	c	d
ク	-	0	1	2	3	4	5	6	7	8	9	a	b	c	d
ケ	-	0	1	2	3	4	5	6	7	8	9	a	b	c	d
コ	-	0	1	2	3	4	5	6	7	8	9	a	b	c	d
サ	-	0	1	2	3	4	5	6	7	8	9	a	b	c	d
シ	-	0	1	2	3	4	5	6	7	8	9	a	b	c	d
ス	-	0	1	2	3	4	5	6	7	8	9	a	b	c	d
セ	-	0	1	2	3	4	5	6	7	8	9	a	b	c	d
ソ	-	0	1	2	3	4	5	6	7	8	9	a	b	c	d
タ	-	0	1	2	3	4	5	6	7	8	9	a	b	c	d
チ	-	0	1	2	3	4	5	6	7	8	9	a	b	c	d
ツ	-	0	1	2	3	4	5	6	7	8	9	a	b	c	d
テ	-	0	1	2	3	4	5	6	7	8	9	a	b	c	d
ト	-	0	1	2	3	4	5	6	7	8	9	a	b	c	d
ナ	-	0	1	2	3	4	5	6	7	8	9	a	b	c	d
ニ	-	0	1	2	3	4	5	6	7	8	9	a	b	c	d
ヌ	-	0	1	2	3	4	5	6	7	8	9	a	b	c	d
ネ	-	0	1	2	3	4	5	6	7	8	9	a	b	c	d
ノ	-	0	1	2	3	4	5	6	7	8	9	a	b	c	d
ハ	-	0	1	2	3	4	5	6	7	8	9	a	b	c	d
ヒ	-	0	1	2	3	4	5	6	7	8	9	a	b	c	d
フ	-	0	1	2	3	4	5	6	7	8	9	a	b	c	d
ヘ	-	0	1	2	3	4	5	6	7	8	9	a	b	c	d
ホ	-	0	1	2	3	4	5	6	7	8	9	a	b	c	d

数学② 解答用紙
第２面

注意事項

1 問題番号[1] [2] [3]の解答欄は，この用紙の第１面にあります。
2 選択問題は，選択した問題番号の解答欄に解答しなさい。

4

	解						答							欄
	-	0	1	2	3	4	5	6	7	8	9	a	b	c	d
ア	⊖	⓪	①	②	③	④	⑤	⑥	⑦	⑧	⑨	ⓐ	ⓑ	ⓒ	ⓓ
イ	⊖	⓪	①	②	③	④	⑤	⑥	⑦	⑧	⑨	ⓐ	ⓑ	ⓒ	ⓓ
ウ	⊖	⓪	①	②	③	④	⑤	⑥	⑦	⑧	⑨	ⓐ	ⓑ	ⓒ	ⓓ
エ	⊖	⓪	①	②	③	④	⑤	⑥	⑦	⑧	⑨	ⓐ	ⓑ	ⓒ	ⓓ
オ	⊖	⓪	①	②	③	④	⑤	⑥	⑦	⑧	⑨	ⓐ	ⓑ	ⓒ	ⓓ
カ	⊖	⓪	①	②	③	④	⑤	⑥	⑦	⑧	⑨	ⓐ	ⓑ	ⓒ	ⓓ
キ	⊖	⓪	①	②	③	④	⑤	⑥	⑦	⑧	⑨	ⓐ	ⓑ	ⓒ	ⓓ
ク	⊖	⓪	①	②	③	④	⑤	⑥	⑦	⑧	⑨	ⓐ	ⓑ	ⓒ	ⓓ
ケ	⊖	⓪	①	②	③	④	⑤	⑥	⑦	⑧	⑨	ⓐ	ⓑ	ⓒ	ⓓ
コ	⊖	⓪	①	②	③	④	⑤	⑥	⑦	⑧	⑨	ⓐ	ⓑ	ⓒ	ⓓ
サ	⊖	⓪	①	②	③	④	⑤	⑥	⑦	⑧	⑨	ⓐ	ⓑ	ⓒ	ⓓ
シ	⊖	⓪	①	②	③	④	⑤	⑥	⑦	⑧	⑨	ⓐ	ⓑ	ⓒ	ⓓ
ス	⊖	⓪	①	②	③	④	⑤	⑥	⑦	⑧	⑨	ⓐ	ⓑ	ⓒ	ⓓ
セ	⊖	⓪	①	②	③	④	⑤	⑥	⑦	⑧	⑨	ⓐ	ⓑ	ⓒ	ⓓ
ソ	⊖	⓪	①	②	③	④	⑤	⑥	⑦	⑧	⑨	ⓐ	ⓑ	ⓒ	ⓓ
タ	⊖	⓪	①	②	③	④	⑤	⑥	⑦	⑧	⑨	ⓐ	ⓑ	ⓒ	ⓓ
チ	⊖	⓪	①	②	③	④	⑤	⑥	⑦	⑧	⑨	ⓐ	ⓑ	ⓒ	ⓓ
ツ	⊖	⓪	①	②	③	④	⑤	⑥	⑦	⑧	⑨	ⓐ	ⓑ	ⓒ	ⓓ
テ	⊖	⓪	①	②	③	④	⑤	⑥	⑦	⑧	⑨	ⓐ	ⓑ	ⓒ	ⓓ
ト	⊖	⓪	①	②	③	④	⑤	⑥	⑦	⑧	⑨	ⓐ	ⓑ	ⓒ	ⓓ
ナ	⊖	⓪	①	②	③	④	⑤	⑥	⑦	⑧	⑨	ⓐ	ⓑ	ⓒ	ⓓ
ニ	⊖	⓪	①	②	③	④	⑤	⑥	⑦	⑧	⑨	ⓐ	ⓑ	ⓒ	ⓓ
ヌ	⊖	⓪	①	②	③	④	⑤	⑥	⑦	⑧	⑨	ⓐ	ⓑ	ⓒ	ⓓ
ネ	⊖	⓪	①	②	③	④	⑤	⑥	⑦	⑧	⑨	ⓐ	ⓑ	ⓒ	ⓓ
ノ	⊖	⓪	①	②	③	④	⑤	⑥	⑦	⑧	⑨	ⓐ	ⓑ	ⓒ	ⓓ
ハ	⊖	⓪	①	②	③	④	⑤	⑥	⑦	⑧	⑨	ⓐ	ⓑ	ⓒ	ⓓ
ヒ	⊖	⓪	①	②	③	④	⑤	⑥	⑦	⑧	⑨	ⓐ	ⓑ	ⓒ	ⓓ
フ	⊖	⓪	①	②	③	④	⑤	⑥	⑦	⑧	⑨	ⓐ	ⓑ	ⓒ	ⓓ
ヘ	⊖	⓪	①	②	③	④	⑤	⑥	⑦	⑧	⑨	ⓐ	ⓑ	ⓒ	ⓓ
ホ	⊖	⓪	①	②	③	④	⑤	⑥	⑦	⑧	⑨	ⓐ	ⓑ	ⓒ	ⓓ

5

	解						答							欄
	-	0	1	2	3	4	5	6	7	8	9	a	b	c	d
ア	⊖	⓪	①	②	③	④	⑤	⑥	⑦	⑧	⑨	ⓐ	ⓑ	ⓒ	ⓓ
イ	⊖	⓪	①	②	③	④	⑤	⑥	⑦	⑧	⑨	ⓐ	ⓑ	ⓒ	ⓓ
ウ	⊖	⓪	①	②	③	④	⑤	⑥	⑦	⑧	⑨	ⓐ	ⓑ	ⓒ	ⓓ
エ	⊖	⓪	①	②	③	④	⑤	⑥	⑦	⑧	⑨	ⓐ	ⓑ	ⓒ	ⓓ
オ	⊖	⓪	①	②	③	④	⑤	⑥	⑦	⑧	⑨	ⓐ	ⓑ	ⓒ	ⓓ
カ	⊖	⓪	①	②	③	④	⑤	⑥	⑦	⑧	⑨	ⓐ	ⓑ	ⓒ	ⓓ
キ	⊖	⓪	①	②	③	④	⑤	⑥	⑦	⑧	⑨	ⓐ	ⓑ	ⓒ	ⓓ
ク	⊖	⓪	①	②	③	④	⑤	⑥	⑦	⑧	⑨	ⓐ	ⓑ	ⓒ	ⓓ
ケ	⊖	⓪	①	②	③	④	⑤	⑥	⑦	⑧	⑨	ⓐ	ⓑ	ⓒ	ⓓ
コ	⊖	⓪	①	②	③	④	⑤	⑥	⑦	⑧	⑨	ⓐ	ⓑ	ⓒ	ⓓ
サ	⊖	⓪	①	②	③	④	⑤	⑥	⑦	⑧	⑨	ⓐ	ⓑ	ⓒ	ⓓ
シ	⊖	⓪	①	②	③	④	⑤	⑥	⑦	⑧	⑨	ⓐ	ⓑ	ⓒ	ⓓ
ス	⊖	⓪	①	②	③	④	⑤	⑥	⑦	⑧	⑨	ⓐ	ⓑ	ⓒ	ⓓ
セ	⊖	⓪	①	②	③	④	⑤	⑥	⑦	⑧	⑨	ⓐ	ⓑ	ⓒ	ⓓ
ソ	⊖	⓪	①	②	③	④	⑤	⑥	⑦	⑧	⑨	ⓐ	ⓑ	ⓒ	ⓓ
タ	⊖	⓪	①	②	③	④	⑤	⑥	⑦	⑧	⑨	ⓐ	ⓑ	ⓒ	ⓓ
チ	⊖	⓪	①	②	③	④	⑤	⑥	⑦	⑧	⑨	ⓐ	ⓑ	ⓒ	ⓓ
ツ	⊖	⓪	①	②	③	④	⑤	⑥	⑦	⑧	⑨	ⓐ	ⓑ	ⓒ	ⓓ
テ	⊖	⓪	①	②	③	④	⑤	⑥	⑦	⑧	⑨	ⓐ	ⓑ	ⓒ	ⓓ
ト	⊖	⓪	①	②	③	④	⑤	⑥	⑦	⑧	⑨	ⓐ	ⓑ	ⓒ	ⓓ
ナ	⊖	⓪	①	②	③	④	⑤	⑥	⑦	⑧	⑨	ⓐ	ⓑ	ⓒ	ⓓ
ニ	⊖	⓪	①	②	③	④	⑤	⑥	⑦	⑧	⑨	ⓐ	ⓑ	ⓒ	ⓓ
ヌ	⊖	⓪	①	②	③	④	⑤	⑥	⑦	⑧	⑨	ⓐ	ⓑ	ⓒ	ⓓ
ネ	⊖	⓪	①	②	③	④	⑤	⑥	⑦	⑧	⑨	ⓐ	ⓑ	ⓒ	ⓓ
ノ	⊖	⓪	①	②	③	④	⑤	⑥	⑦	⑧	⑨	ⓐ	ⓑ	ⓒ	ⓓ
ハ	⊖	⓪	①	②	③	④	⑤	⑥	⑦	⑧	⑨	ⓐ	ⓑ	ⓒ	ⓓ
ヒ	⊖	⓪	①	②	③	④	⑤	⑥	⑦	⑧	⑨	ⓐ	ⓑ	ⓒ	ⓓ
フ	⊖	⓪	①	②	③	④	⑤	⑥	⑦	⑧	⑨	ⓐ	ⓑ	ⓒ	ⓓ
ヘ	⊖	⓪	①	②	③	④	⑤	⑥	⑦	⑧	⑨	ⓐ	ⓑ	ⓒ	ⓓ
ホ	⊖	⓪	①	②	③	④	⑤	⑥	⑦	⑧	⑨	ⓐ	ⓑ	ⓒ	ⓓ

マーク例

良い例	悪い例
●	⊙ ⊗ ◑ ○

数学② 解答用紙
第1面

・1科目だけマークしなさい。
・解答科目欄が無マーク又は複数マークの場合は，0点となることがあります。

解答科目欄	数学Ⅱ	数学Ⅱ・数学B
	○	○

氏名・フリガナ，試験場コードを記入しなさい。

フリガナ	
氏名	

試験場コード	十万位	万位	千位	百位	十位	一位

注意事項

1 問題番号4 5の解答欄は，この用紙の第2面にあります。
2 選択問題は，選択した問題番号の解答欄に解答しなさい。
3 訂正は，消しゴムできれいに消し，消しくずを残してはいけません。
4 所定欄以外にはマークしたり，記入したりしてはいけません。
5 汚したり，折りまげたりしてはいけません。

受験番号を記入し，その下のマーク欄にマークしなさい。

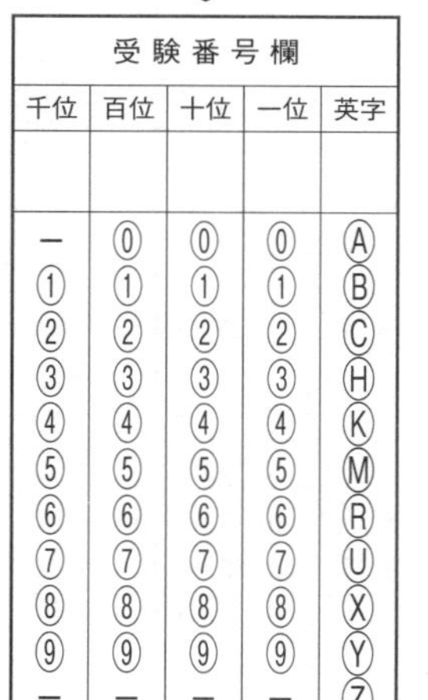

受験番号欄				
千位	百位	十位	一位	英字
−	0	0	0	A
1	1	1	1	B
2	2	2	2	C
3	3	3	3	H
4	4	4	4	K
5	5	5	5	M
6	6	6	6	R
7	7	7	7	U
8	8	8	8	X
9	9	9	9	Y
−	−	−	−	Z

マーク例

良い例	悪い例
●	⊙ ⊗ ◐ ○

駿 台 文 庫

1

	解					答							欄	
	−	0	1	2	3	4	5	6	7	8	9	a	b	c	d
ア	−	0	1	2	3	4	5	6	7	8	9	a	b	c	d
イ	−	0	1	2	3	4	5	6	7	8	9	a	b	c	d
ウ	−	0	1	2	3	4	5	6	7	8	9	a	b	c	d
エ	−	0	1	2	3	4	5	6	7	8	9	a	b	c	d
オ	−	0	1	2	3	4	5	6	7	8	9	a	b	c	d
カ	−	0	1	2	3	4	5	6	7	8	9	a	b	c	d
キ	−	0	1	2	3	4	5	6	7	8	9	a	b	c	d
ク	−	0	1	2	3	4	5	6	7	8	9	a	b	c	d
ケ	−	0	1	2	3	4	5	6	7	8	9	a	b	c	d
コ	−	0	1	2	3	4	5	6	7	8	9	a	b	c	d
サ	−	0	1	2	3	4	5	6	7	8	9	a	b	c	d
シ	−	0	1	2	3	4	5	6	7	8	9	a	b	c	d
ス	−	0	1	2	3	4	5	6	7	8	9	a	b	c	d
セ	−	0	1	2	3	4	5	6	7	8	9	a	b	c	d
ソ	−	0	1	2	3	4	5	6	7	8	9	a	b	c	d
タ	−	0	1	2	3	4	5	6	7	8	9	a	b	c	d
チ	−	0	1	2	3	4	5	6	7	8	9	a	b	c	d
ツ	−	0	1	2	3	4	5	6	7	8	9	a	b	c	d
テ	−	0	1	2	3	4	5	6	7	8	9	a	b	c	d
ト	−	0	1	2	3	4	5	6	7	8	9	a	b	c	d
ナ	−	0	1	2	3	4	5	6	7	8	9	a	b	c	d
ニ	−	0	1	2	3	4	5	6	7	8	9	a	b	c	d
ヌ	−	0	1	2	3	4	5	6	7	8	9	a	b	c	d
ネ	−	0	1	2	3	4	5	6	7	8	9	a	b	c	d
ノ	−	0	1	2	3	4	5	6	7	8	9	a	b	c	d
ハ	−	0	1	2	3	4	5	6	7	8	9	a	b	c	d
ヒ	−	0	1	2	3	4	5	6	7	8	9	a	b	c	d
フ	−	0	1	2	3	4	5	6	7	8	9	a	b	c	d
ヘ	−	0	1	2	3	4	5	6	7	8	9	a	b	c	d
ホ	−	0	1	2	3	4	5	6	7	8	9	a	b	c	d

2

	解					答							欄	
	−	0	1	2	3	4	5	6	7	8	9	a	b	c	d
ア	−	0	1	2	3	4	5	6	7	8	9	a	b	c	d
イ	−	0	1	2	3	4	5	6	7	8	9	a	b	c	d
ウ	−	0	1	2	3	4	5	6	7	8	9	a	b	c	d
エ	−	0	1	2	3	4	5	6	7	8	9	a	b	c	d
オ	−	0	1	2	3	4	5	6	7	8	9	a	b	c	d
カ	−	0	1	2	3	4	5	6	7	8	9	a	b	c	d
キ	−	0	1	2	3	4	5	6	7	8	9	a	b	c	d
ク	−	0	1	2	3	4	5	6	7	8	9	a	b	c	d
ケ	−	0	1	2	3	4	5	6	7	8	9	a	b	c	d
コ	−	0	1	2	3	4	5	6	7	8	9	a	b	c	d
サ	−	0	1	2	3	4	5	6	7	8	9	a	b	c	d
シ	−	0	1	2	3	4	5	6	7	8	9	a	b	c	d
ス	−	0	1	2	3	4	5	6	7	8	9	a	b	c	d
セ	−	0	1	2	3	4	5	6	7	8	9	a	b	c	d
ソ	−	0	1	2	3	4	5	6	7	8	9	a	b	c	d
タ	−	0	1	2	3	4	5	6	7	8	9	a	b	c	d
チ	−	0	1	2	3	4	5	6	7	8	9	a	b	c	d
ツ	−	0	1	2	3	4	5	6	7	8	9	a	b	c	d
テ	−	0	1	2	3	4	5	6	7	8	9	a	b	c	d
ト	−	0	1	2	3	4	5	6	7	8	9	a	b	c	d
ナ	−	0	1	2	3	4	5	6	7	8	9	a	b	c	d
ニ	−	0	1	2	3	4	5	6	7	8	9	a	b	c	d
ヌ	−	0	1	2	3	4	5	6	7	8	9	a	b	c	d
ネ	−	0	1	2	3	4	5	6	7	8	9	a	b	c	d
ノ	−	0	1	2	3	4	5	6	7	8	9	a	b	c	d
ハ	−	0	1	2	3	4	5	6	7	8	9	a	b	c	d
ヒ	−	0	1	2	3	4	5	6	7	8	9	a	b	c	d
フ	−	0	1	2	3	4	5	6	7	8	9	a	b	c	d
ヘ	−	0	1	2	3	4	5	6	7	8	9	a	b	c	d
ホ	−	0	1	2	3	4	5	6	7	8	9	a	b	c	d

3

	解					答							欄	
	−	0	1	2	3	4	5	6	7	8	9	a	b	c	d
ア	−	0	1	2	3	4	5	6	7	8	9	a	b	c	d
イ	−	0	1	2	3	4	5	6	7	8	9	a	b	c	d
ウ	−	0	1	2	3	4	5	6	7	8	9	a	b	c	d
エ	−	0	1	2	3	4	5	6	7	8	9	a	b	c	d
オ	−	0	1	2	3	4	5	6	7	8	9	a	b	c	d
カ	−	0	1	2	3	4	5	6	7	8	9	a	b	c	d
キ	−	0	1	2	3	4	5	6	7	8	9	a	b	c	d
ク	−	0	1	2	3	4	5	6	7	8	9	a	b	c	d
ケ	−	0	1	2	3	4	5	6	7	8	9	a	b	c	d
コ	−	0	1	2	3	4	5	6	7	8	9	a	b	c	d
サ	−	0	1	2	3	4	5	6	7	8	9	a	b	c	d
シ	−	0	1	2	3	4	5	6	7	8	9	a	b	c	d
ス	−	0	1	2	3	4	5	6	7	8	9	a	b	c	d
セ	−	0	1	2	3	4	5	6	7	8	9	a	b	c	d
ソ	−	0	1	2	3	4	5	6	7	8	9	a	b	c	d
タ	−	0	1	2	3	4	5	6	7	8	9	a	b	c	d
チ	−	0	1	2	3	4	5	6	7	8	9	a	b	c	d
ツ	−	0	1	2	3	4	5	6	7	8	9	a	b	c	d
テ	−	0	1	2	3	4	5	6	7	8	9	a	b	c	d
ト	−	0	1	2	3	4	5	6	7	8	9	a	b	c	d
ナ	−	0	1	2	3	4	5	6	7	8	9	a	b	c	d
ニ	−	0	1	2	3	4	5	6	7	8	9	a	b	c	d
ヌ	−	0	1	2	3	4	5	6	7	8	9	a	b	c	d
ネ	−	0	1	2	3	4	5	6	7	8	9	a	b	c	d
ノ	−	0	1	2	3	4	5	6	7	8	9	a	b	c	d
ハ	−	0	1	2	3	4	5	6	7	8	9	a	b	c	d
ヒ	−	0	1	2	3	4	5	6	7	8	9	a	b	c	d
フ	−	0	1	2	3	4	5	6	7	8	9	a	b	c	d
ヘ	−	0	1	2	3	4	5	6	7	8	9	a	b	c	d
ホ	−	0	1	2	3	4	5	6	7	8	9	a	b	c	d

数学②　解答用紙
第2面

注意事項

1 問題番号1 2 3の解答欄は，この用紙の第1面にあります。
2 選択問題は，選択した問題番号の解答欄に解答しなさい。

マーク例

良い例	悪い例
●	⊙ ⊗ ◐ O

駿　台　文　庫

4

	解	答	欄												
	-	0	1	2	3	4	5	6	7	8	9	a	b	c	d
ア	⊖	⓪	①	②	③	④	⑤	⑥	⑦	⑧	⑨	ⓐ	ⓑ	ⓒ	ⓓ
イ	⊖	⓪	①	②	③	④	⑤	⑥	⑦	⑧	⑨	ⓐ	ⓑ	ⓒ	ⓓ
ウ	⊖	⓪	①	②	③	④	⑤	⑥	⑦	⑧	⑨	ⓐ	ⓑ	ⓒ	ⓓ
エ	⊖	⓪	①	②	③	④	⑤	⑥	⑦	⑧	⑨	ⓐ	ⓑ	ⓒ	ⓓ
オ	⊖	⓪	①	②	③	④	⑤	⑥	⑦	⑧	⑨	ⓐ	ⓑ	ⓒ	ⓓ
カ	⊖	⓪	①	②	③	④	⑤	⑥	⑦	⑧	⑨	ⓐ	ⓑ	ⓒ	ⓓ
キ	⊖	⓪	①	②	③	④	⑤	⑥	⑦	⑧	⑨	ⓐ	ⓑ	ⓒ	ⓓ
ク	⊖	⓪	①	②	③	④	⑤	⑥	⑦	⑧	⑨	ⓐ	ⓑ	ⓒ	ⓓ
ケ	⊖	⓪	①	②	③	④	⑤	⑥	⑦	⑧	⑨	ⓐ	ⓑ	ⓒ	ⓓ
コ	⊖	⓪	①	②	③	④	⑤	⑥	⑦	⑧	⑨	ⓐ	ⓑ	ⓒ	ⓓ
サ	⊖	⓪	①	②	③	④	⑤	⑥	⑦	⑧	⑨	ⓐ	ⓑ	ⓒ	ⓓ
シ	⊖	⓪	①	②	③	④	⑤	⑥	⑦	⑧	⑨	ⓐ	ⓑ	ⓒ	ⓓ
ス	⊖	⓪	①	②	③	④	⑤	⑥	⑦	⑧	⑨	ⓐ	ⓑ	ⓒ	ⓓ
セ	⊖	⓪	①	②	③	④	⑤	⑥	⑦	⑧	⑨	ⓐ	ⓑ	ⓒ	ⓓ
ソ	⊖	⓪	①	②	③	④	⑤	⑥	⑦	⑧	⑨	ⓐ	ⓑ	ⓒ	ⓓ
タ	⊖	⓪	①	②	③	④	⑤	⑥	⑦	⑧	⑨	ⓐ	ⓑ	ⓒ	ⓓ
チ	⊖	⓪	①	②	③	④	⑤	⑥	⑦	⑧	⑨	ⓐ	ⓑ	ⓒ	ⓓ
ツ	⊖	⓪	①	②	③	④	⑤	⑥	⑦	⑧	⑨	ⓐ	ⓑ	ⓒ	ⓓ
テ	⊖	⓪	①	②	③	④	⑤	⑥	⑦	⑧	⑨	ⓐ	ⓑ	ⓒ	ⓓ
ト	⊖	⓪	①	②	③	④	⑤	⑥	⑦	⑧	⑨	ⓐ	ⓑ	ⓒ	ⓓ
ナ	⊖	⓪	①	②	③	④	⑤	⑥	⑦	⑧	⑨	ⓐ	ⓑ	ⓒ	ⓓ
ニ	⊖	⓪	①	②	③	④	⑤	⑥	⑦	⑧	⑨	ⓐ	ⓑ	ⓒ	ⓓ
ヌ	⊖	⓪	①	②	③	④	⑤	⑥	⑦	⑧	⑨	ⓐ	ⓑ	ⓒ	ⓓ
ネ	⊖	⓪	①	②	③	④	⑤	⑥	⑦	⑧	⑨	ⓐ	ⓑ	ⓒ	ⓓ
ノ	⊖	⓪	①	②	③	④	⑤	⑥	⑦	⑧	⑨	ⓐ	ⓑ	ⓒ	ⓓ
ハ	⊖	⓪	①	②	③	④	⑤	⑥	⑦	⑧	⑨	ⓐ	ⓑ	ⓒ	ⓓ
ヒ	⊖	⓪	①	②	③	④	⑤	⑥	⑦	⑧	⑨	ⓐ	ⓑ	ⓒ	ⓓ
フ	⊖	⓪	①	②	③	④	⑤	⑥	⑦	⑧	⑨	ⓐ	ⓑ	ⓒ	ⓓ
ヘ	⊖	⓪	①	②	③	④	⑤	⑥	⑦	⑧	⑨	ⓐ	ⓑ	ⓒ	ⓓ
ホ	⊖	⓪	①	②	③	④	⑤	⑥	⑦	⑧	⑨	ⓐ	ⓑ	ⓒ	ⓓ

5

	解	答	欄												
	-	0	1	2	3	4	5	6	7	8	9	a	b	c	d
ア	⊖	⓪	①	②	③	④	⑤	⑥	⑦	⑧	⑨	ⓐ	ⓑ	ⓒ	ⓓ
イ	⊖	⓪	①	②	③	④	⑤	⑥	⑦	⑧	⑨	ⓐ	ⓑ	ⓒ	ⓓ
ウ	⊖	⓪	①	②	③	④	⑤	⑥	⑦	⑧	⑨	ⓐ	ⓑ	ⓒ	ⓓ
エ	⊖	⓪	①	②	③	④	⑤	⑥	⑦	⑧	⑨	ⓐ	ⓑ	ⓒ	ⓓ
オ	⊖	⓪	①	②	③	④	⑤	⑥	⑦	⑧	⑨	ⓐ	ⓑ	ⓒ	ⓓ
カ	⊖	⓪	①	②	③	④	⑤	⑥	⑦	⑧	⑨	ⓐ	ⓑ	ⓒ	ⓓ
キ	⊖	⓪	①	②	③	④	⑤	⑥	⑦	⑧	⑨	ⓐ	ⓑ	ⓒ	ⓓ
ク	⊖	⓪	①	②	③	④	⑤	⑥	⑦	⑧	⑨	ⓐ	ⓑ	ⓒ	ⓓ
ケ	⊖	⓪	①	②	③	④	⑤	⑥	⑦	⑧	⑨	ⓐ	ⓑ	ⓒ	ⓓ
コ	⊖	⓪	①	②	③	④	⑤	⑥	⑦	⑧	⑨	ⓐ	ⓑ	ⓒ	ⓓ
サ	⊖	⓪	①	②	③	④	⑤	⑥	⑦	⑧	⑨	ⓐ	ⓑ	ⓒ	ⓓ
シ	⊖	⓪	①	②	③	④	⑤	⑥	⑦	⑧	⑨	ⓐ	ⓑ	ⓒ	ⓓ
ス	⊖	⓪	①	②	③	④	⑤	⑥	⑦	⑧	⑨	ⓐ	ⓑ	ⓒ	ⓓ
セ	⊖	⓪	①	②	③	④	⑤	⑥	⑦	⑧	⑨	ⓐ	ⓑ	ⓒ	ⓓ
ソ	⊖	⓪	①	②	③	④	⑤	⑥	⑦	⑧	⑨	ⓐ	ⓑ	ⓒ	ⓓ
タ	⊖	⓪	①	②	③	④	⑤	⑥	⑦	⑧	⑨	ⓐ	ⓑ	ⓒ	ⓓ
チ	⊖	⓪	①	②	③	④	⑤	⑥	⑦	⑧	⑨	ⓐ	ⓑ	ⓒ	ⓓ
ツ	⊖	⓪	①	②	③	④	⑤	⑥	⑦	⑧	⑨	ⓐ	ⓑ	ⓒ	ⓓ
テ	⊖	⓪	①	②	③	④	⑤	⑥	⑦	⑧	⑨	ⓐ	ⓑ	ⓒ	ⓓ
ト	⊖	⓪	①	②	③	④	⑤	⑥	⑦	⑧	⑨	ⓐ	ⓑ	ⓒ	ⓓ
ナ	⊖	⓪	①	②	③	④	⑤	⑥	⑦	⑧	⑨	ⓐ	ⓑ	ⓒ	ⓓ
ニ	⊖	⓪	①	②	③	④	⑤	⑥	⑦	⑧	⑨	ⓐ	ⓑ	ⓒ	ⓓ
ヌ	⊖	⓪	①	②	③	④	⑤	⑥	⑦	⑧	⑨	ⓐ	ⓑ	ⓒ	ⓓ
ネ	⊖	⓪	①	②	③	④	⑤	⑥	⑦	⑧	⑨	ⓐ	ⓑ	ⓒ	ⓓ
ノ	⊖	⓪	①	②	③	④	⑤	⑥	⑦	⑧	⑨	ⓐ	ⓑ	ⓒ	ⓓ
ハ	⊖	⓪	①	②	③	④	⑤	⑥	⑦	⑧	⑨	ⓐ	ⓑ	ⓒ	ⓓ
ヒ	⊖	⓪	①	②	③	④	⑤	⑥	⑦	⑧	⑨	ⓐ	ⓑ	ⓒ	ⓓ
フ	⊖	⓪	①	②	③	④	⑤	⑥	⑦	⑧	⑨	ⓐ	ⓑ	ⓒ	ⓓ
ヘ	⊖	⓪	①	②	③	④	⑤	⑥	⑦	⑧	⑨	ⓐ	ⓑ	ⓒ	ⓓ
ホ	⊖	⓪	①	②	③	④	⑤	⑥	⑦	⑧	⑨	ⓐ	ⓑ	ⓒ	ⓓ

数学② 解答用紙
第1面

・1科目だけマークしなさい。
・解答科目欄が無マーク又は複数マークの場合は，0点となることがあります。

解答科目欄	数学Ⅱ	数学B・Ⅱ
	○	○

氏名・フリガナ，試験場コードを記入しなさい。

フリガナ	
氏　名	

試験場コード	十万位	万位	千位	百位	十位	一位

注意事項

1 問題番号4 5の解答欄は，この用紙の第2面にあります。
2 選択問題は，選択した問題番号の解答欄に解答しなさい。
3 訂正は，消しゴムできれいに消し，消しくずを残してはいけません。
4 所定欄以外にはマークしたり，記入したりしてはいけません。
5 汚したり，折りまげたりしてはいけません。

受験番号を記入し，その下のマーク欄にマークしなさい。

受験番号欄				
千位	百位	十位	一位	英字
−	0	0	0	A
1	1	1	1	B
2	2	2	2	C
3	3	3	3	H
4	4	4	4	K
5	5	5	5	M
6	6	6	6	R
7	7	7	7	U
8	8	8	8	X
9	9	9	9	Y
−	−	−	−	Z

マーク例

良い例	悪い例
●	⊙ ⊗ ◕ ○

駿　台　文　庫

1

	解答欄														
	−	0	1	2	3	4	5	6	7	8	9	a	b	c	d
ア	−	0	1	2	3	4	5	6	7	8	9	a	b	c	d
イ	−	0	1	2	3	4	5	6	7	8	9	a	b	c	d
ウ	−	0	1	2	3	4	5	6	7	8	9	a	b	c	d
エ	−	0	1	2	3	4	5	6	7	8	9	a	b	c	d
オ	−	0	1	2	3	4	5	6	7	8	9	a	b	c	d
カ	−	0	1	2	3	4	5	6	7	8	9	a	b	c	d
キ	−	0	1	2	3	4	5	6	7	8	9	a	b	c	d
ク	−	0	1	2	3	4	5	6	7	8	9	a	b	c	d
ケ	−	0	1	2	3	4	5	6	7	8	9	a	b	c	d
コ	−	0	1	2	3	4	5	6	7	8	9	a	b	c	d
サ	−	0	1	2	3	4	5	6	7	8	9	a	b	c	d
シ	−	0	1	2	3	4	5	6	7	8	9	a	b	c	d
ス	−	0	1	2	3	4	5	6	7	8	9	a	b	c	d
セ	−	0	1	2	3	4	5	6	7	8	9	a	b	c	d
ソ	−	0	1	2	3	4	5	6	7	8	9	a	b	c	d
タ	−	0	1	2	3	4	5	6	7	8	9	a	b	c	d
チ	−	0	1	2	3	4	5	6	7	8	9	a	b	c	d
ツ	−	0	1	2	3	4	5	6	7	8	9	a	b	c	d
テ	−	0	1	2	3	4	5	6	7	8	9	a	b	c	d
ト	−	0	1	2	3	4	5	6	7	8	9	a	b	c	d
ナ	−	0	1	2	3	4	5	6	7	8	9	a	b	c	d
ニ	−	0	1	2	3	4	5	6	7	8	9	a	b	c	d
ヌ	−	0	1	2	3	4	5	6	7	8	9	a	b	c	d
ネ	−	0	1	2	3	4	5	6	7	8	9	a	b	c	d
ノ	−	0	1	2	3	4	5	6	7	8	9	a	b	c	d
ハ	−	0	1	2	3	4	5	6	7	8	9	a	b	c	d
ヒ	−	0	1	2	3	4	5	6	7	8	9	a	b	c	d
フ	−	0	1	2	3	4	5	6	7	8	9	a	b	c	d
ヘ	−	0	1	2	3	4	5	6	7	8	9	a	b	c	d
ホ	−	0	1	2	3	4	5	6	7	8	9	a	b	c	d

2

	解答欄														
	−	0	1	2	3	4	5	6	7	8	9	a	b	c	d
ア	−	0	1	2	3	4	5	6	7	8	9	a	b	c	d
イ	−	0	1	2	3	4	5	6	7	8	9	a	b	c	d
ウ	−	0	1	2	3	4	5	6	7	8	9	a	b	c	d
エ	−	0	1	2	3	4	5	6	7	8	9	a	b	c	d
オ	−	0	1	2	3	4	5	6	7	8	9	a	b	c	d
カ	−	0	1	2	3	4	5	6	7	8	9	a	b	c	d
キ	−	0	1	2	3	4	5	6	7	8	9	a	b	c	d
ク	−	0	1	2	3	4	5	6	7	8	9	a	b	c	d
ケ	−	0	1	2	3	4	5	6	7	8	9	a	b	c	d
コ	−	0	1	2	3	4	5	6	7	8	9	a	b	c	d
サ	−	0	1	2	3	4	5	6	7	8	9	a	b	c	d
シ	−	0	1	2	3	4	5	6	7	8	9	a	b	c	d
ス	−	0	1	2	3	4	5	6	7	8	9	a	b	c	d
セ	−	0	1	2	3	4	5	6	7	8	9	a	b	c	d
ソ	−	0	1	2	3	4	5	6	7	8	9	a	b	c	d
タ	−	0	1	2	3	4	5	6	7	8	9	a	b	c	d
チ	−	0	1	2	3	4	5	6	7	8	9	a	b	c	d
ツ	−	0	1	2	3	4	5	6	7	8	9	a	b	c	d
テ	−	0	1	2	3	4	5	6	7	8	9	a	b	c	d
ト	−	0	1	2	3	4	5	6	7	8	9	a	b	c	d
ナ	−	0	1	2	3	4	5	6	7	8	9	a	b	c	d
ニ	−	0	1	2	3	4	5	6	7	8	9	a	b	c	d
ヌ	−	0	1	2	3	4	5	6	7	8	9	a	b	c	d
ネ	−	0	1	2	3	4	5	6	7	8	9	a	b	c	d
ノ	−	0	1	2	3	4	5	6	7	8	9	a	b	c	d
ハ	−	0	1	2	3	4	5	6	7	8	9	a	b	c	d
ヒ	−	0	1	2	3	4	5	6	7	8	9	a	b	c	d
フ	−	0	1	2	3	4	5	6	7	8	9	a	b	c	d
ヘ	−	0	1	2	3	4	5	6	7	8	9	a	b	c	d
ホ	−	0	1	2	3	4	5	6	7	8	9	a	b	c	d

3

	解答欄														
	−	0	1	2	3	4	5	6	7	8	9	a	b	c	d
ア	−	0	1	2	3	4	5	6	7	8	9	a	b	c	d
イ	−	0	1	2	3	4	5	6	7	8	9	a	b	c	d
ウ	−	0	1	2	3	4	5	6	7	8	9	a	b	c	d
エ	−	0	1	2	3	4	5	6	7	8	9	a	b	c	d
オ	−	0	1	2	3	4	5	6	7	8	9	a	b	c	d
カ	−	0	1	2	3	4	5	6	7	8	9	a	b	c	d
キ	−	0	1	2	3	4	5	6	7	8	9	a	b	c	d
ク	−	0	1	2	3	4	5	6	7	8	9	a	b	c	d
ケ	−	0	1	2	3	4	5	6	7	8	9	a	b	c	d
コ	−	0	1	2	3	4	5	6	7	8	9	a	b	c	d
サ	−	0	1	2	3	4	5	6	7	8	9	a	b	c	d
シ	−	0	1	2	3	4	5	6	7	8	9	a	b	c	d
ス	−	0	1	2	3	4	5	6	7	8	9	a	b	c	d
セ	−	0	1	2	3	4	5	6	7	8	9	a	b	c	d
ソ	−	0	1	2	3	4	5	6	7	8	9	a	b	c	d
タ	−	0	1	2	3	4	5	6	7	8	9	a	b	c	d
チ	−	0	1	2	3	4	5	6	7	8	9	a	b	c	d
ツ	−	0	1	2	3	4	5	6	7	8	9	a	b	c	d
テ	−	0	1	2	3	4	5	6	7	8	9	a	b	c	d
ト	−	0	1	2	3	4	5	6	7	8	9	a	b	c	d
ナ	−	0	1	2	3	4	5	6	7	8	9	a	b	c	d
ニ	−	0	1	2	3	4	5	6	7	8	9	a	b	c	d
ヌ	−	0	1	2	3	4	5	6	7	8	9	a	b	c	d
ネ	−	0	1	2	3	4	5	6	7	8	9	a	b	c	d
ノ	−	0	1	2	3	4	5	6	7	8	9	a	b	c	d
ハ	−	0	1	2	3	4	5	6	7	8	9	a	b	c	d
ヒ	−	0	1	2	3	4	5	6	7	8	9	a	b	c	d
フ	−	0	1	2	3	4	5	6	7	8	9	a	b	c	d
ヘ	−	0	1	2	3	4	5	6	7	8	9	a	b	c	d
ホ	−	0	1	2	3	4	5	6	7	8	9	a	b	c	d

数学② 解答用紙
第2面

注意事項

1 問題番号[1][2][3]の解答欄は，この用紙の第1面にあります。
2 選択問題は，選択した問題番号の解答欄に解答しなさい。

4

	解	答	欄												
	-	0	1	2	3	4	5	6	7	8	9	a	b	c	d
ア	⊖	⓪	①	②	③	④	⑤	⑥	⑦	⑧	⑨	ⓐ	ⓑ	ⓒ	ⓓ
イ	⊖	⓪	①	②	③	④	⑤	⑥	⑦	⑧	⑨	ⓐ	ⓑ	ⓒ	ⓓ
ウ	⊖	⓪	①	②	③	④	⑤	⑥	⑦	⑧	⑨	ⓐ	ⓑ	ⓒ	ⓓ
エ	⊖	⓪	①	②	③	④	⑤	⑥	⑦	⑧	⑨	ⓐ	ⓑ	ⓒ	ⓓ
オ	⊖	⓪	①	②	③	④	⑤	⑥	⑦	⑧	⑨	ⓐ	ⓑ	ⓒ	ⓓ
カ	⊖	⓪	①	②	③	④	⑤	⑥	⑦	⑧	⑨	ⓐ	ⓑ	ⓒ	ⓓ
キ	⊖	⓪	①	②	③	④	⑤	⑥	⑦	⑧	⑨	ⓐ	ⓑ	ⓒ	ⓓ
ク	⊖	⓪	①	②	③	④	⑤	⑥	⑦	⑧	⑨	ⓐ	ⓑ	ⓒ	ⓓ
ケ	⊖	⓪	①	②	③	④	⑤	⑥	⑦	⑧	⑨	ⓐ	ⓑ	ⓒ	ⓓ
コ	⊖	⓪	①	②	③	④	⑤	⑥	⑦	⑧	⑨	ⓐ	ⓑ	ⓒ	ⓓ
サ	⊖	⓪	①	②	③	④	⑤	⑥	⑦	⑧	⑨	ⓐ	ⓑ	ⓒ	ⓓ
シ	⊖	⓪	①	②	③	④	⑤	⑥	⑦	⑧	⑨	ⓐ	ⓑ	ⓒ	ⓓ
ス	⊖	⓪	①	②	③	④	⑤	⑥	⑦	⑧	⑨	ⓐ	ⓑ	ⓒ	ⓓ
セ	⊖	⓪	①	②	③	④	⑤	⑥	⑦	⑧	⑨	ⓐ	ⓑ	ⓒ	ⓓ
ソ	⊖	⓪	①	②	③	④	⑤	⑥	⑦	⑧	⑨	ⓐ	ⓑ	ⓒ	ⓓ
タ	⊖	⓪	①	②	③	④	⑤	⑥	⑦	⑧	⑨	ⓐ	ⓑ	ⓒ	ⓓ
チ	⊖	⓪	①	②	③	④	⑤	⑥	⑦	⑧	⑨	ⓐ	ⓑ	ⓒ	ⓓ
ツ	⊖	⓪	①	②	③	④	⑤	⑥	⑦	⑧	⑨	ⓐ	ⓑ	ⓒ	ⓓ
テ	⊖	⓪	①	②	③	④	⑤	⑥	⑦	⑧	⑨	ⓐ	ⓑ	ⓒ	ⓓ
ト	⊖	⓪	①	②	③	④	⑤	⑥	⑦	⑧	⑨	ⓐ	ⓑ	ⓒ	ⓓ
ナ	⊖	⓪	①	②	③	④	⑤	⑥	⑦	⑧	⑨	ⓐ	ⓑ	ⓒ	ⓓ
ニ	⊖	⓪	①	②	③	④	⑤	⑥	⑦	⑧	⑨	ⓐ	ⓑ	ⓒ	ⓓ
ヌ	⊖	⓪	①	②	③	④	⑤	⑥	⑦	⑧	⑨	ⓐ	ⓑ	ⓒ	ⓓ
ネ	⊖	⓪	①	②	③	④	⑤	⑥	⑦	⑧	⑨	ⓐ	ⓑ	ⓒ	ⓓ
ノ	⊖	⓪	①	②	③	④	⑤	⑥	⑦	⑧	⑨	ⓐ	ⓑ	ⓒ	ⓓ
ハ	⊖	⓪	①	②	③	④	⑤	⑥	⑦	⑧	⑨	ⓐ	ⓑ	ⓒ	ⓓ
ヒ	⊖	⓪	①	②	③	④	⑤	⑥	⑦	⑧	⑨	ⓐ	ⓑ	ⓒ	ⓓ
フ	⊖	⓪	①	②	③	④	⑤	⑥	⑦	⑧	⑨	ⓐ	ⓑ	ⓒ	ⓓ
ヘ	⊖	⓪	①	②	③	④	⑤	⑥	⑦	⑧	⑨	ⓐ	ⓑ	ⓒ	ⓓ
ホ	⊖	⓪	①	②	③	④	⑤	⑥	⑦	⑧	⑨	ⓐ	ⓑ	ⓒ	ⓓ

5

	解	答	欄												
	-	0	1	2	3	4	5	6	7	8	9	a	b	c	d
ア	⊖	⓪	①	②	③	④	⑤	⑥	⑦	⑧	⑨	ⓐ	ⓑ	ⓒ	ⓓ
イ	⊖	⓪	①	②	③	④	⑤	⑥	⑦	⑧	⑨	ⓐ	ⓑ	ⓒ	ⓓ
ウ	⊖	⓪	①	②	③	④	⑤	⑥	⑦	⑧	⑨	ⓐ	ⓑ	ⓒ	ⓓ
エ	⊖	⓪	①	②	③	④	⑤	⑥	⑦	⑧	⑨	ⓐ	ⓑ	ⓒ	ⓓ
オ	⊖	⓪	①	②	③	④	⑤	⑥	⑦	⑧	⑨	ⓐ	ⓑ	ⓒ	ⓓ
カ	⊖	⓪	①	②	③	④	⑤	⑥	⑦	⑧	⑨	ⓐ	ⓑ	ⓒ	ⓓ
キ	⊖	⓪	①	②	③	④	⑤	⑥	⑦	⑧	⑨	ⓐ	ⓑ	ⓒ	ⓓ
ク	⊖	⓪	①	②	③	④	⑤	⑥	⑦	⑧	⑨	ⓐ	ⓑ	ⓒ	ⓓ
ケ	⊖	⓪	①	②	③	④	⑤	⑥	⑦	⑧	⑨	ⓐ	ⓑ	ⓒ	ⓓ
コ	⊖	⓪	①	②	③	④	⑤	⑥	⑦	⑧	⑨	ⓐ	ⓑ	ⓒ	ⓓ
サ	⊖	⓪	①	②	③	④	⑤	⑥	⑦	⑧	⑨	ⓐ	ⓑ	ⓒ	ⓓ
シ	⊖	⓪	①	②	③	④	⑤	⑥	⑦	⑧	⑨	ⓐ	ⓑ	ⓒ	ⓓ
ス	⊖	⓪	①	②	③	④	⑤	⑥	⑦	⑧	⑨	ⓐ	ⓑ	ⓒ	ⓓ
セ	⊖	⓪	①	②	③	④	⑤	⑥	⑦	⑧	⑨	ⓐ	ⓑ	ⓒ	ⓓ
ソ	⊖	⓪	①	②	③	④	⑤	⑥	⑦	⑧	⑨	ⓐ	ⓑ	ⓒ	ⓓ
タ	⊖	⓪	①	②	③	④	⑤	⑥	⑦	⑧	⑨	ⓐ	ⓑ	ⓒ	ⓓ
チ	⊖	⓪	①	②	③	④	⑤	⑥	⑦	⑧	⑨	ⓐ	ⓑ	ⓒ	ⓓ
ツ	⊖	⓪	①	②	③	④	⑤	⑥	⑦	⑧	⑨	ⓐ	ⓑ	ⓒ	ⓓ
テ	⊖	⓪	①	②	③	④	⑤	⑥	⑦	⑧	⑨	ⓐ	ⓑ	ⓒ	ⓓ
ト	⊖	⓪	①	②	③	④	⑤	⑥	⑦	⑧	⑨	ⓐ	ⓑ	ⓒ	ⓓ
ナ	⊖	⓪	①	②	③	④	⑤	⑥	⑦	⑧	⑨	ⓐ	ⓑ	ⓒ	ⓓ
ニ	⊖	⓪	①	②	③	④	⑤	⑥	⑦	⑧	⑨	ⓐ	ⓑ	ⓒ	ⓓ
ヌ	⊖	⓪	①	②	③	④	⑤	⑥	⑦	⑧	⑨	ⓐ	ⓑ	ⓒ	ⓓ
ネ	⊖	⓪	①	②	③	④	⑤	⑥	⑦	⑧	⑨	ⓐ	ⓑ	ⓒ	ⓓ
ノ	⊖	⓪	①	②	③	④	⑤	⑥	⑦	⑧	⑨	ⓐ	ⓑ	ⓒ	ⓓ
ハ	⊖	⓪	①	②	③	④	⑤	⑥	⑦	⑧	⑨	ⓐ	ⓑ	ⓒ	ⓓ
ヒ	⊖	⓪	①	②	③	④	⑤	⑥	⑦	⑧	⑨	ⓐ	ⓑ	ⓒ	ⓓ
フ	⊖	⓪	①	②	③	④	⑤	⑥	⑦	⑧	⑨	ⓐ	ⓑ	ⓒ	ⓓ
ヘ	⊖	⓪	①	②	③	④	⑤	⑥	⑦	⑧	⑨	ⓐ	ⓑ	ⓒ	ⓓ
ホ	⊖	⓪	①	②	③	④	⑤	⑥	⑦	⑧	⑨	ⓐ	ⓑ	ⓒ	ⓓ

マーク例

良い例	悪い例
●	⊙ ⊗ ◓ ○

駿 台 文 庫

数学②　解答用紙
第１面

・1科目だけマークしなさい。
・解答科目欄が無マーク又は複数マークの場合は，0点となることがあります。

解答科目欄	数学Ⅱ	数学Ⅱ・B
	○	○

氏名・フリガナ，試験場コードを記入しなさい。

フリガナ	
氏　名	

試験場コード	十万位	万位	千位	百位	十位	一位

注意事項
1 問題番号4 5の解答欄は，この用紙の第2面にあります。
2 選択問題は，選択した問題番号の解答欄に解答しなさい。
3 訂正は，消しゴムできれいに消し，消しくずを残してはいけません。
4 所定欄以外にはマークしたり，記入したりしてはいけません。
5 汚したり，折りまげたりしてはいけません。

受験番号を記入し，その下のマーク欄にマークしなさい。

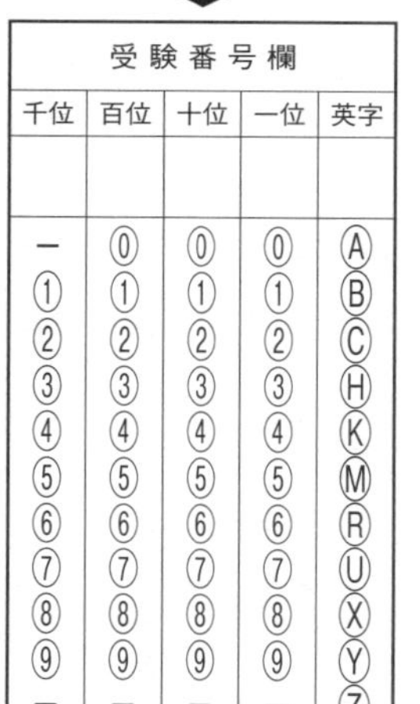

受験番号欄				
千位	百位	十位	一位	英字
−	0	0	0	A
1	1	1	1	B
2	2	2	2	C
3	3	3	3	H
4	4	4	4	K
5	5	5	5	M
6	6	6	6	R
7	7	7	7	U
8	8	8	8	X
9	9	9	9	Y
−	−	−	−	Z

マーク例

良い例	悪い例
●	⊙ ⊗ ◕ ○

駿　台　文　庫

1

1	解	答									欄			
	−	0	1	2	3	4	5	6	7	8	9	a	b	c	d
ア	−	0	1	2	3	4	5	6	7	8	9	a	b	c	d
イ	−	0	1	2	3	4	5	6	7	8	9	a	b	c	d
ウ	−	0	1	2	3	4	5	6	7	8	9	a	b	c	d
エ	−	0	1	2	3	4	5	6	7	8	9	a	b	c	d
オ	−	0	1	2	3	4	5	6	7	8	9	a	b	c	d
カ	−	0	1	2	3	4	5	6	7	8	9	a	b	c	d
キ	−	0	1	2	3	4	5	6	7	8	9	a	b	c	d
ク	−	0	1	2	3	4	5	6	7	8	9	a	b	c	d
ケ	−	0	1	2	3	4	5	6	7	8	9	a	b	c	d
コ	−	0	1	2	3	4	5	6	7	8	9	a	b	c	d
サ	−	0	1	2	3	4	5	6	7	8	9	a	b	c	d
シ	−	0	1	2	3	4	5	6	7	8	9	a	b	c	d
ス	−	0	1	2	3	4	5	6	7	8	9	a	b	c	d
セ	−	0	1	2	3	4	5	6	7	8	9	a	b	c	d
ソ	−	0	1	2	3	4	5	6	7	8	9	a	b	c	d
タ	−	0	1	2	3	4	5	6	7	8	9	a	b	c	d
チ	−	0	1	2	3	4	5	6	7	8	9	a	b	c	d
ツ	−	0	1	2	3	4	5	6	7	8	9	a	b	c	d
テ	−	0	1	2	3	4	5	6	7	8	9	a	b	c	d
ト	−	0	1	2	3	4	5	6	7	8	9	a	b	c	d
ナ	−	0	1	2	3	4	5	6	7	8	9	a	b	c	d
ニ	−	0	1	2	3	4	5	6	7	8	9	a	b	c	d
ヌ	−	0	1	2	3	4	5	6	7	8	9	a	b	c	d
ネ	−	0	1	2	3	4	5	6	7	8	9	a	b	c	d
ノ	−	0	1	2	3	4	5	6	7	8	9	a	b	c	d
ハ	−	0	1	2	3	4	5	6	7	8	9	a	b	c	d
ヒ	−	0	1	2	3	4	5	6	7	8	9	a	b	c	d
フ	−	0	1	2	3	4	5	6	7	8	9	a	b	c	d
ヘ	−	0	1	2	3	4	5	6	7	8	9	a	b	c	d
ホ	−	0	1	2	3	4	5	6	7	8	9	a	b	c	d

2

2	解	答									欄			
	−	0	1	2	3	4	5	6	7	8	9	a	b	c	d
ア	−	0	1	2	3	4	5	6	7	8	9	a	b	c	d
イ	−	0	1	2	3	4	5	6	7	8	9	a	b	c	d
ウ	−	0	1	2	3	4	5	6	7	8	9	a	b	c	d
エ	−	0	1	2	3	4	5	6	7	8	9	a	b	c	d
オ	−	0	1	2	3	4	5	6	7	8	9	a	b	c	d
カ	−	0	1	2	3	4	5	6	7	8	9	a	b	c	d
キ	−	0	1	2	3	4	5	6	7	8	9	a	b	c	d
ク	−	0	1	2	3	4	5	6	7	8	9	a	b	c	d
ケ	−	0	1	2	3	4	5	6	7	8	9	a	b	c	d
コ	−	0	1	2	3	4	5	6	7	8	9	a	b	c	d
サ	−	0	1	2	3	4	5	6	7	8	9	a	b	c	d
シ	−	0	1	2	3	4	5	6	7	8	9	a	b	c	d
ス	−	0	1	2	3	4	5	6	7	8	9	a	b	c	d
セ	−	0	1	2	3	4	5	6	7	8	9	a	b	c	d
ソ	−	0	1	2	3	4	5	6	7	8	9	a	b	c	d
タ	−	0	1	2	3	4	5	6	7	8	9	a	b	c	d
チ	−	0	1	2	3	4	5	6	7	8	9	a	b	c	d
ツ	−	0	1	2	3	4	5	6	7	8	9	a	b	c	d
テ	−	0	1	2	3	4	5	6	7	8	9	a	b	c	d
ト	−	0	1	2	3	4	5	6	7	8	9	a	b	c	d
ナ	−	0	1	2	3	4	5	6	7	8	9	a	b	c	d
ニ	−	0	1	2	3	4	5	6	7	8	9	a	b	c	d
ヌ	−	0	1	2	3	4	5	6	7	8	9	a	b	c	d
ネ	−	0	1	2	3	4	5	6	7	8	9	a	b	c	d
ノ	−	0	1	2	3	4	5	6	7	8	9	a	b	c	d
ハ	−	0	1	2	3	4	5	6	7	8	9	a	b	c	d
ヒ	−	0	1	2	3	4	5	6	7	8	9	a	b	c	d
フ	−	0	1	2	3	4	5	6	7	8	9	a	b	c	d
ヘ	−	0	1	2	3	4	5	6	7	8	9	a	b	c	d
ホ	−	0	1	2	3	4	5	6	7	8	9	a	b	c	d

3

3	解	答									欄			
	−	0	1	2	3	4	5	6	7	8	9	a	b	c	d
ア	−	0	1	2	3	4	5	6	7	8	9	a	b	c	d
イ	−	0	1	2	3	4	5	6	7	8	9	a	b	c	d
ウ	−	0	1	2	3	4	5	6	7	8	9	a	b	c	d
エ	−	0	1	2	3	4	5	6	7	8	9	a	b	c	d
オ	−	0	1	2	3	4	5	6	7	8	9	a	b	c	d
カ	−	0	1	2	3	4	5	6	7	8	9	a	b	c	d
キ	−	0	1	2	3	4	5	6	7	8	9	a	b	c	d
ク	−	0	1	2	3	4	5	6	7	8	9	a	b	c	d
ケ	−	0	1	2	3	4	5	6	7	8	9	a	b	c	d
コ	−	0	1	2	3	4	5	6	7	8	9	a	b	c	d
サ	−	0	1	2	3	4	5	6	7	8	9	a	b	c	d
シ	−	0	1	2	3	4	5	6	7	8	9	a	b	c	d
ス	−	0	1	2	3	4	5	6	7	8	9	a	b	c	d
セ	−	0	1	2	3	4	5	6	7	8	9	a	b	c	d
ソ	−	0	1	2	3	4	5	6	7	8	9	a	b	c	d
タ	−	0	1	2	3	4	5	6	7	8	9	a	b	c	d
チ	−	0	1	2	3	4	5	6	7	8	9	a	b	c	d
ツ	−	0	1	2	3	4	5	6	7	8	9	a	b	c	d
テ	−	0	1	2	3	4	5	6	7	8	9	a	b	c	d
ト	−	0	1	2	3	4	5	6	7	8	9	a	b	c	d
ナ	−	0	1	2	3	4	5	6	7	8	9	a	b	c	d
ニ	−	0	1	2	3	4	5	6	7	8	9	a	b	c	d
ヌ	−	0	1	2	3	4	5	6	7	8	9	a	b	c	d
ネ	−	0	1	2	3	4	5	6	7	8	9	a	b	c	d
ノ	−	0	1	2	3	4	5	6	7	8	9	a	b	c	d
ハ	−	0	1	2	3	4	5	6	7	8	9	a	b	c	d
ヒ	−	0	1	2	3	4	5	6	7	8	9	a	b	c	d
フ	−	0	1	2	3	4	5	6	7	8	9	a	b	c	d
ヘ	−	0	1	2	3	4	5	6	7	8	9	a	b	c	d
ホ	−	0	1	2	3	4	5	6	7	8	9	a	b	c	d

数学② 解答用紙
第２面

注意事項

1 問題番号[1] [2] [3]の解答欄は，この用紙の第１面にあります。

2 選択問題は，選択した問題番号の解答欄に解答しなさい。

4

	解答欄														
	−	0	1	2	3	4	5	6	7	8	9	a	b	c	d
ア	−	0	1	2	3	4	5	6	7	8	9	a	b	c	d
イ	−	0	1	2	3	4	5	6	7	8	9	a	b	c	d
ウ	−	0	1	2	3	4	5	6	7	8	9	a	b	c	d
エ	−	0	1	2	3	4	5	6	7	8	9	a	b	c	d
オ	−	0	1	2	3	4	5	6	7	8	9	a	b	c	d
カ	−	0	1	2	3	4	5	6	7	8	9	a	b	c	d
キ	−	0	1	2	3	4	5	6	7	8	9	a	b	c	d
ク	−	0	1	2	3	4	5	6	7	8	9	a	b	c	d
ケ	−	0	1	2	3	4	5	6	7	8	9	a	b	c	d
コ	−	0	1	2	3	4	5	6	7	8	9	a	b	c	d
サ	−	0	1	2	3	4	5	6	7	8	9	a	b	c	d
シ	−	0	1	2	3	4	5	6	7	8	9	a	b	c	d
ス	−	0	1	2	3	4	5	6	7	8	9	a	b	c	d
セ	−	0	1	2	3	4	5	6	7	8	9	a	b	c	d
ソ	−	0	1	2	3	4	5	6	7	8	9	a	b	c	d
タ	−	0	1	2	3	4	5	6	7	8	9	a	b	c	d
チ	−	0	1	2	3	4	5	6	7	8	9	a	b	c	d
ツ	−	0	1	2	3	4	5	6	7	8	9	a	b	c	d
テ	−	0	1	2	3	4	5	6	7	8	9	a	b	c	d
ト	−	0	1	2	3	4	5	6	7	8	9	a	b	c	d
ナ	−	0	1	2	3	4	5	6	7	8	9	a	b	c	d
ニ	−	0	1	2	3	4	5	6	7	8	9	a	b	c	d
ヌ	−	0	1	2	3	4	5	6	7	8	9	a	b	c	d
ネ	−	0	1	2	3	4	5	6	7	8	9	a	b	c	d
ノ	−	0	1	2	3	4	5	6	7	8	9	a	b	c	d
ハ	−	0	1	2	3	4	5	6	7	8	9	a	b	c	d
ヒ	−	0	1	2	3	4	5	6	7	8	9	a	b	c	d
フ	−	0	1	2	3	4	5	6	7	8	9	a	b	c	d
ヘ	−	0	1	2	3	4	5	6	7	8	9	a	b	c	d
ホ	−	0	1	2	3	4	5	6	7	8	9	a	b	c	d

5

	解答欄														
	−	0	1	2	3	4	5	6	7	8	9	a	b	c	d
ア	−	0	1	2	3	4	5	6	7	8	9	a	b	c	d
イ	−	0	1	2	3	4	5	6	7	8	9	a	b	c	d
ウ	−	0	1	2	3	4	5	6	7	8	9	a	b	c	d
エ	−	0	1	2	3	4	5	6	7	8	9	a	b	c	d
オ	−	0	1	2	3	4	5	6	7	8	9	a	b	c	d
カ	−	0	1	2	3	4	5	6	7	8	9	a	b	c	d
キ	−	0	1	2	3	4	5	6	7	8	9	a	b	c	d
ク	−	0	1	2	3	4	5	6	7	8	9	a	b	c	d
ケ	−	0	1	2	3	4	5	6	7	8	9	a	b	c	d
コ	−	0	1	2	3	4	5	6	7	8	9	a	b	c	d
サ	−	0	1	2	3	4	5	6	7	8	9	a	b	c	d
シ	−	0	1	2	3	4	5	6	7	8	9	a	b	c	d
ス	−	0	1	2	3	4	5	6	7	8	9	a	b	c	d
セ	−	0	1	2	3	4	5	6	7	8	9	a	b	c	d
ソ	−	0	1	2	3	4	5	6	7	8	9	a	b	c	d
タ	−	0	1	2	3	4	5	6	7	8	9	a	b	c	d
チ	−	0	1	2	3	4	5	6	7	8	9	a	b	c	d
ツ	−	0	1	2	3	4	5	6	7	8	9	a	b	c	d
テ	−	0	1	2	3	4	5	6	7	8	9	a	b	c	d
ト	−	0	1	2	3	4	5	6	7	8	9	a	b	c	d
ナ	−	0	1	2	3	4	5	6	7	8	9	a	b	c	d
ニ	−	0	1	2	3	4	5	6	7	8	9	a	b	c	d
ヌ	−	0	1	2	3	4	5	6	7	8	9	a	b	c	d
ネ	−	0	1	2	3	4	5	6	7	8	9	a	b	c	d
ノ	−	0	1	2	3	4	5	6	7	8	9	a	b	c	d
ハ	−	0	1	2	3	4	5	6	7	8	9	a	b	c	d
ヒ	−	0	1	2	3	4	5	6	7	8	9	a	b	c	d
フ	−	0	1	2	3	4	5	6	7	8	9	a	b	c	d
ヘ	−	0	1	2	3	4	5	6	7	8	9	a	b	c	d
ホ	−	0	1	2	3	4	5	6	7	8	9	a	b	c	d

マーク例

良い例	悪い例
●	⊙ ⊗ ◓ ○

数学② 解答用紙
第1面

・1科目だけマークしなさい。
・解答科目欄が無マーク又は複数マークの場合は，0点となることがあります。

解答科目欄	数学Ⅱ	数学Ⅱ・数学B
	○	○

氏名・フリガナ，試験場コードを記入しなさい。

フリガナ	
氏名	

試験場コード	十万位	万位	千位	百位	十位	一位

注意事項

1 問題番号4 5の解答欄は，この用紙の第2面にあります。
2 選択問題は，選択した問題番号の解答欄に解答しなさい。
3 訂正は，消しゴムできれいに消し，消しくずを残してはいけません。
4 所定欄以外にはマークしたり，記入したりしてはいけません。
5 汚したり，折りまげたりしてはいけません。

受験番号を記入し，その下のマーク欄にマークしなさい。

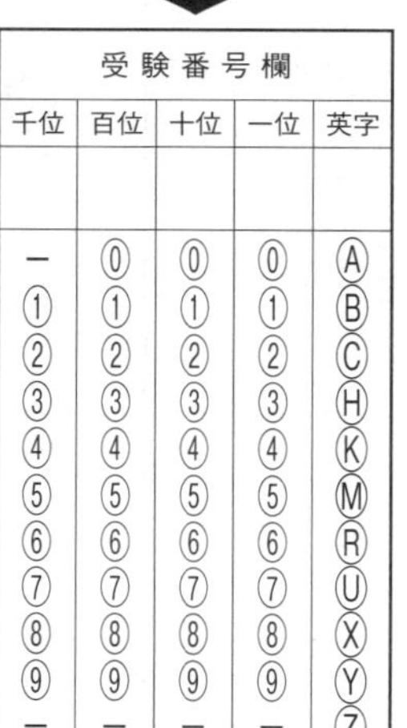

受験番号欄				
千位	百位	十位	一位	英字
−	⓪	⓪	⓪	Ⓐ
①	①	①	①	Ⓑ
②	②	②	②	Ⓒ
③	③	③	③	Ⓗ
④	④	④	④	Ⓚ
⑤	⑤	⑤	⑤	Ⓜ
⑥	⑥	⑥	⑥	Ⓡ
⑦	⑦	⑦	⑦	Ⓤ
⑧	⑧	⑧	⑧	Ⓧ
⑨	⑨	⑨	⑨	Ⓨ
−	−	−	−	Ⓩ

マーク例

良い例	悪い例
●	⊙ ⊗ ◐ ○

1 解答欄

	−	0	1	2	3	4	5	6	7	8	9	a	b	c	d
ア	⊖	⓪	①	②	③	④	⑤	⑥	⑦	⑧	⑨	ⓐ	ⓑ	ⓒ	ⓓ
イ	⊖	⓪	①	②	③	④	⑤	⑥	⑦	⑧	⑨	ⓐ	ⓑ	ⓒ	ⓓ
ウ	⊖	⓪	①	②	③	④	⑤	⑥	⑦	⑧	⑨	ⓐ	ⓑ	ⓒ	ⓓ
エ	⊖	⓪	①	②	③	④	⑤	⑥	⑦	⑧	⑨	ⓐ	ⓑ	ⓒ	ⓓ
オ	⊖	⓪	①	②	③	④	⑤	⑥	⑦	⑧	⑨	ⓐ	ⓑ	ⓒ	ⓓ
カ	⊖	⓪	①	②	③	④	⑤	⑥	⑦	⑧	⑨	ⓐ	ⓑ	ⓒ	ⓓ
キ	⊖	⓪	①	②	③	④	⑤	⑥	⑦	⑧	⑨	ⓐ	ⓑ	ⓒ	ⓓ
ク	⊖	⓪	①	②	③	④	⑤	⑥	⑦	⑧	⑨	ⓐ	ⓑ	ⓒ	ⓓ
ケ	⊖	⓪	①	②	③	④	⑤	⑥	⑦	⑧	⑨	ⓐ	ⓑ	ⓒ	ⓓ
コ	⊖	⓪	①	②	③	④	⑤	⑥	⑦	⑧	⑨	ⓐ	ⓑ	ⓒ	ⓓ
サ	⊖	⓪	①	②	③	④	⑤	⑥	⑦	⑧	⑨	ⓐ	ⓑ	ⓒ	ⓓ
シ	⊖	⓪	①	②	③	④	⑤	⑥	⑦	⑧	⑨	ⓐ	ⓑ	ⓒ	ⓓ
ス	⊖	⓪	①	②	③	④	⑤	⑥	⑦	⑧	⑨	ⓐ	ⓑ	ⓒ	ⓓ
セ	⊖	⓪	①	②	③	④	⑤	⑥	⑦	⑧	⑨	ⓐ	ⓑ	ⓒ	ⓓ
ソ	⊖	⓪	①	②	③	④	⑤	⑥	⑦	⑧	⑨	ⓐ	ⓑ	ⓒ	ⓓ
タ	⊖	⓪	①	②	③	④	⑤	⑥	⑦	⑧	⑨	ⓐ	ⓑ	ⓒ	ⓓ
チ	⊖	⓪	①	②	③	④	⑤	⑥	⑦	⑧	⑨	ⓐ	ⓑ	ⓒ	ⓓ
ツ	⊖	⓪	①	②	③	④	⑤	⑥	⑦	⑧	⑨	ⓐ	ⓑ	ⓒ	ⓓ
テ	⊖	⓪	①	②	③	④	⑤	⑥	⑦	⑧	⑨	ⓐ	ⓑ	ⓒ	ⓓ
ト	⊖	⓪	①	②	③	④	⑤	⑥	⑦	⑧	⑨	ⓐ	ⓑ	ⓒ	ⓓ
ナ	⊖	⓪	①	②	③	④	⑤	⑥	⑦	⑧	⑨	ⓐ	ⓑ	ⓒ	ⓓ
ニ	⊖	⓪	①	②	③	④	⑤	⑥	⑦	⑧	⑨	ⓐ	ⓑ	ⓒ	ⓓ
ヌ	⊖	⓪	①	②	③	④	⑤	⑥	⑦	⑧	⑨	ⓐ	ⓑ	ⓒ	ⓓ
ネ	⊖	⓪	①	②	③	④	⑤	⑥	⑦	⑧	⑨	ⓐ	ⓑ	ⓒ	ⓓ
ノ	⊖	⓪	①	②	③	④	⑤	⑥	⑦	⑧	⑨	ⓐ	ⓑ	ⓒ	ⓓ
ハ	⊖	⓪	①	②	③	④	⑤	⑥	⑦	⑧	⑨	ⓐ	ⓑ	ⓒ	ⓓ
ヒ	⊖	⓪	①	②	③	④	⑤	⑥	⑦	⑧	⑨	ⓐ	ⓑ	ⓒ	ⓓ
フ	⊖	⓪	①	②	③	④	⑤	⑥	⑦	⑧	⑨	ⓐ	ⓑ	ⓒ	ⓓ
ヘ	⊖	⓪	①	②	③	④	⑤	⑥	⑦	⑧	⑨	ⓐ	ⓑ	ⓒ	ⓓ
ホ	⊖	⓪	①	②	③	④	⑤	⑥	⑦	⑧	⑨	ⓐ	ⓑ	ⓒ	ⓓ

2 解答欄

	−	0	1	2	3	4	5	6	7	8	9	a	b	c	d
ア	⊖	⓪	①	②	③	④	⑤	⑥	⑦	⑧	⑨	ⓐ	ⓑ	ⓒ	ⓓ
イ	⊖	⓪	①	②	③	④	⑤	⑥	⑦	⑧	⑨	ⓐ	ⓑ	ⓒ	ⓓ
ウ	⊖	⓪	①	②	③	④	⑤	⑥	⑦	⑧	⑨	ⓐ	ⓑ	ⓒ	ⓓ
エ	⊖	⓪	①	②	③	④	⑤	⑥	⑦	⑧	⑨	ⓐ	ⓑ	ⓒ	ⓓ
オ	⊖	⓪	①	②	③	④	⑤	⑥	⑦	⑧	⑨	ⓐ	ⓑ	ⓒ	ⓓ
カ	⊖	⓪	①	②	③	④	⑤	⑥	⑦	⑧	⑨	ⓐ	ⓑ	ⓒ	ⓓ
キ	⊖	⓪	①	②	③	④	⑤	⑥	⑦	⑧	⑨	ⓐ	ⓑ	ⓒ	ⓓ
ク	⊖	⓪	①	②	③	④	⑤	⑥	⑦	⑧	⑨	ⓐ	ⓑ	ⓒ	ⓓ
ケ	⊖	⓪	①	②	③	④	⑤	⑥	⑦	⑧	⑨	ⓐ	ⓑ	ⓒ	ⓓ
コ	⊖	⓪	①	②	③	④	⑤	⑥	⑦	⑧	⑨	ⓐ	ⓑ	ⓒ	ⓓ
サ	⊖	⓪	①	②	③	④	⑤	⑥	⑦	⑧	⑨	ⓐ	ⓑ	ⓒ	ⓓ
シ	⊖	⓪	①	②	③	④	⑤	⑥	⑦	⑧	⑨	ⓐ	ⓑ	ⓒ	ⓓ
ス	⊖	⓪	①	②	③	④	⑤	⑥	⑦	⑧	⑨	ⓐ	ⓑ	ⓒ	ⓓ
セ	⊖	⓪	①	②	③	④	⑤	⑥	⑦	⑧	⑨	ⓐ	ⓑ	ⓒ	ⓓ
ソ	⊖	⓪	①	②	③	④	⑤	⑥	⑦	⑧	⑨	ⓐ	ⓑ	ⓒ	ⓓ
タ	⊖	⓪	①	②	③	④	⑤	⑥	⑦	⑧	⑨	ⓐ	ⓑ	ⓒ	ⓓ
チ	⊖	⓪	①	②	③	④	⑤	⑥	⑦	⑧	⑨	ⓐ	ⓑ	ⓒ	ⓓ
ツ	⊖	⓪	①	②	③	④	⑤	⑥	⑦	⑧	⑨	ⓐ	ⓑ	ⓒ	ⓓ
テ	⊖	⓪	①	②	③	④	⑤	⑥	⑦	⑧	⑨	ⓐ	ⓑ	ⓒ	ⓓ
ト	⊖	⓪	①	②	③	④	⑤	⑥	⑦	⑧	⑨	ⓐ	ⓑ	ⓒ	ⓓ
ナ	⊖	⓪	①	②	③	④	⑤	⑥	⑦	⑧	⑨	ⓐ	ⓑ	ⓒ	ⓓ
ニ	⊖	⓪	①	②	③	④	⑤	⑥	⑦	⑧	⑨	ⓐ	ⓑ	ⓒ	ⓓ
ヌ	⊖	⓪	①	②	③	④	⑤	⑥	⑦	⑧	⑨	ⓐ	ⓑ	ⓒ	ⓓ
ネ	⊖	⓪	①	②	③	④	⑤	⑥	⑦	⑧	⑨	ⓐ	ⓑ	ⓒ	ⓓ
ノ	⊖	⓪	①	②	③	④	⑤	⑥	⑦	⑧	⑨	ⓐ	ⓑ	ⓒ	ⓓ
ハ	⊖	⓪	①	②	③	④	⑤	⑥	⑦	⑧	⑨	ⓐ	ⓑ	ⓒ	ⓓ
ヒ	⊖	⓪	①	②	③	④	⑤	⑥	⑦	⑧	⑨	ⓐ	ⓑ	ⓒ	ⓓ
フ	⊖	⓪	①	②	③	④	⑤	⑥	⑦	⑧	⑨	ⓐ	ⓑ	ⓒ	ⓓ
ヘ	⊖	⓪	①	②	③	④	⑤	⑥	⑦	⑧	⑨	ⓐ	ⓑ	ⓒ	ⓓ
ホ	⊖	⓪	①	②	③	④	⑤	⑥	⑦	⑧	⑨	ⓐ	ⓑ	ⓒ	ⓓ

3 解答欄

	−	0	1	2	3	4	5	6	7	8	9	a	b	c	d
ア	⊖	⓪	①	②	③	④	⑤	⑥	⑦	⑧	⑨	ⓐ	ⓑ	ⓒ	ⓓ
イ	⊖	⓪	①	②	③	④	⑤	⑥	⑦	⑧	⑨	ⓐ	ⓑ	ⓒ	ⓓ
ウ	⊖	⓪	①	②	③	④	⑤	⑥	⑦	⑧	⑨	ⓐ	ⓑ	ⓒ	ⓓ
エ	⊖	⓪	①	②	③	④	⑤	⑥	⑦	⑧	⑨	ⓐ	ⓑ	ⓒ	ⓓ
オ	⊖	⓪	①	②	③	④	⑤	⑥	⑦	⑧	⑨	ⓐ	ⓑ	ⓒ	ⓓ
カ	⊖	⓪	①	②	③	④	⑤	⑥	⑦	⑧	⑨	ⓐ	ⓑ	ⓒ	ⓓ
キ	⊖	⓪	①	②	③	④	⑤	⑥	⑦	⑧	⑨	ⓐ	ⓑ	ⓒ	ⓓ
ク	⊖	⓪	①	②	③	④	⑤	⑥	⑦	⑧	⑨	ⓐ	ⓑ	ⓒ	ⓓ
ケ	⊖	⓪	①	②	③	④	⑤	⑥	⑦	⑧	⑨	ⓐ	ⓑ	ⓒ	ⓓ
コ	⊖	⓪	①	②	③	④	⑤	⑥	⑦	⑧	⑨	ⓐ	ⓑ	ⓒ	ⓓ
サ	⊖	⓪	①	②	③	④	⑤	⑥	⑦	⑧	⑨	ⓐ	ⓑ	ⓒ	ⓓ
シ	⊖	⓪	①	②	③	④	⑤	⑥	⑦	⑧	⑨	ⓐ	ⓑ	ⓒ	ⓓ
ス	⊖	⓪	①	②	③	④	⑤	⑥	⑦	⑧	⑨	ⓐ	ⓑ	ⓒ	ⓓ
セ	⊖	⓪	①	②	③	④	⑤	⑥	⑦	⑧	⑨	ⓐ	ⓑ	ⓒ	ⓓ
ソ	⊖	⓪	①	②	③	④	⑤	⑥	⑦	⑧	⑨	ⓐ	ⓑ	ⓒ	ⓓ
タ	⊖	⓪	①	②	③	④	⑤	⑥	⑦	⑧	⑨	ⓐ	ⓑ	ⓒ	ⓓ
チ	⊖	⓪	①	②	③	④	⑤	⑥	⑦	⑧	⑨	ⓐ	ⓑ	ⓒ	ⓓ
ツ	⊖	⓪	①	②	③	④	⑤	⑥	⑦	⑧	⑨	ⓐ	ⓑ	ⓒ	ⓓ
テ	⊖	⓪	①	②	③	④	⑤	⑥	⑦	⑧	⑨	ⓐ	ⓑ	ⓒ	ⓓ
ト	⊖	⓪	①	②	③	④	⑤	⑥	⑦	⑧	⑨	ⓐ	ⓑ	ⓒ	ⓓ
ナ	⊖	⓪	①	②	③	④	⑤	⑥	⑦	⑧	⑨	ⓐ	ⓑ	ⓒ	ⓓ
ニ	⊖	⓪	①	②	③	④	⑤	⑥	⑦	⑧	⑨	ⓐ	ⓑ	ⓒ	ⓓ
ヌ	⊖	⓪	①	②	③	④	⑤	⑥	⑦	⑧	⑨	ⓐ	ⓑ	ⓒ	ⓓ
ネ	⊖	⓪	①	②	③	④	⑤	⑥	⑦	⑧	⑨	ⓐ	ⓑ	ⓒ	ⓓ
ノ	⊖	⓪	①	②	③	④	⑤	⑥	⑦	⑧	⑨	ⓐ	ⓑ	ⓒ	ⓓ
ハ	⊖	⓪	①	②	③	④	⑤	⑥	⑦	⑧	⑨	ⓐ	ⓑ	ⓒ	ⓓ
ヒ	⊖	⓪	①	②	③	④	⑤	⑥	⑦	⑧	⑨	ⓐ	ⓑ	ⓒ	ⓓ
フ	⊖	⓪	①	②	③	④	⑤	⑥	⑦	⑧	⑨	ⓐ	ⓑ	ⓒ	ⓓ
ヘ	⊖	⓪	①	②	③	④	⑤	⑥	⑦	⑧	⑨	ⓐ	ⓑ	ⓒ	ⓓ
ホ	⊖	⓪	①	②	③	④	⑤	⑥	⑦	⑧	⑨	ⓐ	ⓑ	ⓒ	ⓓ

数学② 解答用紙
第2面

注意事項

1 問題番号[1] [2] [3]の解答欄は，この用紙の第1面にあります。

2 選択問題は，選択した問題番号の解答欄に解答しなさい。

4

	解						答						欄		
	−	0	1	2	3	4	5	6	7	8	9	a	b	c	d
ア	⊖	⓪	①	②	③	④	⑤	⑥	⑦	⑧	⑨	ⓐ	ⓑ	ⓒ	ⓓ
イ	⊖	⓪	①	②	③	④	⑤	⑥	⑦	⑧	⑨	ⓐ	ⓑ	ⓒ	ⓓ
ウ	⊖	⓪	①	②	③	④	⑤	⑥	⑦	⑧	⑨	ⓐ	ⓑ	ⓒ	ⓓ
エ	⊖	⓪	①	②	③	④	⑤	⑥	⑦	⑧	⑨	ⓐ	ⓑ	ⓒ	ⓓ
オ	⊖	⓪	①	②	③	④	⑤	⑥	⑦	⑧	⑨	ⓐ	ⓑ	ⓒ	ⓓ
カ	⊖	⓪	①	②	③	④	⑤	⑥	⑦	⑧	⑨	ⓐ	ⓑ	ⓒ	ⓓ
キ	⊖	⓪	①	②	③	④	⑤	⑥	⑦	⑧	⑨	ⓐ	ⓑ	ⓒ	ⓓ
ク	⊖	⓪	①	②	③	④	⑤	⑥	⑦	⑧	⑨	ⓐ	ⓑ	ⓒ	ⓓ
ケ	⊖	⓪	①	②	③	④	⑤	⑥	⑦	⑧	⑨	ⓐ	ⓑ	ⓒ	ⓓ
コ	⊖	⓪	①	②	③	④	⑤	⑥	⑦	⑧	⑨	ⓐ	ⓑ	ⓒ	ⓓ
サ	⊖	⓪	①	②	③	④	⑤	⑥	⑦	⑧	⑨	ⓐ	ⓑ	ⓒ	ⓓ
シ	⊖	⓪	①	②	③	④	⑤	⑥	⑦	⑧	⑨	ⓐ	ⓑ	ⓒ	ⓓ
ス	⊖	⓪	①	②	③	④	⑤	⑥	⑦	⑧	⑨	ⓐ	ⓑ	ⓒ	ⓓ
セ	⊖	⓪	①	②	③	④	⑤	⑥	⑦	⑧	⑨	ⓐ	ⓑ	ⓒ	ⓓ
ソ	⊖	⓪	①	②	③	④	⑤	⑥	⑦	⑧	⑨	ⓐ	ⓑ	ⓒ	ⓓ
タ	⊖	⓪	①	②	③	④	⑤	⑥	⑦	⑧	⑨	ⓐ	ⓑ	ⓒ	ⓓ
チ	⊖	⓪	①	②	③	④	⑤	⑥	⑦	⑧	⑨	ⓐ	ⓑ	ⓒ	ⓓ
ツ	⊖	⓪	①	②	③	④	⑤	⑥	⑦	⑧	⑨	ⓐ	ⓑ	ⓒ	ⓓ
テ	⊖	⓪	①	②	③	④	⑤	⑥	⑦	⑧	⑨	ⓐ	ⓑ	ⓒ	ⓓ
ト	⊖	⓪	①	②	③	④	⑤	⑥	⑦	⑧	⑨	ⓐ	ⓑ	ⓒ	ⓓ
ナ	⊖	⓪	①	②	③	④	⑤	⑥	⑦	⑧	⑨	ⓐ	ⓑ	ⓒ	ⓓ
ニ	⊖	⓪	①	②	③	④	⑤	⑥	⑦	⑧	⑨	ⓐ	ⓑ	ⓒ	ⓓ
ヌ	⊖	⓪	①	②	③	④	⑤	⑥	⑦	⑧	⑨	ⓐ	ⓑ	ⓒ	ⓓ
ネ	⊖	⓪	①	②	③	④	⑤	⑥	⑦	⑧	⑨	ⓐ	ⓑ	ⓒ	ⓓ
ノ	⊖	⓪	①	②	③	④	⑤	⑥	⑦	⑧	⑨	ⓐ	ⓑ	ⓒ	ⓓ
ハ	⊖	⓪	①	②	③	④	⑤	⑥	⑦	⑧	⑨	ⓐ	ⓑ	ⓒ	ⓓ
ヒ	⊖	⓪	①	②	③	④	⑤	⑥	⑦	⑧	⑨	ⓐ	ⓑ	ⓒ	ⓓ
フ	⊖	⓪	①	②	③	④	⑤	⑥	⑦	⑧	⑨	ⓐ	ⓑ	ⓒ	ⓓ
ヘ	⊖	⓪	①	②	③	④	⑤	⑥	⑦	⑧	⑨	ⓐ	ⓑ	ⓒ	ⓓ
ホ	⊖	⓪	①	②	③	④	⑤	⑥	⑦	⑧	⑨	ⓐ	ⓑ	ⓒ	ⓓ

5

	解						答						欄		
	−	0	1	2	3	4	5	6	7	8	9	a	b	c	d
ア	⊖	⓪	①	②	③	④	⑤	⑥	⑦	⑧	⑨	ⓐ	ⓑ	ⓒ	ⓓ
イ	⊖	⓪	①	②	③	④	⑤	⑥	⑦	⑧	⑨	ⓐ	ⓑ	ⓒ	ⓓ
ウ	⊖	⓪	①	②	③	④	⑤	⑥	⑦	⑧	⑨	ⓐ	ⓑ	ⓒ	ⓓ
エ	⊖	⓪	①	②	③	④	⑤	⑥	⑦	⑧	⑨	ⓐ	ⓑ	ⓒ	ⓓ
オ	⊖	⓪	①	②	③	④	⑤	⑥	⑦	⑧	⑨	ⓐ	ⓑ	ⓒ	ⓓ
カ	⊖	⓪	①	②	③	④	⑤	⑥	⑦	⑧	⑨	ⓐ	ⓑ	ⓒ	ⓓ
キ	⊖	⓪	①	②	③	④	⑤	⑥	⑦	⑧	⑨	ⓐ	ⓑ	ⓒ	ⓓ
ク	⊖	⓪	①	②	③	④	⑤	⑥	⑦	⑧	⑨	ⓐ	ⓑ	ⓒ	ⓓ
ケ	⊖	⓪	①	②	③	④	⑤	⑥	⑦	⑧	⑨	ⓐ	ⓑ	ⓒ	ⓓ
コ	⊖	⓪	①	②	③	④	⑤	⑥	⑦	⑧	⑨	ⓐ	ⓑ	ⓒ	ⓓ
サ	⊖	⓪	①	②	③	④	⑤	⑥	⑦	⑧	⑨	ⓐ	ⓑ	ⓒ	ⓓ
シ	⊖	⓪	①	②	③	④	⑤	⑥	⑦	⑧	⑨	ⓐ	ⓑ	ⓒ	ⓓ
ス	⊖	⓪	①	②	③	④	⑤	⑥	⑦	⑧	⑨	ⓐ	ⓑ	ⓒ	ⓓ
セ	⊖	⓪	①	②	③	④	⑤	⑥	⑦	⑧	⑨	ⓐ	ⓑ	ⓒ	ⓓ
ソ	⊖	⓪	①	②	③	④	⑤	⑥	⑦	⑧	⑨	ⓐ	ⓑ	ⓒ	ⓓ
タ	⊖	⓪	①	②	③	④	⑤	⑥	⑦	⑧	⑨	ⓐ	ⓑ	ⓒ	ⓓ
チ	⊖	⓪	①	②	③	④	⑤	⑥	⑦	⑧	⑨	ⓐ	ⓑ	ⓒ	ⓓ
ツ	⊖	⓪	①	②	③	④	⑤	⑥	⑦	⑧	⑨	ⓐ	ⓑ	ⓒ	ⓓ
テ	⊖	⓪	①	②	③	④	⑤	⑥	⑦	⑧	⑨	ⓐ	ⓑ	ⓒ	ⓓ
ト	⊖	⓪	①	②	③	④	⑤	⑥	⑦	⑧	⑨	ⓐ	ⓑ	ⓒ	ⓓ
ナ	⊖	⓪	①	②	③	④	⑤	⑥	⑦	⑧	⑨	ⓐ	ⓑ	ⓒ	ⓓ
ニ	⊖	⓪	①	②	③	④	⑤	⑥	⑦	⑧	⑨	ⓐ	ⓑ	ⓒ	ⓓ
ヌ	⊖	⓪	①	②	③	④	⑤	⑥	⑦	⑧	⑨	ⓐ	ⓑ	ⓒ	ⓓ
ネ	⊖	⓪	①	②	③	④	⑤	⑥	⑦	⑧	⑨	ⓐ	ⓑ	ⓒ	ⓓ
ノ	⊖	⓪	①	②	③	④	⑤	⑥	⑦	⑧	⑨	ⓐ	ⓑ	ⓒ	ⓓ
ハ	⊖	⓪	①	②	③	④	⑤	⑥	⑦	⑧	⑨	ⓐ	ⓑ	ⓒ	ⓓ
ヒ	⊖	⓪	①	②	③	④	⑤	⑥	⑦	⑧	⑨	ⓐ	ⓑ	ⓒ	ⓓ
フ	⊖	⓪	①	②	③	④	⑤	⑥	⑦	⑧	⑨	ⓐ	ⓑ	ⓒ	ⓓ
ヘ	⊖	⓪	①	②	③	④	⑤	⑥	⑦	⑧	⑨	ⓐ	ⓑ	ⓒ	ⓓ
ホ	⊖	⓪	①	②	③	④	⑤	⑥	⑦	⑧	⑨	ⓐ	ⓑ	ⓒ	ⓓ

マーク例

良い例	悪い例
●	⊙ ⊗ ◓ ○

数学② 解答用紙
第１面

・１科目だけマークしなさい。
・解答科目欄が無マーク又は複数マークの場合は，０点となることがあります。

解答科目欄	数学Ⅱ	数学Ｂ・数学Ⅱ
	○	○

氏名・フリガナ，試験場コードを記入しなさい。

フリガナ	
氏　名	

試験場コード	十万位	万位	千位	百位	十位	一位

注意事項
1　問題番号4 5の解答欄は，この用紙の第２面にあります。
2　選択問題は，選択した問題番号の解答欄に解答しなさい。
3　訂正は，消しゴムできれいに消し，消しくずを残してはいけません。
4　所定欄以外にはマークしたり，記入したりしてはいけません。
5　汚したり，折りまげたりしてはいけません。

受験番号を記入し，その下のマーク欄にマークしなさい。

受験番号欄				
千位	百位	十位	一位	英字
-	0	0	0	A
1	1	1	1	B
2	2	2	2	C
3	3	3	3	H
4	4	4	4	K
5	5	5	5	M
6	6	6	6	R
7	7	7	7	U
8	8	8	8	X
9	9	9	9	Y
-	-	-	-	Z

マーク例

良い例	悪い例
●	⊙ ⊗ ◐ ○

駿　台　文　庫

1

	解答欄														
	-	0	1	2	3	4	5	6	7	8	9	a	b	c	d
ア	-	0	1	2	3	4	5	6	7	8	9	a	b	c	d
イ	-	0	1	2	3	4	5	6	7	8	9	a	b	c	d
ウ	-	0	1	2	3	4	5	6	7	8	9	a	b	c	d
エ	-	0	1	2	3	4	5	6	7	8	9	a	b	c	d
オ	-	0	1	2	3	4	5	6	7	8	9	a	b	c	d
カ	-	0	1	2	3	4	5	6	7	8	9	a	b	c	d
キ	-	0	1	2	3	4	5	6	7	8	9	a	b	c	d
ク	-	0	1	2	3	4	5	6	7	8	9	a	b	c	d
ケ	-	0	1	2	3	4	5	6	7	8	9	a	b	c	d
コ	-	0	1	2	3	4	5	6	7	8	9	a	b	c	d
サ	-	0	1	2	3	4	5	6	7	8	9	a	b	c	d
シ	-	0	1	2	3	4	5	6	7	8	9	a	b	c	d
ス	-	0	1	2	3	4	5	6	7	8	9	a	b	c	d
セ	-	0	1	2	3	4	5	6	7	8	9	a	b	c	d
ソ	-	0	1	2	3	4	5	6	7	8	9	a	b	c	d
タ	-	0	1	2	3	4	5	6	7	8	9	a	b	c	d
チ	-	0	1	2	3	4	5	6	7	8	9	a	b	c	d
ツ	-	0	1	2	3	4	5	6	7	8	9	a	b	c	d
テ	-	0	1	2	3	4	5	6	7	8	9	a	b	c	d
ト	-	0	1	2	3	4	5	6	7	8	9	a	b	c	d
ナ	-	0	1	2	3	4	5	6	7	8	9	a	b	c	d
ニ	-	0	1	2	3	4	5	6	7	8	9	a	b	c	d
ヌ	-	0	1	2	3	4	5	6	7	8	9	a	b	c	d
ネ	-	0	1	2	3	4	5	6	7	8	9	a	b	c	d
ノ	-	0	1	2	3	4	5	6	7	8	9	a	b	c	d
ハ	-	0	1	2	3	4	5	6	7	8	9	a	b	c	d
ヒ	-	0	1	2	3	4	5	6	7	8	9	a	b	c	d
フ	-	0	1	2	3	4	5	6	7	8	9	a	b	c	d
ヘ	-	0	1	2	3	4	5	6	7	8	9	a	b	c	d
ホ	-	0	1	2	3	4	5	6	7	8	9	a	b	c	d

2

	解答欄														
	-	0	1	2	3	4	5	6	7	8	9	a	b	c	d
ア	-	0	1	2	3	4	5	6	7	8	9	a	b	c	d
イ	-	0	1	2	3	4	5	6	7	8	9	a	b	c	d
ウ	-	0	1	2	3	4	5	6	7	8	9	a	b	c	d
エ	-	0	1	2	3	4	5	6	7	8	9	a	b	c	d
オ	-	0	1	2	3	4	5	6	7	8	9	a	b	c	d
カ	-	0	1	2	3	4	5	6	7	8	9	a	b	c	d
キ	-	0	1	2	3	4	5	6	7	8	9	a	b	c	d
ク	-	0	1	2	3	4	5	6	7	8	9	a	b	c	d
ケ	-	0	1	2	3	4	5	6	7	8	9	a	b	c	d
コ	-	0	1	2	3	4	5	6	7	8	9	a	b	c	d
サ	-	0	1	2	3	4	5	6	7	8	9	a	b	c	d
シ	-	0	1	2	3	4	5	6	7	8	9	a	b	c	d
ス	-	0	1	2	3	4	5	6	7	8	9	a	b	c	d
セ	-	0	1	2	3	4	5	6	7	8	9	a	b	c	d
ソ	-	0	1	2	3	4	5	6	7	8	9	a	b	c	d
タ	-	0	1	2	3	4	5	6	7	8	9	a	b	c	d
チ	-	0	1	2	3	4	5	6	7	8	9	a	b	c	d
ツ	-	0	1	2	3	4	5	6	7	8	9	a	b	c	d
テ	-	0	1	2	3	4	5	6	7	8	9	a	b	c	d
ト	-	0	1	2	3	4	5	6	7	8	9	a	b	c	d
ナ	-	0	1	2	3	4	5	6	7	8	9	a	b	c	d
ニ	-	0	1	2	3	4	5	6	7	8	9	a	b	c	d
ヌ	-	0	1	2	3	4	5	6	7	8	9	a	b	c	d
ネ	-	0	1	2	3	4	5	6	7	8	9	a	b	c	d
ノ	-	0	1	2	3	4	5	6	7	8	9	a	b	c	d
ハ	-	0	1	2	3	4	5	6	7	8	9	a	b	c	d
ヒ	-	0	1	2	3	4	5	6	7	8	9	a	b	c	d
フ	-	0	1	2	3	4	5	6	7	8	9	a	b	c	d
ヘ	-	0	1	2	3	4	5	6	7	8	9	a	b	c	d
ホ	-	0	1	2	3	4	5	6	7	8	9	a	b	c	d

3

	解答欄														
	-	0	1	2	3	4	5	6	7	8	9	a	b	c	d
ア	-	0	1	2	3	4	5	6	7	8	9	a	b	c	d
イ	-	0	1	2	3	4	5	6	7	8	9	a	b	c	d
ウ	-	0	1	2	3	4	5	6	7	8	9	a	b	c	d
エ	-	0	1	2	3	4	5	6	7	8	9	a	b	c	d
オ	-	0	1	2	3	4	5	6	7	8	9	a	b	c	d
カ	-	0	1	2	3	4	5	6	7	8	9	a	b	c	d
キ	-	0	1	2	3	4	5	6	7	8	9	a	b	c	d
ク	-	0	1	2	3	4	5	6	7	8	9	a	b	c	d
ケ	-	0	1	2	3	4	5	6	7	8	9	a	b	c	d
コ	-	0	1	2	3	4	5	6	7	8	9	a	b	c	d
サ	-	0	1	2	3	4	5	6	7	8	9	a	b	c	d
シ	-	0	1	2	3	4	5	6	7	8	9	a	b	c	d
ス	-	0	1	2	3	4	5	6	7	8	9	a	b	c	d
セ	-	0	1	2	3	4	5	6	7	8	9	a	b	c	d
ソ	-	0	1	2	3	4	5	6	7	8	9	a	b	c	d
タ	-	0	1	2	3	4	5	6	7	8	9	a	b	c	d
チ	-	0	1	2	3	4	5	6	7	8	9	a	b	c	d
ツ	-	0	1	2	3	4	5	6	7	8	9	a	b	c	d
テ	-	0	1	2	3	4	5	6	7	8	9	a	b	c	d
ト	-	0	1	2	3	4	5	6	7	8	9	a	b	c	d
ナ	-	0	1	2	3	4	5	6	7	8	9	a	b	c	d
ニ	-	0	1	2	3	4	5	6	7	8	9	a	b	c	d
ヌ	-	0	1	2	3	4	5	6	7	8	9	a	b	c	d
ネ	-	0	1	2	3	4	5	6	7	8	9	a	b	c	d
ノ	-	0	1	2	3	4	5	6	7	8	9	a	b	c	d
ハ	-	0	1	2	3	4	5	6	7	8	9	a	b	c	d
ヒ	-	0	1	2	3	4	5	6	7	8	9	a	b	c	d
フ	-	0	1	2	3	4	5	6	7	8	9	a	b	c	d
ヘ	-	0	1	2	3	4	5	6	7	8	9	a	b	c	d
ホ	-	0	1	2	3	4	5	6	7	8	9	a	b	c	d

数学② 解答用紙
第2面

注意事項
1 問題番号[1] [2] [3]の解答欄は，この用紙の第1面にあります。
2 選択問題は，選択した問題番号の解答欄に解答しなさい。

4

	解					答						欄			
	-	0	1	2	3	4	5	6	7	8	9	a	b	c	d
ア	-	0	1	2	3	4	5	6	7	8	9	a	b	c	d
イ	-	0	1	2	3	4	5	6	7	8	9	a	b	c	d
ウ	-	0	1	2	3	4	5	6	7	8	9	a	b	c	d
エ	-	0	1	2	3	4	5	6	7	8	9	a	b	c	d
オ	-	0	1	2	3	4	5	6	7	8	9	a	b	c	d
カ	-	0	1	2	3	4	5	6	7	8	9	a	b	c	d
キ	-	0	1	2	3	4	5	6	7	8	9	a	b	c	d
ク	-	0	1	2	3	4	5	6	7	8	9	a	b	c	d
ケ	-	0	1	2	3	4	5	6	7	8	9	a	b	c	d
コ	-	0	1	2	3	4	5	6	7	8	9	a	b	c	d
サ	-	0	1	2	3	4	5	6	7	8	9	a	b	c	d
シ	-	0	1	2	3	4	5	6	7	8	9	a	b	c	d
ス	-	0	1	2	3	4	5	6	7	8	9	a	b	c	d
セ	-	0	1	2	3	4	5	6	7	8	9	a	b	c	d
ソ	-	0	1	2	3	4	5	6	7	8	9	a	b	c	d
タ	-	0	1	2	3	4	5	6	7	8	9	a	b	c	d
チ	-	0	1	2	3	4	5	6	7	8	9	a	b	c	d
ツ	-	0	1	2	3	4	5	6	7	8	9	a	b	c	d
テ	-	0	1	2	3	4	5	6	7	8	9	a	b	c	d
ト	-	0	1	2	3	4	5	6	7	8	9	a	b	c	d
ナ	-	0	1	2	3	4	5	6	7	8	9	a	b	c	d
ニ	-	0	1	2	3	4	5	6	7	8	9	a	b	c	d
ヌ	-	0	1	2	3	4	5	6	7	8	9	a	b	c	d
ネ	-	0	1	2	3	4	5	6	7	8	9	a	b	c	d
ノ	-	0	1	2	3	4	5	6	7	8	9	a	b	c	d
ハ	-	0	1	2	3	4	5	6	7	8	9	a	b	c	d
ヒ	-	0	1	2	3	4	5	6	7	8	9	a	b	c	d
フ	-	0	1	2	3	4	5	6	7	8	9	a	b	c	d
ヘ	-	0	1	2	3	4	5	6	7	8	9	a	b	c	d
ホ	-	0	1	2	3	4	5	6	7	8	9	a	b	c	d

5

	解					答						欄			
	-	0	1	2	3	4	5	6	7	8	9	a	b	c	d
ア	-	0	1	2	3	4	5	6	7	8	9	a	b	c	d
イ	-	0	1	2	3	4	5	6	7	8	9	a	b	c	d
ウ	-	0	1	2	3	4	5	6	7	8	9	a	b	c	d
エ	-	0	1	2	3	4	5	6	7	8	9	a	b	c	d
オ	-	0	1	2	3	4	5	6	7	8	9	a	b	c	d
カ	-	0	1	2	3	4	5	6	7	8	9	a	b	c	d
キ	-	0	1	2	3	4	5	6	7	8	9	a	b	c	d
ク	-	0	1	2	3	4	5	6	7	8	9	a	b	c	d
ケ	-	0	1	2	3	4	5	6	7	8	9	a	b	c	d
コ	-	0	1	2	3	4	5	6	7	8	9	a	b	c	d
サ	-	0	1	2	3	4	5	6	7	8	9	a	b	c	d
シ	-	0	1	2	3	4	5	6	7	8	9	a	b	c	d
ス	-	0	1	2	3	4	5	6	7	8	9	a	b	c	d
セ	-	0	1	2	3	4	5	6	7	8	9	a	b	c	d
ソ	-	0	1	2	3	4	5	6	7	8	9	a	b	c	d
タ	-	0	1	2	3	4	5	6	7	8	9	a	b	c	d
チ	-	0	1	2	3	4	5	6	7	8	9	a	b	c	d
ツ	-	0	1	2	3	4	5	6	7	8	9	a	b	c	d
テ	-	0	1	2	3	4	5	6	7	8	9	a	b	c	d
ト	-	0	1	2	3	4	5	6	7	8	9	a	b	c	d
ナ	-	0	1	2	3	4	5	6	7	8	9	a	b	c	d
ニ	-	0	1	2	3	4	5	6	7	8	9	a	b	c	d
ヌ	-	0	1	2	3	4	5	6	7	8	9	a	b	c	d
ネ	-	0	1	2	3	4	5	6	7	8	9	a	b	c	d
ノ	-	0	1	2	3	4	5	6	7	8	9	a	b	c	d
ハ	-	0	1	2	3	4	5	6	7	8	9	a	b	c	d
ヒ	-	0	1	2	3	4	5	6	7	8	9	a	b	c	d
フ	-	0	1	2	3	4	5	6	7	8	9	a	b	c	d
ヘ	-	0	1	2	3	4	5	6	7	8	9	a	b	c	d
ホ	-	0	1	2	3	4	5	6	7	8	9	a	b	c	d

マーク例

良い例	悪い例
●	⊙ ⊗ ◐ ○

駿 台 文 庫

数学②　解答用紙
第1面

・1科目だけマークしなさい。
・解答科目欄が無マーク又は複数マークの場合は，0点となることがあります。

解答科目欄	数学Ⅱ	数学Ⅱ・数学B
	○	○

氏名・フリガナ，試験場コードを記入しなさい。

フリガナ	
氏　名	

試験場コード	十万位	万位	千位	百位	十位	一位

注意事項
1 問題番号4 5の解答欄は，この用紙の第2面にあります。
2 選択問題は，選択した問題番号の解答欄に解答しなさい。
3 訂正は，消しゴムできれいに消し，消しくずを残してはいけません。
4 所定欄以外にはマークしたり，記入したりしてはいけません。
5 汚したり，折りまげたりしてはいけません。

受験番号を記入し，その下のマーク欄にマークしなさい。

受験番号欄

千位	百位	十位	一位	英字
−	0	0	0	A
1	1	1	1	B
2	2	2	2	C
3	3	3	3	H
4	4	4	4	K
5	5	5	5	M
6	6	6	6	R
7	7	7	7	U
8	8	8	8	X
9	9	9	9	Y
−	−	−	−	Z

マーク例

良い例	悪い例
●	⊙ ⊗ ◔ ○

駿　台　文　庫

1 解答欄

	−	0	1	2	3	4	5	6	7	8	9	a	b	c	d
ア	−	0	1	2	3	4	5	6	7	8	9	a	b	c	d
イ	−	0	1	2	3	4	5	6	7	8	9	a	b	c	d
ウ	−	0	1	2	3	4	5	6	7	8	9	a	b	c	d
エ	−	0	1	2	3	4	5	6	7	8	9	a	b	c	d
オ	−	0	1	2	3	4	5	6	7	8	9	a	b	c	d
カ	−	0	1	2	3	4	5	6	7	8	9	a	b	c	d
キ	−	0	1	2	3	4	5	6	7	8	9	a	b	c	d
ク	−	0	1	2	3	4	5	6	7	8	9	a	b	c	d
ケ	−	0	1	2	3	4	5	6	7	8	9	a	b	c	d
コ	−	0	1	2	3	4	5	6	7	8	9	a	b	c	d
サ	−	0	1	2	3	4	5	6	7	8	9	a	b	c	d
シ	−	0	1	2	3	4	5	6	7	8	9	a	b	c	d
ス	−	0	1	2	3	4	5	6	7	8	9	a	b	c	d
セ	−	0	1	2	3	4	5	6	7	8	9	a	b	c	d
ソ	−	0	1	2	3	4	5	6	7	8	9	a	b	c	d
タ	−	0	1	2	3	4	5	6	7	8	9	a	b	c	d
チ	−	0	1	2	3	4	5	6	7	8	9	a	b	c	d
ツ	−	0	1	2	3	4	5	6	7	8	9	a	b	c	d
テ	−	0	1	2	3	4	5	6	7	8	9	a	b	c	d
ト	−	0	1	2	3	4	5	6	7	8	9	a	b	c	d
ナ	−	0	1	2	3	4	5	6	7	8	9	a	b	c	d
ニ	−	0	1	2	3	4	5	6	7	8	9	a	b	c	d
ヌ	−	0	1	2	3	4	5	6	7	8	9	a	b	c	d
ネ	−	0	1	2	3	4	5	6	7	8	9	a	b	c	d
ノ	−	0	1	2	3	4	5	6	7	8	9	a	b	c	d
ハ	−	0	1	2	3	4	5	6	7	8	9	a	b	c	d
ヒ	−	0	1	2	3	4	5	6	7	8	9	a	b	c	d
フ	−	0	1	2	3	4	5	6	7	8	9	a	b	c	d
ヘ	−	0	1	2	3	4	5	6	7	8	9	a	b	c	d
ホ	−	0	1	2	3	4	5	6	7	8	9	a	b	c	d

2 解答欄

	−	0	1	2	3	4	5	6	7	8	9	a	b	c	d
ア	−	0	1	2	3	4	5	6	7	8	9	a	b	c	d
イ	−	0	1	2	3	4	5	6	7	8	9	a	b	c	d
ウ	−	0	1	2	3	4	5	6	7	8	9	a	b	c	d
エ	−	0	1	2	3	4	5	6	7	8	9	a	b	c	d
オ	−	0	1	2	3	4	5	6	7	8	9	a	b	c	d
カ	−	0	1	2	3	4	5	6	7	8	9	a	b	c	d
キ	−	0	1	2	3	4	5	6	7	8	9	a	b	c	d
ク	−	0	1	2	3	4	5	6	7	8	9	a	b	c	d
ケ	−	0	1	2	3	4	5	6	7	8	9	a	b	c	d
コ	−	0	1	2	3	4	5	6	7	8	9	a	b	c	d
サ	−	0	1	2	3	4	5	6	7	8	9	a	b	c	d
シ	−	0	1	2	3	4	5	6	7	8	9	a	b	c	d
ス	−	0	1	2	3	4	5	6	7	8	9	a	b	c	d
セ	−	0	1	2	3	4	5	6	7	8	9	a	b	c	d
ソ	−	0	1	2	3	4	5	6	7	8	9	a	b	c	d
タ	−	0	1	2	3	4	5	6	7	8	9	a	b	c	d
チ	−	0	1	2	3	4	5	6	7	8	9	a	b	c	d
ツ	−	0	1	2	3	4	5	6	7	8	9	a	b	c	d
テ	−	0	1	2	3	4	5	6	7	8	9	a	b	c	d
ト	−	0	1	2	3	4	5	6	7	8	9	a	b	c	d
ナ	−	0	1	2	3	4	5	6	7	8	9	a	b	c	d
ニ	−	0	1	2	3	4	5	6	7	8	9	a	b	c	d
ヌ	−	0	1	2	3	4	5	6	7	8	9	a	b	c	d
ネ	−	0	1	2	3	4	5	6	7	8	9	a	b	c	d
ノ	−	0	1	2	3	4	5	6	7	8	9	a	b	c	d
ハ	−	0	1	2	3	4	5	6	7	8	9	a	b	c	d
ヒ	−	0	1	2	3	4	5	6	7	8	9	a	b	c	d
フ	−	0	1	2	3	4	5	6	7	8	9	a	b	c	d
ヘ	−	0	1	2	3	4	5	6	7	8	9	a	b	c	d
ホ	−	0	1	2	3	4	5	6	7	8	9	a	b	c	d

3 解答欄

	−	0	1	2	3	4	5	6	7	8	9	a	b	c	d
ア	−	0	1	2	3	4	5	6	7	8	9	a	b	c	d
イ	−	0	1	2	3	4	5	6	7	8	9	a	b	c	d
ウ	−	0	1	2	3	4	5	6	7	8	9	a	b	c	d
エ	−	0	1	2	3	4	5	6	7	8	9	a	b	c	d
オ	−	0	1	2	3	4	5	6	7	8	9	a	b	c	d
カ	−	0	1	2	3	4	5	6	7	8	9	a	b	c	d
キ	−	0	1	2	3	4	5	6	7	8	9	a	b	c	d
ク	−	0	1	2	3	4	5	6	7	8	9	a	b	c	d
ケ	−	0	1	2	3	4	5	6	7	8	9	a	b	c	d
コ	−	0	1	2	3	4	5	6	7	8	9	a	b	c	d
サ	−	0	1	2	3	4	5	6	7	8	9	a	b	c	d
シ	−	0	1	2	3	4	5	6	7	8	9	a	b	c	d
ス	−	0	1	2	3	4	5	6	7	8	9	a	b	c	d
セ	−	0	1	2	3	4	5	6	7	8	9	a	b	c	d
ソ	−	0	1	2	3	4	5	6	7	8	9	a	b	c	d
タ	−	0	1	2	3	4	5	6	7	8	9	a	b	c	d
チ	−	0	1	2	3	4	5	6	7	8	9	a	b	c	d
ツ	−	0	1	2	3	4	5	6	7	8	9	a	b	c	d
テ	−	0	1	2	3	4	5	6	7	8	9	a	b	c	d
ト	−	0	1	2	3	4	5	6	7	8	9	a	b	c	d
ナ	−	0	1	2	3	4	5	6	7	8	9	a	b	c	d
ニ	−	0	1	2	3	4	5	6	7	8	9	a	b	c	d
ヌ	−	0	1	2	3	4	5	6	7	8	9	a	b	c	d
ネ	−	0	1	2	3	4	5	6	7	8	9	a	b	c	d
ノ	−	0	1	2	3	4	5	6	7	8	9	a	b	c	d
ハ	−	0	1	2	3	4	5	6	7	8	9	a	b	c	d
ヒ	−	0	1	2	3	4	5	6	7	8	9	a	b	c	d
フ	−	0	1	2	3	4	5	6	7	8	9	a	b	c	d
ヘ	−	0	1	2	3	4	5	6	7	8	9	a	b	c	d
ホ	−	0	1	2	3	4	5	6	7	8	9	a	b	c	d

数学② 解答用紙
第2面

注意事項

1 問題番号1 2 3の解答欄は，この用紙の第1面にあります。

2 選択問題は，選択した問題番号の解答欄に解答しなさい。

4

	解答欄														
	-	0	1	2	3	4	5	6	7	8	9	a	b	c	d
ア	⊖	⓪	①	②	③	④	⑤	⑥	⑦	⑧	⑨	ⓐ	ⓑ	ⓒ	ⓓ
イ	⊖	⓪	①	②	③	④	⑤	⑥	⑦	⑧	⑨	ⓐ	ⓑ	ⓒ	ⓓ
ウ	⊖	⓪	①	②	③	④	⑤	⑥	⑦	⑧	⑨	ⓐ	ⓑ	ⓒ	ⓓ
エ	⊖	⓪	①	②	③	④	⑤	⑥	⑦	⑧	⑨	ⓐ	ⓑ	ⓒ	ⓓ
オ	⊖	⓪	①	②	③	④	⑤	⑥	⑦	⑧	⑨	ⓐ	ⓑ	ⓒ	ⓓ
カ	⊖	⓪	①	②	③	④	⑤	⑥	⑦	⑧	⑨	ⓐ	ⓑ	ⓒ	ⓓ
キ	⊖	⓪	①	②	③	④	⑤	⑥	⑦	⑧	⑨	ⓐ	ⓑ	ⓒ	ⓓ
ク	⊖	⓪	①	②	③	④	⑤	⑥	⑦	⑧	⑨	ⓐ	ⓑ	ⓒ	ⓓ
ケ	⊖	⓪	①	②	③	④	⑤	⑥	⑦	⑧	⑨	ⓐ	ⓑ	ⓒ	ⓓ
コ	⊖	⓪	①	②	③	④	⑤	⑥	⑦	⑧	⑨	ⓐ	ⓑ	ⓒ	ⓓ
サ	⊖	⓪	①	②	③	④	⑤	⑥	⑦	⑧	⑨	ⓐ	ⓑ	ⓒ	ⓓ
シ	⊖	⓪	①	②	③	④	⑤	⑥	⑦	⑧	⑨	ⓐ	ⓑ	ⓒ	ⓓ
ス	⊖	⓪	①	②	③	④	⑤	⑥	⑦	⑧	⑨	ⓐ	ⓑ	ⓒ	ⓓ
セ	⊖	⓪	①	②	③	④	⑤	⑥	⑦	⑧	⑨	ⓐ	ⓑ	ⓒ	ⓓ
ソ	⊖	⓪	①	②	③	④	⑤	⑥	⑦	⑧	⑨	ⓐ	ⓑ	ⓒ	ⓓ
タ	⊖	⓪	①	②	③	④	⑤	⑥	⑦	⑧	⑨	ⓐ	ⓑ	ⓒ	ⓓ
チ	⊖	⓪	①	②	③	④	⑤	⑥	⑦	⑧	⑨	ⓐ	ⓑ	ⓒ	ⓓ
ツ	⊖	⓪	①	②	③	④	⑤	⑥	⑦	⑧	⑨	ⓐ	ⓑ	ⓒ	ⓓ
テ	⊖	⓪	①	②	③	④	⑤	⑥	⑦	⑧	⑨	ⓐ	ⓑ	ⓒ	ⓓ
ト	⊖	⓪	①	②	③	④	⑤	⑥	⑦	⑧	⑨	ⓐ	ⓑ	ⓒ	ⓓ
ナ	⊖	⓪	①	②	③	④	⑤	⑥	⑦	⑧	⑨	ⓐ	ⓑ	ⓒ	ⓓ
ニ	⊖	⓪	①	②	③	④	⑤	⑥	⑦	⑧	⑨	ⓐ	ⓑ	ⓒ	ⓓ
ヌ	⊖	⓪	①	②	③	④	⑤	⑥	⑦	⑧	⑨	ⓐ	ⓑ	ⓒ	ⓓ
ネ	⊖	⓪	①	②	③	④	⑤	⑥	⑦	⑧	⑨	ⓐ	ⓑ	ⓒ	ⓓ
ノ	⊖	⓪	①	②	③	④	⑤	⑥	⑦	⑧	⑨	ⓐ	ⓑ	ⓒ	ⓓ
ハ	⊖	⓪	①	②	③	④	⑤	⑥	⑦	⑧	⑨	ⓐ	ⓑ	ⓒ	ⓓ
ヒ	⊖	⓪	①	②	③	④	⑤	⑥	⑦	⑧	⑨	ⓐ	ⓑ	ⓒ	ⓓ
フ	⊖	⓪	①	②	③	④	⑤	⑥	⑦	⑧	⑨	ⓐ	ⓑ	ⓒ	ⓓ
ヘ	⊖	⓪	①	②	③	④	⑤	⑥	⑦	⑧	⑨	ⓐ	ⓑ	ⓒ	ⓓ
ホ	⊖	⓪	①	②	③	④	⑤	⑥	⑦	⑧	⑨	ⓐ	ⓑ	ⓒ	ⓓ

5

	解答欄														
	-	0	1	2	3	4	5	6	7	8	9	a	b	c	d
ア	⊖	⓪	①	②	③	④	⑤	⑥	⑦	⑧	⑨	ⓐ	ⓑ	ⓒ	ⓓ
イ	⊖	⓪	①	②	③	④	⑤	⑥	⑦	⑧	⑨	ⓐ	ⓑ	ⓒ	ⓓ
ウ	⊖	⓪	①	②	③	④	⑤	⑥	⑦	⑧	⑨	ⓐ	ⓑ	ⓒ	ⓓ
エ	⊖	⓪	①	②	③	④	⑤	⑥	⑦	⑧	⑨	ⓐ	ⓑ	ⓒ	ⓓ
オ	⊖	⓪	①	②	③	④	⑤	⑥	⑦	⑧	⑨	ⓐ	ⓑ	ⓒ	ⓓ
カ	⊖	⓪	①	②	③	④	⑤	⑥	⑦	⑧	⑨	ⓐ	ⓑ	ⓒ	ⓓ
キ	⊖	⓪	①	②	③	④	⑤	⑥	⑦	⑧	⑨	ⓐ	ⓑ	ⓒ	ⓓ
ク	⊖	⓪	①	②	③	④	⑤	⑥	⑦	⑧	⑨	ⓐ	ⓑ	ⓒ	ⓓ
ケ	⊖	⓪	①	②	③	④	⑤	⑥	⑦	⑧	⑨	ⓐ	ⓑ	ⓒ	ⓓ
コ	⊖	⓪	①	②	③	④	⑤	⑥	⑦	⑧	⑨	ⓐ	ⓑ	ⓒ	ⓓ
サ	⊖	⓪	①	②	③	④	⑤	⑥	⑦	⑧	⑨	ⓐ	ⓑ	ⓒ	ⓓ
シ	⊖	⓪	①	②	③	④	⑤	⑥	⑦	⑧	⑨	ⓐ	ⓑ	ⓒ	ⓓ
ス	⊖	⓪	①	②	③	④	⑤	⑥	⑦	⑧	⑨	ⓐ	ⓑ	ⓒ	ⓓ
セ	⊖	⓪	①	②	③	④	⑤	⑥	⑦	⑧	⑨	ⓐ	ⓑ	ⓒ	ⓓ
ソ	⊖	⓪	①	②	③	④	⑤	⑥	⑦	⑧	⑨	ⓐ	ⓑ	ⓒ	ⓓ
タ	⊖	⓪	①	②	③	④	⑤	⑥	⑦	⑧	⑨	ⓐ	ⓑ	ⓒ	ⓓ
チ	⊖	⓪	①	②	③	④	⑤	⑥	⑦	⑧	⑨	ⓐ	ⓑ	ⓒ	ⓓ
ツ	⊖	⓪	①	②	③	④	⑤	⑥	⑦	⑧	⑨	ⓐ	ⓑ	ⓒ	ⓓ
テ	⊖	⓪	①	②	③	④	⑤	⑥	⑦	⑧	⑨	ⓐ	ⓑ	ⓒ	ⓓ
ト	⊖	⓪	①	②	③	④	⑤	⑥	⑦	⑧	⑨	ⓐ	ⓑ	ⓒ	ⓓ
ナ	⊖	⓪	①	②	③	④	⑤	⑥	⑦	⑧	⑨	ⓐ	ⓑ	ⓒ	ⓓ
ニ	⊖	⓪	①	②	③	④	⑤	⑥	⑦	⑧	⑨	ⓐ	ⓑ	ⓒ	ⓓ
ヌ	⊖	⓪	①	②	③	④	⑤	⑥	⑦	⑧	⑨	ⓐ	ⓑ	ⓒ	ⓓ
ネ	⊖	⓪	①	②	③	④	⑤	⑥	⑦	⑧	⑨	ⓐ	ⓑ	ⓒ	ⓓ
ノ	⊖	⓪	①	②	③	④	⑤	⑥	⑦	⑧	⑨	ⓐ	ⓑ	ⓒ	ⓓ
ハ	⊖	⓪	①	②	③	④	⑤	⑥	⑦	⑧	⑨	ⓐ	ⓑ	ⓒ	ⓓ
ヒ	⊖	⓪	①	②	③	④	⑤	⑥	⑦	⑧	⑨	ⓐ	ⓑ	ⓒ	ⓓ
フ	⊖	⓪	①	②	③	④	⑤	⑥	⑦	⑧	⑨	ⓐ	ⓑ	ⓒ	ⓓ
ヘ	⊖	⓪	①	②	③	④	⑤	⑥	⑦	⑧	⑨	ⓐ	ⓑ	ⓒ	ⓓ
ホ	⊖	⓪	①	②	③	④	⑤	⑥	⑦	⑧	⑨	ⓐ	ⓑ	ⓒ	ⓓ

マーク例

良い例	悪い例
●	⊙ ⊗ ◕ ○

駿 台 文 庫

駿台

2024
大学入学共通テスト
実戦問題集

数学 II・B

【解答・解説編】

駿台文庫編

直前チェック総整理

各問いの解説ごとに，解答の際利用する項目の番号が記されている。

数　学　II

I.　いろいろな式

1　整式の計算

・3 次式の計算

$(a \pm b)^3 = a^3 \pm 3a^2b + 3ab^2 \pm b^3$

$(a \pm b)(a^2 \mp ab + b^2) = a^3 \pm b^3$

$a^3 \pm b^3 = (a \pm b)(a^2 \mp ab + b^2)$　（因数分解）

（以上複号同順）

2　二項定理

・$(a+b)^n = {}_n\mathrm{C}_0 a^n + {}_n\mathrm{C}_1 a^{n-1}b + \cdots + {}_n\mathrm{C}_r a^{n-r}b^r + \cdots + {}_n\mathrm{C}_{n-1} ab^{n-1} + {}_n\mathrm{C}_n b^n$

${}_n\mathrm{C}_r a^{n-r}b^r$ を一般項という。

・パスカルの三角形

$(a+b)^n$ の展開式の係数を三角形状に並べたもの。

1　1	${}_1\mathrm{C}_0$　${}_1\mathrm{C}_1$
1　2　1	${}_2\mathrm{C}_0$　${}_2\mathrm{C}_1$　${}_2\mathrm{C}_2$
1　3　3　1	${}_3\mathrm{C}_0$　${}_3\mathrm{C}_1$　${}_3\mathrm{C}_2$　${}_3\mathrm{C}_3$
1　4　6　4　1	${}_4\mathrm{C}_0$　${}_4\mathrm{C}_1$　${}_4\mathrm{C}_2$　${}_4\mathrm{C}_3$　${}_4\mathrm{C}_4$
1　5　10　10　5　1	${}_5\mathrm{C}_0$　${}_5\mathrm{C}_1$　${}_5\mathrm{C}_2$　${}_5\mathrm{C}_3$　${}_5\mathrm{C}_4$　${}_5\mathrm{C}_5$
……	……

3　整式の除法・分数式

・整式の除法

整式 A を整式 B で割ったときの商を Q，余りを R とすると

$A = BQ + R$（R は 0 または B より低次の整式）

・分数式の計算

$\dfrac{A}{C} \pm \dfrac{B}{C} = \dfrac{A \pm B}{C}$　（複号同順）

$\dfrac{A}{B} \times \dfrac{C}{D} = \dfrac{AC}{BD}$

$\dfrac{A}{B} \div \dfrac{C}{D} = \dfrac{AD}{BC}$

・部分分数分解の例

$\dfrac{1}{x(x+1)} = \dfrac{1}{x} - \dfrac{1}{x+1}$

$\dfrac{1}{x(x+1)(x+2)} = \dfrac{1}{2}\left\{\dfrac{1}{x(x+1)} - \dfrac{1}{(x+1)(x+2)}\right\}$

4　等式・不等式の証明

・恒等式

「$ax + b = 0$ が x の恒等式」$\iff a = b = 0$

「$ax^2 + bx + c = 0$ が x の恒等式」$\iff a = b = c = 0$

「$ax + by = 0$ が x，y の 恒等式」$\iff a = b = 0$

・重要な不等式

$|a| + |b| \geqq |a \pm b| \geqq \big||a| - |b|\big|$　（三角不等式）

$a > 0$，$b > 0$ のとき

$\dfrac{a+b}{2} \geqq \sqrt{ab}$　等号成立は $a = b$ のとき

（相加平均と相乗平均の不等式）

$(a^2 + b^2)(x^2 + y^2) \geqq (ax + by)^2$

（コーシー・シュワルツの不等式）

$a^2 + b^2 + c^2 \geqq ab + bc + ca$

5　複素数

a，b，c，d を実数とする。

・複素数の計算

$i^2 = -1$，$\sqrt{-a} = \sqrt{a}i$　$(a > 0)$

$(a + bi) \pm (c + di) = (a \pm c) + (b \pm d)i$

（複号同順）

$(a + bi)(c + di) = (ac - bd) + (ad + bc)i$

$\dfrac{a+bi}{c+di} = \dfrac{ac+bd}{c^2+d^2} + \dfrac{bc-ad}{c^2+d^2}i$　$(c^2 + d^2 \fallingdotseq 0)$

・複素数の相等

$a + bi = 0 \iff a = b = 0$

$a + bi = c + di \iff a = c,\ b = d$

・共役複素数

$\alpha = a + bi$ のとき，$\overline{\alpha} = a - bi$（$\alpha$ の共役複素数）

「α が実数」$\iff \overline{\alpha} = \alpha$

「α が純虚数」$\iff \overline{\alpha} = -\alpha \fallingdotseq 0$

6　2 次方程式

$ax^2 + bx + c = 0$　$(a \fallingdotseq 0)$

の 2 解を α，β，$D = b^2 - 4ac$ とする。D を判別式という。

・解の公式

$ax^2 + bx + c = 0 \iff x = \dfrac{-b \pm \sqrt{b^2 - 4ac}}{2a}$

・解の判別

$D > 0$ のとき　α，β は異なる実数

$D = 0$ のとき　α，β は実数で，$\alpha = \beta$（重解）

$D < 0$ のとき　α，β は共役な虚数

・解と係数の関係

$$ax^2+bx+c=a(x-\alpha)(x-\beta)$$

$$\alpha+\beta=-\frac{b}{a},\ \alpha\beta=\frac{c}{a}$$

$\alpha>0, \beta>0 \iff D\geqq 0, \alpha+\beta>0, \alpha\beta>0$

$\alpha<0, \beta<0 \iff D\geqq 0, \alpha+\beta<0, \alpha\beta>0$

「α, β が異符号」$\iff \alpha\beta<0$

・α，β を解とする 2 次方程式は，$p=\alpha+\beta$, $q=\alpha\beta$ とすると

$$x^2-px+q=0$$

7 因数定理

・剰余の定理　整式 $P(x)$ を

$x-\alpha$ で割ったときの余りは　$P(\alpha)$

$ax+b$ で割ったときの余りは　$P\left(-\dfrac{b}{a}\right)$

・因数定理

$x-\alpha$ が整式 $P(x)$ の因数である条件は

$P(\alpha)=0$

8 高次方程式

・1 の 3 乗根

$$x^3=1 \iff x=1, \frac{-1\pm\sqrt{3}i}{2}$$

$\omega=\dfrac{-1+\sqrt{3}i}{2}$ とおくと

$$\omega^3=1,\ \omega^2+\omega+1=0,\ \overline{\omega}=\omega^2$$

・高次方程式

因数分解（因数定理を利用）して解くか，置き換えを利用して次数の低い方程式に書き換えて解く。

係数が実数の方程式で α が解のとき，$\overline{\alpha}$ も解である。

・3 次方程式の解と係数の関係

$ax^3+bx^2+cx+d=0$（$a\neqq 0$）の解を α，β，γ とする．

$$\alpha+\beta+\gamma=-\frac{b}{a}$$

$$\alpha\beta+\beta\gamma+\gamma\alpha=\frac{c}{a}$$

$$\alpha\beta\gamma=-\frac{d}{a}$$

II. 図形と方程式

1 点

O(0, 0)，A(x_1, y_1)，B(x_2, y_2)，C(x_3, y_3) とする。

・内分点・外分点

線分 AB を $m:n$ に

内分する点の座標

$$\left(\frac{nx_1+mx_2}{m+n},\ \frac{ny_1+my_2}{m+n}\right)$$

外分する点の座標

$$\left(\frac{-nx_1+mx_2}{m-n},\ \frac{-ny_1+my_2}{m-n}\right)\quad (m\neqq n)$$

・中点

線分 AB の中点の座標　$\left(\dfrac{x_1+x_2}{2},\ \dfrac{y_1+y_2}{2}\right)$

・重心

△ABC の重心の座標

$$\left(\frac{x_1+x_2+x_3}{3},\ \frac{y_1+y_2+y_3}{3}\right)$$

・2 点間の距離

$$\mathrm{AB}=\sqrt{(x_2-x_1)^2+(y_2-y_1)^2}$$

$$\mathrm{OA}=\sqrt{{x_1}^2+{y_1}^2}$$

・△OAB の面積

$$\frac{1}{2}|x_1y_2-x_2y_1|$$

2 直線

・点 (x_1, y_1) を通る直線の方程式

傾きが m のとき　$y=m(x-x_1)+y_1$

x 軸に垂直のとき　$x=x_1$

・2 点 $(x_1, y_1), (x_2, y_2)$ を通る直線の方程式

$x_1\neqq x_2$ のとき　$y=\dfrac{y_2-y_1}{x_2-x_1}(x-x_1)+y_1$

$x_1=x_2$ のとき　$x=x_1$

まとめると

$$(y_2-y_1)(x-x_1)-(x_2-x_1)(y-y_1)=0$$

・2 点 $(a, 0)$，$(0, b)$ $(ab\neqq 0)$ を通る直線の方程式

$$\frac{x}{a}+\frac{y}{b}=1$$

・2 直線の関係

$l_1: y=m_1x+n_1$，$l_2: y=m_2x+n_2$ について

$l_1/\!/l_2$ の条件は　$m_1=m_2$，$n_1\neqq n_2$

$l_1\perp l_2$ の条件は　$m_1m_2=-1$

点 (x_1, y_1) を通り直線 $ax+by+c=0$ に

平行な直線 ……$a(x-x_1)+b(y-y_1)=0$

垂直な直線 ……$b(x-x_1)-a(y-y_1)=0$

・2直線 $a_1x+b_1y+c_1=0$，$a_2x+b_2y+c_2=0$ の交点を通る直線の方程式

$$a_1x+b_1y+c_1+k(a_2x+b_2y+c_2)=0$$

・点 (x_1, y_1) と直線 $ax+by+c=0$ との距離

$$\frac{|ax_1+by_1+c|}{\sqrt{a^2+b^2}}$$

3 対称

・点に関する対称

2点P, Qが点Aに関して対称のとき，Aは線分PQの中点。

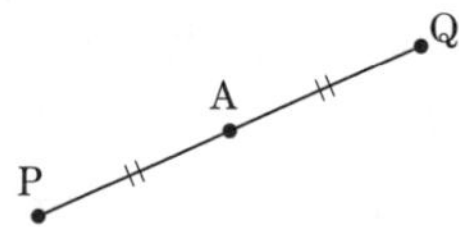

・直線に関する対称

2点P, Qが直線 l に関して対称のとき，PQ⊥ l であり線分PQの中点が l 上にある。

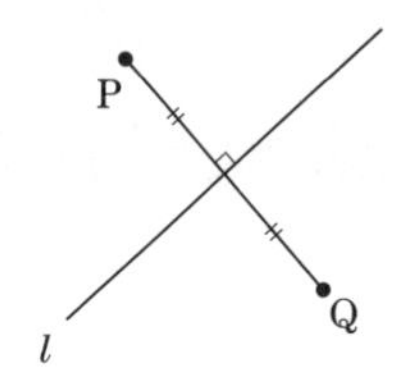

4 円

・$(x-a)^2+(y-b)^2=r^2$　$(r>0)$

…… 中心 (a, b)，半径 r

・$x^2+y^2+lx+my+n=0$　$(l^2+m^2-4n>0)$

…… 中心 $\left(-\dfrac{l}{2}, -\dfrac{m}{2}\right)$，半径 $\dfrac{\sqrt{l^2+m^2-4n}}{2}$

・2円　$x^2+y^2+l_1x+m_1y+n_1=0$

$x^2+y^2+l_2x+m_2y+n_2=0$

の2交点を通る円または直線の方程式

$$x^2+y^2+l_1x+m_1y+n_1$$
$$+k(x^2+y^2+l_2x+m_2y+n_2)=0$$

$$\left(\begin{array}{ll} k \fallingdotseq -1 & \text{のとき　円} \\ k = -1 & \text{のとき　直線} \end{array}\right)$$

・$x^2+y^2=r^2$ 上の点 (x_1, y_1) における接線の方程式

$$x_1x+y_1y=r^2$$

・円と直線

半径 r の円 C の中心から直線 l までの距離を d とする。

$d>r$	$\Longleftrightarrow$	C，l は共有点をもたない
$d=r$	$\Longleftrightarrow$	C，l は1点で接する
$0 \leqq d<r$	$\Longleftrightarrow$	C，l は2点で交わる

・2円の位置関係

半径 r_1 の円 C_1，半径 r_2 の円 C_2 の中心間の距離を d とする $(r_1>r_2)$。

$d>r_1+r_2$	$\Longleftrightarrow$	C_1，C_2 は互いに他の外部にある
$d=r_1+r_2$	$\Longleftrightarrow$	C_1，C_2 は外接する
$r_1-r_2<d<r_1+r_2$	$\Longleftrightarrow$	C_1，C_2 は2点で交わる
$d=r_1-r_2$	$\Longleftrightarrow$	C_2 は C_1 に内接する
$0 \leqq d<r_1-r_2$	$\Longleftrightarrow$	C_2 は C_1 の内部にある

5 軌跡

・軌跡

与えられた条件を満たす点全体が描く図形。

・2定点A，Bからの距離の比が $m:n$ の点の軌跡

$m=n$ … 線分ABの垂直二等分線

$m \fallingdotseq n$ … 線分ABを $m:n$ に内・外分する点を直径の両端とする円（アポロニウスの円）

6 不等式と領域

・$y>f(x)$ …… $y=f(x)$ の上方

$y<f(x)$ …… $y=f(x)$ の下方

・$ax+by+c>0$

$b>0$　なら　直線　$ax+by+c=0$ の上方

$b<0$　なら　直線　$ax+by+c=0$ の下方

・$x^2+y^2<r^2$ …… 円 $x^2+y^2=r^2$ の内部

$x^2+y^2>r^2$ …… 円 $x^2+y^2=r^2$ の外部

・領域における式の値

不等式で表された領域における式のとる値の最大・最小は，領域の境界を調べればよいことが多い。特に，多角形領域の場合は頂点が問題になる。

III.　三角関数

1　弧度法

・弧度法と度数法

$180^\circ = \pi$（ラジアン）

1（ラジアン）$= \left(\dfrac{180}{\pi}\right)^\circ \fallingdotseq 57.3^\circ$

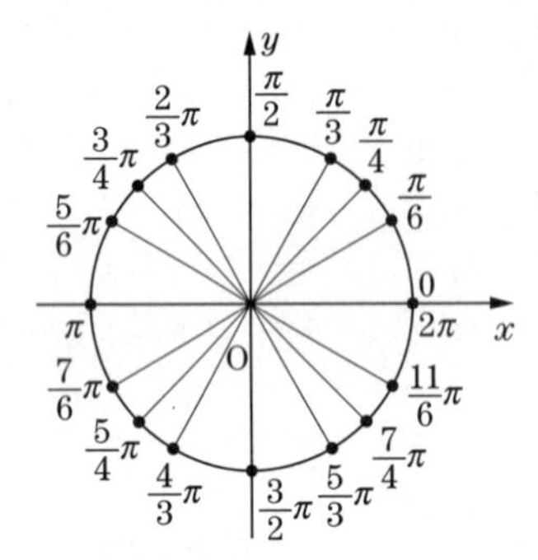

・扇形

$l = r\theta$

$S = \dfrac{1}{2}r^2\theta = \dfrac{1}{2}rl$

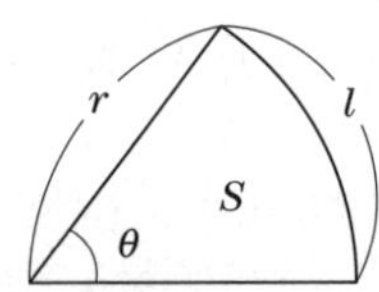

2　三角関数の定義と基本性質

・三角関数

$\sin\theta = \dfrac{y}{r}$,

$\cos\theta = \dfrac{x}{r}$,

$\tan\theta = \dfrac{y}{x}$

・相互関係

$\sin^2\theta + \cos^2\theta = 1,\ 1 + \tan^2\theta = \dfrac{1}{\cos^2\theta}$

$\tan\theta = \dfrac{\sin\theta}{\cos\theta}$

・いろいろな性質

$\sin(\theta + 2n\pi) = \sin\theta,\ \cos(\theta + 2n\pi) = \cos\theta,$

$\tan(\theta + n\pi) = \tan\theta$　（n は整数）

$\sin(-\theta) = -\sin\theta,\ \cos(-\theta) = \cos\theta,$

$\tan(-\theta) = -\tan\theta$

$\sin(\pi \pm \theta) = \mp\sin\theta,\ \cos(\pi \pm \theta) = -\cos\theta,$

$\tan(\pi \pm \theta) = \pm\tan\theta$

$\sin\left(\dfrac{\pi}{2} \pm \theta\right) = \cos\theta,\ \cos\left(\dfrac{\pi}{2} \pm \theta\right) = \mp\sin\theta,$

$\tan\left(\dfrac{\pi}{2} \pm \theta\right) = \mp\dfrac{1}{\tan\theta}$　（以上複号同順）

・三角関数の値

θ	0	$\frac{\pi}{6}$	$\frac{\pi}{4}$	$\frac{\pi}{3}$	$\frac{\pi}{2}$	$\frac{2}{3}\pi$	$\frac{3}{4}\pi$	$\frac{5}{6}\pi$	π
$\sin\theta$	0	$\frac{1}{2}$	$\frac{\sqrt{2}}{2}$	$\frac{\sqrt{3}}{2}$	1	$\frac{\sqrt{3}}{2}$	$\frac{\sqrt{2}}{2}$	$\frac{1}{2}$	0
$\cos\theta$	1	$\frac{\sqrt{3}}{2}$	$\frac{\sqrt{2}}{2}$	$\frac{1}{2}$	0	$-\frac{1}{2}$	$-\frac{\sqrt{2}}{2}$	$-\frac{\sqrt{3}}{2}$	-1
$\tan\theta$	0	$\frac{1}{\sqrt{3}}$	1	$\sqrt{3}$	／	$-\sqrt{3}$	-1	$-\frac{1}{\sqrt{3}}$	0

3　三角関数のグラフ

・$y = \sin\theta$

周期 2π の周期関数。奇関数（原点対称）。

$-1 \leqq \sin\theta \leqq 1$

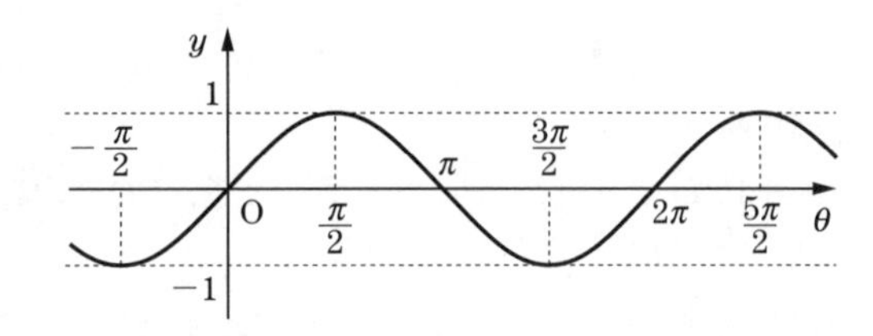

・$y = \cos\theta$

周期 2π の周期関数。偶関数（y 軸対称）。

$-1 \leqq \cos\theta \leqq 1$

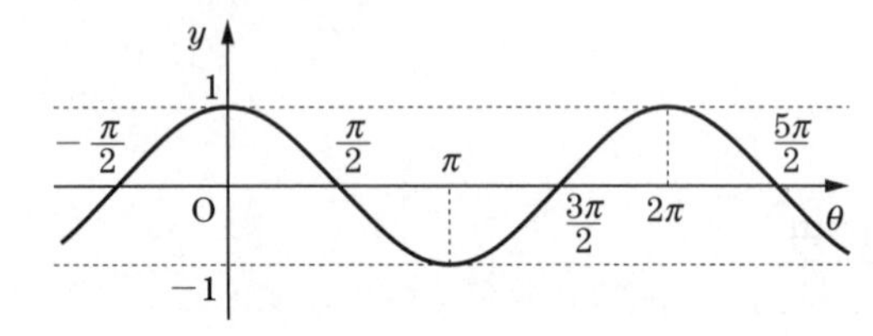

・$y = \tan\theta$

周期 π の周期関数。奇関数（原点対称）。

$\cos\theta = 0$ となる角 θ は考えない。$\left(\theta \neq \dfrac{\pi}{2} + n\pi\right)$

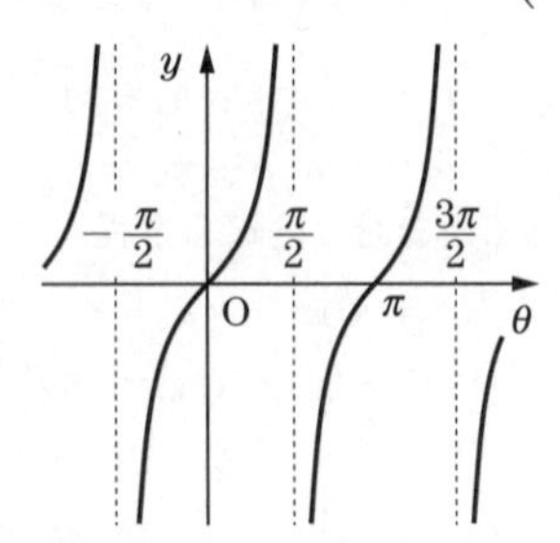

・周期

$p > 0$ とする。

$y = \sin px,\ y = \cos px$ の周期は　$\dfrac{2\pi}{p}$

$y = \tan px$ の周期は　$\dfrac{\pi}{p}$

4 加法定理

・加法定理

$$\sin(\alpha\pm\beta)=\sin\alpha\cos\beta\pm\cos\alpha\sin\beta$$

$$\cos(\alpha\pm\beta)=\cos\alpha\cos\beta\mp\sin\alpha\sin\beta$$

$$\tan(\alpha\pm\beta)=\frac{\tan\alpha\pm\tan\beta}{1\mp\tan\alpha\tan\beta}$$ （以上複号同順）

・倍角・半角の公式

$$\sin 2\alpha=2\sin\alpha\cos\alpha$$

$$\cos 2\alpha=\cos^2\alpha-\sin^2\alpha=1-2\sin^2\alpha$$
$$=2\cos^2\alpha-1$$

$$\tan 2\alpha=\frac{2\tan\alpha}{1-\tan^2\alpha}$$

$$\sin^2\frac{\alpha}{2}=\frac{1-\cos\alpha}{2},\ \cos^2\frac{\alpha}{2}=\frac{1+\cos\alpha}{2}$$

$$\tan^2\frac{\alpha}{2}=\frac{1-\cos\alpha}{1+\cos\alpha}$$

・2 直線のなす角

2 直線 $y=m_1x+n_1$, $y=m_2x+n_2$
がなす角を θ（θ は鋭角）とすると

$$\tan\theta=\left|\frac{m_1-m_2}{1+m_1m_2}\right|$$

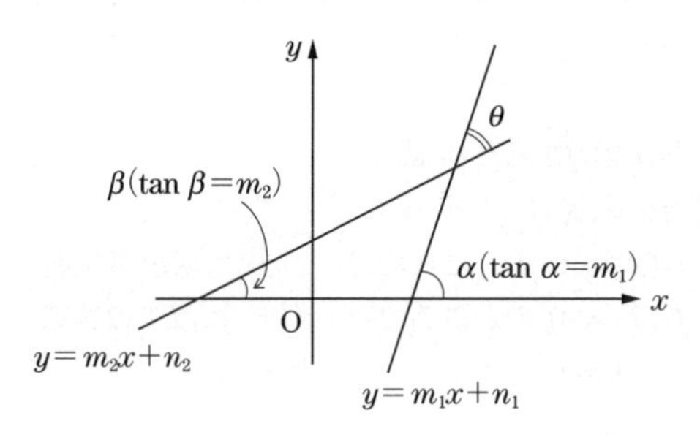

5 三角関数の合成

$$a\sin\theta+b\cos\theta=r\sin(\theta+\alpha)=r\cos(\theta-\beta)$$

$$r=\sqrt{a^2+b^2}$$

α, β は次図のような定角で

$$\sin\alpha=\cos\beta=\frac{b}{r},\quad \cos\alpha=\sin\beta=\frac{a}{r}$$

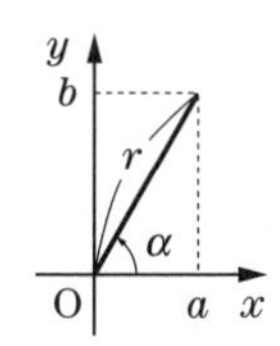

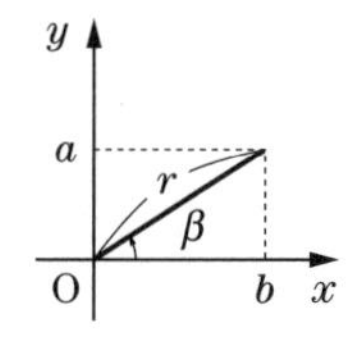

IV. 指数関数・対数関数

1 指数の性質

・指数の拡張　$a>0$ とする。

$$a^0=1,\quad a^{-r}=\frac{1}{a^r}\quad (r>0)$$

$$a^{\frac{m}{n}}=\sqrt[n]{a^m}$$ （m, n は正の整数, $n\geqq 2$
ただし, $\sqrt[2]{\ }$ は $\sqrt{\ }$ と書く。）

・指数法則　$a>0$, $b>0$, r, s は有理数とする。

$$a^ra^s=a^{r+s},\quad (a^r)^s=a^{rs},\quad (ab)^r=a^rb^r$$

$$\frac{a^r}{a^s}=a^{r-s},\quad \left(\frac{a}{b}\right)^r=\frac{a^r}{b^r}$$

2 指数関数

・$y=a^x$ のグラフ

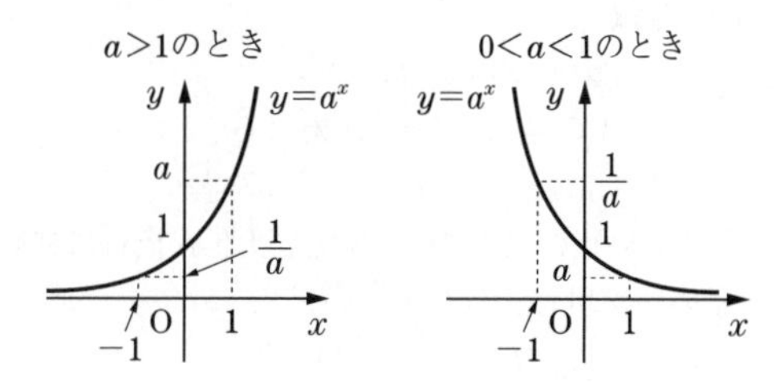

・$a>1$ のとき

$x_1<x_2$ ならば $a^{x_1}<a^{x_2}$

$0<a<1$ のとき

$x_1<x_2$ ならば $a^{x_1}>a^{x_2}$

3 対数の性質

・対数の定義

$p=a^q$ を q について解いたものを

$$q=\log_a p$$

と書く。

p：真数, q：対数, a：底

$(p>0,\quad a>0,\quad a\neq 1)$

・対数の性質

$$\log_a a^m=m,\quad \log_a 1=0,\quad \log_a a=1$$

$$\log_a mn=\log_a m+\log_a n$$

$$\log_a\frac{m}{n}=\log_a m-\log_a n$$

$$\log_a m^r=r\log_a m$$

$$\log_a b=\frac{\log_c b}{\log_c a}$$ （底の変換）

$$a^{\log_a b}=b$$

4 対数関数

・$y=\log_a x$ のグラフ

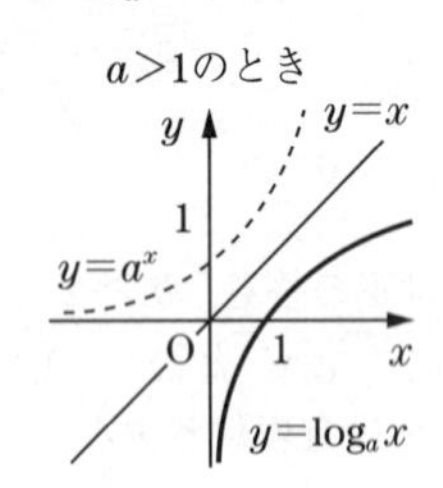

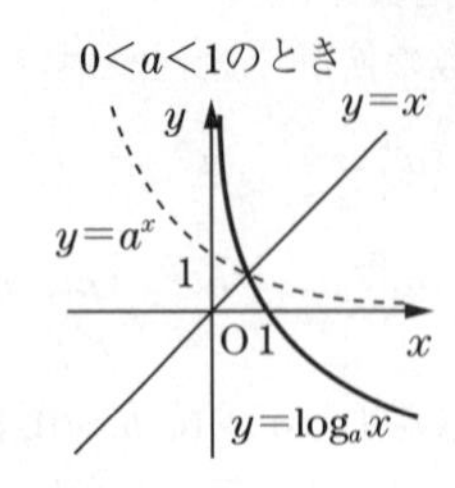

・$a>1$ のとき

　$0<x_1<x_2$　ならば　$\log_a x_1<\log_a x_2$

　$0<a<1$ のとき

　$0<x_1<x_2$　ならば　$\log_a x_1>\log_a x_2$

5 常用対数

・底が 10 の対数を常用対数という。

・1 以上の数 A の整数部分が n 桁なら

$$n-1\leqq\log_{10}A<n$$

　1 より小さい正の小数 B が小数点以下 n 桁目に初めて 0 でない数が現れる数なら

$$-n\leqq\log_{10}B<-(n-1)$$

V. 微分，積分の考え

1 微分係数と導関数

・平均変化率　$\dfrac{f(b)-f(a)}{b-a}$

・微分係数(変化率)　$f'(a)=\lim\limits_{b\to a}\dfrac{f(b)-f(a)}{b-a}$

$$=\lim_{h\to 0}\frac{f(a+h)-f(a)}{h}$$

・導関数　$f'(x)=\lim\limits_{h\to 0}\dfrac{f(x+h)-f(x)}{h}$

　$y=x^n$ ならば $y'=nx^{n-1}$　$(n=1,2,3,\cdots)$

　$y=k$（定数）ならば $y'=0$

・導関数の公式（k，l を定数とする）

　$y=kf(x)$ ならば $y'=kf'(x)$

　$y=kf(x)+lg(x)$ ならば $y'=kf'(x)+lg'(x)$

2 接線

$y=f(x)$ 上の点 $(t,f(t))$ における接線の方程式は

$$y=f'(t)(x-t)+f(t)$$

曲線上にない点 A を通る接線を考えるときは，接点を $(t,f(t))$ とおき，接線 $y=f'(t)(x-t)+f(t)$ が点 A を通るとして調べていく。

3 関数の増減と極値

・関数の増減

　$f'(x)>0$ のところでは，$f(x)$ は増加の状態

　$f'(x)<0$ のところでは，$f(x)$ は減少の状態

　$f'(x)=0$ のところでは，個別に調べる

・関数の極大・極小

　$f(x)$ は n 次関数とする。

　$x=a$ で極値をとるならば　$f'(a)=0$

　$f'(x)$ の符号が $x=a$ で

　　正から負に変わるとき，

　　　$f(x)$ は $x=a$ で極大

　　負から正に変わるとき，

　　　$f(x)$ は $x=a$ で極小

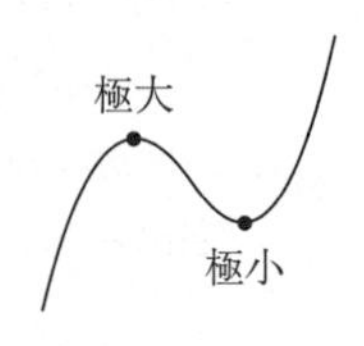

4 不定積分

C を積分定数，k，l を定数とする。

・$F'(x)=f(x)$ のとき

$$\int f(x)dx=F(x)+C$$

・$\displaystyle\int x^n dx=\frac{1}{n+1}x^{n+1}+C$　$(n=0,1,2,\cdots)$

・$\displaystyle\int kf(x)dx = k\int f(x)dx$

$\displaystyle\int \{kf(x)+lg(x)\}dx = k\int f(x)dx + l\int g(x)dx$

5 定積分

a, b, c は定数とする。

・$f(x)$ の不定積分の 1 つを $F(x)$ とするとき

$$\int_a^b f(x)dx = \Big[F(x)\Big]_a^b = F(b)-F(a)$$

・k, l を定数とするとき

$$\int_a^b kf(x)dx = k\int_a^b f(x)dx$$

$$\int_a^b \{kf(x)+lg(x)\}\,dx = k\int_a^b f(x)dx + l\int_a^b g(x)dx$$

・$\displaystyle\int_a^a f(x)dx = 0,\quad \int_a^b f(x)dx = -\int_b^a f(x)dx$

$$\int_a^b f(x)dx = \int_a^c f(x)dx + \int_c^b f(x)dx$$

・$\displaystyle\int_a^b (x-a)(x-b)dx = -\frac{1}{6}(b-a)^3$

・$\displaystyle\frac{d}{dx}\int_a^x f(t)dt = f(x)$

6 面積

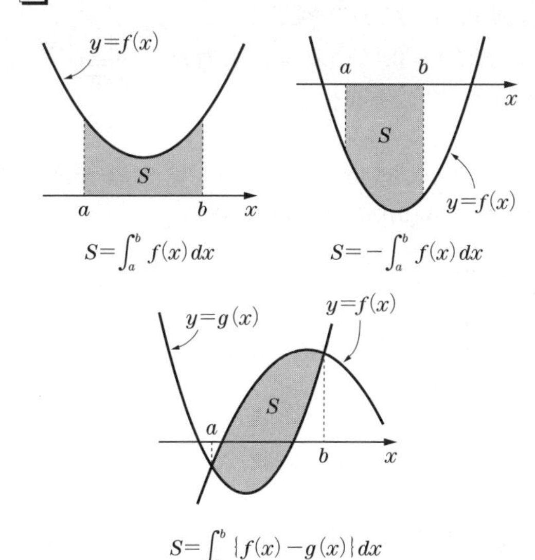

数　学　B

VI. 確率分布と統計的な推測

1 確率変数と確率分布

・確率変数

ある試行に関連して変数 X が考えられ，X がある値をとる確率がきまるとき，X を確率変数という。

・確率分布

確率変数 X のとる値 $x_1, x_2, \cdots, x_n$ に対してそれぞれの確率 $p_1, p_2, \cdots, p_n$ がきまるとき，この対応関係を確率分布という。

X	x_1　x_2　$\cdots$　x_n	計
確率	p_1　p_2　$\cdots$　p_n	1

$$p_i \geqq 0\ (i=1,2,\cdots,n),\quad \sum_{i=1}^{n} p_i = 1$$

$P(X=x_i)=p_i$ と表すこともある。

2 平均（期待値）と分散

確率変数 X が，確率分布 $P(X=x_i)=p_i$ $(i=1,2,\cdots,n)$ に従うとする。

・平均（期待値）

$$E(X) = \sum_{i=1}^{n} x_i p_i$$

・分散

$$\begin{aligned} V(X) &= E((X-E(X))^2) \\ &= \sum_{i=1}^{n}(x_i-E(X))^2 p_i \\ &= E(X^2)-\{E(X)\}^2 \end{aligned}$$

・標準偏差

$$\sigma(X) = \sqrt{V(X)}$$

3 確率変数の変換

・1 次式 $(Y=aX+b, a \fallingdotseq 0)$ による変換

X が確率変数のとき，Y も確率変数で

$$E(Y)=aE(X)+b,\quad V(Y)=a^2V(X)$$

・標準化

確率変数 X に対して，確率変数 U を

$$U = \frac{X-m}{\sigma}\quad (m=E(X),\ \sigma=\sqrt{V(X)})$$

で定めると

$$E(U)=0,\quad V(U)=1$$

X から U に変換することを標準化という。

4 確率変数の和と積

・同時分布

2つの確率変数 X, Y について $X=x_i$, $Y=y_i$ である確率が p_{ij} のとき，すべての i, j に対して x_i, y_j の組と p_{ij} の対応が得られる。この対応を X, Y の同時分布という。

X ＼ Y	y_1	y_2	$\cdots$	y_m	計
x_1	p_{11}	p_{12}	$\cdots$	p_{1m}	p_1
x_2	p_{21}	p_{22}	$\cdots$	p_{2m}	p_2
$\vdots$	$\vdots$	$\vdots$		$\vdots$	$\vdots$
x_n	p_{n1}	p_{n2}	$\cdots$	p_{nm}	p_n
計	q_1	q_2	$\cdots$	q_m	1

・確率変数の和の平均

$$E(X+Y)=E(X)+E(Y)$$

・確率変数の独立・従属

$$P(X=a \text{ かつ } Y=b)=P(X=a)\cdot P(Y=b)$$

が成り立つとき，X, Y は互いに独立であるという。

X, Y が独立のとき

$$E(XY)=E(X)E(Y)$$
$$V(X+Y)=V(X)+V(Y)$$

X, Y が独立でないとき，X, Y は互いに従属であるという。

5 二項分布

・二項分布

確率変数 X のとる値が $0, 1, 2, \cdots, n$ で $X=r$ となる確率が ${}_n\mathrm{C}_r p^r(1-p)^{n-r}$ のとき X の確率分布を二項分布といい $B(n,p)$ で表す。

・二項分布 $B(n,p)$ の平均と分散

$$E(X)=np, \quad V(X)=np(1-p)$$

6 正規分布

・連続型確率変数

$a \leqq X \leqq b$ で定義された確率変数 X について

$$f(x) \geqq 0 \ (a \leqq x \leqq b), \quad \int_a^b f(x)dx=1$$

を満たす $f(x)$ を考える。$a \leqq \alpha \leqq \beta \leqq b$ の α, β に対して

$$P(\alpha \leqq X \leqq \beta)=\int_\alpha^\beta f(x)dx$$

であるとき，X を連続型確率変数，$f(x)$ を X の確率密度関数という。このとき

$$E(X)=\int_a^b xf(x)dx$$
$$V(X)=\int_a^b (x-E(X))^2 f(x)dx$$

・正規分布

m, σ は実数 $(\sigma>0)$，$e=\lim_{h\to 0}(1+h)^{\frac{1}{h}}=2.718\cdots$

として，$f(x)=\dfrac{1}{\sqrt{2\pi}\sigma}e^{-\frac{(x-m)^2}{2\sigma^2}}$ とおく。

$f(x)$ は連続型確率密度関数で X は正規分布 $N(m,\sigma^2)$ に従う

$$E(X)=m$$
$$V(X)=\sigma^2$$

・X が $N(m,\sigma^2)$，Z が $N(0,1)$ に従う確率変数のとき

$$P(|X-m| \leqq \sigma)=P(|Z| \leqq 1)=0.683$$
$$P(|X-m| \leqq 2\sigma)=P(|Z| \leqq 2)=0.954$$
$$P(|X-m| \leqq 3\sigma)=P(|Z| \leqq 3)=0.997$$
$$P(|X-m| \leqq 1.96\sigma)=P(|Z| \leqq 1.96)=0.95$$
$$P(|X-m| \leqq 2.58\sigma)=P(|Z| \leqq 2.58)=0.99$$

が成り立つ。

X が $N(m,\sigma^2)$ に従う確率変数のとき $Z=\dfrac{X-m}{\sigma}$ は $N(0,1)$ に従う確率変数である。

$$E(Z)=0, \quad V(Z)=1, \quad f(x)=\frac{1}{\sqrt{2\pi}}e^{-\frac{x^2}{2}}$$

$N(0,1)$ を標準正規分布という。

・二項分布と正規分布

n が十分大きいとき，$B(n,p)$ に従う確率変数 X は近似的に $N(np, np(1-p))$ に従う。

7 標本調査

・標本調査

調査の対象全体の集合（母集団）から，標本を抽出して調査する。

・標本平均

母集団から大きさ n の標本 $X_1, X_2, \cdots, X_n$ を抽出する。

$\overline{X}=\dfrac{1}{n}\displaystyle\sum_{i=1}^{n}X_i$ を標本平均という，$\overline{X}$ は確率変数である。

大きさ N の母集団の平均が m，分散が σ^2 のとき

復元抽出ならば　$E(\overline{X})=m,\ V(\overline{X})=\dfrac{\sigma^2}{n}$

非復元抽出ならば　$E(\overline{X})=m$

$$V(\overline{X})=\frac{\sigma^2}{n}\cdot\frac{N-n}{N-1}$$

N が n にくらべて十分大きいときはいずれにしても

$$E(\overline{X})=m,\quad V(\overline{X})=\frac{\sigma^2}{n}$$

とみなしてよく，n が大きいとき $\overline{X}$ の分布は近似的に $N\left(m, \dfrac{\sigma^2}{n}\right)$ に従う。

・大数の法則

母平均 m の母集団から大きさ n の標本を抽出するとき，$\overline{X}$ は n が大きくなれば m に近付く。

8 推定

・母平均の推定

母分散 σ^2 の母集団からとった大きさ n の標本の標本平均が $\overline{X}$ のとき，母平均を $\overline{X}$ を用いて推定すると推定区間は

信頼度　95%…

$$\left(\overline{X}-\frac{1.96\sigma}{\sqrt{n}},\ \overline{X}+\frac{1.96\sigma}{\sqrt{n}}\right)$$

信頼度　99%…

$$\left(\overline{X}-\frac{2.58\sigma}{\sqrt{n}},\ \overline{X}+\frac{2.58\sigma}{\sqrt{n}}\right)$$

実際には σ が未知のことが多いので，σ を標本標準偏差で代用する。

・母比率の推定

母集団がもつある性質の割合（母比率）を，大きさ n の標本に含まれる比率（標本比率；r）を用いて推定すると推定区間は

信頼度　95%…

$$\left(r-1.96\sqrt{\frac{r(1-r)}{n}},\ r+1.96\sqrt{\frac{r(1-r)}{n}}\right)$$

信頼度　99%…

$$\left(r-2.58\sqrt{\frac{r(1-r)}{n}},\ r+2.58\sqrt{\frac{r(1-r)}{n}}\right)$$

VII. 数列

1 等差数列

・初項を a，公差を d とする。

一般項 $\cdots\ a_n=a+(n-1)d$

和 $\cdots\ S_n=\dfrac{n}{2}(a+a_n)=\dfrac{n}{2}\{2a+(n-1)d\}$

・等差中項

a，b，c がこの順で等差数列をなすとき

$2b=a+c$

2 等比数列

・初項を a，公比を r とする。

一般項 $\cdots\ a_n=ar^{n-1}$

和 $\cdots\ S_n=\begin{cases}\dfrac{a(1-r^n)}{1-r}=\dfrac{a(r^n-1)}{r-1} & (r\fallingdotseq 1)\\ na & (r=1)\end{cases}$

・等比中項

a，b，c がこの順に等比数列をなすとき

$b^2=ac$

3 和の公式

・$\displaystyle\sum_{k=1}^{n}c=cn$　（c は定数）

$$\sum_{k=1}^{n}k=\frac{1}{2}n(n+1),\quad \sum_{k=1}^{n}k^2=\frac{1}{6}n(n+1)(2n+1)$$

$$\sum_{k=1}^{n}k^3=\frac{1}{4}n^2(n+1)^2$$

・p，q が定数のとき

$$\sum_{k=1}^{n}pa_k=p\sum_{k=1}^{n}a_k$$

$$\sum_{k=1}^{n}(pa_k+qb_k)=p\sum_{k=1}^{n}a_k+q\sum_{k=1}^{n}b_k$$

4 いろいろな数列

・$\displaystyle S_n=\sum_{k=1}^{n}(pk+q)r^{k-1}$　は S_n-rS_{n-1} を計算する。

・分数の形は，部分分数分解して

$a_n=f(n+1)-f(n)$

の形にし，和を求める。

・$\displaystyle S_n=\sum_{k=1}^{n}a_k$ のとき

$a_1=S_1$，$a_n=S_n-S_{n-1}$　$(n\geqq 2)$

・階差数列

数列 $\{b_n\}$ が，数列 $\{a_n\}$ の階差数列のとき
$(b_n = a_{n+1} - a_n)$

$$a_n = a_1 + \sum_{k=1}^{n-1} b_k \quad (n \geqq 2)$$

・$a_{n+1} = pa_n + q$ の形の漸化式 $(p \neq 0, 1)$
$x = px + q$ を満たす x を考えて

$$a_{n+1} - x = p(a_n - x)$$

と変形する。

5 数学的帰納法

すべての自然数 n についてある命題が成り立つことを証明する方法で，次の 2 つを示せばよい。

〔1〕 $n = 1$ のとき成り立つこと。

〔2〕 $n = k$ のとき成り立つと仮定すると，$n = k + 1$ のときも成り立つこと。

VIII. ベクトル

平面上のベクトルと空間におけるベクトルは，同様に取り扱うことができる。以下では，次のようにする。

位置ベクトルを，$\mathrm{A}(\vec{a})$

点の座標，ベクトルの成分表示を

平面 …… $\mathrm{A}(a_1, a_2)$，$\vec{a} = (a_1, a_2)$

空間 …… $\mathrm{A}(a_1, a_2, a_3)$，$\vec{a} = (a_1, a_2, a_3)$

1 ベクトルの成分

・平面上のベクトル

$$|\vec{a}| = \sqrt{a_1{}^2 + a_2{}^2}$$

$$p\vec{a} + q\vec{b} = (pa_1 + qb_1, pa_2 + qb_2)$$

$$\overrightarrow{\mathrm{AB}} = (b_1 - a_1, b_2 - a_2)$$

$$\mathrm{AB} = |\overrightarrow{\mathrm{AB}}| = \sqrt{(b_1 - a_1)^2 + (b_2 - a_2)^2}$$

・空間におけるベクトル

$$|\vec{a}| = \sqrt{a_1{}^2 + a_2{}^2 + a_3{}^2}$$

$$p\vec{a} + q\vec{b} = (pa_1 + qb_1, pa_2 + qb_2, pa_3 + qb_3)$$

$$\overrightarrow{\mathrm{AB}} = (b_1 - a_1, b_2 - a_2, b_3 - a_3)$$

$$\mathrm{AB} = |\overrightarrow{\mathrm{AB}}| = \sqrt{(b_1 - a_1)^2 + (b_2 - a_2)^2 + (b_3 - a_3)^2}$$

2 ベクトルの内積

・内積 $\vec{a} \cdot \vec{b}$

$\vec{a} \neq \vec{0}$, $\vec{b} \neq \vec{0}$ のとき
$\vec{a}$, $\vec{b}$ のなす角を
$\theta\ (0^\circ \leqq \theta \leqq 180^\circ)$ とすると

$$\vec{a} \cdot \vec{b} = |\vec{a}||\vec{b}|\cos\theta$$

$\vec{a} = \vec{0}$ または $\vec{b} = \vec{0}$ のとき

$$\vec{a} \cdot \vec{b} = 0$$

・内積の性質

$$\vec{a} \cdot \vec{b} = \vec{b} \cdot \vec{a}$$

$$\vec{a} \cdot (\vec{b} + \vec{c}) = \vec{a} \cdot \vec{b} + \vec{a} \cdot \vec{c}$$

$$(\vec{a} + \vec{b}) \cdot \vec{c} = \vec{a} \cdot \vec{c} + \vec{b} \cdot \vec{c}$$

$$(k\vec{a}) \cdot \vec{b} = \vec{a} \cdot (k\vec{b}) = k(\vec{a} \cdot \vec{b})$$

$$\vec{a} \cdot \vec{a} = |\vec{a}|^2,\ |\vec{a} \cdot \vec{b}| \leqq |\vec{a}||\vec{b}|$$

・内積と成分

$\vec{a}\,(\neq \vec{0})$, $\vec{b}\,(\neq \vec{0})$ のなす角を θ とする。

平面では

$$\vec{a} \cdot \vec{b} = a_1b_1 + a_2b_2$$

$$\cos\theta = \frac{a_1b_1 + a_2b_2}{\sqrt{a_1{}^2 + a_2{}^2}\sqrt{b_1{}^2 + b_2{}^2}}$$

空間では

$$\vec{a}\cdot\vec{b}=a_1b_1+a_2b_2+a_3b_3$$

$$\cos\theta=\frac{a_1b_1+a_2b_2+a_3b_3}{\sqrt{{a_1}^2+{a_2}^2+{a_3}^2}\sqrt{{b_1}^2+{b_2}^2+{b_3}^2}}$$

3 ベクトルの平行・垂直

・$\vec{a}\,/\!/\,\vec{b}$ …… $\vec{b}=k\vec{a}$　(k は 0 でない実数)

平面 …… $a_1b_2-a_2b_1=0$

・$\vec{a}\perp\vec{b}$ …… $\vec{a}\cdot\vec{b}=0$

平面 …… $a_1b_1+a_2b_2=0$

空間 …… $a_1b_1+a_2b_2+a_3b_3=0$

4 内分点・外分点

・線分 AB を $m:n$ の比に

内分する点 …… $\dfrac{n\vec{a}+m\vec{b}}{m+n}$

外分する点 …… $\dfrac{-n\vec{a}+m\vec{b}}{m-n}$　$(m\neq n)$

・重心

△ABC の重心の位置ベクトル

$$\frac{\vec{a}+\vec{b}+\vec{c}}{3}$$

($\overrightarrow{\mathrm{AG}}+\overrightarrow{\mathrm{BG}}+\overrightarrow{\mathrm{CG}}=\vec{0}$ が成り立つ)

5 ベクトルと図形

・1 次独立

$\vec{a}\neq\vec{0}$，$\vec{b}\neq\vec{0}$，$\vec{a}\not\parallel\vec{b}$ である $\vec{a}$，$\vec{b}$ について

$\alpha\vec{a}+\beta\vec{b}=\vec{0}$ が成り立てば $\alpha=\beta=0$

である。

このような $\vec{a}$，$\vec{b}$ を 1 次独立なベクトルという。

・O，A，B が同一直線上にないとき ($\vec{a}\neq\vec{0}$，$\vec{b}\neq\vec{0}$，$\vec{a}\not\parallel\vec{b}$，すなわち $\vec{a}$，$\vec{b}$ が 1 次独立のとき)，平面 OAB 上の任意のベクトル $\vec{p}$ は次の形にただ 1 通りに表される。

$$\vec{p}=\alpha\vec{a}+\beta\vec{b}$$

・O，A，B，C が同一平面上にないとき，任意のベクトル $\vec{p}$ は次の形にただ 1 通りに表される。

$$\vec{p}=\alpha\vec{a}+\beta\vec{b}+\gamma\vec{c}$$

・三角形の面積

$$\triangle\mathrm{ABC}=\frac{1}{2}\sqrt{|\overrightarrow{\mathrm{AB}}|^2|\overrightarrow{\mathrm{AC}}|^2-(\overrightarrow{\mathrm{AB}}\cdot\overrightarrow{\mathrm{AC}})^2}$$

6 ベクトル方程式

・直線

点 A を通り，$\vec{d}$ に平行 ($\overrightarrow{\mathrm{AP}}=t\vec{d}$)

$$\vec{p}=\vec{a}+t\vec{d}$$

2 点 A，B を通る　($\overrightarrow{\mathrm{AP}}=t\overrightarrow{\mathrm{AB}}$)

$$\vec{p}=\vec{a}+t(\vec{b}-\vec{a})$$

$$\vec{p}=(1-t)\vec{a}+t\vec{b}$$

$$\vec{p}=s\vec{a}+t\vec{b}\quad(s+t=1)$$

$$\vec{p}=\frac{n\vec{a}+m\vec{b}}{m+n}$$

点 A を通り，$\vec{u}$ に垂直　($\vec{u}\cdot\overrightarrow{\mathrm{AP}}=0$)

$$\vec{u}\cdot(\vec{p}-\vec{a})=0$$

・線分 AB

$$\vec{p}=(1-t)\vec{a}+t\vec{b}\quad(0\leqq t\leqq 1)$$

$$\vec{p}=s\vec{a}+t\vec{b}\quad(s+t=1,\ s\geqq 0, t\geqq 0)$$

・平面 ABC

$$\vec{p}=s\vec{a}+t\vec{b}+u\vec{c}\quad(s+t+u=1)$$

・△ABC の内部

$$\overrightarrow{\mathrm{AP}}=\alpha\overrightarrow{\mathrm{AB}}+\beta\overrightarrow{\mathrm{AC}}\quad(\alpha>0,\beta>0,\alpha+\beta<1)$$

$$\vec{p}=l\vec{a}+m\vec{b}+n\vec{c}$$

$$(l+m+n=1,\ l>0, m>0, n>0)$$

・円（球）

中心 C，半径 r　　$|\vec{p}-\vec{c}|=r$

直径 AB　　$(\vec{p}-\vec{a})\cdot(\vec{p}-\vec{b})=0$

7 空間座標

・直線

点 (a,b,c) を通り，ベクトル (l,m,n), $lmn\neq 0$ に平行な直線

$$x=a+tl, y=b+tm, z=c+tn$$

・平面

点 (a,b,c) を通り，座標軸に垂直な平面

x 軸に垂直　$x=a$　(yz 平面　$x=0$)

y 軸に垂直　$y=b$　(zx 平面　$y=0$)

z 軸に垂直　$z=c$　(xy 平面　$z=0$)

点 (a,b,c) を通り，ベクトル (l,m,n), $lmn\neq 0$ に垂直な平面

$$l(x-a)+m(y-b)+n(z-c)=0$$

・球面

中心 (a,b,c)，半径 r の球面

$$(x-a)^2+(y-b)^2+(z-c)^2=r^2$$

第 1 回
実 戦 問 題

解答・解説

数学II・B　**第１回**　（100 点満点）

（解答・配点）

問題番号（配点）	解答記号（配点）		正解	自己採点欄
第１問 (30)	ア	(2)	①	○
	イ	(2)	⑥	○
	ウ	(1)	①	○
	エ	(1)	⑤	○
	オ	(1)	⑥	○
	（カ，キ）	(2)	(ⓐ，⑨)	○
	ク	(1)	⓪	×
	（ケ，コ）	(2)	(③，⑦)	×
	$\left(\frac{サ}{シ}, ス\right)$	(2)	$\left(\frac{4}{3}, 0\right)$	×
	$\frac{セ}{ソ}$	(1)	$\frac{4}{3}$	×
	タ	(1)	3	○
	$\frac{チツ}{テ}$	(1)	$\frac{-2}{3}$	○
	ト	(1)	8	○
	$\frac{1}{ナ}$	(2)	$\frac{1}{3}$	○
	$\frac{1}{ニ}$	(2)	$\frac{1}{2}$	○
	$\log_4$ヌ	(2)	$\log_4 3$	○
	ネ	(3)	③	○
	ノ	(3)	①	×
小計				21

問題番号（配点）	解答記号（配点）		正解	自己採点欄
第２問 (30)	アx^2－イ	(2)	$3x^2-3$	
	ウ，エ，オ，カ	(3)	3，3，2，1	
	キ$\alpha+\beta=$ク	(3)	$2\alpha+\beta=0$	
	$-\frac{ケ}{コ}\alpha$	(2)	$-\frac{1}{2}\alpha$	
	サシx^3－スx＋セ	(3)	$28x^3-3x+1$	
	ソ	(2)	0	
	タ	(3)	⓪	
	チ	(3)	4	
	$\frac{ツテ}{ト}$	(3)	$\frac{11}{6}$	
	ナ	(3)	1	
	$\frac{ニヌ}{ネ}$	(3)	$\frac{16}{3}$	
小計				

問題番号(配点)	解答記号(配点)		正解	自己採点欄
第3問 (20)	ア	(2)	3	
	イ.ウエ	(2)	6.94	
	オカキ	(2)	144	
	ク.ケ	(2)	9.6	
	0.コサ	(3)	0.01	
	シ	(3)	②	
	0.ス	(2)	0.6	
	0.セソ	(2)	0.55	
	0.タチ	(2)	0.65	
小計				
第4問 (20)	アイ，ウエ，オカ，キク，ケコ	(1)	16，20，24，28，32	
	サ	(1)	④	
	シ	(1)	⑧	
	ス	(2)	③	
	セ	(1)	③	
	ソ	(2)	①	
	タ	(2)	②	
	チ	(2)	⑤	
	ツテ	(2)	51	
	トナニ	(2)	593	
	ヌネ	(1)	10	
	ノハ	(1)	10	
	ヒ，フ，ヘ	(2)	①，⑤，⑦ (解答の順序は問わない)	
小計				

問題番号(配点)	解答記号(配点)		正解	自己採点欄
第5問 (20)	ア	(2)	⑤	
	イ	(1)	②	
	ウ，エ	(1)	⑤，⑤	
	オ，カ	(1)	④，④	
	キ，ク	(1)	⓪，⓪	
	ケ，コ，サ	(1)	②，⓪，⓪	
	シ，ス	(1)	②，⓪	
	セ，ソ	(1)	2，3	
	タ，チ	(1)	1，2	
	ツ，テ	(1)	1，2	
	ト，ナ，ニ	(2)	4，2，4	
	$\frac{ヌ}{ネ}$	(1)	$\frac{4}{3}$	
	$\frac{ノ\sqrt{ハ}}{ヒ}$	(2)	$\frac{2\sqrt{5}}{3}$	
	$\frac{フ}{ヘ}$	(2)	$\frac{2}{3}$	
	ホ	(2)	5	
小計				
合計				

(注) 第1問，第2問は必答，第3問～第5問のうちから2問選択，計4問を解答。

解　説

第1問

〔1〕（数学Ⅱ　図形と方程式／三角関数）

Ⅱ 1 3 4 5，Ⅲ 2 4　【難易度…★★】

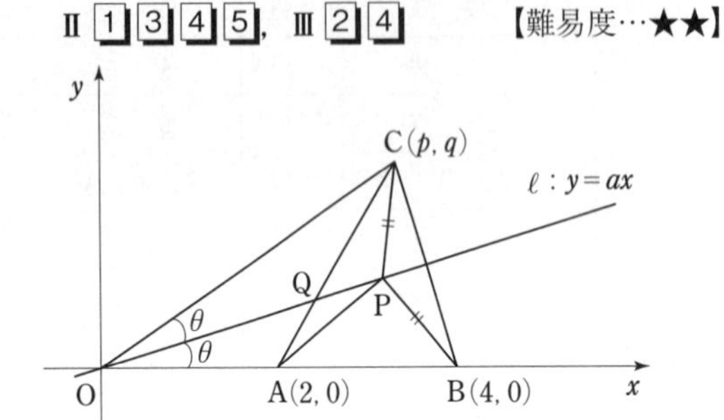

(1)(i)　Cの座標を $(p,\ q)$ とおくと，$\ell \perp \mathrm{BC}$ より

$$a\cdot\frac{q-0}{p-4}=-1$$

$$p+aq-4=0 \quad (⓪) \qquad \cdots\cdots①$$

また，線分BCの中点 $\left(\frac{p+4}{2},\ \frac{q}{2}\right)$ が ℓ 上にあるので

$$\frac{q}{2}=a\cdot\frac{p+4}{2}$$

$$\therefore\quad ap-q+4a=0 \quad (⑥) \qquad \cdots\cdots②$$

②より $q=ap+4a$，①に代入して

$$p+a(ap+4a)-4=0$$

$$(1+a^2)p=4(1-a^2)$$

$$\therefore\quad p=\frac{4(1-a^2)}{1+a^2}$$

②より

$$q=a\left\{\frac{4(1-a^2)}{1+a^2}+4\right\}=\frac{8a}{1+a^2}$$

(ii)　$\angle\mathrm{POB}=\theta\ \left(0<\theta<\frac{\pi}{2}\right)$ とおくと，$\tan\theta$ は ℓ の傾きを表すので

$$\tan\theta=a \quad (⓪)$$

このとき

$$\cos^2\theta=\frac{1}{1+\tan^2\theta}=\frac{1}{1+a^2}$$

$\cos\theta>0$ より

$$\cos\theta=\frac{1}{\sqrt{1+a^2}} \quad (⑤)$$

$$\sin\theta=\tan\theta\cos\theta=\frac{a}{\sqrt{1+a^2}} \quad (⑥)$$

$\mathrm{OC}=\mathrm{OB}=4$，$\angle\mathrm{COB}=2\theta$ より，Cの x 座標は

$$4\cos2\theta=4(\cos^2\theta-\sin^2\theta)=4\left(\frac{1}{1+a^2}-\frac{a^2}{1+a^2}\right)$$

$$=\frac{4(1-a^2)}{1+a^2}$$

Cの y 座標は

$$4\sin2\theta=8\sin\theta\cos\theta=8\cdot\frac{a}{\sqrt{1+a^2}}\cdot\frac{1}{\sqrt{1+a^2}}$$

$$=\frac{8a}{1+a^2}$$

よって，Cの座標は

$$\mathrm{C}\left(\frac{4(1-a^2)}{1+a^2},\ \frac{8a}{1+a^2}\right) \quad (ⓐ,\ ⑨)$$

(2)　ℓ は線分BCの垂直二等分線であり，Aは線分OBの中点であるから，Qは△OBCの重心である。(⓪)

よって，Qの x 座標は

$$\frac{1}{3}\left\{4+\frac{4(1-a^2)}{1+a^2}\right\}=\frac{8}{3(1+a^2)}$$

Qの y 座標は

$$\frac{1}{3}\cdot\frac{8a}{1+a^2}=\frac{8a}{3(1+a^2)}$$

よって，Qの座標は

$$\mathrm{Q}\left(\frac{8}{3(1+a^2)},\ \frac{8a}{3(1+a^2)}\right) \quad (③,\ ⑦)$$

(3)　(2)より

$$x=\frac{8}{3(1+a^2)} \qquad \cdots\cdots③$$

$$y=\frac{8a}{3(1+a^2)} \qquad \cdots\cdots④$$

とおくと，$a>0$ より $x>0$，$y>0$ であり，③，④より

$$a=\frac{y}{x}$$

これを③，すなわち $x(1+a^2)=\frac{8}{3}$ に代入して

$$x\left(1+\frac{y^2}{x^2}\right)=\frac{8}{3}$$

$$x^2+y^2=\frac{8}{3}x$$

$$\left(x-\frac{4}{3}\right)^2+y^2=\frac{16}{9}$$

よって，点Qの軌跡は

中心 $\left(\frac{4}{3},\ 0\right)$，半径 $\frac{4}{3}$ の円

の $y>0$ の部分である。

〔2〕（数学Ⅱ　指数関数・対数関数）

Ⅳ 1 3 4 【難易度…★】

①より

$$(\log_2 x-3)(3\log_2 x+2)=0$$

$$\log_2 x=\mathbf{3},\ -\frac{\mathbf{2}}{\mathbf{3}}$$

$$x=2^3,\ 2^{-\frac{2}{3}}$$

$$x=\mathbf{8},\ \left(\frac{1}{4}\right)^{\frac{1}{3}}$$

②より

$$(4^y)^2-5\cdot 4^y+6=0$$

$$(4^y-2)(4^y-3)=0$$

$$4^y=2,\ 3$$

であるから，②の解は

$$y=\frac{1}{\mathbf{2}},\ \log_4\mathbf{3}$$

$Y=\log_{\frac{1}{4}}X\left(\Longleftrightarrow X=\left(\frac{1}{4}\right)^Y\right)$，$Y=\left(\frac{1}{4}\right)^X\left(\Longleftrightarrow X=\log_{\frac{1}{4}}Y\right)$ のグラフは直線 $Y=X$ に関して対称である。また，いずれも XY 平面では右下がりの（単調に減少する）グラフである。(③)

$$\log_{\frac{1}{4}}\frac{1}{2}=\frac{\log_2\frac{1}{2}}{\log_2\frac{1}{4}}=\frac{\log_2 2^{-1}}{\log_2 2^{-2}}=\frac{1}{2}$$

$$\left(\frac{1}{4}\right)^{\frac{1}{2}}=\left\{\left(\frac{1}{2}\right)^2\right\}^{\frac{1}{2}}=\frac{1}{2}$$

であるから，グラフ(③)が右下がりであることもあわせて考えると $Y=\log_{\frac{1}{4}}X$ のグラフと $Y=\left(\frac{1}{4}\right)^X$ のグラフはただ1点 $\left(\frac{1}{2},\ \frac{1}{2}\right)$ で交わり，$\log_{\frac{1}{4}}\frac{1}{4}=1$ であるから，

$\frac{1}{4}<X<\frac{1}{2}$ において

$$\frac{1}{2}<\left(\frac{1}{4}\right)^X<\log_{\frac{1}{4}}X<1$$

である。

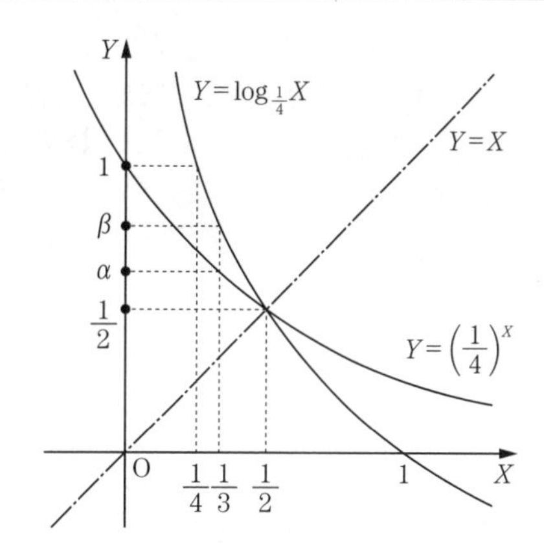

$X=\frac{1}{3}$ として

$$\frac{1}{2}<\left(\frac{1}{4}\right)^{\frac{1}{3}}<\log_{\frac{1}{4}}\frac{1}{3}<1$$

であり

$$\alpha=\left(\frac{1}{4}\right)^{\frac{1}{3}}$$

$$\beta=\log_4 3=\frac{\log_{\frac{1}{4}}3}{\log_{\frac{1}{4}}4}=-\log_{\frac{1}{4}}3=\log_{\frac{1}{4}}\frac{1}{3}$$

であるから

$$\frac{1}{2}<\alpha<\beta<1\quad (⓪)$$

(注)

・$\log_{\frac{1}{4}}\frac{1}{2}=\frac{1}{2}\Longleftrightarrow\left(\frac{1}{4}\right)^{\frac{1}{2}}=\frac{1}{2}$ であり，$\left(\frac{1}{4}\right)^{\frac{1}{2}}<\left(\frac{1}{4}\right)^{\frac{1}{3}}$ であるから

$$\frac{1}{2}<\alpha$$

・$\left(\frac{2}{3}\right)^3=\frac{8}{27}>\frac{1}{4}$ より $\frac{2}{3}>\left(\frac{1}{4}\right)^{\frac{1}{3}}$ であり

$$\alpha<\frac{2}{3}$$

・$\left(4^{\frac{2}{3}}\right)^3=4^2=16$，$3^3=27$ より $4^{\frac{2}{3}}<3$ であり，

$\frac{2}{3}=\log_4 4^{\frac{2}{3}}<\log_4 3$ であるから

$$\frac{2}{3}<\beta$$

・$3<4$ より $\log_4 3<1$ であるから

$$\beta<1$$

ゆえに

$$\frac{1}{2}<\alpha<\frac{2}{3}<\beta<1$$

第2問

〔1〕（数学Ⅱ　微分・積分の考え，図形と方程式）

V 2 3，Ⅱ 5　【難易度…★】

(1)　$y=x^3-3x+1$　……①

について

$y'=\mathbf{3}x^2-\mathbf{3}$

であるから，点 $(\alpha,\ \alpha^3-3\alpha+1)$ における曲線 C の接線 ℓ の方程式は

$y-(\alpha^3-3\alpha+1)=(3\alpha^2-3)(x-\alpha)$

すなわち

$y=(\mathbf{3}\alpha^2-\mathbf{3})x-\mathbf{2}\alpha^3+\mathbf{1}$　……②

である。

①，②から y を消去すると

$x^3-3x+1=(3\alpha^2-3)x-2\alpha^3+1$

すなわち

$x^3-3\alpha^2x+2\alpha^3=0$

である。これを変形すると

$(x-\alpha)^2(x+2\alpha)=0$

となるから，$\alpha\neq\beta$ であることに注意すると

$\beta=-2\alpha$　……③

を得る。よって，α と β の間には関係式

$\mathbf{2}\alpha+\beta=\mathbf{0}$

が成り立つ。

(2)　$\mathrm{R}(X,\ Y)$ とする。点Rは線分PQの中点であるから

$$X=\frac{\alpha+\beta}{2}$$

であり，③を用いると

$X=-\dfrac{\mathbf{1}}{\mathbf{2}}\alpha$　……④

である。また，点Rは直線 ℓ 上にあるから

$Y=(3\alpha^2-3)X-2\alpha^3+1$　……⑤

である。

④より $\alpha=-2X$ であるから，これを⑤に代入すると

$$Y=\{3(-2X)^2-3\}X-2(-2X)^3+1$$
$$=28X^3-3X+1$$

となる。

いま，$\alpha<\beta$ であるから，これと③より

$\alpha<-2\alpha$

となり

$\alpha<0$

である。これと④より

$X>0$

を得る。

よって，点Rは曲線 $y=\mathbf{28}x^3-\mathbf{3}x+\mathbf{1}$ の $x>\mathbf{0}$ の部分を動く。

$f(x)=28x^3-3x+1$ とすると

$$f'(x)=84x^2-3$$
$$=84\left(x^2-\frac{1}{28}\right)$$
$$=84\left(x+\frac{1}{2\sqrt{7}}\right)\left(x-\frac{1}{2\sqrt{7}}\right)$$

であるから，$f(x)$ の $x>0$ における増減表は次のようになる。

x	(0)	$\cdots$	$\frac{1}{2\sqrt{7}}$	$\cdots$
$f'(x)$		$-$	0	$+$
$f(x)$		↘		↗

$$f\left(\frac{1}{2\sqrt{7}}\right)=28\left(\frac{1}{2\sqrt{7}}\right)^3-3\cdot\frac{1}{2\sqrt{7}}+1$$
$$=28\cdot\frac{1}{28\cdot 2\sqrt{7}}-3\cdot\frac{1}{2\sqrt{7}}+1$$
$$=\frac{\sqrt{7}-1}{\sqrt{7}}>0$$

にも注意すると，点Rが描く曲線は ⓪ である。

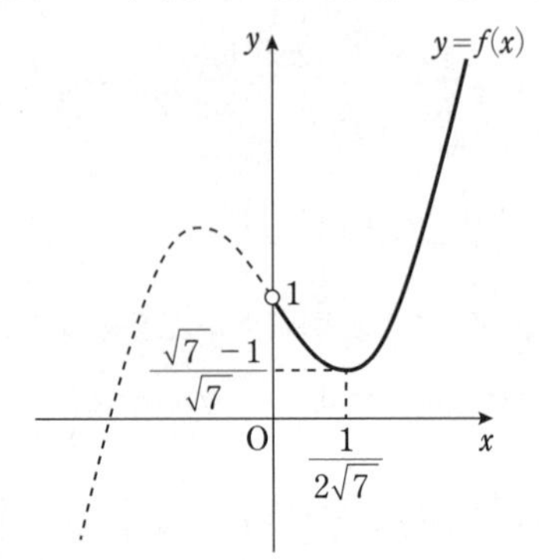

〔2〕（数学Ⅱ　微分・積分の考え）

V 2 5 6　【難易度…★】

(1)　直線OAの方程式は

$y=2x$

であるから，直線OAと曲線 D との交点の x 座標は

$2x=x^2-3x+4$

$x^2-5x+4=0$

$(x-1)(x-4)=0$

$x=1,\ 4$

である。よって，点Bの x 座標は4であるから，t のとり得る値の範囲は

$1\leqq t\leqq\mathbf{4}$

である。

また，曲線 D と y 軸および線分 OA で囲まれた図形の面積を S とすると

$$S=\int_0^1(x^2-3x+4)dx-\frac{1}{2}\cdot1\cdot2$$
$$=\left[\frac{1}{3}x^3-\frac{3}{2}x^2+4x\right]_0^1-1$$
$$=\left(\frac{1}{3}-\frac{3}{2}+4\right)-1$$
$$=\mathbf{\frac{11}{6}}$$

である。

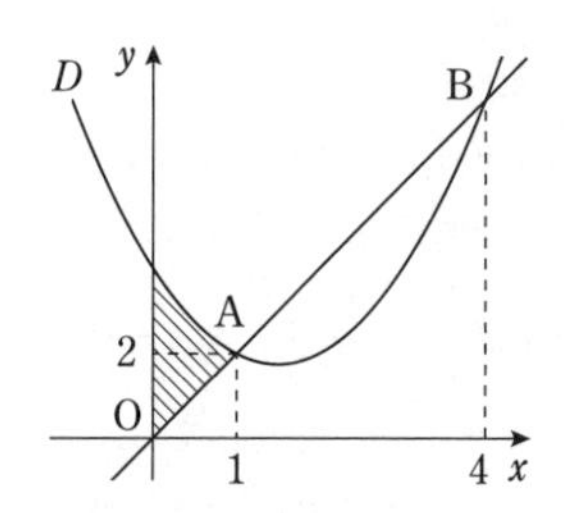

(2) 直線 OT の方程式を $y=mx$ とする。直線 OT が曲線 D と接する条件は

$$x^2-3x+4=mx$$

すなわち

$$x^2-(m+3)x+4=0 \qquad \cdots\cdots⑥$$

が重解をもつことである。これは⑥の判別式が 0，すなわち

$$\{-(m+3)\}^2-4\cdot1\cdot4=0$$

となることであるから

$$(m+3)^2-4^2=0$$
$$(m+7)(m-1)=0$$
$$m=-7,\ 1$$

である。いま，T は $1\leqq t\leqq4$ を満たして動くから $m>0$ である。よって

$$m=\mathbf{1}$$

である。

(3) $m=1$ のとき，⑥の重解は $x=2$ であるから，点 T が点 A から点 B まで動いたとき，線分 OT が通過した部分は下の図の斜線部分(境界線を含む)である。

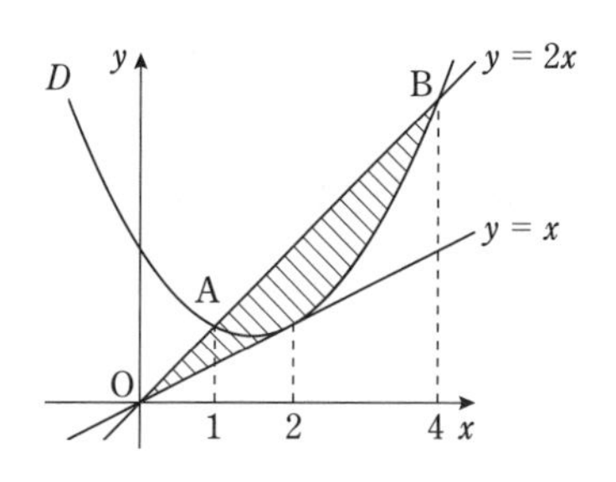

よって，求める面積は〔2〕(1)の結果も用いると

$$\int_0^2\{(x^2-3x+4)-x\}dx-S$$
$$+\int_1^4\{2x-(x^2-3x+4)\}dx$$
$$=\int_0^2(x^2-4x+4)dx-\frac{11}{6}+\int_1^4(-x^2+5x-4)dx$$
$$=\left[\frac{1}{3}x^3-2x^2+4x\right]_0^2-\frac{11}{6}+\left[-\frac{1}{3}x^3+\frac{5}{2}x^2-4x\right]_1^4$$
$$=\mathbf{\frac{16}{3}}$$

である。

(注) (3)の別解

1° $$\int(x-\alpha)^2dx=\frac{1}{3}(x-\alpha)^3+C \quad (C\text{ は積分定数})$$
$$\int_\alpha^\beta(x-\alpha)(x-\beta)dx=-\frac{1}{6}(\beta-\alpha)^3$$

を用いると

$$\int_0^2(x^2-4x+4)dx-\frac{11}{6}+\int_1^4(-x^2+5x-4)dx$$
$$=\int_0^2(x-2)^2dx-\frac{11}{6}+\int_1^4\{-(x-1)(x-4)\}dx$$
$$=\left[\frac{1}{3}(x-2)^3\right]_0^2-\frac{11}{6}-\left\{-\frac{1}{6}(4-1)^3\right\}$$
$$=\frac{1}{3}\cdot0^3-\frac{1}{3}\cdot(-2)^3-\frac{11}{6}+\frac{27}{6}$$
$$=\frac{16}{3}$$

である。

2° $0\leqq x\leqq2$ と $2\leqq x\leqq4$ で分けて計算すると

$$\int_0^2(2x-x)dx+\int_2^4\{2x-(x^2-3x+4)\}dx$$
$$=\int_0^2xdx+\int_2^4(-x^2+5x-4)dx$$
$$=\left[\frac{1}{2}x^2\right]_0^2+\left[-\frac{1}{3}x^3+\frac{5}{2}x^2-4x\right]_2^4$$
$$=\frac{16}{3}$$

である。

第3問（数学B　確率分布と統計的な推測）

Ⅵ 2 5 6 8　【難易度…★】

(1) X の平均(期待値)は

$$E(X)=0\cdot\frac{10}{100}+1\cdot\frac{36}{100}+2\cdot\frac{12}{100}+3\cdot\frac{6}{100}+4\cdot\frac{5}{100}+5\cdot\frac{10}{100}+6\cdot\frac{7}{100}+7\cdot\frac{6}{100}+8\cdot\frac{4}{100}+9\cdot\frac{4}{100}$$

$$=\frac{300}{100}=\mathbf{3}$$

X^2 の平均は $E(X^2)=15.94$ であるから，X の分散は

$$V(X)=E(X^2)-\{E(X)\}^2=15.94-3^2=\mathbf{6.94}$$

(2) Y は二項分布 $B(400,\ 0.36)$ に従うので，Y の平均 $E(Y)$ は

$$E(Y)=400\cdot0.36=\mathbf{144}$$

分散 $V(Y)$ は

$$V(Y)=400\cdot0.36\cdot(1-0.36)=20^2\cdot0.6^2\cdot0.8^2$$

標準偏差 $\sigma(Y)$ は

$$\sigma(Y)=\sqrt{20^2\cdot0.6^2\cdot0.8^2}=20\cdot0.6\cdot0.8=\mathbf{9.6}$$

標本の大きさ400は十分に大きいと考えられるから，Y は正規分布 $N(144,\ 9.6^2)$ に従うとしてよい。このとき

$$Z=\frac{Y-144}{9.6}$$

とおくと，Z は標準正規分布 $N(0,\ 1)$ に従うとしてよい。$Y\leqq120$ より

$$Z\leqq\frac{120-144}{9.6}=-2.5$$

であるから

$$P(Y\leqq120)=P(Z\leqq-2.5)=P(Z\geqq2.5)=0.5-P(0\leqq Z\leqq2.5)$$

正規分布表より

$$P(0\leqq Z\leqq2.5)=0.4938$$

であるから

$$P(Y\leqq120)=0.5-0.4938=0.0062\fallingdotseq0.\mathbf{01}$$

また，正規分布表より

$$P(0\leqq Z\leqq1.25)=0.3944$$

であるから

$$P(Z\geqq1.25)=0.5-P(0\leqq Z\leqq1.25)=0.5-0.3944=0.1056$$

ここで，$Z\geqq1.25$ より

$$\frac{Y-144}{9.6}\geqq1.25\qquad\therefore\quad Y\geqq156$$

であるから

$$P(Y\geqq156)=P(Z\geqq1.25)=0.1056$$

よって，大きさ400の標本の電話番号の末尾の数字が1である軒数が156以上となる確率は，およそ0.1056である。(❷)

(3) 電話番号の末尾の数字が2以下である標本比率 R は

$$R=\frac{240}{400}=0.\mathbf{6}$$

標本の大きさ400は十分に大きいから，母比率 p に対する信頼度95％の信頼区間は

$$R-1.96\sqrt{\frac{R(1-R)}{400}}\leqq p\leqq R+1.96\sqrt{\frac{R(1-R)}{400}}$$

であるから，$R=0.6$ を代入して

$$0.6-1.96\sqrt{\frac{0.6\cdot0.4}{400}}\leqq p\leqq0.6+1.96\sqrt{\frac{0.6\cdot0.4}{400}}$$

ここで，$\sqrt{6}=2.45$ を用いると

$$\sqrt{\frac{0.6\cdot0.4}{400}}=\frac{\sqrt{6}}{100}=0.0245$$

となるから

$$0.6-1.96\cdot0.0245\leqq p\leqq0.6+1.96\cdot0.0245$$

$$0.55198\leqq p\leqq0.64802$$

よって　$0.\mathbf{55}\leqq p\leqq0.\mathbf{65}$

第4問（数学B　数列）

Ⅶ 1 2 3　【難易度…★★】

(1) $a_n=1\cdot2^{n-1}=2^{n-1}$ である。

第5段に並ぶ数は，初項 $a_5=2^4=16$，公差4の等差数列の第5項までの数であるから

16，20，24，28，32

第8段に並ぶ数は，初項 $a_8=2^7=128$，公差7の等差数列の第8項までの数であるから，左端の数は128 (❹)，右端の数は

$$128+(8-1)\cdot7=177\quad(❽)$$

であり，第8段の数の和は

$$\frac{8}{2}(128+177)=1220\quad(❸)$$

(2)　第 n 段の左端の数は，$a_n=2^{n-1}$(③)であり

$$\sum_{k=1}^{n} a_k=\frac{2^n-1}{2-1}=2^n-1 \quad (①)$$

第 n 段の右端の数 b_n は，初項 a_n，公差 $n-1$ の等差数列の第 n 項であるから

$$b_n=a_n+(n-1)(n-1)$$
$$=2^{n-1}+(n-1)^2 \quad (②)$$

であり

$$\sum_{k=1}^{n}(k-1)^2=0^2+1^2+\cdots\cdots+(n-1)^2$$
$$=\frac{1}{6}(n-1)n(2n-1)$$

であるから

$$\sum_{k=1}^{n} b_k=\sum_{k=1}^{n}\{2^{k-1}+(k-1)^2\}$$
$$=2^n-1+\frac{1}{6}(n-1)n(2n-1) \quad (⑤)$$

(3)(i)　この数列の第1段から第6段までは次のようになる。

第1段　　1
第2段　　2　3
第3段　　4　6　8
第4段　　8　11　14　17
第5段　　16　20　24　28　32
第6段　　32　37　42　47　52　57

これより，第1段から第6段までに同じ数が2回以上現れるのは，8が2回，32が2回の場合だけである。第7段以下では

$$a_7=64>57=b_6$$
$$a_8=128>100=b_7$$

であり，$n\geqq 6$ のとき

$$a_{n+1}>b_n$$

すなわち

$$2^n>2^{n-1}+(n-1)^2$$

が成り立つことを数学的帰納法を用いて証明することができる。よって，この数列において，同じ数が2回以上現れるのは，8が2回，32が2回の場合だけである。

$$a_{10}=2^9=512<1000$$
$$b_{10}=2^9+9^2=593<1000$$
$$a_{11}=2^{10}=1024>1000$$

であるから，この数列において1000以下の数は，第1段から第10段までに現れる。第1段から第10段までに現れる数の個数は

$$1+2+3+\cdots\cdots+10=\frac{10\cdot 11}{2}=55 \text{ 個}$$

であるから，この数列に1回だけ現れる数の個数は

$$55-2\cdot 2=\mathbf{51} \text{ 個}$$

このうち最大の数は

$$b_{10}=\mathbf{593}$$

であり，593は第**10**段の左から**10**番目にある。

(ii)　$a_{11}=1024$，$a_{12}=2048$，$a_{13}=4096$ であるから第11段と第12段の数列を考える。この数列の第11段の数は，$1\leqq k\leqq 11$ として

$$a_{11}+(k-1)\cdot 10=1024+10(k-1)$$

であるから

$k=5$ のとき　1064　(①)

この数列の第12段の数は，$1\leqq k\leqq 12$ として

$$a_{12}+(k-1)\cdot 11=2048+11(k-1)$$

であるから

$k=2$ のとき　2059　(⑤)

$k=10$ のとき　2147　(⑦)

他の数はこの数列には現れない。

(注)
$$f(n)=a_{n+1}-b_n$$
$$=2^n-\{2^{n-1}+(n-1)^2\}$$
$$=2^{n-1}-(n-1)^2$$

とおく。$n\geqq 6$ のとき

$$f(n)>0 \quad \cdots\cdots(*)$$

が成り立つことを数学的帰納法を用いて証明する。

(i)　$n=6$ のとき

$$f(6)=2^5-5^2=7$$

よって，(*)が成り立つ。

(ii)　$n=k(\geqq 6)$ のとき(*)が成り立つことを仮定すると

$$f(k)=2^{k-1}-(k-1)^2>0$$

このとき

$$f(k+1)=2^k-k^2$$
$$=2\cdot 2^{k-1}-k^2$$
$$>2\cdot(k-1)^2-k^2 \quad (\text{仮定より})$$
$$=k(k-4)+2>0 \quad (k\geqq 6 \text{ より})$$

よって，$n=k+1$ のときも(*)が成り立つ。

(i)(ii)より，$n\geqq 6$ のとき(*)が成り立つことが示された。

第5問 （数学B　ベクトル）

Ⅷ 2 4 5 6　　【難易度…★★】

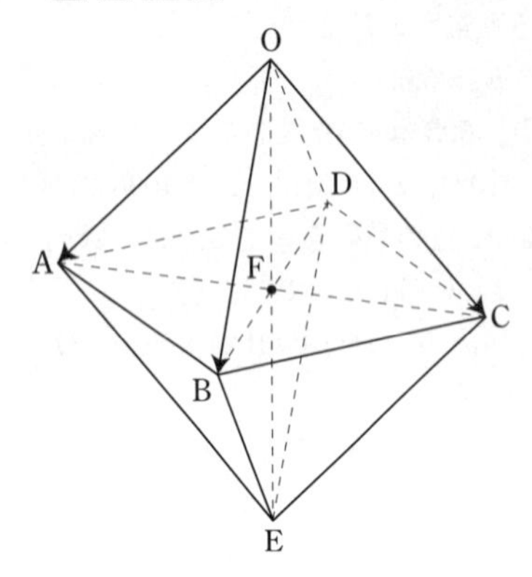

四角形ABCDの対角線の交点をFとすると，Fは線分AC，BDの中点であるから

$$\overrightarrow{OF}=\frac{1}{2}(\overrightarrow{OA}+\overrightarrow{OC})=\frac{1}{2}(\overrightarrow{OB}+\overrightarrow{OD})$$

よって

$$\overrightarrow{OD}=\overrightarrow{OA}-\overrightarrow{OB}+\overrightarrow{OC}$$
$$=\vec{a}-\vec{b}+\vec{c}\quad(⑤)$$
$$\overrightarrow{OE}=2\overrightarrow{OF}$$
$$=\vec{a}+\vec{c}\quad(②)$$

△OAB，△OBCは正三角形であるから

$$\vec{a}\cdot\vec{b}=1\cdot1\cdot\cos\frac{\pi}{3}=\frac{1}{2}\quad(⑤)$$
$$\vec{b}\cdot\vec{c}=\frac{1}{2}\quad(⑤)$$

四角形OAEC，OBEDは正方形であるから

$$\vec{a}\cdot\vec{c}=0\quad(④)$$
$$\vec{b}\cdot\overrightarrow{OD}=0\quad(④)$$

点G_1は△OBCの重心であるから

$$\overrightarrow{OG_1}=\frac{1}{3}(\overrightarrow{OB}+\overrightarrow{OC})$$
$$=\frac{1}{3}\vec{b}+\frac{1}{3}\vec{c}\quad(⓪,\ ⓪)$$

点G_2は△ABEの重心であるから

$$\overrightarrow{OG_2}=\frac{1}{3}(\overrightarrow{OA}+\overrightarrow{OB}+\overrightarrow{OE})$$
$$=\frac{1}{3}\{\vec{a}+\vec{b}+(\vec{a}+\vec{c})\}$$
$$=\frac{2}{3}\vec{a}+\frac{1}{3}\vec{b}+\frac{1}{3}\vec{c}\quad(②,\ ⓪,\ ⓪)$$

点G_3は△CDEの重心であるから

$$\overrightarrow{OG_3}=\frac{1}{3}(\overrightarrow{OC}+\overrightarrow{OD}+\overrightarrow{OE})$$
$$=\frac{1}{3}\{\vec{c}+(\vec{a}-\vec{b}+\vec{c})+(\vec{a}+\vec{c})\}$$
$$=\frac{2}{3}\vec{a}-\frac{1}{3}\vec{b}+\vec{c}\quad(②,\ ⓪)$$

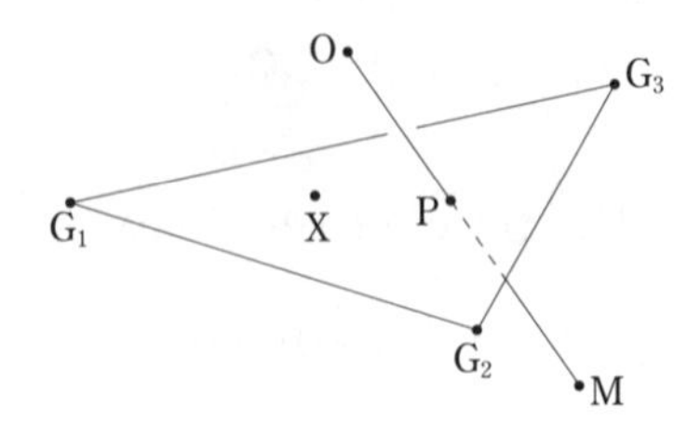

平面$G_1G_2G_3$上に点Xをとると，s，tを実数として

$$\overrightarrow{G_1X}=s\overrightarrow{G_1G_2}+t\overrightarrow{G_1G_3}$$

と表されるので，始点をOとすると

$$\overrightarrow{OX}-\overrightarrow{OG_1}=s(\overrightarrow{OG_2}-\overrightarrow{OG_1})+t(\overrightarrow{OG_3}-\overrightarrow{OG_1})$$

であり

$$\overrightarrow{OX}=(1-s-t)\overrightarrow{OG_1}+s\overrightarrow{OG_2}+t\overrightarrow{OG_3}$$
$$=(1-s-t)\left(\frac{1}{3}\vec{b}+\frac{1}{3}\vec{c}\right)+s\left(\frac{2}{3}\vec{a}+\frac{1}{3}\vec{b}+\frac{1}{3}\vec{c}\right)$$
$$+t\left(\frac{2}{3}\vec{a}-\frac{1}{3}\vec{b}+\vec{c}\right)$$
$$=\frac{\mathbf{2(s+t)}}{\mathbf{3}}\vec{a}+\frac{\mathbf{1-2t}}{3}\vec{b}+\frac{\mathbf{1+2t}}{3}\vec{c}\quad\cdots\cdots①$$

直線OM上の点をYとすると，kを実数として

$$\overrightarrow{OY}=k\overrightarrow{OM}$$

と表され，Mは線分DEの中点であるから

$$\overrightarrow{OY}=\frac{k}{2}(\overrightarrow{OD}+\overrightarrow{OE})$$
$$=\frac{k}{2}(2\vec{a}-\vec{b}+2\vec{c})$$
$$=k\vec{a}-\frac{k}{2}\vec{b}+k\vec{c}\quad\cdots\cdots②$$

$\vec{a}$，$\vec{b}$，$\vec{c}$は$\vec{0}$でなく，同一平面上にないので，2点X，Yが一致するとき，①，②より

$$\begin{cases}\dfrac{2(s+t)}{3}=k\\[2mm]\dfrac{1-2t}{3}=-\dfrac{k}{2}\\[2mm]\dfrac{1+2t}{3}=k\end{cases}\qquad\therefore\quad\begin{cases}s=\dfrac{1}{2}\\[2mm]t=\dfrac{3}{2}\\[2mm]k=\dfrac{4}{3}\end{cases}$$

よって，平面$G_1G_2G_3$と直線OMの交点Pは，②より

$$\overrightarrow{OP}=\frac{4}{3}\vec{a}-\frac{2}{3}\vec{b}+\frac{4}{3}\vec{c}$$
$$=\frac{\mathbf{4\vec{a}-2\vec{b}+4\vec{c}}}{3}$$

このとき

$$\frac{\mathrm{OP}}{\mathrm{OM}}=k=\mathbf{\frac{4}{3}}$$

また

$$\begin{aligned}|\overrightarrow{\mathrm{OP}}|^2&=\left|\frac{2}{3}(2\vec{a}-\vec{b}+2\vec{c})\right|^2\\&=\frac{4}{9}(4|\vec{a}|^2+|\vec{b}|^2+4|\vec{c}|^2-4\vec{a}\cdot\vec{b}-4\vec{b}\cdot\vec{c}+8\vec{a}\cdot\vec{c})\\&=\frac{4}{9}\left(4+1+4-\frac{4}{2}-\frac{4}{2}+0\right)\\&=\frac{20}{9}\end{aligned}$$

$|\overrightarrow{\mathrm{OP}}|>0$ より　$|\overrightarrow{\mathrm{OP}}|=\mathbf{\frac{2\sqrt{5}}{3}}$

$$\begin{aligned}\overrightarrow{\mathrm{OB}}\cdot\overrightarrow{\mathrm{OP}}&=\vec{b}\cdot\frac{2}{3}(2\vec{a}-\vec{b}+2\vec{c})\\&=\frac{2}{3}(2\vec{a}\cdot\vec{b}-|\vec{b}|^2+2\vec{b}\cdot\vec{c})\\&=\frac{2}{3}\left(\frac{2}{2}-1+\frac{2}{2}\right)\\&=\mathbf{\frac{2}{3}}\end{aligned}$$

よって

$$\begin{aligned}\cos\angle\mathrm{BOP}&=\frac{\overrightarrow{\mathrm{OB}}\cdot\overrightarrow{\mathrm{OP}}}{|\overrightarrow{\mathrm{OB}}||\overrightarrow{\mathrm{OP}}|}=\frac{\frac{2}{3}}{1\cdot\frac{2\sqrt{5}}{3}}=\frac{1}{\sqrt{5}}\\&=\frac{\sqrt{5}}{\mathbf{5}}\end{aligned}$$

第 2 回
実 戦 問 題

解答・解説

数学II・B　第2回（100点満点）

（解答・配点）

問題番号（配点）	解答記号（配点）	正解	自己採点欄
第1問 (30)	ア (1)	2	
	イ，ウ (2)	3，1	
	$\sqrt{エオ}$，カ (2)	$\sqrt{10}$，1	
	キ (1)	②	
	ク，ケ (2)	⓪，⑥	
	コ，$\sqrt{サ}$ (3)	4，$\sqrt{2}$	
	シ (2)	③	
	ス (2)	①	
	$\frac{セ}{ソ}$，タ (1)	$\frac{1}{2}$，2	
	チ，ツ (3)	①，⑥	
	テ，ト (3)	④，⑧	
	ナ，ニ (2)	⑥，⑧	
	ヌ，ネ (3)	⑤，⑧	
	ノ，ハ (3)	⑤，⑧	
小計			

問題番号（配点）	解答記号（配点）	正解	自己採点欄
第2問 (30)	アイx (2)	$2ax$	
	ウ$a^2+\frac{エ}{オ}$ (3)	$2a^2+\frac{2}{3}$	
	カT_1-キT_2 (3)	$2T_1-4T_2$	
	$\frac{ク}{ケ}$，コ，$\frac{サ}{シ}$ (3)	$\frac{8}{3}$，2，$\frac{2}{3}$	
	$\frac{ス}{セ}$ (2)	$\frac{1}{2}$	
	$\frac{ソ}{タ}$ (2)	$\frac{1}{2}$	
	チ (2)	①	
	ツテa^3 (2)	$27a^3$	
	$\frac{ト}{ナ}$ (3)	$\frac{1}{2}$	
	$\frac{\sqrt[3]{ニ}}{ヌ}$ (3)	$\frac{\sqrt[3]{4}}{3}$	
	ネノa^3 (2)	$-5a^3$	
	ハ (3)	②	
小計			

問題番号(配点)	解答記号(配点)		正解	自己採点欄
第3問 (20)	0.アイウエ	(2)	0.8413	
	0.オカキク	(2)	0.0013	
	ケ	(3)	⑦	
	コ	(3)	②	
	サ	(3)	③	
	シ	(3)	①	
	ス	(4)	②	
小計				
第4問 (20)	アn＋イ	(2)	$3n+4$	
	ウ，エ	(2)	②，④ (解答の順序は問わない)	
	オ，カキ，クケ	(3)	6，33，59	
	コサ(シ^n−1)	(2)	$12(4^n-1)$	
	ス	(2)	⓪	
	セソ，タ，チツ	(3)	27，0，12	
	テ，ト	(3)	③，⑥	
	ナニ，ヌネ，ノハ，ヒフヘ	(3)	27，54，39，156	
小計				

問題番号(配点)	解答記号(配点)		正解	自己採点欄
第5問 (20)	ア	(1)	0	
	イ	(1)	0	
	$\frac{ウ}{エ}$	(1)	$\frac{1}{2}$	
	オ	(1)	1	
	$\frac{カ}{キ}$	(2)	$\frac{3}{2}$	
	$\sqrt{ク}$	(2)	$\sqrt{2}$	
	ケ	(2)	③	
	コ	(2)	⓪	
	サ	(2)	③	
	シ	(1)	0	
	$\frac{ス}{セ}$，$\frac{ソ}{タ}$	(3)	$\frac{2}{3}$，$\frac{2}{3}$	
	チ	(2)	③	
小計				
合計				

(注) 第1問，第2問は必答，第3問～第5問のうちから2問選択，計4問を解答。

解　説

第1問

〔1〕（数学Ⅱ　三角関数）

Ⅲ 2 5，Ⅰ 4　　【難易度…★★】

(1)

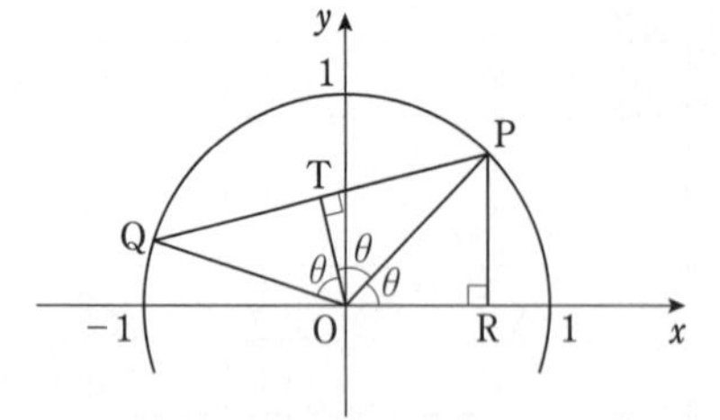

△OPQ は OP＝OQ＝1，∠POQ＝2θ の二等辺三角形である。原点 O から直線 PQ に垂線 OT を引くと，∠POT＝θ であるから

$$\sin\theta=\frac{\text{PT}}{\text{OP}}=\text{PT}$$

となる。よって

$$\text{PQ}=2\text{PT}=\mathbf{2}\sin\theta$$

また，OR＝$\cos\theta$，PR＝$\sin\theta$ であるから

$$\begin{aligned}\ell&=\text{OR}+\text{RP}+\text{PQ}+\text{QO}\\&=\cos\theta+\sin\theta+2\sin\theta+1\\&=\mathbf{3}\sin\theta+\cos\theta+\mathbf{1}\\&=\sqrt{10}\left(\frac{3}{\sqrt{10}}\sin\theta+\frac{1}{\sqrt{10}}\cos\theta\right)+1\\&=\sqrt{10}\sin(\theta+\alpha)+1\end{aligned}$$

である。ただし，α は $\cos\alpha=\dfrac{3}{\sqrt{10}}$，$\sin\alpha=\dfrac{1}{\sqrt{10}}$ を満たす鋭角 $\left(0<\alpha<\dfrac{\pi}{6}\right)$ である。

$\dfrac{\pi}{6}<\theta<\dfrac{\pi}{2}$ より $\dfrac{\pi}{6}+\alpha<\theta+\alpha<\dfrac{\pi}{2}+\alpha$ であるから，ℓ は $\theta+\alpha=\dfrac{\pi}{2}$ で最大となる。よって，ℓ の最大値は

$$\sqrt{\mathbf{10}}+\mathbf{1}$$

である。

(2)(i)

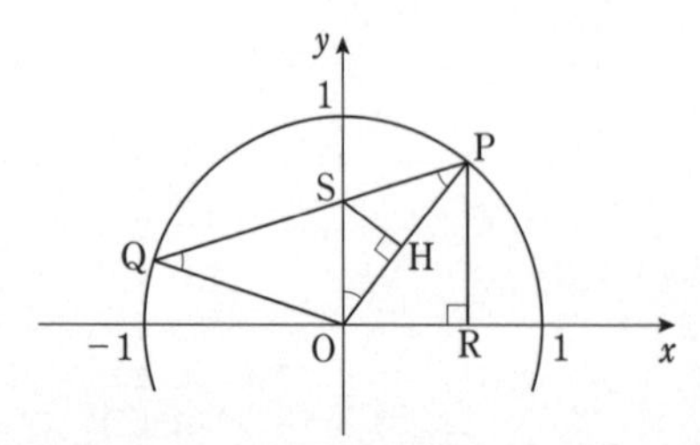

OP＝OQ であるから，∠OPQ＝∠OQP となるので

$$\angle\text{OPQ}=\frac{\pi-2\theta}{2}=\frac{\pi}{2}-\theta\quad(②)$$

である。また

$$\angle\text{SOP}=\frac{\pi}{2}-\theta$$

であるから，△OPS は PS＝OS の二等辺三角形となる。点 S から直線 OP に垂線 SH を引き，直角三角形 OSH に注目すると

$$\text{PS}=\text{OS}=\frac{\text{OH}}{\cos\angle\text{SOH}}=\frac{\frac{1}{2}}{\cos\left(\frac{\pi}{2}-\theta\right)}=\frac{1}{2\sin\theta}$$

である。よって

$$m=\text{RP}+\text{PS}=\sin\theta+\frac{1}{2\sin\theta}\quad(⓪，⑥)$$

である。

(ii) $\dfrac{\pi}{6}<\theta<\dfrac{\pi}{2}$ より $\sin\theta>0$ であるから，相加平均と相乗平均の大小関係より

$$\sin\theta+\frac{1}{2\sin\theta}\geqq2\sqrt{\sin\theta\cdot\frac{1}{2\sin\theta}}=\sqrt{2}$$

である。また，等号が成り立つのは

$$\sin\theta=\frac{1}{2\sin\theta}，すなわち\sin^2\theta=\frac{1}{2}$$

のときであり，$\dfrac{\pi}{6}<\theta<\dfrac{\pi}{2}$ より $\sin\theta=\dfrac{1}{\sqrt{2}}$ であるから

$$\theta=\frac{\pi}{4}$$

である。

以上より，m は

$$\theta=\frac{\pi}{\mathbf{4}}\ で最小値\ \sqrt{\mathbf{2}}$$

をとる。

(iii) $\sin\theta+\dfrac{1}{2\sin\theta}=\dfrac{5\sqrt{3}}{6}$ より

$$6\sin^2\theta-5\sqrt{3}\sin\theta+3=0$$
$$(2\sin\theta-\sqrt{3})(3\sin\theta-\sqrt{3})=0$$

であるから

$$\sin\theta=\frac{\sqrt{3}}{2}，\frac{\sqrt{3}}{3}$$

である。ここで，$\dfrac{\pi}{6}<\theta<\dfrac{\pi}{2}$ では $\sin\theta$ は単調に増加するから，$\theta_1<\theta_2$ より

$$\sin\theta_1=\frac{\sqrt{3}}{3}，\sin\theta_2=\frac{\sqrt{3}}{2}$$

である。$\frac{1}{2}<\frac{\sqrt{3}}{3}<\frac{\sqrt{2}}{2}$ であるから $\frac{\pi}{6}<\theta_1<\frac{\pi}{4}$ となるので

θ_1 は $\frac{\pi}{6}$ と $\frac{\pi}{4}$ の間の値である。(③)

また

θ_2 は $\frac{\pi}{3}$ である。(⓪)

〔2〕（数学Ⅱ　指数関数・対数関数）

Ⅳ 1 2 3 4　　【難易度…★】

②において，真数は正であるから

$2x-x^2>0$　かつ　$2x-1>0$

$x(2-x)>0$　かつ　$2x-1>0$

$0<x<2$　かつ　$x>\frac{1}{2}$

$\therefore\quad \boldsymbol{\frac{1}{2}<x<2}$　　……(*)

である。

(1)　$b=\sqrt{a}$ より

$$b^{2x-1}=(\sqrt{a})^{2x-1}=a^{\frac{2x-1}{2}}$$

であるから，①より

$$a^{2x-x^2}<a^{\frac{2x-1}{2}}$$

よって，$a>1$ に注意すると

$$2x-x^2<\frac{2x-1}{2}$$

$$2x^2-2x-1>0$$

$$\therefore\quad x<\frac{1-\sqrt{3}}{2},\ \frac{1+\sqrt{3}}{2}<x\quad (⓪,\ ⑥)$$

である。また，$b=\sqrt{a}$ より

$$\begin{aligned}\log_b(2x-1)&=\log_{\sqrt{a}}(2x-1)\\&=\frac{\log_a(2x-1)}{\log_a a^{\frac{1}{2}}}\\&=2\log_a(2x-1)\\&=\log_a(2x-1)^2\end{aligned}$$

であるから，②より

$$\log_a(2x-x^2)<\log_a(2x-1)^2$$

よって，$a>1$ に注意すると

$$2x-x^2<(2x-1)^2$$

$$5x^2-6x+1>0$$

$$(x-1)(5x-1)>0$$

$$\therefore\quad x<\frac{1}{5},\ 1<x$$

(*) より，不等式②を満たす x の値の範囲は

$1<x<2$　(④，⑧)

である。ここで，$1<\sqrt{3}<2$ より

$$\frac{1-\sqrt{3}}{2}<1<\frac{1+\sqrt{3}}{2}<2$$

よって，連立不等式①，②を満たす x の値の範囲は

$$\frac{1+\sqrt{3}}{2}<x<2\quad (⑥,\ ⑧)$$

である。

(2)　$b=\frac{1}{a}$ より

$$\begin{aligned}\log_b(2x-1)&=\log_{\frac{1}{a}}(2x-1)\\&=\frac{\log_a(2x-1)}{\log_a a^{-1}}\\&=-\log_a(2x-1)\end{aligned}$$

であるから，②より

$$\log_a(2x-x^2)<-\log_a(2x-1)$$

$$\log_a(2x-x^2)+\log_a(2x-1)<0$$

$$\log_a(2x-x^2)(2x-1)<\log_a 1$$

よって，$0<a<1$ に注意すると

$$(2x-x^2)(2x-1)>1$$

$$2x^3-5x^2+2x+1<0$$

$$(x-1)(2x^2-3x-1)<0$$

$4<\sqrt{17}<5$ より

$$\frac{3-\sqrt{17}}{4}<1<\frac{3+\sqrt{17}}{4}$$

であるから

$$\therefore\quad x<\frac{3-\sqrt{17}}{4},\ 1<x<\frac{3+\sqrt{17}}{4}$$

(*) と $\frac{3+\sqrt{17}}{4}<2$ より，不等式②を満たす x の値の範囲は

$$1<x<\frac{3+\sqrt{17}}{4}\quad (⑤,\ ⑧)$$

である。また，$b=\frac{1}{a}$ より

$$b^{2x-1}=\left(\frac{1}{a}\right)^{2x-1}=a^{-(2x-1)}$$

であるから，①より

$$a^{2x-x^2}<a^{-(2x-1)}$$

よって，$0<a<1$ に注意すると

$$2x-x^2>-(2x-1)$$

$$x^2-4x+1<0$$

$$\therefore\quad 2-\sqrt{3}<x<2+\sqrt{3}$$

である。ここで，$1<\sqrt{3}<2$，$4<\sqrt{17}<5$ より

$$2-\sqrt{3}<1<\frac{3+\sqrt{17}}{4}<2+\sqrt{3}$$

よって，連立不等式①，②を満たす x の値の範囲は

$$1<x<\frac{3+\sqrt{17}}{4} \quad (⑤,\ ⑧)$$

である。

第2問 （数学Ⅱ　微分・積分の考え）

V 1 2 3 5 6 【難易度…〔1〕★，〔2〕★】

〔1〕

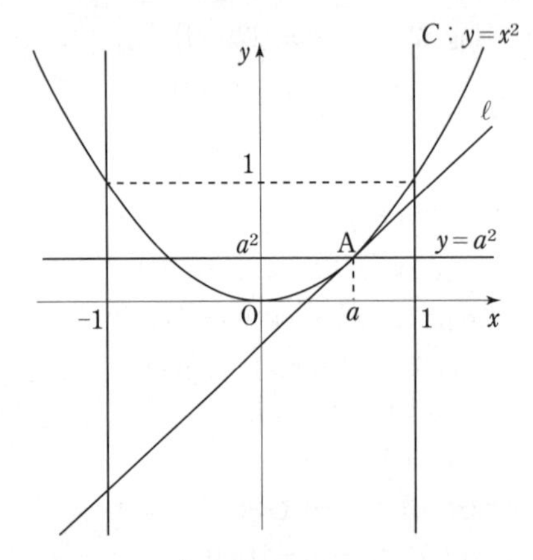

$C : y=x^2,\ y'=2x$

(1)　C 上の点 $\mathrm{A}(a,\ a^2)$ における接線 ℓ の方程式は

$$y-a^2=2a(x-a)$$
$$y=\mathbf{2a}x-a^2$$

よって

$$S=\int_{-1}^{1}\{x^2-(2ax-a^2)\}dx$$
$$=\left[\frac{x^3}{3}-ax^2+a^2x\right]_{-1}^{1}$$
$$=\frac{1}{3}-a+a^2-\left(-\frac{1}{3}-a-a^2\right)$$
$$=\mathbf{2}a^2+\mathbf{\frac{2}{3}}$$

（注）

$$S=\int_{-1}^{1}(x^2-2ax+a^2)dx$$
$$=2\int_{0}^{1}(x^2+a^2)dx$$
$$=2\left[\frac{x^3}{3}+a^2x\right]_{0}^{1}$$
$$=2a^2+\frac{2}{3}$$

(2)

$$T_1=\int_{0}^{1}(x^2-a^2)dx=\left[\frac{x^3}{3}-a^2x\right]_{0}^{1}=-a^2+\frac{1}{3}$$

$$T_2=\int_{0}^{a}(x^2-a^2)dx=\left[\frac{x^3}{3}-a^2x\right]_{0}^{a}=\frac{a^3}{3}-a^3=-\frac{2}{3}a^3$$

C と直線 $y=a^2$ の交点の x 座標は $x=\pm a$ であり，題意の図形は y 軸に関して対称であるから

$$T=2\left\{\int_{0}^{a}(a^2-x^2)dx+\int_{a}^{1}(x^2-a^2)dx\right\}$$
$$=2\left\{-\int_{0}^{a}(x^2-a^2)dx+\int_{0}^{1}(x^2-a^2)dx-\int_{0}^{a}(x^2-a^2)dx\right\}$$
$$=2\left\{\int_{0}^{1}(x^2-a^2)dx-2\int_{0}^{a}(x^2-a^2)dx\right\}$$
$$=\mathbf{2}T_1-\mathbf{4}T_2$$
$$=2\left(-a^2+\frac{1}{3}\right)-4\left(-\frac{2}{3}a^3\right)$$
$$=\mathbf{\frac{8}{3}}a^3-\mathbf{2}a^2+\mathbf{\frac{2}{3}}$$

$$\frac{dT}{da}=8a^2-4a$$
$$=4a(2a-1)$$

よって，$0<a<1$ における T の増減表は次のようになる。

a	(0)	$\cdots$	$\frac{1}{2}$	$\cdots$	(1)
$\frac{dT}{da}$		$-$	0	$+$	
T		↘	$\frac{1}{2}$	↗	

これより，T は $a=\mathbf{\frac{1}{2}}$ で最小になり

最小値　$\mathbf{\frac{1}{2}}$

(3)

$$S-T=\left(2a^2+\frac{2}{3}\right)-\left(\frac{8}{3}a^3-2a^2+\frac{2}{3}\right)$$
$$=-\frac{8}{3}a^3+4a^2$$
$$=-\frac{8}{3}a^2\left(a-\frac{3}{2}\right)$$

$0<a<1$ のとき $S-T>0$ であるから，a の値に関わらずつねに $S>T$ である。(⓪)

〔2〕

$$f(x)=x^3-3ax^2-9a^2x+b$$
$$f'(x)=3x^2-6ax-9a^2$$
$$=3(x+a)(x-3a)$$

$f'(x)=0$ のとき　$x=-a,\ 3a$

$$f(-a)=-a^3-3a^3+9a^3+b$$
$$=5a^3+b$$
$$f(3a)=27a^3-27a^3-27a^3+b$$
$$=-27a^3+b$$

(1)　$a>0$ のとき，$-a<3a$ であるから，$f(x)$ の増減表は次のようになる。

x	$\cdots$	$-a$	$\cdots$	$3a$	$\cdots$
$f'(x)$	$+$	0	$-$	0	$+$
$f(x)$	↗	極大	↘	極小	↗

関数 $f(x)$ の極小値は 0 であるから

$$f(3a)=-27a^3+b=0$$

$$\therefore \quad b=\mathbf{27}a^3$$

このとき，極大値は

$$f(-a)=5a^3+b=5a^3+27a^3=32a^3$$

であり，極大値が 4 より大きくなるような a の値の範囲は

$$32a^3>4$$

$$a^3>\frac{1}{8}$$

$$\therefore \quad a>\frac{\mathbf{1}}{\mathbf{2}}$$

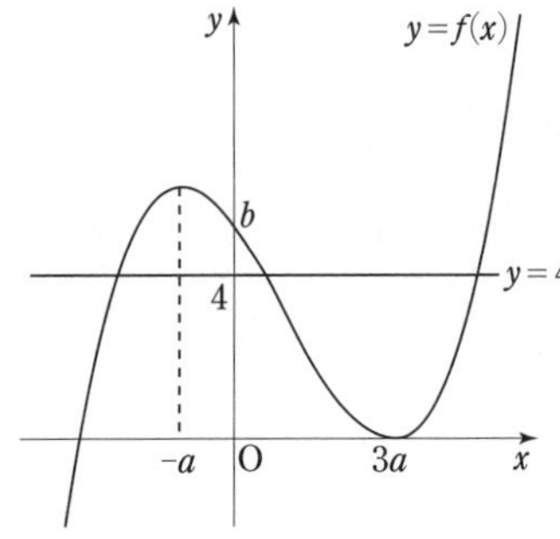

方程式 $f(x)=4$ の正の解の個数が 2 個になるような条件は，$y=f(x)$ のグラフと直線 $y=4$ が $x>0$ の範囲で 2 点で交わることであるから

$$f(0)>4$$

であり，$f(0)=b=27a^3$ から

$$27a^3>4$$

$$a^3>\frac{4}{27}$$

$$\therefore \quad a>\frac{\sqrt[3]{\mathbf{4}}}{\mathbf{3}}$$

(2) $a<0$ のとき，$3a<-a$ であるから，$f(x)$ の増減表は次のようになる。

x	$\cdots$	$3a$	$\cdots$	$-a$	$\cdots$
$f'(x)$	$+$	0	$-$	0	$+$
$f(x)$	↗	極大	↘	極小	↗

関数 $f(x)$ の極小値は 0 であるから

$$f(-a)=5a^3+b=0$$

$$\therefore \quad b=\mathbf{-5}a^3$$

$y=f(x)$ のグラフの概形は　**②**

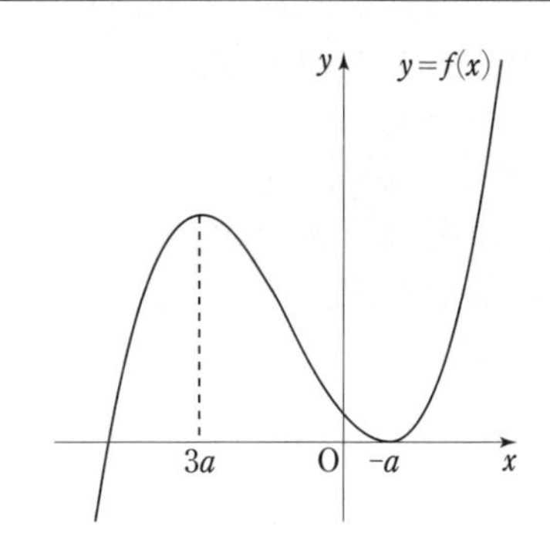

第 3 問 （数学 B　確率分布と統計的な推測）

Ⅵ 2 3 4 5 6 7 8　　　　【難易度…★】

(1)(i) 確率変数 X は，正規分布 $N(120,\ 3^2)$ に従うので，確率変数 Z を

$$Z=\frac{X-120}{3}$$

とおくと，Z は標準正規分布 $N(0,\ 1)$ に従う。

$X\geqq117$ のとき

$$Z\geqq\frac{117-120}{3}=-1$$

であるから

$$\begin{aligned}P(X\geqq117)&=P(Z\geqq-1)\\&=0.5+P(0\leqq Z\leqq1)\\&=0.5+0.3413\\&=0.\mathbf{8413}\end{aligned}$$

$X\geqq129$ のとき

$$Z\geqq\frac{129-120}{3}=3$$

であるから

$$\begin{aligned}P(X\geqq129)&=P(Z\geqq3)\\&=0.5-P(0\leqq Z\leqq3)\\&=0.5-0.4987\\&=0.\mathbf{0013}\end{aligned}$$

(ii) 4 冊のノートの各 1 冊の重さを，それぞれ確率変数 X_1，X_2，X_3，X_4 とおくと，平均について

$$E(X_1)=E(X_2)=E(X_3)=E(X_4)=120$$

分散について

$$V(X_1)=V(X_2)=V(X_3)=V(X_4)=3^2=9$$

確率変数 Y は

$$Y=X_1+X_2+X_3+X_4+2$$

であり，X_1，X_2，X_3，X_4 は独立であるから

$$\begin{aligned}E(Y)&=E(X_1)+E(X_2)+E(X_3)+E(X_4)+2\\&=482\quad(⓪)\end{aligned}$$

$$V(Y)=V(X_1)+V(X_2)+V(X_3)+V(X_4)$$
$$=36$$
$$\sigma(Y)=\sqrt{36}=6 \quad (②)$$

(2)(i) 母集団から，大きさ225の標本を抽出するとき，標本平均 $\overline{X}$ について

$$E(\overline{X})=m$$
$$\sigma(\overline{X})=\frac{3}{\sqrt{225}}=0.2$$

が成り立ち，225は十分に大きいと考えられるので，$\overline{X}$ は近似的に正規分布 $N(m,\ 0.2^2)$ に従う。

よって，確率変数 W を

$$W=\frac{\overline{X}-m}{0.2}$$

とおくと，W は近似的に標準正規分布 $N(0,\ 1)$ に従う。

正規分布表より

$$P(0\leqq W\leqq 1.96)=0.4750$$
$$P(0\leqq W\leqq 1.645)\fallingdotseq 0.4500$$

であるから

$$P(-1.96\leqq W\leqq 1.96)=0.4750\cdot 2=0.95$$
$$P(-1.645\leqq W\leqq 1.645)\fallingdotseq 0.4500\cdot 2=0.90$$

よって，母平均 m に対する信頼度95%の信頼区間は

$$-1.96\leqq W\leqq 1.96$$
$$\iff \quad -1.96\leqq\frac{\overline{X}-m}{0.2}\leqq 1.96$$
$$\iff \quad \overline{X}-0.392\leqq m\leqq\overline{X}+0.392$$

同様にして，信頼度90%の信頼区間は

$$\overline{X}-0.329\leqq m\leqq\overline{X}+0.329$$

$\overline{X}=119$ のとき，信頼度95%の信頼区間は

$$118.608\leqq m\leqq 119.392$$
$$118.6\leqq m\leqq 119.4 \quad (③)$$

信頼度90%の信頼区間は

$$118.671\leqq m\leqq 119.329$$

であるから，信頼度90%の信頼区間は，信頼度95%の信頼区間より狭い範囲になる。(⓪)

(ii) (i)より

$$L_1=0.329\cdot 2=0.658$$
$$L_2=0.392\cdot 2=0.784$$

よって

$$\frac{L_1}{L_2}\fallingdotseq 0.84 \quad (②)$$

第4問 (数学B 数列)

Ⅶ 1 2 3 4 【難易度…★★】

数列 $\{a_n\}$ の初項を a，公差を d とおくと

$$\begin{cases} a_2=a+d=10 \\ a_5=a+4d=19 \end{cases}$$

であり，これを解くと

$$a=7,\ d=3$$

であるから，一般項は

$$a_n=7+(n-1)\cdot 3=\mathbf{3n+4}$$

である。また，数列 $\{b_n\}$ は初項 $b_1=-6$，公比 -2 の等比数列であるから，一般項は

$$b_n=-6\cdot(-2)^{n-1} \quad (④)$$

であり，これを変形すると

$$b_n=3\cdot(-2)\cdot(-2)^{n-1}=3\cdot(-2)^n \quad (②)$$

である。

(1) $$\sum_{k=1}^{n}{a_k}^2=\sum_{k=1}^{n}(3k+4)^2$$
$$=9\sum_{k=1}^{n}k^2+24\sum_{k=1}^{n}k+\sum_{k=1}^{n}16$$
$$=9\cdot\frac{1}{6}n(n+1)(2n+1)+24\cdot\frac{1}{2}n(n+1)+16n$$
$$=\frac{1}{2}n\{3(n+1)(2n+1)+24(n+1)+32\}$$
$$=\frac{1}{2}n(\mathbf{6}n^2+\mathbf{33}n+\mathbf{59})$$

である。また

$$\sum_{k=1}^{n}{b_k}^2=\sum_{k=1}^{n}\left\{(-6)\cdot(-2)^{k-1}\right\}^2$$
$$=\sum_{k=1}^{n}(-6)^2\left\{(-2)^{k-1}\right\}^2$$
$$=36\sum_{k=1}^{n}\left\{(-2)^2\right\}^{k-1}$$
$$=36\sum_{k=1}^{n}4^{k-1}$$
$$=\frac{36(4^n-1)}{4-1}$$
$$=\mathbf{12}(\mathbf{4}^n-1)$$

または

$$\sum_{k=1}^{n}{b_k}^2=\sum_{k=1}^{n}\left\{3(-2)^k\right\}^2=9\sum_{k=1}^{n}(-2)^{2k}$$
$$=9\sum_{k=1}^{n}\left\{(-2)^2\right\}^k=9\sum_{k=1}^{n}4^k$$
$$=9\cdot\frac{4(4^n-1)}{4-1}$$
$$=12(4^n-1)$$

である。

(2)(i) $\left(\sum_{k=1}^{n}a_k^2\right)\left(\sum_{k=1}^{n}b_k^2\right)$ を計算すると

$$\left(\sum_{k=1}^{n}a_k^2\right)\left(\sum_{k=1}^{n}b_k^2\right)$$
$$=(a_1^2+a_2^2+\cdots+a_n^2)(b_1^2+b_2^2+\cdots+b_n^2)$$
$$=\ a_1^2b_1^2+a_1^2(b_2^2+b_3^2+\cdots+b_n^2)$$
$$+a_2^2b_2^2+a_2^2(b_1^2+b_3^2+\cdots+b_n^2)$$
$$\vdots$$
$$+a_n^2b_n^2+a_n^2(b_1^2+b_2^2+\cdots+b_{n-1}^2)$$

となり，$\sum_{k=1}^{n}a_k^2b_k^2=a_1^2b_1^2+a_2^2b_2^2+\cdots+a_n^2b_n^2$ であるから

$\left(\sum_{k=1}^{n}a_k^2\right)\left(\sum_{k=1}^{n}b_k^2\right)$ は $\sum_{k=1}^{n}a_k^2b_k^2$ より大きい　(⓪)

ことがわかる。

(ii) $$a_k^2b_k^2=(3k+4)^2\cdot\{(-6)\cdot(-2)^{k-1}\}^2$$
$$=(9k^2+24k+16)\cdot36\cdot4^{k-1}$$
$$=(81k^2+216k+144)\cdot4^k$$

であるから，$c_{k+1}-c_k=a_k^2b_k^2$……①　は

$$\{3pk^2+(8p+3q)k+(4p+4q+3r)\}\cdot4^k$$
$$=(81k^2+216k+144)\cdot4^k$$

となる。両辺を $4^k(\neq0)$ で割ると

$$3pk^2+(8p+3q)k+(4p+4q+3r)$$
$$=81k^2+216k+144 \quad\cdots\cdots②$$

である。①がすべての自然数 k に対して成り立つことから，②の両辺の係数を比較して

$$\begin{cases}3p=81\\8p+3q=216\\4p+4q+3r=144\end{cases}$$

となる。この連立方程式を解いて

$\boldsymbol{p=27}$，$\boldsymbol{q=0}$，$\boldsymbol{r=12}$

であるから

$$c_n=(27n^2+12)\cdot4^n$$

(iii) $\sum_{k=1}^{n}a_k^2b_k^2=S_n$ とおくと

$$S_n=\sum_{k=1}^{n}(c_{k+1}-c_k)$$
$$=(c_2-c_1)+(c_3-c_2)+(c_4-c_3)+\cdots+(c_{n+1}-c_n)$$
$$=c_{n+1}-c_1\quad(③,\ ⑥)$$

である。

ここで $c_n=(27n^2+12)\cdot4^n$ を代入すると

$$S_n=\{27(n+1)^2+12\}\cdot4^{n+1}-(27+12)\cdot4$$
$$=(\mathbf{27}n^2+\mathbf{54}n+\mathbf{39})\cdot4^{n+1}-\mathbf{156}$$

である。

第5問　(数学B　ベクトル)

Ⅷ 2 3 5　　【難易度…★】

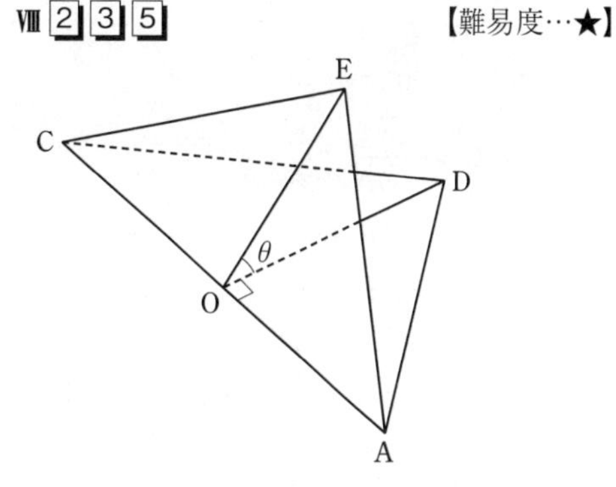

$\angle AOB=\angle AOD=90°$ より

$$\overrightarrow{OA}\cdot\overrightarrow{OB}=\mathbf{0},\ \overrightarrow{OA}\cdot\overrightarrow{OD}=\mathbf{0}$$

また，$\angle AOE=90°$ より，$\overrightarrow{OA}\cdot\overrightarrow{OE}=0$ であり

$$|\overrightarrow{OA}|=|\overrightarrow{OE}|=|\overrightarrow{OC}|=|\overrightarrow{OD}|=1$$

$\angle EOD=\theta$ より

$$\overrightarrow{OE}\cdot\overrightarrow{OD}=|\overrightarrow{OE}||\overrightarrow{OD}|\cos\angle EOD$$
$$=1\times1\times\cos\theta=\cos\theta$$

(1)　$\theta=60°$ のとき

$$\overrightarrow{OE}\cdot\overrightarrow{OD}=\cos60°=\mathbf{\frac{1}{2}}$$

OE＝OD＝1，∠EOD＝60° より，△OED は正三角形であるから

ED＝**1**

また

$$\overrightarrow{AE}\cdot\overrightarrow{AD}=(\overrightarrow{OE}-\overrightarrow{OA})\cdot(\overrightarrow{OD}-\overrightarrow{OA})$$
$$=\overrightarrow{OE}\cdot\overrightarrow{OD}-\overrightarrow{OE}\cdot\overrightarrow{OA}-\overrightarrow{OA}\cdot\overrightarrow{OD}+|\overrightarrow{OA}|^2$$
$$=\frac{1}{2}-0-0+1^2$$
$$=\mathbf{\frac{3}{2}}$$

(2)　$AE=AD=\sqrt{2}$ であり，∠EAD＝60° のとき，△AED は正三角形になるから

$ED=\sqrt{\mathbf{2}}$

OE＝OD＝1 より，$ED=\sqrt{2}$ のとき

$\theta=90°$　(③)

(注)　$$|\overrightarrow{ED}|^2=|\overrightarrow{OD}-\overrightarrow{OE}|^2$$
$$=|\overrightarrow{OD}|^2-2\overrightarrow{OD}\cdot\overrightarrow{OE}+|\overrightarrow{OE}|^2$$
$$=1^2-2\cos\theta+1^2$$
$$=2-2\cos\theta$$

$ED=\sqrt{2}$ より

$(\sqrt{2})^2=2-2\cos\theta$

$\cos\theta=0$

よって　$\theta=90°$

次に，$\overrightarrow{OC}=-\overrightarrow{OA}$ であるから

$\overrightarrow{CE}=\overrightarrow{OE}-\overrightarrow{OC}=\overrightarrow{OE}+\overrightarrow{OA}=\overrightarrow{OA}+\overrightarrow{OE}$　(⓪)

$\overrightarrow{CD}=\overrightarrow{OD}-\overrightarrow{OC}=\overrightarrow{OD}+\overrightarrow{OA}=\overrightarrow{OA}+\overrightarrow{OD}$　(③)

点Hは平面 α 上にあるから

$\overrightarrow{CH}=s\overrightarrow{CE}+t\overrightarrow{CD}$　(s，t は実数)

と表すと

$$\begin{aligned}\overrightarrow{AH}&=\overrightarrow{AC}+\overrightarrow{CH}\\&=\overrightarrow{AC}+s\overrightarrow{CE}+t\overrightarrow{CD}\\&=-2\overrightarrow{OA}+s(\overrightarrow{OA}+\overrightarrow{OE})+t(\overrightarrow{OA}+\overrightarrow{OD})\\&=(s+t-2)\overrightarrow{OA}+s\overrightarrow{OE}+t\overrightarrow{OD}\end{aligned}$$

であるから

$$\overrightarrow{AH}\cdot\overrightarrow{CE}=\{(s+t-2)\overrightarrow{OA}+s\overrightarrow{OE}+t\overrightarrow{OD}\}\cdot(\overrightarrow{OA}+\overrightarrow{OE})$$

$$\overrightarrow{AH}\cdot\overrightarrow{CD}=\{(s+t-2)\overrightarrow{OA}+s\overrightarrow{OE}+t\overrightarrow{OD}\}\cdot(\overrightarrow{OA}+\overrightarrow{OD})$$

ここで，$|\overrightarrow{OA}|=|\overrightarrow{OE}|=|\overrightarrow{OD}|=1$ であり

$\overrightarrow{OA}\cdot\overrightarrow{OE}=\overrightarrow{OA}\cdot\overrightarrow{OD}=\overrightarrow{OE}\cdot\overrightarrow{OD}=0$

であることから

$\overrightarrow{AH}\cdot\overrightarrow{CE}=(s+t-2)+s=2s+t-2$

$\overrightarrow{AH}\cdot\overrightarrow{CD}=(s+t-2)+t=s+2t-2$

である。

$\overrightarrow{AH}$ は平面 α に垂直であるから，$\overrightarrow{AH}\perp\overrightarrow{CE}$，$\overrightarrow{AH}\perp\overrightarrow{CD}$ より

$\overrightarrow{AH}\cdot\overrightarrow{CE}=\overrightarrow{AH}\cdot\overrightarrow{CD}=\mathbf{0}$

よって

$$\begin{cases}2s+t-2=0\\s+2t-2=0\end{cases}$$

であるから，これを解いて

$s=\boldsymbol{\frac{2}{3}}$，$t=\boldsymbol{\frac{2}{3}}$

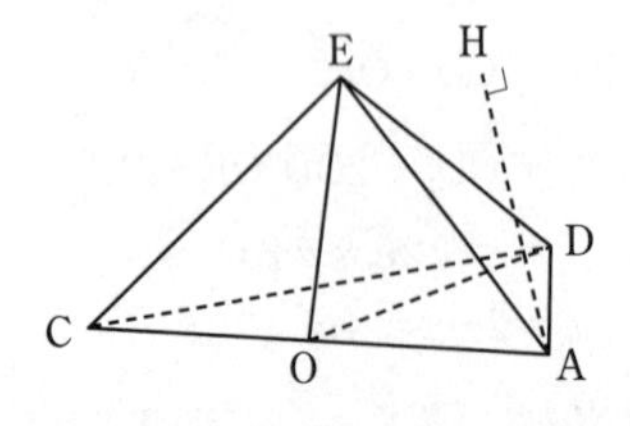

次に，⓪～③の正誤について考える。

⓪　△AEC は，AE=EC=$\sqrt{2}$，AC=2 の直角二等辺三角形，△ECD は，EC=ED=CD=$\sqrt{2}$ の正三角形であるから，⓪は正しい。

①　AC=2，ED=$\sqrt{2}$ であるから，①は正しい。

②　OA=OE=OC=OD=1 より，O を中心とする半径 1 の球面は，4 点 A，E，C，D をすべて通るから，②は正しい。

③　$s+t=\frac{4}{3}>1$ であるから，点 H は △ECD の外部にある。よって，③は正しくない。

したがって，正しくないものは　**③**

第 3 回
実 戦 問 題

解答・解説

数学II・B　第3回（100点満点）

（解答・配点）

問題番号（配点）	解答記号（配点）		正解	自己採点欄
第1問 (30)	ア，イ	(1)	2，1	
	ウ	(1)	5	
	エ，オ	(1)	2，2	
	カ	(2)	①	
	キ	(1)	2	
	ク	(2)	⑦	
	ケ	(2)	④	
	コ	(1)	②	
	サ	(1)	④	
	$\frac{シ}{ス}$，セ	(2)	$\frac{1}{2}$，2	
	$\frac{ソ}{タ}$	(1)	$\frac{1}{9}$	
	−チ	(2)	−2	
	$\frac{ツ}{テ}$	(1)	$\frac{1}{4}$	
	ト	(2)	6	
	$\sqrt{ナ}$，$\frac{\pi}{ニ}$，ヌ	(2)	$\sqrt{2}$，$\frac{\pi}{4}$，4	
	ネ$-\sqrt{ノ}$	(2)	$4-\sqrt{2}$	
	ハ	(2)	2	
	$\frac{\pi}{ヒ}$	(2)	$\frac{\pi}{8}$	
	フ−ヘ$\sqrt{ホ}$	(2)	$3-2\sqrt{2}$	
小計				

問題番号（配点）	解答記号（配点）		正解	自己採点欄
第2問 (30)	ア	(1)	a	
	イ	(1)	2	
	$a^{ウ}(a+エ)$	(2)	$a^2(a+3)$	
	$(a+オ)^2(a-カ)$	(2)	$(a+2)^2(a-1)$	
	キ	(2)	②	
	ク	(2)	④	
	ケ	(1)	9	
	コサ	(1)	−4	
	シス	(1)	32	
	セソ	(2)	64	
	タ	(2)	①	
	チ，ツテ	(2)	a，3a	
	ト	(1)	⓪	
	ナニ	(1)	18	
	ヌ，ネ	(2)	2，1	
	ノ	(1)	⑤	
	$\frac{ハヒ}{フ}$	(2)	$\frac{16}{3}$	
	ヘ	(2)	③	
	ホ	(2)	①	
小計				

問題番号(配点)	解答記号(配点)		正解	自己採点欄
第3問 (20)	ア	(2)	5	
	$\frac{イ}{ウ}$	(2)	$\frac{5}{3}$	
	エ	(2)	③	
	オ	(2)	⓪	
	カキク.ケコ	(2)	330.40	
	サシス.セソ	(2)	369.60	
	タ	(2)	2	
	チ	(2)	③	
	ツ，テ	(4)(各2)	①，③(解答の順序は問わない)	
小計				
第4問 (20)	ア	(1)	③	
	イ	(1)	2	
	ウ	(1)	①	
	エ，オ，カ	(3)	2，③，①	
	キ，ク	(1)	4，4	
	ケ，コ，サ	(2)	2，2，2	
	$\frac{シ}{ス}$	(1)	$\frac{3}{4}$	
	セ，ソ	(1)	③，⑤	
	タ	(1)	ⓑ	
	チ，ツ	(1)	④，⑤(解答の順序は問わない)	
	$\frac{テ}{ト}$	(1)	$\frac{1}{5}$	
	$\frac{ナ}{ニ}$	(1)	$\frac{3}{2}$	
	ヌ	(1)	1	
	$\frac{ネ}{ノ}$	(1)	$\frac{2}{5}$	
	ハ	(3)	⑤	
小計				

問題番号(配点)	解答記号(配点)		正解	自己採点欄
第5問 (20)	ア	(1)	2	
	イ	(1)	⑤	
	ウ	(1)	①	
	エ	(1)	⑦	
	オ	(1)	⓪	
	カ	(1)	1	
	キ	(1)	1	
	ク	(1)	0	
	ケ	(2)	⓪	
	コ	(1)	①	
	サ	(1)	⑧	
	シ	(1)	⑥	
	ス	(1)	⑥	
	セ	(1)	①	
	ソ	(1)	②	
	タ	(2)	⓪	
	チ	(2)	②	
小計				
合計				

(注)　第1問，第2問は必答，第3問～第5問のうちから2問選択，計4問を解答。

解　説

第1問

〔1〕（数学Ⅱ　図形と方程式）

Ⅱ 2 4 6　　【難易度…★】

(1)

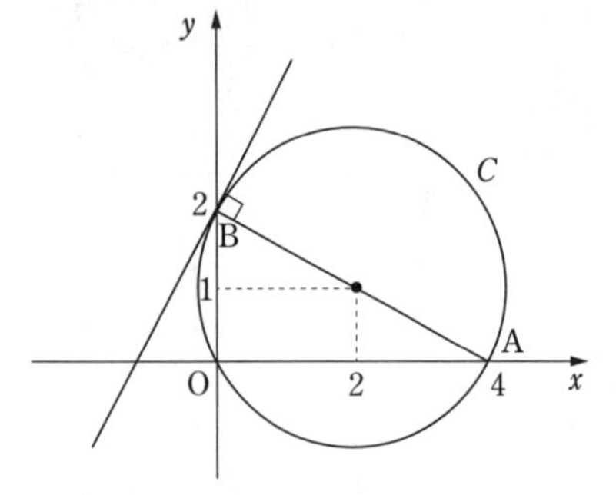

$\angle AOB=90^\circ$ より，円 C は線分 AB を直径とする円である。C の中心は線分 AB の中点(2, 1)，半径は

$$\frac{1}{2}AB=\frac{1}{2}\sqrt{4^2+2^2}=\sqrt{5}$$

よって，C の方程式は

$$(x-\mathbf{2})^2+(y-\mathbf{1})^2=\mathbf{5}$$

直線 AB の傾きは $-\frac{1}{2}$ であるから，B における接線の傾きは2である。よって，点 B における C の接線の方程式は

$$y=\mathbf{2}x+\mathbf{2}$$

(2) 不等式 $(x-2)^2+(y-1)^2\leqq 5$ の表す領域は，円 C の周および内部であり

$$xy\geqq 0 \iff \begin{cases}x\geqq 0\\ y\geqq 0\end{cases} \text{または} \begin{cases}x\leqq 0\\ y\leqq 0\end{cases}$$

であるから，不等式 $xy\geqq 0$ の表す領域は，第1象限，第3象限および x 軸，y 軸である。したがって，領域 D は下図の斜線部分である。ただし，境界を含む。(⓪)

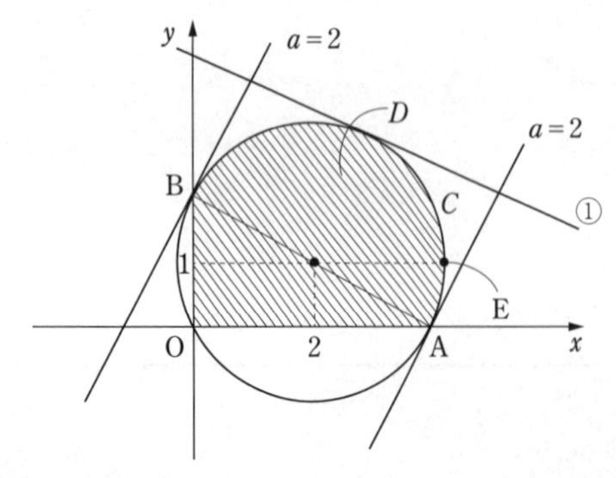

$y-ax=k$ とおくと

$$y=ax+k \qquad \cdots\cdots①$$

であり，①は傾き a，y 切片 k の直線を表す。

点(x, y)が D 内を動くとき，直線①と D が共有点をもつような k のとり得る値の最大値を考える。(1)より，点 A，B における C の接線の傾きは2であることに注意する。

・$a<2$ のとき

図のように点 $E(2+\sqrt{5}, 1)$ をとると，直線①が円 C の弧 BE（両端を除く）の部分と接するとき，k は最大になる。このとき

（C の中心と①の距離）＝（半径）

であり，①は $ax-y+k=0$ であるから

$$\frac{|2a-1+k|}{\sqrt{a^2+(-1)^2}}=\sqrt{5}$$

C の中心(2, 1)は直線①の下側，すなわち $y<ax+k$ の表す領域にあるので

$$1<2a+k \qquad \therefore\quad 2a-1+k>0$$

ゆえに

$$\frac{2a-1+k}{\sqrt{a^2+1}}=\sqrt{5}$$

$$k=-2a+1+\sqrt{5(a^2+1)}$$

・$a\geqq 2$ のとき

直線①が点 B(0, 2)を通るとき k は最大になる。

このとき

$$k=2$$

よって

$a<\mathbf{2}$ のとき　$M=-2a+1+\sqrt{5(a^2+1)}$　(⑦)

$a\geqq 2$ のとき　$M=2$　(④)

〔2〕（数学Ⅱ　指数関数・対数関数）

Ⅳ 3 4　　【難易度…★】

$t=\log_a x$ とおくと，底の変換公式を用いて

$$\log_{a^2}x=\frac{\log_a x}{\log_a a^2}=\frac{1}{2}t \quad (②)$$

また

$$\log_a x^2=2\log_a x=2t \quad (④)$$

このとき

$$y=2(\log_{a^2}x)^2+\log_a x^2$$
$$=2\left(\frac{1}{2}t\right)^2+2t$$
$$=\frac{\mathbf{1}}{\mathbf{2}}t^2+\mathbf{2}t$$
$$=\frac{1}{2}(t+2)^2-2$$

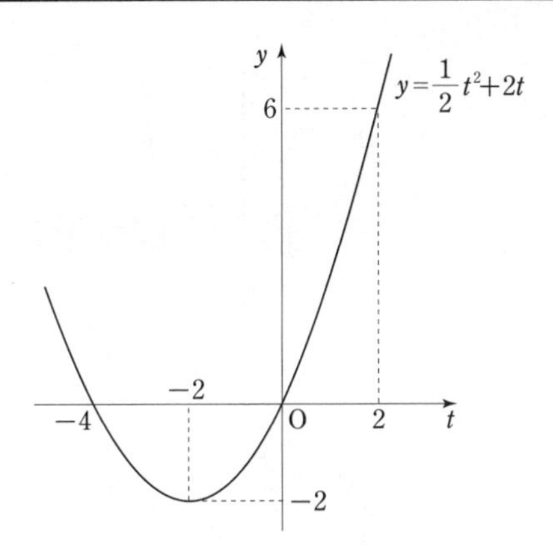

(1) $a=3$ のとき，底 a は1より大きいことに注意して
$0<x\leqq a^2$ より

$$\log_a x \leqq \log_a a^2 \qquad \therefore \quad t \leqq 2$$

よって，y の最小値は

$$\mathbf{-2} \quad (t=-2)$$

$t=-2$ のとき

$$\log_3 x=-2 \qquad \therefore \quad x=3^{-2}=\mathbf{\frac{1}{9}}$$

(2) $a=\frac{1}{2}$ のとき，底 a は1より小さいことに注意して
$0<x\leqq a^2$ より

$$\log_a x \geqq \log_a a^2 \qquad \therefore \quad t \geqq 2$$

よって，y の最小値は

$$\mathbf{6} \quad (t=2)$$

$t=2$ のとき

$$\log_{\frac{1}{2}} x=2 \qquad \therefore \quad x=\left(\frac{1}{2}\right)^2=\mathbf{\frac{1}{4}}$$

〔3〕（数学Ⅱ　三角関数）
Ⅲ 4 5　　**【難易度…★★】**

2倍角の公式により

$$\cos^2\theta=\frac{\cos 2\theta+1}{2}$$

$$\sin\theta\cos\theta=\frac{\sin 2\theta}{2}$$

(1) $a=5$, $b=3$ のとき

$$\begin{aligned} f(\theta)&=5\cos^2\theta+2\sin\theta\cos\theta+3\sin^2\theta \\ &=5\cdot\frac{\cos 2\theta+1}{2}+2\cdot\frac{1}{2}\sin 2\theta+3\cdot\frac{1-\cos 2\theta}{2} \\ &=\sin 2\theta+\cos 2\theta+4 \\ &=\sqrt{\mathbf{2}}\sin\left(2\theta+\frac{\pi}{\mathbf{4}}\right)+\mathbf{4} \end{aligned}$$

$0\leqq\theta\leqq\pi$ より，$\frac{\pi}{4}\leqq 2\theta+\frac{\pi}{4}\leqq\frac{9}{4}\pi$ であるから

$$-1\leqq\sin\left(2\theta+\frac{\pi}{4}\right)\leqq 1$$

よって，$f(\theta)$ のとり得る値の範囲は

$$\sqrt{2}\cdot(-1)+4\leqq f(\theta)\leqq\sqrt{2}\cdot 1+4$$

$$\mathbf{4-\sqrt{2}}\leqq f(\theta)\leqq 4+\sqrt{2}$$

(2)

$$\begin{aligned} f(\theta)&=a\cos^2\theta+(a-b)\sin\theta\cos\theta+b\sin^2\theta \\ &=a\cdot\frac{\cos 2\theta+1}{2}+(a-b)\cdot\frac{1}{2}\sin 2\theta \\ &\qquad +b\cdot\frac{1-\cos 2\theta}{2} \\ &=\frac{a-b}{2}\sin 2\theta+\frac{a-b}{2}\cos 2\theta+\frac{a+b}{2} \\ &=\frac{a-b}{2}(\sin 2\theta+\cos 2\theta)+\frac{a+b}{2} \\ &=\frac{\sqrt{2}(a-b)}{2}\sin\left(2\theta+\frac{\pi}{4}\right)+\frac{a+b}{2} \end{aligned}$$

(1)と同様に，$\frac{\pi}{4}\leqq 2\theta+\frac{\pi}{4}\leqq\frac{9}{4}\pi$ であるから

$$-1\leqq\sin\left(2\theta+\frac{\pi}{4}\right)\leqq 1$$

$a>b>0$ より，$f(\theta)$ のとり得る値の範囲は

$$-\frac{\sqrt{2}(a-b)}{2}+\frac{a+b}{2}\leqq f(\theta)\leqq\frac{\sqrt{2}(a-b)}{2}+\frac{a+b}{2}$$

よって，$f(\theta)$ の最大値は

$$\frac{\sqrt{2}(a-b)}{2}+\frac{a+b}{2}$$

$a=4$ かつ $f(\theta)$ の最大値が $3+\sqrt{2}$ であるとき

$$\frac{\sqrt{2}(4-b)}{2}+\frac{4+b}{2}=3+\sqrt{2}$$

$$(1-\sqrt{2})b=2(1-\sqrt{2})$$

$b=\mathbf{2}$　（これは $a>b>0$ を満たす。）

また，$f(\theta)$ が最大になるときの θ の値は

$$2\theta+\frac{\pi}{4}=\frac{\pi}{2} \text{ より} \quad \theta=\frac{\pi}{\mathbf{8}}$$

(3) (2)より

$$f(\theta)=\frac{\sqrt{2}(a-b)}{2}\sin\left(2\theta+\frac{\pi}{4}\right)+\frac{a+b}{2}$$

であるから，$f(\theta)=0$ のとき

$$\sin\left(2\theta+\frac{\pi}{4}\right)=-\frac{a+b}{\sqrt{2}(a-b)}$$

この等式を満たす θ がただ一つである条件は，$a>b>0$ に注意すると

$$-\frac{a+b}{\sqrt{2}(a-b)}=-1$$

であるから

$$a+b=\sqrt{2}(a-b)$$

よって

$$b=\frac{\sqrt{2}-1}{\sqrt{2}+1}a=\frac{(\sqrt{2}-1)^2}{(\sqrt{2}+1)(\sqrt{2}-1)}a=(\mathbf{3}-\mathbf{2}\sqrt{\mathbf{2}})a$$

第2問

〔1〕（数学II　微分・積分の考え）

V 2 3 5 6　　【難易度…★】

(1)

$$f'(x)=3x^2-6(a+1)x+3a(a+2)$$
$$=3(x-a)(x-a-2)$$

$a<a+2$ であるから，$f(x)$ の増減は次のようになる。

x	$\cdots$	a	$\cdots$	$a+2$	$\cdots$
$f'(x)$	$+$	0	$-$	0	$+$
$f(x)$	↗	極大	↘	極小	↗

$f(x)$ は $x=\boldsymbol{a}$ で極大値 (M)，$x=a+\mathbf{2}$ で極小値 (m) をとる。

$$f(a)=a^3-3a^2(a+1)+3a^2(a+2)$$
$$=a^3+3a^2$$
$$=a^2(a+3)$$
$$f(a+2)=(a+2)^3-3(a+1)(a+2)^2+3a(a+2)^2$$
$$=(a+2)^2\{(a+2)-3(a+1)+3a\}$$
$$=(a+2)^2(a-1)$$

ゆえに

$$M=f(a)=a^2(a+\mathbf{3})$$
$$m=f(a+2)=(a+\mathbf{2})^2(a-\mathbf{1})$$

$y=f(x)$ のグラフの概形は，$f(0)=0$ より原点を通ることに注意して

・$a=-2$ のとき

$f(x)$ は

$x=-2$ で　極大値 4

$x=0$　で　極小値 0

をとるので，グラフは　❷

・$0<a<1$ のとき

$f(x)$ は

$x=a$　　で　極大値をとり，$M>0$

$x=a+2$ で　極小値をとり，$m<0$

よって，グラフは　❹

(2)

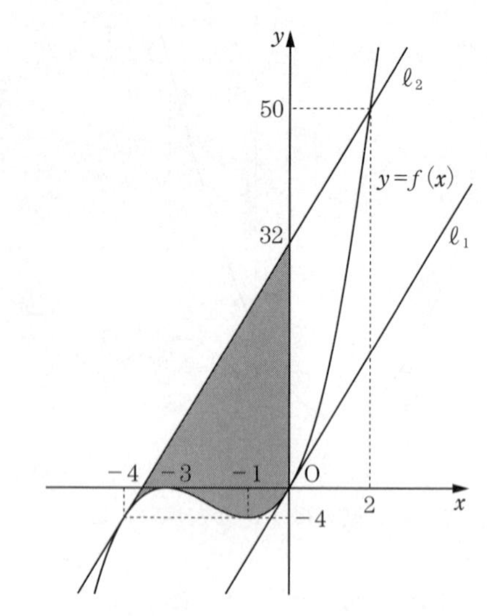

$a=-3$ のとき

$$f(x)=x^3+6x^2+9x$$
$$f'(x)=3x^2+12x+9$$

ℓ_1 の傾きは $f'(0)=\mathbf{9}$ であり $f'(x)=9$ のとき

$$3x(x+4)=0$$
$$x=0,\ -4\ （接点の\ x\ 座標）$$

ℓ_1，ℓ_2 はともに傾き 9 の直線で，$y=f(x)$ と ℓ_1 との接点は $(0,\ 0)$，ℓ_2 との接点は $(\mathbf{-4},\ -4)$ であるから

$$\ell_1：y=9x$$
$$\ell_2：y=9(x+4)-4$$
$$=9x+\mathbf{32}$$

$y=f(x)$ と ℓ_2 で囲まれた図形の $x\leqq 0$ の部分の面積は，$-4\leqq x\leqq 0$ において ℓ_2 が $y=f(x)$ の上方にあることから

$$\int_{-4}^{0}\{(9x+32)-f(x)\}dx$$
$$=\int_{-4}^{0}(-x^3-6x^2+32)dx$$
$$=\left[-\frac{1}{4}x^4-2x^3+32x\right]_{-4}^{0}$$
$$=0-(-64+128-128)=\mathbf{64}$$

〔2〕（数学Ⅱ　微分・積分の考え）

V 1 3 5 6　　　【難易度…★★】

(1)

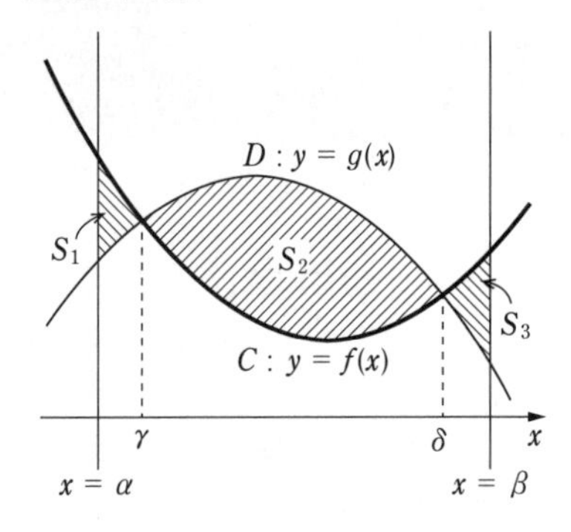

C，D の二つの交点の x 座標を γ，δ $(\gamma<\delta)$ とし，$h(x)=f(x)-g(x)$ とすると

$$S_1=\int_\alpha^\gamma h(x)dx$$

$$S_2=\int_\gamma^\delta \{-h(x)\}dx$$

$$S_3=\int_\delta^\beta h(x)dx$$

よって

$$\int_\alpha^\beta h(x)dx=\int_\alpha^\gamma h(x)dx+\int_\gamma^\delta h(x)dx+\int_\delta^\beta h(x)dx$$
$$=S_1-S_2+S_3 \quad (①)$$

である。

(2)
$$h(x)=f(x)-g(x)$$
$$=2(x^2-4ax+3a^2)$$
$$=2(x-a)(x-3a)$$

であるから，C，D の交点の x 座標は $h(x)=0$ として

$$\boldsymbol{x=a,\ 3a}$$

である。

(i)　$a\geqq 3$ のとき

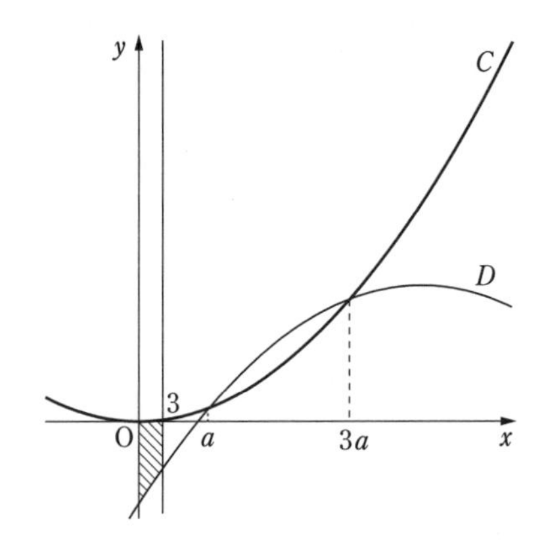

$0<x<3$ で C は D の上側にあるから

$$S=\int_0^3 h(x)dx$$
$$=2\int_0^3 (x^2-4ax+3a^2)dx \quad (⓪)$$
$$=2\left[\frac{1}{3}x^3-2ax^2+3a^2x\right]_0^3$$
$$=\boldsymbol{18(a^2-2a+1)}$$

以下，$T=18(a^2-2a+1)$ とする。

(ii)　$0<a<1$ のとき

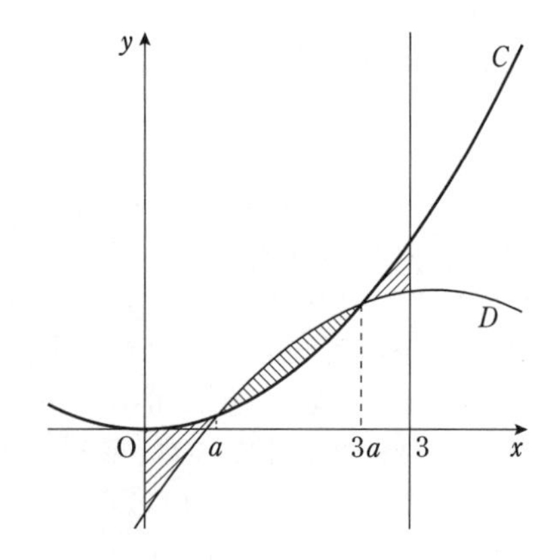

$0<a<3a<3$ であるから，(1)で $\alpha=0$，$\beta=3$，$\gamma=a$，$\delta=3a$ として

$$S=S_1+S_2+S_3$$
$$=(S_1-S_2+S_3)+2S_2$$
$$=\int_0^3 h(x)dx+2\int_a^{3a}\{-h(x)\}dx$$
$$=2\int_0^3 (x^2-4ax+3a^2)dx$$
$$+(-4)\int_a^{3a}(x^2-4ax+3a^2)dx \quad (⑤)$$
$$=T-4\int_a^{3a}(x-a)(x-3a)dx$$
$$=T-4\left(-\frac{1}{6}\right)(3a-a)^3$$
$$=\boldsymbol{\frac{16}{3}}a^3+18(a^2-2a+1)$$

である。

(3)・$0<a<1$ のとき

$$\frac{dS}{da}=16a^2+36a-36$$
$$=4(4a-3)(a+3)$$

よって，$0<a<1$ における S の増減は次のようになる。

a	(0)	…	$\frac{3}{4}$	…	(1)
$\frac{dS}{da}$		$-$	0	$+$	
S		↘	極小	↗	

これより，S は極小値をとるが極大値はとらない(③)。

・$a>3$ のとき

$$\frac{dS}{da}=36(a-1)>0$$

これより，S はつねに増加する(①)。

第3問　(数学B　確率分布と統計的な推測)

Ⅵ 2 3 5 6 7 8　【難易度…★】

(1)　確率変数 X は二項分布 $B(100,\ 0.5)$ に従うので

平均(期待値)　$E(X)=100\cdot 0.5=50$

標準偏差　$\sigma(X)=\sqrt{100\cdot 0.5\cdot(1-0.5)}=5$

確率変数 Y は二項分布 $B(100,\ 0.1)$ に従うので

平均(期待値)　$E(Y)=100\cdot 0.1=10$

標準偏差　$\sigma(Y)=\sqrt{100\cdot 0.1\cdot(1-0.1)}=3$

よって

$$\frac{E(X)}{E(Y)}=\frac{50}{10}=\mathbf{5}$$

$$\frac{\sigma(X)}{\sigma(Y)}=\frac{\mathbf{5}}{\mathbf{3}}$$

標本の大きさ 100 は十分に大きいので，X は近似的に正規分布 $N(50,\ 5^2)$ に従う。さらに確率変数 Z を

$$Z=\frac{X-50}{5}$$

とおくと，Z は近似的に標準正規分布 $N(0,\ 1)$ に従う。

$X\leqq 48$ のとき

$$Z\leqq\frac{48-50}{5}=-0.4$$

であるから

$$\begin{aligned}p_1&=P(X\leqq 48)\\&=P(Z\leqq -0.4)\\&=0.5-P(0\leqq Z\leqq 0.4)\end{aligned}$$

正規分布表より

$$P(0\leqq Z\leqq 0.4)=0.1554$$

であるから

$$p_1=0.5-0.1554=0.3446\fallingdotseq 0.345\quad(③)$$

また，Y は近似的に正規分布 $N(10,\ 3^2)$ に従うので，確率変数 W を

$$W=\frac{Y-10}{3}$$

とおくと，W は近似的に標準正規分布 $N(0,\ 1)$ に従う。

$Y\geqq 7$ のとき

$$W\geqq\frac{7-10}{3}=-1$$

であるから

$$\begin{aligned}p_2&=P(Y\geqq 7)\\&=P(W\geqq -1)\\&=0.5+P(0\leqq W\leqq 1)\end{aligned}$$

$P(0\leqq W\leqq 1)>0$ より $p_1<0.5<p_2$ であるから

$$p_1<p_2\quad(⓪)$$

(2)　母平均 m に対する信頼度 95% の信頼区間は，標本の大きさを n としたとき

$$350-1.96\cdot\frac{\sigma}{\sqrt{n}}\leqq m\leqq 350+1.96\cdot\frac{\sigma}{\sqrt{n}}$$

である。

$n=100,\ \sigma=100$ のとき

$$C_1=350-1.96\cdot\frac{100}{\sqrt{100}}=\mathbf{330.40}\quad\cdots\cdots①$$

$$C_2=350+1.96\cdot\frac{100}{\sqrt{100}}=\mathbf{369.60}\quad\cdots\cdots②$$

であり

$$C_2-C_1=2\cdot 1.96\cdot\frac{100}{\sqrt{100}}=39.2\quad\cdots\cdots③$$

また，$n=100,\ \sigma=200$ のとき

$$D_1=350-1.96\cdot\frac{200}{\sqrt{100}}$$

$$D_2=350+1.96\cdot\frac{200}{\sqrt{100}}$$

であり

$$D_2-D_1=2\cdot 1.96\cdot\frac{200}{\sqrt{100}}\ (=78.4)$$

よって

$$D_2-D_1=\mathbf{2}(C_2-C_1)$$

(3)　S高校の生徒全員から 100 人を抽出して調査する場合も，200 人を抽出して調査する場合も，無作為抽出においては n と $96(=48\cdot 2)$ の大小関係はわからない。(③)

生活指導担当の先生が行った調査結果による，母平均 m に対する信頼度 95% の信頼区間は

$$E_1=350-1.96\cdot\frac{100}{\sqrt{200}}$$

$$E_2=350+1.96\cdot\frac{100}{\sqrt{200}}$$

として，$E_1\leqq m\leqq E_2$ である。

よって，①，②と $\sqrt{100}<\sqrt{200}$ に注意して

$$C_1<E_1,\ E_2<C_2\quad(①)$$

が成り立つ。また，③と

$$E_2-E_1=2\cdot 1.96\cdot\frac{100}{\sqrt{200}}$$

から

$$C_2-C_1>E_2-E_1 \quad (③)$$

が成り立つ。

したがって，正しいものは　⓪，③

第4問　(数学B　数列)

Ⅶ 1 2 3 4　　【難易度…★★】

(1)
$$a_n=1+3+3^2+\cdots+3^{n-1}$$
$$=1\cdot\frac{3^n-1}{3-1}$$
$$=\frac{3^n-1}{\mathbf{2}} \quad (③)$$

ゆえに

$$b_n=\frac{3}{2\cdot\dfrac{3^n-1}{2}+1}=\frac{1}{3^{n-1}} \quad (⓪)$$

よって

$$\sum_{k=1}^{n}b_k=\sum_{k=1}^{n}\frac{1}{3^{k-1}}$$
$$=1\cdot\frac{1-\left(\dfrac{1}{3}\right)^n}{1-\dfrac{1}{3}}$$
$$=\frac{1}{\mathbf{2}}\cdot\frac{3^n-1}{3^{n-1}} \quad (③,\ ⓪)$$

である。

(2)
$$c_n=8+4(n-1)=4n+4$$

であるから

$$a_{n+1}-a_n=\mathbf{4n+4}$$

よって，$n\geqq 2$ のとき

$$a_n=2+\sum_{k=1}^{n-1}(4k+4)$$
$$=2+4\cdot\frac{(n-1)n}{2}+4(n-1)$$
$$=2n^2+2n-2$$

$a_1=2$ より，$n=1$ のときも成り立つので

$$a_n=\mathbf{2}n^2+\mathbf{2}n-\mathbf{2}$$

また

$$b_n=\frac{3}{2(2n^2+2n-2)+1}$$
$$=\frac{3}{4n^2+4n-3}$$
$$=\frac{3}{(2n+3)(2n-1)}$$
$$=\frac{\mathbf{3}}{\mathbf{4}}\left(\frac{1}{2n-1}-\frac{1}{2n+3}\right) \quad (③,\ ⑤)$$

よって

$$\sum_{k=1}^{n}b_k=\sum_{k=1}^{n}\frac{3}{4}\left(\frac{1}{2k-1}-\frac{1}{2k+3}\right)$$
$$=\frac{3}{4}\left(\sum_{k=1}^{n}\frac{1}{2k-1}-\sum_{k=1}^{n}\frac{1}{2k+3}\right)$$
$$=\frac{3}{4}\left\{\left(\frac{1}{1}+\frac{1}{3}+\frac{1}{5}+\cdots+\frac{1}{2n-1}\right)-\left(\frac{1}{5}+\cdots+\frac{1}{2n-1}+\frac{1}{2n+1}+\frac{1}{2n+3}\right)\right\}$$
$$=\frac{3}{4}\left(1+\frac{1}{3}-\frac{1}{2n+1}-\frac{1}{2n+3}\right)$$
$$=\frac{3}{4}\left\{\frac{4}{3}-\frac{(2n+1)+(2n+3)}{(2n+1)(2n+3)}\right\}$$
$$=1-\frac{3(n+1)}{(2n+1)(2n+3)}$$
$$=\frac{n(4n+5)}{(2n+1)(2n+3)} \quad (⑥,\ ④,\ ⑤)$$

である。

(3)
$$a_{n+1}=\frac{3}{2a_n+1} \quad \cdots\cdots①$$

$d_n=\dfrac{1}{a_n-1}$ とおくと

$$a_n=1+\frac{1}{d_n} \quad \cdots\cdots②$$

であり，$a_1=6$ より

$$d_1=\frac{1}{a_1-1}=\frac{\mathbf{1}}{\mathbf{5}}$$

①，②より

$$1+\frac{1}{d_{n+1}}=\frac{3}{2\left(1+\dfrac{1}{d_n}\right)+1}$$
$$\frac{1}{d_{n+1}}=\frac{3d_n}{3d_n+2}-1$$
$$\frac{1}{d_{n+1}}=\frac{-2}{3d_n+2}$$
$$d_{n+1}=-\frac{\mathbf{3}}{\mathbf{2}}d_n-\mathbf{1}$$

これは

$$d_{n+1}+\frac{\mathbf{2}}{\mathbf{5}}=-\frac{3}{2}\left(d_n+\frac{2}{5}\right)$$

と変形できる。数列 $\left\{d_n+\dfrac{2}{5}\right\}$ は，初項 $d_1+\dfrac{2}{5}=\dfrac{3}{5}$，公比 $-\dfrac{3}{2}$ の等比数列であるから

$$d_n+\frac{2}{5}=\frac{3}{5}\left(-\frac{3}{2}\right)^{n-1}$$

$$d_n=\frac{3}{5}\cdot\frac{3^{n-1}}{(-2)^{n-1}}-\frac{2}{5}$$

$$d_n=\frac{3^n+(-2)^n}{5\cdot(-2)^{n-1}}$$

よって，②より

$$a_n=1+\frac{5\cdot(-2)^{n-1}}{3^n+(-2)^n}$$

$$=\frac{3^n+(-2)^n+5\cdot(-2)^{n-1}}{3^n+(-2)^n}$$

$$=\frac{3^n+3\cdot(-2)^{n-1}}{3^n+(-2)^n}$$

であるから，$p=3$，$q=-2$ とすると

$$a_n=\frac{p^n+3q^{n-1}}{p^n+q^n} \quad (⑤)$$

である。

第 5 問　(数学 B　ベクトル)

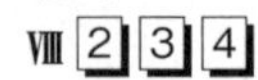　　　　【難易度…★★】

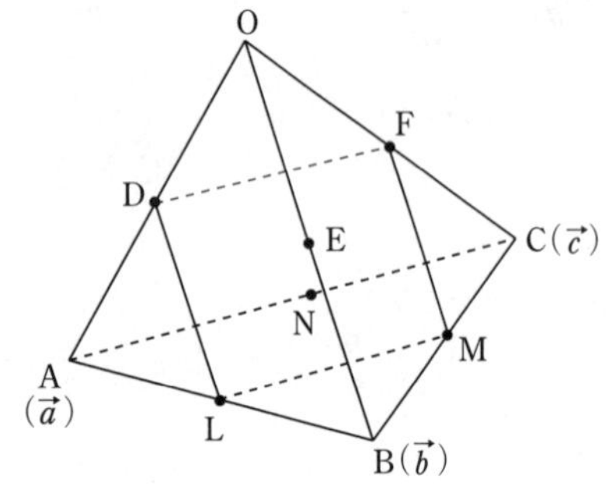

$$|\vec{a}|=|\vec{b}|=|\vec{c}|=2$$

$$\vec{a}\cdot\vec{b}=\vec{b}\cdot\vec{c}=\vec{c}\cdot\vec{a}=2\cdot2\cdot\cos 60°=\mathbf{2}$$

(1)
$$\overrightarrow{OL}=\frac{1}{2}(\vec{a}+\vec{b})$$

$$\overrightarrow{OM}=\frac{1}{2}(\vec{b}+\vec{c})$$

$$\overrightarrow{ON}=\frac{1}{2}(\vec{c}+\vec{a})$$

であるから

$$\overrightarrow{DF}=\overrightarrow{OF}-\overrightarrow{OD}=\frac{1}{2}\vec{c}-\frac{1}{2}\vec{a}=\frac{1}{2}(\vec{c}-\vec{a}) \quad (⑤)$$

$$\overrightarrow{DL}=\overrightarrow{OL}-\overrightarrow{OD}=\frac{1}{2}(\vec{a}+\vec{b})-\frac{1}{2}\vec{a}=\frac{1}{2}\vec{b} \quad (①)$$

$$\overrightarrow{DM}=\overrightarrow{OM}-\overrightarrow{OD}=\frac{1}{2}(\vec{b}+\vec{c})-\frac{1}{2}\vec{a}$$

$$=\frac{1}{2}(\vec{b}+\vec{c}-\vec{a}) \quad (⑦)$$

よって

$$\overrightarrow{DM}=\overrightarrow{DF}+\overrightarrow{DL} \quad (⓪)$$

が成り立つので，4 点 D，L，M，F は同一平面上にあり，四角形 DLMF は平行四辺形である。

さらに

$$|\overrightarrow{DF}|^2=\frac{1}{4}|\vec{c}-\vec{a}|^2=\frac{1}{4}\left(|\vec{c}|^2-2\vec{c}\cdot\vec{a}+|\vec{a}|^2\right)$$

$$=\frac{1}{4}(2^2-2\cdot2+2^2)=1$$

$$\therefore\quad |\overrightarrow{DF}|=\mathbf{1}$$

$$|\overrightarrow{DL}|=\frac{1}{2}|\vec{b}|=\frac{1}{2}\cdot2=\mathbf{1}$$

であり

$$\overrightarrow{DF}\cdot\overrightarrow{DL}=\frac{1}{2}(\vec{c}-\vec{a})\cdot\frac{1}{2}\vec{b}=\frac{1}{4}(\vec{c}\cdot\vec{b}-\vec{a}\cdot\vec{b})$$

$$=\frac{1}{4}(2-2)=\mathbf{0}$$

であるから　$\angle FDL=90°$

よって，四角形 DLMF は正方形である。(⓪)

(2)

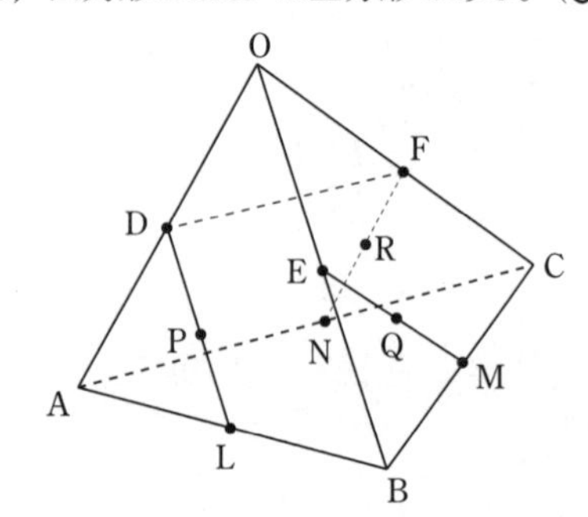

$$\overrightarrow{OP}=\frac{1}{2}(\overrightarrow{OD}+\overrightarrow{OL})=\frac{1}{2}\left\{\frac{1}{2}\vec{a}+\frac{1}{2}(\vec{a}+\vec{b})\right\}$$

$$=\frac{1}{4}(2\vec{a}+\vec{b})$$

$$\overrightarrow{OQ}=\frac{1}{2}(\overrightarrow{OE}+\overrightarrow{OM})=\frac{1}{2}\left\{\frac{1}{2}\vec{b}+\frac{1}{2}(\vec{b}+\vec{c})\right\}$$

$$=\frac{1}{4}(2\vec{b}+\vec{c})$$

$$\overrightarrow{OR}=\frac{1}{2}(\overrightarrow{OF}+\overrightarrow{ON})=\frac{1}{2}\left\{\frac{1}{2}\vec{c}+\frac{1}{2}(\vec{a}+\vec{c})\right\}$$

$$=\frac{1}{4}(\vec{a}+2\vec{c})$$

であるから

$$\overrightarrow{PQ}=\overrightarrow{OQ}-\overrightarrow{OP}=\frac{1}{4}(2\vec{b}+\vec{c})-\frac{1}{4}(2\vec{a}+\vec{b})$$

$$=\frac{1}{4}(-2\vec{a}+\vec{b}+\vec{c}) \quad (①)$$

$$\overrightarrow{PR}=\overrightarrow{OR}-\overrightarrow{OP}=\frac{1}{4}(\vec{a}+2\vec{c})-\frac{1}{4}(2\vec{a}+\vec{b})$$

$$=\frac{1}{4}(-\vec{a}-\vec{b}+2\vec{c}) \quad (⑧)$$

(3) (2)より

$$|\overrightarrow{PQ}|^2=\frac{1}{16}|-2\vec{a}+\vec{b}+\vec{c}|^2$$

$$=\frac{1}{16}(4|\vec{a}|^2+|\vec{b}|^2+|\vec{c}|^2-4\vec{a}\cdot\vec{b}+2\vec{b}\cdot\vec{c}-4\vec{c}\cdot\vec{a})$$

$$=\frac{1}{16}(4\cdot2^2+2^2+2^2-4\cdot2+2\cdot2-4\cdot2)$$

$$=\frac{3}{4}$$

同様にして

$$|\overrightarrow{PR}|^2=\frac{1}{16}|-\vec{a}-\vec{b}+2\vec{c}|^2$$

$$=\frac{1}{16}(|\vec{a}|^2+|\vec{b}|^2+4|\vec{c}|^2+2\vec{a}\cdot\vec{b}-4\vec{b}\cdot\vec{c}-4\vec{c}\cdot\vec{a})$$

$$=\frac{1}{16}(2^2+2^2+4\cdot2^2+2\cdot2-4\cdot2-4\cdot2)$$

$$=\frac{3}{4}$$

であるから

$$|\overrightarrow{PQ}|=\frac{\sqrt{3}}{2} \ (⑥),\quad |\overrightarrow{PR}|=\frac{\sqrt{3}}{2} \ (⑥)$$

また

$$\overrightarrow{PQ}\cdot\overrightarrow{PR}=\frac{1}{4}(-2\vec{a}+\vec{b}+\vec{c})\cdot\frac{1}{4}(-\vec{a}-\vec{b}+2\vec{c})$$

$$=\frac{1}{16}(2|\vec{a}|^2-|\vec{b}|^2+2|\vec{c}|^2+\vec{a}\cdot\vec{b}+\vec{b}\cdot\vec{c}-5\vec{c}\cdot\vec{a})$$

$$=\frac{1}{16}(2\cdot2^2-2^2+2\cdot2^2+2+2-5\cdot2)$$

$$=\frac{3}{8} \quad (①)$$

であり

$$\cos\angle QPR=\frac{\overrightarrow{PQ}\cdot\overrightarrow{PR}}{|\overrightarrow{PQ}||\overrightarrow{PR}|}=\frac{\frac{3}{8}}{\frac{\sqrt{3}}{2}\cdot\frac{\sqrt{3}}{2}}=\frac{1}{2}$$

であるから　$\angle QPR=60°$　(②)

よって，三角形 PQR は正三角形である。(⓪)

(4)
$$\overrightarrow{OG}=\frac{1}{3}(\overrightarrow{OP}+\overrightarrow{OQ}+\overrightarrow{OR})$$

$$=\frac{1}{3}\left\{\frac{1}{4}(2\vec{a}+\vec{b})+\frac{1}{4}(2\vec{b}+\vec{c})+\frac{1}{4}(2\vec{c}+\vec{a})\right\}$$

$$=\frac{1}{4}(\vec{a}+\vec{b}+\vec{c})$$

一方，線分 FL の中点を K とすると

$$\overrightarrow{OK}=\frac{1}{2}(\overrightarrow{OF}+\overrightarrow{OL})=\frac{1}{2}\left\{\frac{1}{2}\vec{c}+\frac{1}{2}(\vec{a}+\vec{b})\right\}$$

$$=\frac{1}{4}(\vec{a}+\vec{b}+\vec{c})$$

であるから，G は K と一致する。

△DLF は，∠FDL=90° の直角二等辺三角形であるから，斜辺 FL の中点 K は △DLF の外心である。

よって，G は △DLF の外心と一致する。(②)

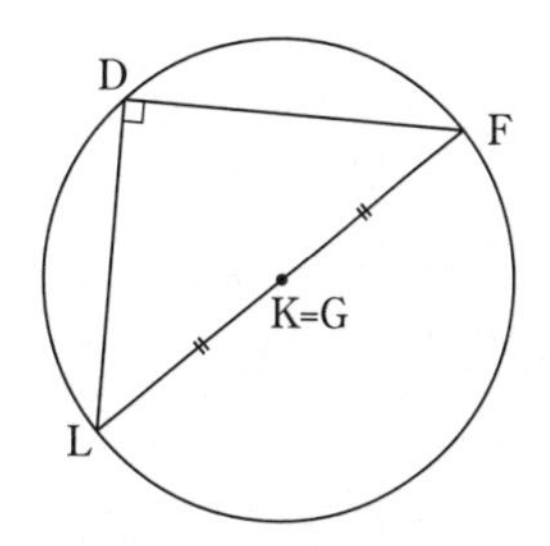

(注)　三角形の重心と内心は三角形の内部にあるので，G は △DLF の重心でも内心でもない。

第 4 回

実 戦 問 題

解答・解説

数学II・B　第4回　(100点満点)

(解答・配点)

問題番号(配点)	解答記号(配点)		正解	自己採点欄
第1問 (30)	ア，イ	(2)	2，①	
	ウ，エ	(2)	③，⑧ (解答の順序は問わない)	
	オ	(2)	5	
	カ，キ	(2)	3，4	
	ク	(2)	5	
	ケコ	(2)	−4	
	サ	(1)	5	
	シ	(2)	④	
	ス	(2)	①	
	セソ，タ	(2)	−2，4	
	チ	(1)	①	
	ツ，テ，ト，ナニ	(4)	4，6，⓪，40	
	ヌ	(3)	③	
	ネノ$\sqrt{ハ}$	(3)	$80\sqrt{5}$	
小計				

問題番号(配点)	解答記号(配点)		正解	自己採点欄
第2問 (30)	アイ，ウ	(2)	−2，8	
	エ，オ	(3)	2，8	
	カ−キ	(2)	8−a	
	a^3-クケa^2+コサa	(3)	a^3-16a^2+64a	
	$\frac{シ}{ス}a^{セ}$	(3)	$\frac{1}{6}a^3$	
	ソa^2-タチ$a+$ツテ	(3)	$2a^2-32a+64$	
	ト	(3)	①	
	ナ	(2)	⓪	
	ニ	(3)	②	
	ヌ	(3)	⑥	
	ネ	(3)	⑨	
小計				

問題番号（配点）	解答記号（配点）		正解	自己採点欄
第3問 (20)	ア	(2)	①	
	イ	(2)	⑦	
	ウ	(2)	④	
	エ	(2)	①	
	オ	(2)	⑨	
	カ	(2)	⑤	
	キ	(2)	②	
	クケ.コ	(2)	23.5	
	サシ.ス	(2)	41.8	
	セ	(2)	⓪	
小計				
第4問 (20)	ア	(2)	4	
	$\dfrac{イ}{ウ}$	(2)	$\dfrac{8}{3}$	
	$\dfrac{エ}{オ}n^2-\dfrac{カ}{キ}$	(3)	$\dfrac{4}{3}n^2-\dfrac{1}{3}$	
	クケ	(2)	18	
	コ	(2)	3	
	サ，シ	(1)	2，3	
	ス，セ，ソ	(2)	3，2，3	
	タ，チ	(1)	①，⓪	
	ツ	(1)	①	
	テ，ト	(2)	2，3	
	ナ，ニ，ヌ	(2)	4，4，3	
小計				

問題番号（配点）	解答記号（配点）		正解	自己採点欄
第5問 (20)	ア，イ	(1)	3，4	
	ウ，エ	(1)	4，3	
	オ$\sqrt{カ}$	(2)	$4\sqrt{2}$	
	キ$\sqrt{ク}$	(2)	$3\sqrt{2}$	
	ケコ	(2)	12	
	サ$\sqrt{シ}$	(2)	$6\sqrt{3}$	
	ス，セ，ソ，タ，チ，ツ	(2)	3, 3, 4, 4, 4, 3	
	$\dfrac{テ}{トナ}$，$\dfrac{ニ}{ヌ}$	(2)	$\dfrac{5}{12}$，$\dfrac{2}{9}$	
	$\dfrac{ネ\sqrt{ノ}}{ハ}$	(2)	$\dfrac{7\sqrt{3}}{3}$	
	$\dfrac{ヒ}{フ}$	(2)	$\dfrac{1}{7}$	
	ヘ	(2)	7	
小計				
合計				

（注）第1問，第2問は必答，第3問～第5問のうちから2問選択，計4問を解答。

解　説

第１問

〔１〕（数学Ⅱ　三角関数）

Ⅲ 1 2 4 5　　【難易度…★★】

(1)　三角関数の合成により

$$\sqrt{3}\sin\theta-\cos\theta$$
$$=2\left(\frac{\sqrt{3}}{2}\sin\theta-\frac{1}{2}\cos\theta\right)$$
$$=2\left(\sin\theta\cos\frac{\pi}{6}-\cos\theta\sin\frac{\pi}{6}\right)$$
$$=\mathbf{2}\sin\left(\theta-\frac{\pi}{6}\right)\quad (⓪)$$

よって

$$\sqrt{3}\sin\theta-\cos\theta=1$$
$$2\sin\left(\theta-\frac{\pi}{6}\right)=1$$
$$\sin\left(\theta-\frac{\pi}{6}\right)=\frac{1}{2}$$

$0\leqq\theta\leqq\pi$ より，$-\frac{\pi}{6}\leqq\theta-\frac{\pi}{6}\leqq\frac{5}{6}\pi$ であるから

$$\theta-\frac{\pi}{6}=\frac{\pi}{6},\ \frac{5}{6}\pi$$
$$\therefore\quad \theta=\frac{\pi}{3},\ \pi\quad (③,\ ⑧)$$

(2)　加法定理を用いると

$$4\cos\theta+3\sin\theta$$
$$=5\left(\frac{4}{5}\cos\theta+\frac{3}{5}\sin\theta\right)$$
$$=5(\cos\theta\cos\alpha+\sin\theta\sin\alpha)$$
$$=\mathbf{5}\cos(\theta-\alpha)$$

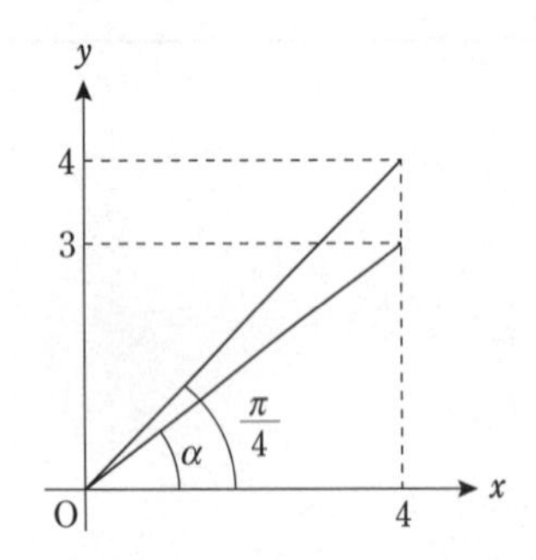

ただし，α は

$$\sin\alpha=\mathbf{\frac{3}{5}},\ \cos\alpha=\mathbf{\frac{4}{5}},\ 0<\alpha<\frac{\pi}{4}$$

を満たす角とする。

$0\leqq\theta\leqq\pi$ より，$-\alpha\leqq\theta-\alpha\leqq\pi-\alpha$ であるから

$$\cos(\pi-\alpha)\leqq\cos(\theta-\alpha)\leqq\cos 0$$

$\cos(\pi-\alpha)=-\cos\alpha=-\frac{4}{5}$ により

$$-\frac{4}{5}\leqq\cos(\theta-\alpha)\leqq 1$$
$$-4\leqq 5\cos(\theta-\alpha)\leqq 5$$

よって，y は

最大値 **5**，最小値 **−4**

をとる。

(3)　$p=\alpha-\theta$ とすると

$$\mathrm{P}(5\cos p,\ 5\sin p)$$
$$\therefore\quad \mathrm{OP}=5$$

$q=\theta-\frac{\pi}{6}$ とすると，(2)と同様にして

$$\sqrt{3}\cos\theta+\sin\theta$$
$$=2\left(\frac{\sqrt{3}}{2}\cos\theta+\frac{1}{2}\sin\theta\right)$$
$$=2\left(\cos\theta\cos\frac{\pi}{6}+\sin\theta\sin\frac{\pi}{6}\right)$$
$$=2\cos\left(\theta-\frac{\pi}{6}\right)$$
$$=2\cos q$$

また，(1)に注意すると

$$\mathrm{Q}(2\cos q,\ 2\sin q)$$
$$\therefore\quad \mathrm{OQ}=2$$

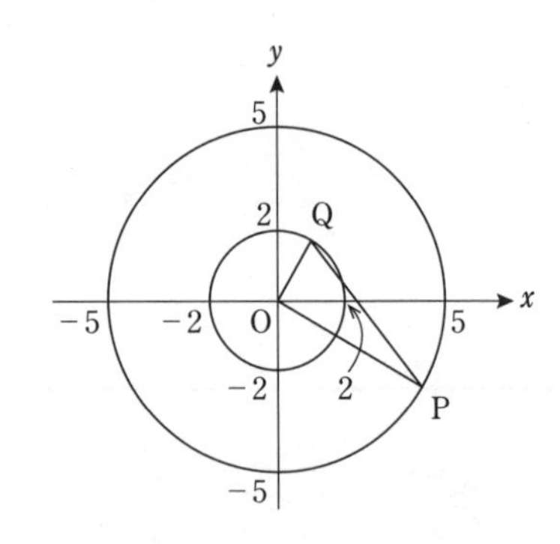

三角形 OPQ の面積を S とすると

$$S=\frac{1}{2}\mathrm{OP}\cdot\mathrm{OQ}\sin\angle\mathrm{POQ}=5\sin\angle\mathrm{POQ}\leqq 5$$

等号成立は $\sin\angle\mathrm{POQ}=1$ のときであり，このとき

$$q-p=\frac{\pi}{2}+n\pi\quad (n\text{ は整数})$$

と表せる。$p=\alpha-\theta$，$q=\theta-\frac{\pi}{6}$ より

$$2\theta-\frac{\pi}{6}-\alpha=\frac{\pi}{2}+n\pi$$
$$\therefore\quad 2\theta=\alpha+\frac{2}{3}\pi+n\pi\qquad \cdots\cdots①$$

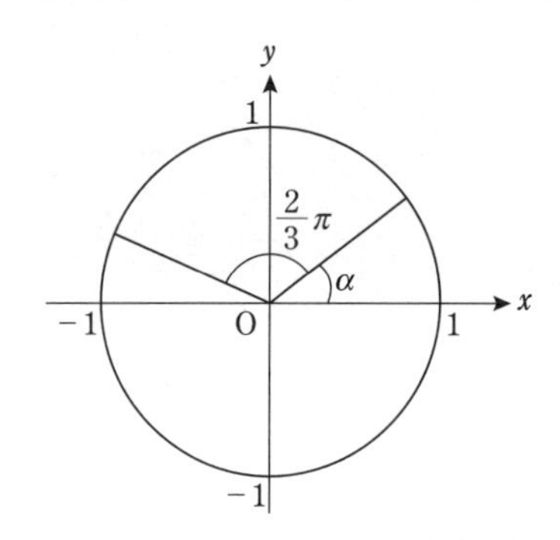

$0<\alpha<\frac{\pi}{4}$ より

$$\frac{2}{3}\pi<\alpha+\frac{2}{3}\pi<\frac{\pi}{4}+\frac{2}{3}\pi<\pi$$

である。また，$0\leqq 2\theta\leqq\pi$ であるから，①を満たすのは $n=0$ のときのみで

$$2\theta_0=\alpha+\frac{2}{3}\pi$$

このとき，S は最大値 **5** をとり

$$\sin 2\theta_0=\sin\left(\alpha+\frac{2}{3}\pi\right)$$
$$=\sin\alpha\cos\frac{2}{3}\pi+\cos\alpha\sin\frac{2}{3}\pi$$
$$=\frac{3}{5}\cdot\left(-\frac{1}{2}\right)+\frac{4}{5}\cdot\frac{\sqrt{3}}{2}$$
$$=\frac{4\sqrt{3}-3}{10}\quad(④)$$

である。

〔2〕（数学Ⅱ　図形と方程式）

Ⅱ 1 2 4 5 6　　　【難易度…★】

(1)

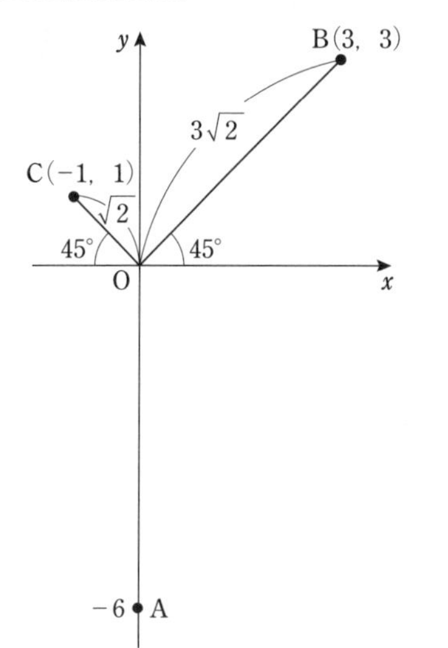

題意より，2 点 B，C の位置は上の図のようになるから

$$B(3,\ 3),\ C(-1,\ 1)\quad(⓪)$$

である。

(2) 線分 BC の中点 M の座標は (1, 2) である。また，直線 BC の傾きは

$$\frac{3-1}{3-(-1)}=\frac{1}{2}$$

であり，直線 ℓ の傾きを t とすると直線 ℓ は直線 BC と垂直であるから

$$\frac{1}{2}\cdot t=-1$$

となるので

$$t=-2$$

である。直線 ℓ は点 M を通るので，直線 ℓ の方程式は

$$y=-2(x-1)+2$$

すなわち

$$y=\mathbf{-2}x+\mathbf{4}$$

である。

よって，条件(Ⅰ)を満たすような場所の範囲は，座標平面上の直線 ℓ で分けられる二つの平面のうち，点 B を含む側と直線 ℓ をあわせた部分で

$$y\geqq-2x+4\quad(⓪)\qquad\cdots\cdots①$$

で表される。

(3) 条件(Ⅱ)を満たす場所を座標平面上の点 P(x, y) で表すと

$$AP\geqq 2BP\quad すなわち\quad AP^2\geqq 4BP^2$$

であるから

$$x^2+(y+6)^2\geqq 4\{(x-3)^2+(y-3)^2\}$$
$$x^2+y^2+12y+36\geqq 4\{(x^2-6x+9)+(y^2-6y+9)\}$$
$$3x^2+3y^2-24x-36y+36\leqq 0$$
$$x^2+y^2-8x-12y+12\leqq 0$$
$$(x-\mathbf{4})^2+(y-\mathbf{6})^2\leqq\mathbf{40}\quad(⓪)\qquad\cdots\cdots②$$

である。

(4) まず，二つの領域①，②の境界線である

$$y=-2x+4\qquad\cdots\cdots①'$$
$$(x-4)^2+(y-6)^2=40\qquad\cdots\cdots②'$$

の交点の座標を求める。①′と②′を連立して y を消去すると

$$(x-4)^2+(-2x-2)^2=40$$
$$5x^2+20=40$$
$$x^2=4$$
$$\therefore\quad x=\pm 2$$

である。これらを①′に代入すると

$x=2$ のとき，$y=0$

$x=-2$ のとき，$y=8$

となる。よって，直線①′と円②′の交点の座標は $(2,\ 0)$，$(-2,\ 8)$ である。これと(2)，(3)から，条件(I)，(II)をともに満たす場所の範囲 D は，下の図の座標平面上の斜線部分である。ただし，境界線を含む。

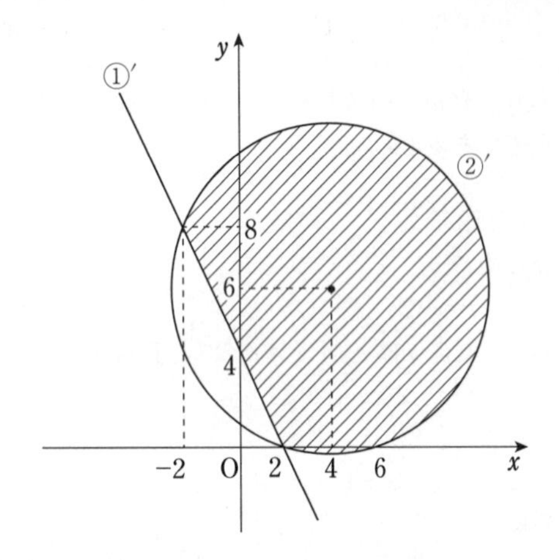

以下，図を参考に(a)，(b)，(c)の正誤を調べる。

(a) コンビニエンスストアの位置を表す座標は $(5,\ 0)$ であり，点 $(5,\ 0)$ は D に属するので正しい。

(b) D は $x<0$ の部分と共通部分をもつので誤りである。

(c) D に属し，かつ原点Oからの距離が最大となる点は，2点 $(0,\ 0)$，$(4,\ 6)$ を結ぶ直線と円②′との交点のうち原点Oから遠い方の点である。この点と原点Oの距離を d とすると

$$d=\sqrt{4^2+6^2}+2\sqrt{10}=2(\sqrt{13}+\sqrt{10})$$

であり，$3<\sqrt{10}<\sqrt{13}$ であるから

$$d>2(3+3)=12$$

となるので，この点は原点Oからの距離が10以下でない，すなわちT駅からの距離が1km以内でない。よって，これは誤りである。

以上より，(a)，(b)，(c)の正誤の組合せとして正しいものは **③**

(5) 座標平面上で考えたとき，D に属する点のうち原点Oから最も近い点は，原点Oから直線 ℓ 上に下ろした垂線と直線 ℓ との交点Hである。

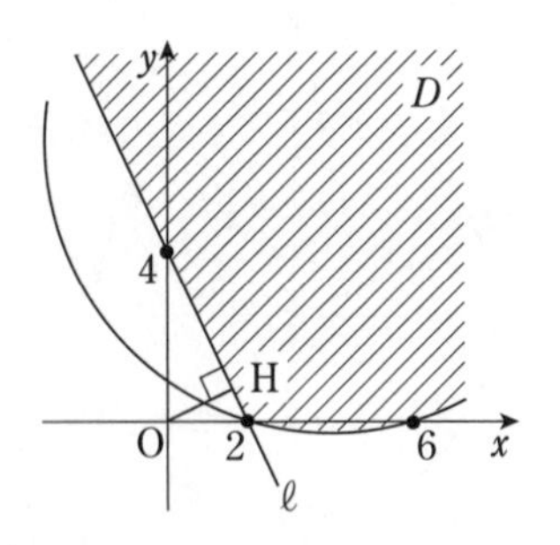

$$\begin{aligned}\mathrm{OH}&=(\text{原点Oと直線}\ \ell\ \text{の距離})\\&=\frac{|-4|}{\sqrt{2^2+1^2}}\\&=\frac{4}{\sqrt{5}}\end{aligned}$$

であるから，求める距離は

$$\frac{4}{\sqrt{5}}\cdot100=\mathbf{80\sqrt{5}}\ (\mathrm{m})$$

である。

第2問 (数学II　微分・積分の考え)

V 2 3 5 6　【難易度…〔1〕★，〔2〕★】

〔1〕

(1) $C: y=-x^2+8x$，$y'=-2x+8$

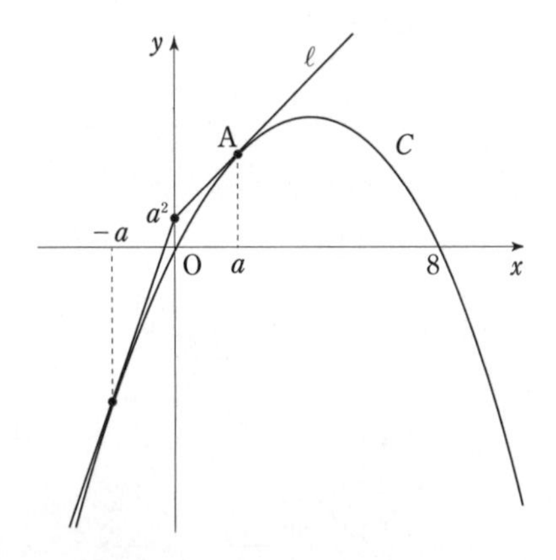

C 上の点 $\mathrm{A}(a,\ -a^2+8a)$ における接線 ℓ の方程式は

$$y=(-2a+8)(x-a)-a^2+8a$$
$$y=(\mathbf{-2}a+\mathbf{8})x+a^2$$

C 上の点 $(t,\ -t^2+8t)$ $(t\neq a)$ における接線の方程式は

$$y=(-2t+8)x+t^2$$

であり，これが点 $(0,\ a^2)$ を通るとき

$$t^2=a^2$$

$t\neq a$ より　$t=-a$

よって，点 $(0,\ a^2)$ を通る接線は，ℓ と

$$y=(\mathbf{2}a+\mathbf{8})x+a^2$$

(2)

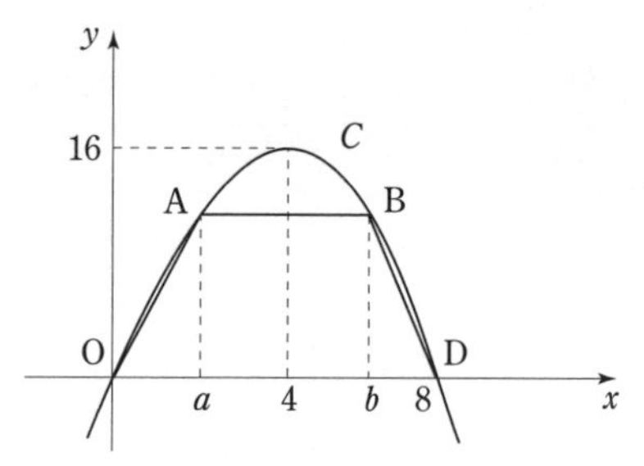

B の x 座標を b とすると，点 A と点 B は直線 $x=4$ に関して対称であるから

$$\frac{a+b}{2}=4$$

$$\therefore\quad b=\mathbf{8}-\boldsymbol{a}$$

よって，O，A$(a,\ -a^2+8a)$，B$(8-a,\ -a^2+8a)$，D$(8,\ 0)$ であるから，四角形 OABD の面積 S は

$$S=\frac{1}{2}\{8+(8-2a)\}(-a^2+8a)$$

$$=\frac{1}{2}(16-2a)(-a^2+8a)$$

$$=a^3-\mathbf{16}a^2+\mathbf{64}a$$

また，C と OA：$y=(8-a)x$ で囲まれた図形の面積 T は

$$T=\int_0^a\{-x^2+8x-(8-a)x\}dx$$

$$=\int_0^a(-x^2+ax)dx$$

$$=\left[-\frac{1}{3}x^3+\frac{a}{2}x^2\right]_0^a=\frac{\mathbf{1}}{\mathbf{6}}a^3$$

(注)
$$T=\int_0^a\{-x^2+8x-(8-a)x\}dx$$

$$=-\int_0^a x(x-a)dx$$

$$=\frac{1}{6}(a-0)^3=\frac{1}{6}a^3$$

$f(a)=S-2T$ より

$$f(a)=(a^3-16a^2+64a)-2\cdot\frac{1}{6}a^3$$

$$=\frac{2}{3}a^3-16a^2+64a$$

$$f'(a)=\mathbf{2}a^2-\mathbf{32}a+\mathbf{64}$$

$$=2(a^2-16a+32)$$

$f'(a)=0\ (0<a<4)$ とすると

$$a=8-4\sqrt{2}$$

であるから，$0<a<4$ における $f(a)$ の増減表は次のようになる。

a	(0)	$\cdots$	$8-4\sqrt{2}$	$\cdots$	(4)
$f'(a)$		$+$	0	$-$	
$f(a)$	(0)	↗	極大	↘	$\left(\frac{128}{3}\right)$

よって，最も適当なグラフは ①

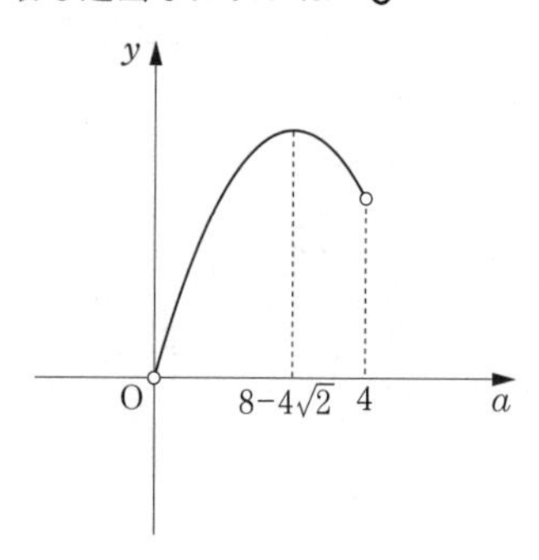

〔2〕

・(A)について

$f(x)=k\ (k>0)$ と表されるので

$$g(x)=\int_0^x k\,dt=\Big[kt\Big]_0^x=kx$$

よって，$y=g(x)$ のグラフは ⓪

・(B)について

$f(x)=-ax+b\ (a>0,\ b>0)$ と表されるので

$$g(x)=\int_0^x(-at+b)dt$$

$$=\left[-\frac{a}{2}t^2+bt\right]_0^x$$

$$=-\frac{a}{2}x^2+bx$$

$y=g(x)$ のグラフは上に凸で，x 軸と $x=0,\ \frac{2b}{a}(>0)$ で交わる放物線である。

よって，$y=g(x)$ のグラフは ②

・(C)について

$f(x)=ax^2+b\ (a>0,\ b>0)$ と表されるので

$$g(x)=\int_0^x(at^2+b)dt$$

$$=\left[\frac{a}{3}t^3+bt\right]_0^x$$

$$=\frac{a}{3}x^3+bx$$

$g(0)=0$ より，$y=g(x)$ のグラフは原点 O を通る。また，$g'(x)=ax^2+b$ であり，$a>0$，$b>0$ より，すべての実数 x に対して $g'(x)>0$ であるから，$g(x)$ は増加関数である。

よって，$y=g(x)$ のグラフは ⑥

・(D)について

$f(x)=ax^2-b$ $(a>0,\ b>0)$ と表されるので，(C)と同様にして

$$g(x)=\frac{a}{3}x^3-bx$$

$g(0)=0$ より，$y=g(x)$ のグラフは原点Oを通る。また，$g'(x)=ax^2-b$ であり，$a>0,\ b>0$ より，$g(x)$ の増減表は次のようになる。

x	$\cdots$	$-\sqrt{\frac{b}{a}}$	$\cdots$	$\sqrt{\frac{b}{a}}$	$\cdots$
$g'(x)$	$+$	0	$-$	0	$+$
$g(x)$	↗	極大	↘	極小	↗

よって，$y=g(x)$ のグラフは ⑨

(注) $g(x)=\int_0^x f(t)\,dt$ のとき

$$g'(x)=f(x),\ g(0)=0$$

第3問 (数学B 確率分布と統計的な推測)

Ⅵ 1 2 5 6 【難易度…★】

(1) 確率変数 X の値とその値をとる確率の対応関係を

確率分布 (⓪)

という。

(2)

$$P(X=1)={}_3C_1\cdot\frac{1}{3}\cdot\left(\frac{2}{3}\right)^2$$

$$=3\cdot\frac{1}{3}\cdot\frac{4}{9}=\frac{4}{9}\quad (⑦)$$

$$P(X\geqq 2)=1-\{P(X=0)+P(X=1)\}$$

$$=1-\left\{\left(\frac{2}{3}\right)^3+\frac{4}{9}\right\}$$

$$=1-\left(\frac{8}{27}+\frac{4}{9}\right)=\frac{7}{27}\quad (④)$$

X は二項分布 $B\left(3,\ \frac{1}{3}\right)$ に従う確率変数であるから

$$E(X)=3\cdot\frac{1}{3}=1\quad (⓪)$$

$$V(X)=3\cdot\frac{1}{3}\cdot\left(1-\frac{1}{3}\right)=\frac{2}{3}\quad (⑨)$$

(注) 3回のうち景品が当たる回数が k $(k=0,\ 1,\ 2,\ 3)$ である確率は

$$ {}_3C_k\left(\frac{1}{3}\right)^k\left(\frac{2}{3}\right)^{3-k}$$

であり，確率分布は次のようになる。

景品が当たる回数	0	1	2	3
確率	$\frac{8}{27}$	$\frac{12}{27}$	$\frac{6}{27}$	$\frac{1}{27}$

したがって

$$E(X)=0\cdot\frac{8}{27}+1\cdot\frac{12}{27}+2\cdot\frac{6}{27}+3\cdot\frac{1}{27}=1$$

$$V(X)=(0-1)^2\cdot\frac{8}{27}+(1-1)^2\cdot\frac{12}{27}+(2-1)^2\cdot\frac{6}{27}+(3-1)^2\cdot\frac{1}{27}=\frac{2}{3}$$

(3) Y は二項分布 $B\left(98,\ \frac{1}{3}\right)$ に従う確率変数であるから，Y の平均は

$$98\cdot\frac{1}{3}=\frac{98}{3}\quad (⑤)$$

標準偏差は

$$\sqrt{98\cdot\frac{1}{3}\cdot\left(1-\frac{1}{3}\right)}=\frac{14}{3}\quad (②)$$

98は十分に大きいと考えると，Y は正規分布 $N\left(\frac{98}{3},\ \left(\frac{14}{3}\right)^2\right)$ に従う確率変数と考えてよい。

(4) $Z=\dfrac{Y-\frac{98}{3}}{\frac{14}{3}}$ とおくと，Z は近似的に標準正規分布 $N(0,\ 1)$ に従う確率変数と考えられる。

正規分布表から $P(|Z|\leqq c)=0.95$ となる c の値は

$$c=1.96$$

よって，$|Z|\leqq 1.96$ のとき

$$-1.96\leqq\frac{Y-\frac{98}{3}}{\frac{14}{3}}\leqq 1.96$$

より

$$\frac{98}{3}-1.96\cdot\frac{14}{3}\leqq Y\leqq\frac{98}{3}+1.96\cdot\frac{14}{3}$$

$$\frac{70.56}{3}\leqq Y\leqq\frac{125.44}{3}$$

$$23.52\leqq Y\leqq 41.813\cdots$$

したがって

$$a=\mathbf{23.5},\ b=\mathbf{41.8}$$

$23.5\leqq Y\leqq 41.8$ であることより，ゲーム機は正常に作動していると判断できる。(⓪)

第4問　(数学B　数列)

Ⅶ 1 2 4　　【難易度…★】

(1)　数列 $\{p_n\}$ の階差数列を $\{x_n\}$ とおくと

$$x_1=p_2-p_1=5-1=4$$

$$x_2=p_3-p_2=\frac{35}{3}-5=\frac{20}{3}$$

より，等差数列 $\{x_n\}$ の初項は **4**，公差は

$$\frac{20}{3}-4=\mathbf{\frac{8}{3}}$$

ゆえに

$$x_n=4+\frac{8}{3}(n-1)=\frac{8}{3}n+\frac{4}{3}$$

したがって，$n\geqq 2$ のとき

$$\begin{aligned}p_n&=p_1+\sum_{k=1}^{n-1}x_k\\&=1+\sum_{k=1}^{n-1}\left(\frac{8}{3}k+\frac{4}{3}\right)\\&=1+\frac{8}{3}\cdot\frac{(n-1)n}{2}+\frac{4}{3}(n-1)\\&=\frac{4n^2-1}{3}\qquad\cdots\cdots(*)\end{aligned}$$

$p_1=1$ より，$(*)$ は $n=1$ のときも成り立つ。よって

$$p_n=\mathbf{\frac{4}{3}}n^2-\mathbf{\frac{1}{3}}$$

(2)　①で $n=1$ とすると

$$q_1=\frac{3}{2}q_1-9\qquad\therefore\quad q_1=\mathbf{18}$$

また，①より

$$\sum_{k=1}^{n+1}q_k=\frac{3}{2}q_{n+1}-9\qquad\cdots\cdots①'$$

$q_{n+1}=\sum_{k=1}^{n+1}q_k-\sum_{k=1}^{n}q_k$ を考慮して，①′−①より

$$q_{n+1}=\left(\frac{3}{2}q_{n+1}-9\right)-\left(\frac{3}{2}q_n-9\right)$$

$$q_{n+1}=\mathbf{3}q_n$$

であり，数列 $\{q_n\}$ は初項 18，公比 3 の等比数列であるから

$$q_n=18\cdot 3^{n-1}=\mathbf{2}\cdot\mathbf{3}^{n+1}$$

(3)

$$p_nq_n=\left(\frac{4}{3}n^2-\frac{1}{3}\right)\cdot 2\cdot 3^{n+1}=2(4n^2-1)\cdot 3^n$$

$a_1=5$ であり

$$(2n-1)a_{n+1}=3(2n+1)a_n+2(4n^2-1)3^n\qquad\cdots\cdots②$$

であるから

$$b_n=\frac{a_n}{2n-1}\quad すなわち\quad a_n=(2n-1)b_n$$

とおくと，②より

$$(2n-1)(2n+1)b_{n+1}=3(2n+1)(2n-1)b_n+2(4n^2-1)3^n$$

$$(4n^2-1)b_{n+1}=(4n^2-1)(3b_n+2\cdot 3^n)$$

$4n^2-1\neq 0$ であるから

$$b_{n+1}=\mathbf{3}b_n+\mathbf{2}\cdot\mathbf{3}^n$$

$$\frac{b_{n+1}}{3^n}=\frac{3b_n}{3^n}+2$$

$$\frac{b_{n+1}}{3^n}=\frac{b_n}{3^{n-1}}+2\qquad(①,\ ⓪)$$

また，$a_1=5$ から $b_1=\dfrac{a_1}{2\cdot 1-1}=5$ である。ここで，

$c_n=\dfrac{b_n}{3^{n-1}}$ とおくと

$$c_{n+1}=c_n+2$$

であり，数列 $\{c_n\}$ は初項 $c_1=\dfrac{b_1}{1}=5$，公差 2 の等差数列(①)であるから

$$c_n=5+2(n-1)=2n+3$$

したがって

$$b_n=3^{n-1}c_n=(\mathbf{2}n+\mathbf{3})\cdot 3^{n-1}$$

であり

$$\begin{aligned}a_n&=(2n-1)b_n\\&=(2n-1)(2n+3)\cdot 3^{n-1}\\&=(\mathbf{4}n^2+\mathbf{4}n-\mathbf{3})\cdot 3^{n-1}\end{aligned}$$

第5問　(数学B　ベクトル)

Ⅷ 1 2 3 5 6 7　　【難易度…★★】

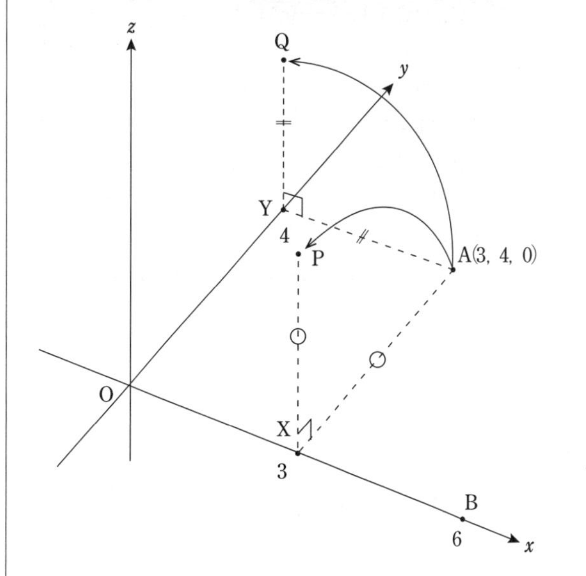

x 軸，y 軸上に，それぞれ X(3, 0, 0)，Y(0, 4, 0) をとる。
P は zx 平面上にあり，XP⊥x 軸，XP=XA=4，z 座標が正であるから

$$\mathrm{P}(\mathbf{3},\ 0,\ \mathbf{4})$$

である。
また，Q は yz 平面上にあり，YQ⊥y 軸，YQ=YA=3，z 座標が正であるから

$$\mathrm{Q}(0,\ \mathbf{4},\ \mathbf{3})$$

である。ゆえに

$$\overrightarrow{\mathrm{AP}}=(0,\ -4,\ 4),\ \overrightarrow{\mathrm{AQ}}=(-3,\ 0,\ 3)$$

よって

$$|\overrightarrow{\mathrm{AP}}|=\sqrt{0^2+(-4)^2+4^2}=\mathbf{4\sqrt{2}}$$

$$|\overrightarrow{\mathrm{AQ}}|=\sqrt{(-3)^2+0^2+3^2}=\mathbf{3\sqrt{2}}$$

$$\overrightarrow{\mathrm{AP}}\cdot\overrightarrow{\mathrm{AQ}}=0\cdot(-3)+(-4)\cdot0+4\cdot3=\mathbf{12}$$

また，三角形 APQ の面積は

$$\frac{1}{2}\sqrt{|\overrightarrow{\mathrm{AP}}|^2|\overrightarrow{\mathrm{AQ}}|^2-(\overrightarrow{\mathrm{AP}}\cdot\overrightarrow{\mathrm{AQ}})^2}$$

$$=\frac{1}{2}\sqrt{32\cdot18-12^2}$$

$$=\frac{1}{2}\sqrt{2^4\cdot3^2(4-1)}$$

$$=\frac{2^2\cdot3}{2}\sqrt{3}$$

$$=\mathbf{6\sqrt{3}}$$

である。
H は平面 α 上にあるから

$$\overrightarrow{\mathrm{OH}}=\overrightarrow{\mathrm{OA}}+s\overrightarrow{\mathrm{AP}}+t\overrightarrow{\mathrm{AQ}}$$

$$=(3,\ 4,\ 0)+s(0,\ -4,\ 4)+t(-3,\ 0,\ 3)$$

$$=(\mathbf{3-3}t,\ \mathbf{4-4}s,\ \mathbf{4}s+\mathbf{3}t) \quad \cdots\cdots①$$

ここで，$\overrightarrow{\mathrm{OH}}\cdot\overrightarrow{\mathrm{AP}}=0$ より

$$0\cdot(3-3t)-4(4-4s)+4(4s+3t)=0$$

$$8s+3t-4=0 \quad \cdots\cdots②$$

また，$\overrightarrow{\mathrm{OH}}\cdot\overrightarrow{\mathrm{AQ}}=0$ より

$$-3(3-3t)+0\cdot(4-4s)+3(4s+3t)=0$$

$$4s+6t-3=0 \quad \cdots\cdots③$$

②，③より

$$s=\mathbf{\frac{5}{12}},\ t=\mathbf{\frac{2}{9}}$$

ゆえに

$$\overrightarrow{\mathrm{OH}}=\left(\frac{7}{3},\ \frac{7}{3},\ \frac{7}{3}\right)$$

であるから

$$|\overrightarrow{\mathrm{OH}}|=\sqrt{\left(\frac{7}{3}\right)^2+\left(\frac{7}{3}\right)^2+\left(\frac{7}{3}\right)^2}=\mathbf{\frac{7\sqrt{3}}{3}}$$

である。

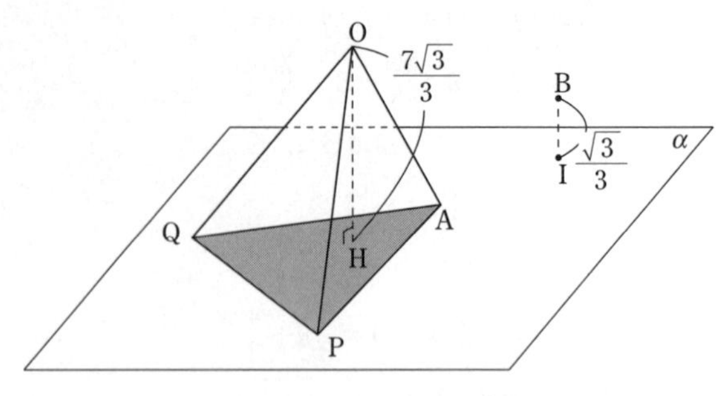

四面体 OAPQ と四面体 ABPQ は三角形 APQ を共有するので，これらの体積比は平面 α と O，B の距離の比に等しい。

$$\frac{\text{四面体ABPQ}}{\text{四面体OAPQ}}=\frac{\mathrm{BI}}{\mathrm{OH}}=\frac{\frac{\sqrt{3}}{3}}{\frac{7\sqrt{3}}{3}}=\mathbf{\frac{1}{7}}$$

平面 α 上にある C は，①と同様にして，実数 u，v を用いて

$$\overrightarrow{\mathrm{OC}}=\overrightarrow{\mathrm{OA}}+u\overrightarrow{\mathrm{AP}}+v\overrightarrow{\mathrm{AQ}}$$

$$=(3-3v,\ 4-4u,\ 4u+3v)$$

と表される。直線 OB は x 軸と一致するから，C が x 軸上にあるとき

$$\begin{cases}4-4u=0\\4u+3v=0\end{cases} \quad \therefore \quad \begin{cases}u=1\\v=-\dfrac{4}{3}\end{cases}$$

よって

$$\overrightarrow{\mathrm{OC}}=\left(3-3\cdot\left(-\frac{4}{3}\right),\ 0,\ 0\right)$$

$$=(\mathbf{7},\ 0,\ 0)$$

である。

第 5 回
実 戦 問 題

解答・解説

数学II・B　**第5回**　(100点満点)

(解答・配点)

問題番号(配点)	解答記号(配点)	正解	自己採点欄
第1問 (30)	ア (1)	⑥	
	イ (1)	⑤	
	ウ (1)	①	
	エ (2)	⑤	
	$\frac{オ}{カキ}$, $\frac{クケ}{コサ}$ (2)	$\frac{5}{12}$, $\frac{23}{12}$	
	シ (2)	②	
	ス (3)	②	
	セ (3)	①	
	ソ (3)	④	
	タ (3)	⑤	
	チ (2)	2	
	$\frac{ツ}{テ}$ (2)	$\frac{2}{5}$	
	ト (3)	④	
	ナ (2)	③	
小計			

問題番号(配点)	解答記号(配点)	正解	自己採点欄
第2問 (30)	ア (1)	0	
	イウ, エ (2)	−4, 4	
	オ (2)	a	
	カキ (2)	−3	
	ク, ケコサ (3)	8, −20	
	シス (2)	−1	
	セ, ソ (3)	0, 4	
	タ (2)	2	
	チ (2)	4	
	ツテ, ト (2)	−2, 4	
	ナ, ニ, ヌ (3)	2, 3, 4	
	ネ, ノ (2)	1, 2	
	ハヒ (2)	16	
	フ (2)	⓪	
小計			

問題番号(配点)	解答記号(配点)	正解	自己採点欄
第3問 (20)	0.アイ (1)	0.10	
	ウエ (2)	10	
	オ (2)	3	
	カ (2)	③	
	キ (2)	④	
	ク (2)	①	
	ケ (2)	②	
	コ (2)	②	
	サ (1)	1	
	シス, $\frac{セ}{ソタ}$ (2)	85, $\frac{1}{50}$	
	チ (2)	②	
小計			
第4問 (20)	ア, イ, ウ (2)	4, 8, 8	
	エ (1)	⓪	
	オ (1)	②	
	カ (1)	②	
	キ, ク, ケ (2)	6, 2, 8	
	コ (2)	⑧	
	サ (2)	⑦	
	シ (2)	④	
	ス, セ (2)	2, 2	
	ソ, タ, チ (3)	3, ⓪, 2	
	ツ, テ (2)	②, 4	
小計			

問題番号(配点)	解答記号(配点)	正解	自己採点欄
第5問 (20)	ア (1)	③	
	イ (1)	②	
	ウ (2)	②	
	エ, オ, カ (1)	④, ⓪, ①	
	キ (2)	⑦	
	ク, ケ (1)	⑦, ⓪	
	コ (2)	②	
	サ, シ (2)	⑤, ②	
	ス, セ, ソ (2)	①, ③, ②	
	タ, チ, ツ (2)	ⓑ, ⑤, ⓪	
	テトt+ナ (2)	$-3t+3$	
	ニ (2)	0	
小計			
合計			

(注) 第1問, 第2問は必答, 第3問～第5問のうちから2問選択, 計4問を解答。

解　説

第1問

〔1〕（数学Ⅱ　三角関数）

Ⅲ 1 2 3 4 5　　【難易度…★★】

(1)　$f(\theta)=\sin\theta+\sqrt{3}\cos\theta$ に $\theta=0,\ \dfrac{\pi}{2},\ \pi$ をそれぞれ代入すると

$$f(0)=0+\sqrt{3}\cdot 1=\sqrt{3}\quad (⑥)$$

$$f\left(\frac{\pi}{2}\right)=1+\sqrt{3}\cdot 0=1\quad (⑤)$$

$$f(\pi)=0+\sqrt{3}\cdot(-1)=-\sqrt{3}\quad (⓪)$$

である。

(2)(i)　$f(\theta)$ を変形すると

$$f(\theta)=2\left(\frac{1}{2}\sin\theta+\frac{\sqrt{3}}{2}\cos\theta\right)$$

$$=2\left(\sin\theta\cos\frac{\pi}{3}+\cos\theta\sin\frac{\pi}{3}\right)$$

$$=2\sin\left(\theta+\frac{\pi}{3}\right)\quad (⑤)$$

である。

(ii)　$f(\theta)>\sqrt{2}$ を(2)(i)を用いて変形すると

$$2\sin\left(\theta+\frac{\pi}{3}\right)>\sqrt{2}$$

$$\sin\left(\theta+\frac{\pi}{3}\right)>\frac{\sqrt{2}}{2}$$

となる。$0\leqq\theta<2\pi$ より

$$\frac{\pi}{3}\leqq\theta+\frac{\pi}{3}<\frac{7}{3}\pi$$

であるから，次の図より $f(\theta)>\sqrt{2}$ を満たす θ の値の範囲は

$$\frac{\pi}{3}\leqq\theta+\frac{\pi}{3}<\frac{3}{4}\pi,\quad \frac{9}{4}\pi<\theta+\frac{\pi}{3}<\frac{7}{3}\pi$$

すなわち

$$0\leqq\theta<\mathbf{\frac{5}{12}}\pi,\quad \mathbf{\frac{23}{12}}\pi<\theta<2\pi$$

である。

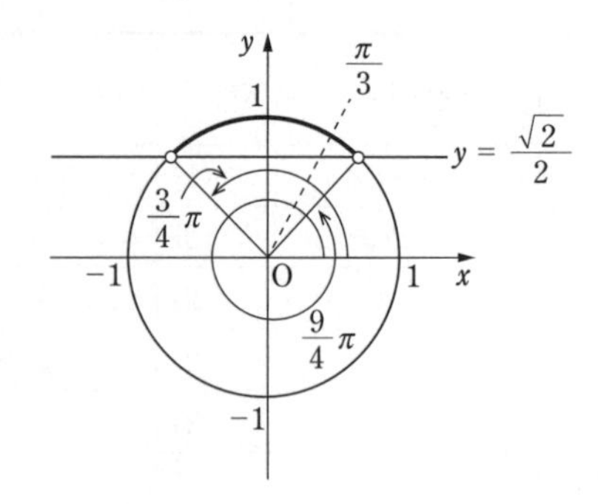

(3)(i)　$f(\theta)=g(\theta)$ となる条件は，$\cos\theta=|\cos\theta|$ となることであるから

$$\cos\theta\geqq 0$$

である。よって，$f(\theta)=g(\theta)$ となる θ の値の範囲は

$$0\leqq\theta\leqq\frac{\pi}{2},\quad \frac{3}{2}\pi\leqq\theta<2\pi\quad (②)$$

である。

(ii)　(3)(i)より

$$g(\theta)=\begin{cases}\sin\theta+\sqrt{3}\cos\theta & \left(0\leqq\theta\leqq\dfrac{\pi}{2},\ \dfrac{3}{2}\pi\leqq\theta<2\pi \text{ のとき}\right)\\ \sin\theta-\sqrt{3}\cos\theta & \left(\dfrac{\pi}{2}\leqq\theta\leqq\dfrac{3}{2}\pi \text{ のとき}\right)\end{cases}$$

$$=\begin{cases}2\sin\left(\theta+\dfrac{\pi}{3}\right) & \left(0\leqq\theta\leqq\dfrac{\pi}{2},\ \dfrac{3}{2}\pi\leqq\theta<2\pi \text{ のとき}\right)\\ 2\sin\left(\theta-\dfrac{\pi}{3}\right) & \left(\dfrac{\pi}{2}\leqq\theta\leqq\dfrac{3}{2}\pi \text{ のとき}\right)\end{cases}$$

であるから，$y=g(\theta)$ のグラフの概形は②である。

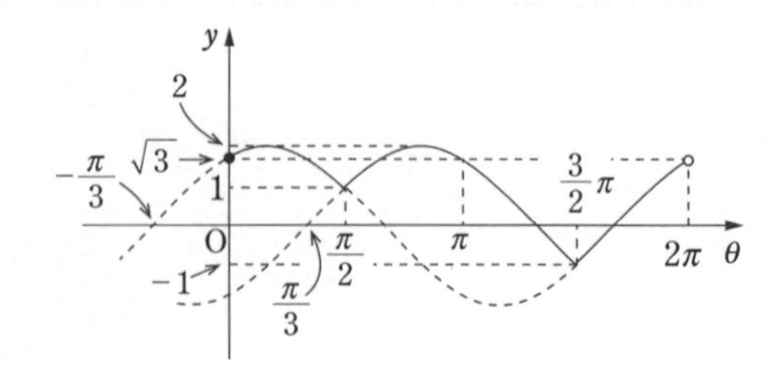

(4)　θ の方程式 $g(\theta)=k$ の解の個数は，曲線 $y=g(\theta)$ と直線 $y=k$ の共有点の個数に等しい。よって，(3)(ii)のグラフより，$0\leqq\theta<2\pi$ の範囲で $g(\theta)=k$ を満たす θ の値がちょうど4個となるような k の値の範囲は

$$1<k<2\quad (⓪)$$

である。

〔2〕（数学Ⅱ　指数関数・対数関数）

Ⅳ 1 3 5　【難易度…★★】

$k^5=100$　……(*)

(1)　1等星の等級と11等星の等級の差は10であるから，1等星の明るさは11等星の明るさの k^{10} 倍である。

よって　$\dfrac{m_1}{m_{11}}=k^{10}$　(④)

(*)より

$$k^{10}=(k^5)^2=100^2=10000$$

であるから，1等星の明るさは11等星の明るさの10000倍(⑤)である。

(注)　$2.5^5=97.65625$ より，(*)から　$k\fallingdotseq 2.5$

(2)　(*)より

$$\log_{10}k^5=\log_{10}100$$
$$5\log_{10}k=\log_{10}100$$

$\log_{10}100=\log_{10}10^2=\mathbf{2}$ であるから

$$\log_{10}k=\frac{\mathbf{2}}{\mathbf{5}}$$

1等星の1.2倍の明るさの星の等級を X とし，$1-X=x$ とすると，$k^x=1.2$ であるから

$$\log_{10}k^x=\log_{10}1.2$$
$$x\log_{10}k=\log_{10}1.2$$
$$\frac{2}{5}x=\log_{10}1.2$$

常用対数表より $\log_{10}1.2=0.0792$ であるから

$$x=\frac{5}{2}\cdot 0.0792=0.198$$

よって

$$1-X=0.198$$
$$X=1-0.198=0.802$$

より，およそ0.8等星　(④)

(3)　-1.46 等星のシリウスと0.03等星のベガの等級の差は1.49であるから，明るさは $k^{1.49}$ 倍である。

$Y=k^{1.49}$ とすると

$$\log_{10}Y=\log_{10}k^{1.49}=1.49\log_{10}k$$
$$=1.49\cdot\frac{2}{5}=0.596$$

常用対数表より　$\log_{10}3.94=0.5955$ であるから

$$Y\fallingdotseq 3.94$$

よって，シリウスの明るさはベガの明るさのおよそ3.94倍　(③)

第2問（数学Ⅱ　微分・積分の考え）

Ⅴ 3 5 6，Ⅰ 3　【難易度…★★】

$f(x)$ が $x=2$ で極値をとるとき

$$f'(2)=\mathbf{0}$$

$f'(x)=3x^2+6ax+3b$ であるから

$$f'(2)=12a+3b+12=0$$
$$\therefore\quad b=\mathbf{-4}a\mathbf{-4}\quad\cdots\cdots①$$

このとき

$$f(x)=x^3+3ax^2-12(a+1)x+c$$
$$f'(x)=3x^2+6ax-12(a+1)$$
$$=3\{x^2+2ax-4(a+1)\}$$

であるから，$f(x)$ を $\dfrac{1}{3}f'(x)$ で割ると

$$\begin{array}{r|llll} & 1 & a & & \\ \hline 1\quad 2a\quad -4(a+1) & 1 & 3a & -12(a+1) & c \\ & 1 & 2a & -4(a+1) & \\ \hline & & a & -8(a+1) & c \\ & & a & 2a^2 & -4a(a+1) \\ \hline & & & -2a^2-8a-8 & 4a(a+1)+c \end{array}$$

より

商は $x+\boldsymbol{a}$

余りは $(-2a^2-8a-8)x+4a(a+1)+c$

である。

余りが $-2x+4$ となるとき

$$\begin{cases}-2a^2-8a-8=-2 & \cdots\cdots②\\ 4a(a+1)+c=4 & \cdots\cdots③\end{cases}$$

②より

$$a^2+4a+3=0$$
$$(a+3)(a+1)=0$$
$$\therefore\quad a=-3,\ -1$$

③より

$$c=4-4a(a+1)$$

であるから，これと①より

$a=\mathbf{-3}$ のとき　$b=\mathbf{8}$，$c=\mathbf{-20}$

$a=\mathbf{-1}$ のとき　$b=\mathbf{0}$，$c=\mathbf{4}$

(注)　$f(x)$ を $\dfrac{1}{3}f'(x)$，すなわち $x^2+2ax-4(a+1)$ で割ったときの商を $x+d$ とすると，余りが $-2x+4$ となるとき

$$x^3+3ax^2-12(a+1)x+c$$
$$=(x^2+2ax-4a-4)(x+d)-2x+4\quad\cdots\cdots④$$

が x についての恒等式となる。

④の右辺は

$$x^3+(2a+d)x^2-2(2a-ad+3)x-4ad-4d+4$$

となるから，④の両辺の係数を比較すると

$$\begin{cases}3a=2a+d\\-12(a+1)=-2(2a-ad+3)\\c=-4ad-4d+4\end{cases}$$

$$\therefore\quad\begin{cases}d=a & \cdots\cdots⑤\\ad+4a+3=0 & \cdots\cdots⑥\\c=-4(ad+d-1) & \cdots\cdots⑦\end{cases}$$

⑤，⑥より

$$a^2+4a+3=0$$
$$(a+3)(a+1)=0$$
$$\therefore\quad a=-3,\ -1$$

①，⑤，⑦から

$a=-3$ のとき

$$b=8,\ c=-20,\ d=-3$$

$a=-1$ のとき

$$b=0,\ c=4,\ d=-1$$

(1) $C_1: y=x^3-9x^2+24x-20$

より

$$y'=3x^2-18x+24$$
$$=3(x^2-6x+8)$$
$$=3(x-2)(x-4)$$

であるから，増減表は次のようになる。

x	$\cdots$	2	$\cdots$	4	$\cdots$
y'	$+$	0	$-$	0	$+$
y	↗	0	↘	-4	↗

よって $f(x)$ は $x=\mathbf{2}$ で極大，$x=\mathbf{4}$ で極小となる。

また

$$\mathrm{A}(2,\ 0),\ \mathrm{B}(4,\ -4),$$

直線 AB：$y=\mathbf{-2}x+\mathbf{4}$

であり

$$f(x)-(-2x+4)=\frac{1}{3}f'(x)(x-3)$$
$$=(x-\mathbf{2})(x-\mathbf{3})(x-\mathbf{4})$$

(2) $C_2: y=x^3-3x^2+4$

より

$$y'=3x^2-6x$$
$$=3x(x-2)$$

であるから，増減表は次のようになる。

x	$\cdots$	0	$\cdots$	2	$\cdots$
y'	$+$	0	$-$	0	$+$
y	↗	4	↘	0	↗

また

$$f(x)-(-2x+4)=\frac{1}{3}f'(x)(x-1)$$
$$=x(x-\mathbf{1})(x-\mathbf{2})$$

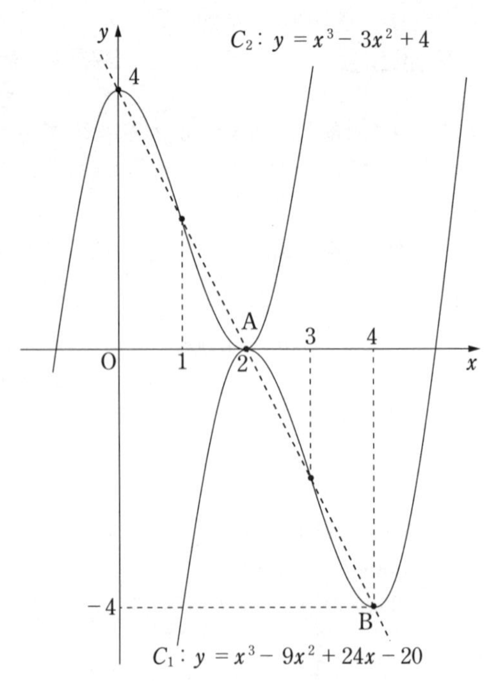

(3) C_1，C_2 の方程式から y を消去して

$$x^3-9x^2+24x-20=x^3-3x^2+4$$
$$6x^2-24x+24=0$$
$$6(x-2)^2=0$$
$$\therefore\quad x=2\quad（重解）$$

よって，C_1 と C_2 は $x=2$ で接する。

$0<x<2$ で C_2 は C_1 の上側にあるから

$$S_1=\int_0^2\{(x^3-3x^2+4)-(x^3-9x^2+24x-20)\}dx$$
$$=6\int_0^2(x^2-4x+4)dx$$
$$=6\left[\frac{1}{3}x^3-2x^2+4x\right]_0^2=\mathbf{16}$$

$2<x<4$ で C_2 は C_1 の上側にあるから

$$S_2=\int_2^4\{(x^3-3x^2+4)-(x^3-9x^2+24x-20)\}dx$$
$$=6\int_2^4(x^2-4x+4)dx$$
$$=6\left[\frac{1}{3}x^3-2x^2+4x\right]_2^4=16$$

よって，$S_1=S_2$ である。(⓪)

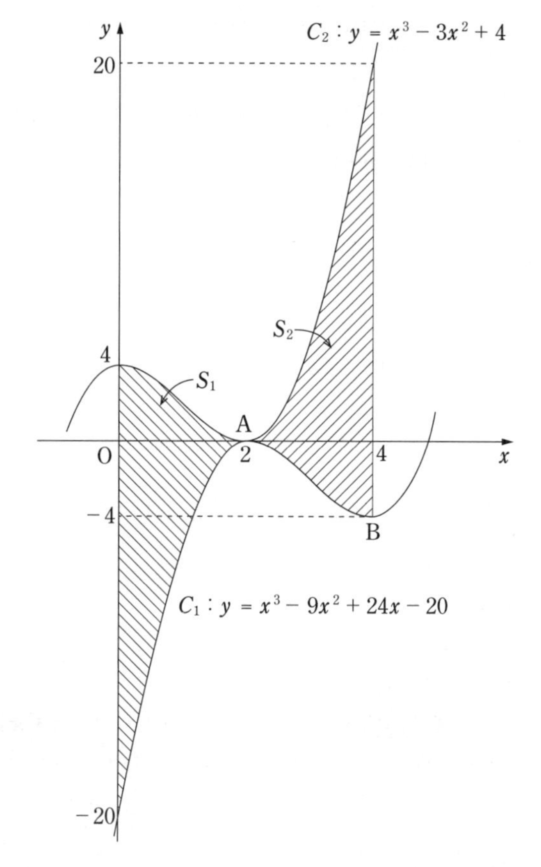

(注) $\displaystyle\int (x-a)^2dx=\frac{1}{3}(x-a)^3+K$

（K は積分定数）

を用いて

$$S_1=6\int_0^2(x-2)^2dx$$
$$=6\left[\frac{1}{3}(x-2)^3\right]_0^2$$
$$=6\left\{0-\frac{1}{3}(-2)^3\right\}=16$$
$$S_2=6\int_2^4(x-2)^2dx$$
$$=6\left[\frac{1}{3}(x-2)^3\right]_2^4$$
$$=6\left\{\frac{1}{3}\cdot 2^3-0\right\}=16$$

としてもよい。

第3問 （数学B　確率分布と統計的な推測）

Ⅵ 2 3 5 6 8　【難易度…★】

(1) 確率変数 X は，二項分布 $B(100,\ 0.\mathbf{10})$ に従うから

X の平均（期待値）は　$100\cdot 0.10=\mathbf{10}$

X の分散 σ^2 は　$\sigma^2=100\cdot 0.10\cdot(1-0.10)=9$

X の標準偏差 σ は　$\sigma=\sqrt{9}=\mathbf{3}$

標本比率 $R=\dfrac{X}{100}$ とおくと

R の平均（期待値）は　$\dfrac{10}{100}=0.10$

R の分散は　$\dfrac{\sigma^2}{100^2}=\left(\dfrac{\sigma}{100}\right)^2$

標本の大きさ 100 は十分に大きいので，R は近似的に正規分布 $N\left(0.10,\ \left(\dfrac{\sigma}{100}\right)^2\right)$ に従う。よって，確率変数 Z を

$$Z=\frac{R-0.10}{\frac{\sigma}{100}}=\frac{R-0.10}{0.03}$$

とおくと，Z は近似的に標準正規分布 $N(0,\ 1)$ に従う。

$R\geqq 0.124$ のとき

$$Z\geqq\frac{0.124-0.10}{0.03}=0.8$$

であるから

$$P(R\geqq 0.124)=P(Z\geqq 0.8)$$
$$=0.5-P(0\leqq Z\leqq 0.8)$$

であり，正規分布表より

$$P(0\leqq Z\leqq 0.8)=0.2881$$

であるから

$$P(R\geqq 0.124)=0.5-0.2881$$
$$=0.2119\quad(③)$$

(2) 母平均 m に対する信頼度 95％の信頼区間は

$$\overline{L}-1.96\cdot\frac{s}{\sqrt{100}}\leqq m\leqq\overline{L}+1.96\cdot\frac{s}{\sqrt{100}}$$

であるから

$$A=\overline{L}-1.96\cdot\frac{s}{\sqrt{100}}=\overline{L}-1.96\cdot\frac{s}{10}\quad(④)$$
$$B=\overline{L}+1.96\cdot\frac{s}{10}$$

であり

$$B-A=3.92\cdot\frac{s}{10}\qquad\cdots\cdots Ⓐ$$

後日の再調査において，標本の大きさ n が十分に大きいとき，母平均 m に対する信頼度 95％の信頼区間は

$$\overline{L_1}-1.96\cdot\frac{s_1}{\sqrt{n}}\leqq m\leqq\overline{L_1}+1.96\cdot\frac{s_1}{\sqrt{n}}$$

であるから

$$C=\overline{L_1}-1.96\cdot\frac{s_1}{\sqrt{n}},\quad D=\overline{L_1}+1.96\cdot\frac{s_1}{\sqrt{n}}$$

であり

$$D-C=3.92\cdot\frac{s_1}{\sqrt{n}} \qquad \cdots\cdots Ⓑ$$

Ⓐ，Ⓑより

・$n=100$，$\overline{L_1}>\overline{L}$，$s_1=s$ ならば

$D-C=B-A$　(⓪)

・$n>100$，$\overline{L_1}=\overline{L}$，$s_1=s$ ならば

$D-C<B-A$　(②)

・$n=100$，$\overline{L_1}=\overline{L}$，$s_1<s$ ならば

$D-C<B-A$　(②)

(3)　確率変数 Y のとり得る値 y の範囲は $60\leqq y\leqq 110$ であるから

$$P(60\leqq Y\leqq 110)=\mathbf{1}$$

Y の確率密度関数 $f(y)$ を

$$f(y)=ay+b \quad (60\leqq y\leqq 110)$$

とすると

$$\begin{aligned}P(60\leqq Y\leqq 110)&=\int_{60}^{110}(ay+b)dy\\&=\left[\frac{a}{2}y^2+by\right]_{60}^{110}\\&=\frac{a}{2}(110^2-60^2)+b(110-60)\\&=4250a+50b\end{aligned}$$

であるから

$$4250a+50b=1$$

$$\therefore\quad \mathbf{85}a+b=\frac{\mathbf{1}}{\mathbf{50}} \qquad \cdots\cdots①$$

また，Y の平均(期待値)は

$$\begin{aligned}\int_{60}^{110}yf(y)dy&=\int_{60}^{110}(ay^2+by)dy\\&=\left[\frac{a}{3}y^3+\frac{b}{2}y^2\right]_{60}^{110}\\&=\frac{a}{3}(110^3-60^3)+\frac{b}{2}(110^2-60^2)\\&=\frac{1115000}{3}a+4250b\end{aligned}$$

標本平均が 80 であるから

$$\frac{1115000}{3}a+4250b=80$$

$$\therefore\quad 4460a+51b=\frac{24}{25} \qquad \cdots\cdots②$$

①，②より

$$a=-\frac{3}{6250},\quad b=\frac{38}{625}$$

よって，体長 100 cm 以上の割合は，下図の斜線部の面積を求めて

$$\begin{aligned}&\frac{10}{2}\{(100a+b)+(110a+b)\}\\&=10(105a+b)\\&=10\left\{105\cdot\left(-\frac{3}{6250}\right)+\frac{38}{625}\right\}\\&=\frac{13}{125}\\&=0.104\end{aligned}$$

すなわち　10.4％　(②)

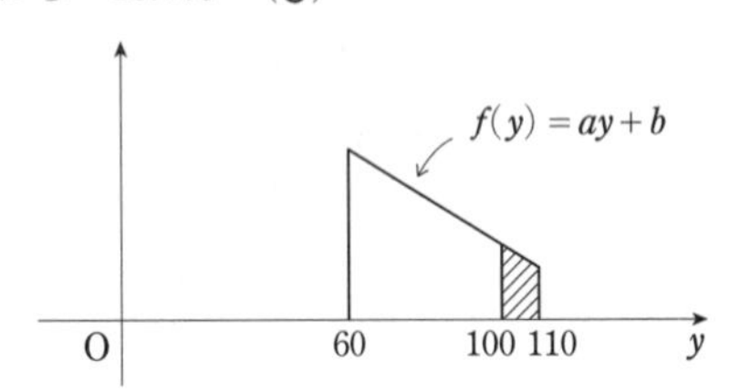

第4問　(数学B　数列)

Ⅶ 1 2 4　【難易度…★★★】

(1)　毎回1回目と同じ方向に折ると，折り目の辺の対辺に重なっている紙の枚数は1ずつ増えていくから

$$a_{n+1}=a_n+1 \quad (n=1,\ 2,\ 3,\ \cdots)$$

が成り立つ。

また，折り目の辺の両隣りの辺に重なっている紙の枚数はそれぞれ2倍になるから

$$\begin{cases}b_{n+1}=2b_n & (n=1,\ 2,\ 3,\ \cdots)\\c_{n+1}=2c_n & (n=1,\ 2,\ 3,\ \cdots)\end{cases}$$

が成り立つ。

$$a_2=3,\ b_2=4,\ c_2=4$$

であるから

$$a_3=\mathbf{4},\ b_3=\mathbf{8},\ c_3=\mathbf{8}$$

数列 $\{a_n\}$ は，公差1の等差数列である。(⓪)

数列 $\{b_n\}$ は，公比2の等比数列である。(②)

数列 $\{c_n\}$ は，公比2の等比数列である。(②)

(2)　$n+1$ 回目は n 回目と違う方向に折ったとき，折り目の辺の対辺に重なっている紙の枚数は b_n+c_n，折り目の辺の両隣りの辺に重なっている紙の枚数のうち，多くない方の枚数は 2，もう一方の枚数は $2a_n$ であるから

$$\begin{cases}a_{n+1}=b_n+c_n & (n=1,\ 2,\ 3,\ \cdots)\ (⑧)\cdots\cdots①\\b_{n+1}=2 & (n=1,\ 2,\ 3,\ \cdots)\ (⑦)\cdots\cdots②\\c_{n+1}=2a_n & (n=1,\ 2,\ 3,\ \cdots)\ (④)\cdots\cdots③\end{cases}$$

が成り立つ。

$a_2=4,\ b_2=2,\ c_2=4$

であるから

$$\begin{cases} a_3=b_2+c_2=\mathbf{6} \\ b_3=\mathbf{2} \\ c_3=2a_2=\mathbf{8} \end{cases}$$

毎回違う方向に折ると，①より

$$a_{n+2}=b_{n+1}+c_{n+1}$$

であるから，②，③を代入して

$$a_{n+2}=\mathbf{2}a_n+\mathbf{2} \qquad \cdots\cdots(*)$$

$n=2m$ とおくと

$$a_{2m+2}=2a_{2m}+2$$

よって，$d_m=a_{2m}$ $(m=1,\ 2,\ 3,\ \cdots)$ とおくと

$$d_{m+1}=2d_m+2$$

より

$$d_{m+1}+2=2(d_m+2)$$

数列 $\{d_m+2\}$ は公比 2 の等比数列であるから

$$d_m+2=(d_1+2)\cdot 2^{m-1}$$

$d_1=a_2=4$ であるから

$$d_m+2=6\cdot 2^{m-1}=3\cdot 2^m$$

$$\therefore\quad d_m=\mathbf{3}\cdot 2^m-\mathbf{2}\quad (⓪)$$

また，$(*)$で，$n=2m-1$ とおくと

$$a_{2m+1}=2a_{2m-1}+2$$

両辺を 2 倍して

$$2a_{2m+1}=2\cdot 2a_{2m-1}+4$$

③より

$$c_{2m+2}=2c_{2m}+4$$

$e_m=c_{2m}$ $(m=1,\ 2,\ 3,\ \cdots)$ とおくと

$$e_{m+1}=2e_m+4$$

より

$$e_{m+1}+4=2(e_m+4)$$

数列 $\{e_m+4\}$ は公比 2 の等比数列であるから

$$e_m+4=(e_1+4)\cdot 2^{m-1}$$

$e_1=c_2=4$ であるから

$$e_m+4=8\cdot 2^{m-1}=2^{m+2}$$

$$\therefore\quad e_m=2^{m+2}-\mathbf{4}\quad (②)$$

(注)　③より

$$\begin{aligned} c_{n+2}&=2a_{n+1} \\ &=2(b_n+c_n)\quad (①より) \\ &=2(2+c_n)\quad (②と b_1=2 より) \\ &=2c_n+4 \end{aligned}$$

$n=2m$ とおくと

$$c_{2m+2}=2c_{2m}+4$$

第 5 問　(数学 B　ベクトル)

Ⅷ ②③④⑤⑥　　【難易度…★★】

(1)

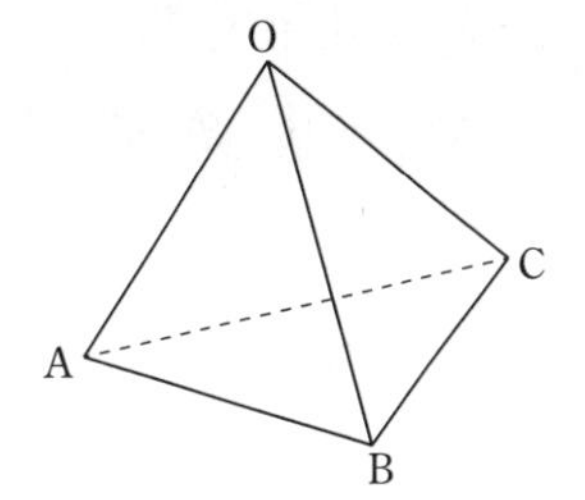

$$\overrightarrow{OA}\cdot\overrightarrow{OB}=|\overrightarrow{OA}||\overrightarrow{OB}|\cos\theta\quad (③)$$

$$\overrightarrow{AB}=\overrightarrow{OB}-\overrightarrow{OA}=-\overrightarrow{OA}+\overrightarrow{OB}\quad (②)$$

よって，1 辺の長さが 1 の正四面体において

$$|\overrightarrow{OA}|=|\overrightarrow{OB}|=|\overrightarrow{OC}|=1$$

$$\overrightarrow{OA}\cdot\overrightarrow{OB}=1\cdot 1\cdot\cos\frac{\pi}{3}=\frac{1}{2}$$

同様に，$\overrightarrow{OB}\cdot\overrightarrow{OC}=\overrightarrow{OC}\cdot\overrightarrow{OA}=\frac{1}{2}$ である。

問題 A の(Ⅰ)について

$$\begin{aligned} \overrightarrow{OA}\cdot\overrightarrow{AB}&=\overrightarrow{OA}\cdot(-\overrightarrow{OA}+\overrightarrow{OB}) \\ &=-|\overrightarrow{OA}|^2+\overrightarrow{OA}\cdot\overrightarrow{OB} \\ &=-1+\frac{1}{2}=-\frac{1}{2} \end{aligned}$$

問題 A の(Ⅱ)について

$$\begin{aligned} \overrightarrow{AB}\cdot\overrightarrow{OC}&=(-\overrightarrow{OA}+\overrightarrow{OB})\cdot\overrightarrow{OC} \\ &=-\overrightarrow{OA}\cdot\overrightarrow{OC}+\overrightarrow{OB}\cdot\overrightarrow{OC} \\ &=-\frac{1}{2}+\frac{1}{2}=0 \end{aligned}$$

であり，$\overrightarrow{AB}\neq\vec{0}$，$\overrightarrow{OC}\neq\vec{0}$ であるから，$\overrightarrow{AB}\perp\overrightarrow{OC}$ である。

よって，(Ⅰ)は誤り，(Ⅱ)は正しい (②)。

(2)

$$\overrightarrow{AD}=\alpha\overrightarrow{AB}+\beta\overrightarrow{AC} \qquad \cdots\cdots①$$

の各ベクトルを，始点が O のベクトルで表すと

$$\overrightarrow{OD}-\overrightarrow{OA}=\alpha(\overrightarrow{OB}-\overrightarrow{OA})+\beta(\overrightarrow{OC}-\overrightarrow{OA})$$

$$\overrightarrow{OD}=(1-\alpha-\beta)\overrightarrow{OA}+\alpha\overrightarrow{OB}+\beta\overrightarrow{OC}\quad (④，⓪，①)$$

$\angle AOD=90^\circ$ のとき，$\overrightarrow{OA}\cdot\overrightarrow{OD}=0$ であるから

$$\overrightarrow{OA}\cdot\{(1-\alpha-\beta)\overrightarrow{OA}+\alpha\overrightarrow{OB}+\beta\overrightarrow{OC}\}=0$$

$$(1-\alpha-\beta)|\overrightarrow{OA}|^2+\alpha\overrightarrow{OA}\cdot\overrightarrow{OB}+\beta\overrightarrow{OC}\cdot\overrightarrow{OA}=0$$

$$(1-\alpha-\beta)\cdot 1^2+\frac{\alpha}{2}+\frac{\beta}{2}=0$$

$$1-\frac{\alpha}{2}-\frac{\beta}{2}=0$$

$$\beta=2-\alpha\quad (⑦)$$

となるから，①に $\beta=2-\alpha$ を代入すると

$$\overrightarrow{AD}=\alpha\overrightarrow{AB}+(2-\alpha)\overrightarrow{AC}$$
$$=2\overrightarrow{AC}+\alpha\left(\overrightarrow{AB}-\overrightarrow{AC}\right)$$
$$=2\overrightarrow{AC}+\alpha\overrightarrow{CB}\quad (⑦,\ ⓪)$$

さらに $\overrightarrow{AB'}=2\overrightarrow{AB}$，$\overrightarrow{AC'}=2\overrightarrow{AC}$ とすると

$$\overrightarrow{AD}=\overrightarrow{AC'}+\alpha\overrightarrow{CB}$$
$$\overrightarrow{AD}-\overrightarrow{AC'}=\alpha\overrightarrow{CB}$$
$$\overrightarrow{C'D}=\alpha\overrightarrow{CB}$$

であるから，線分 B′C′ の中点を M とすると，
$0\leqq\alpha\leqq1$ のとき，D は線分 C′M 上を動くことがわかる (②)。

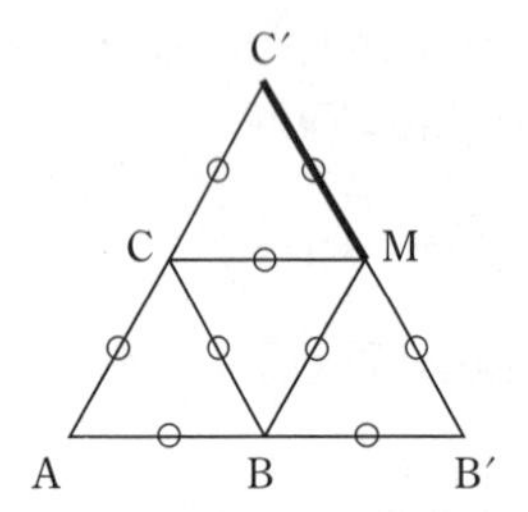

(3)

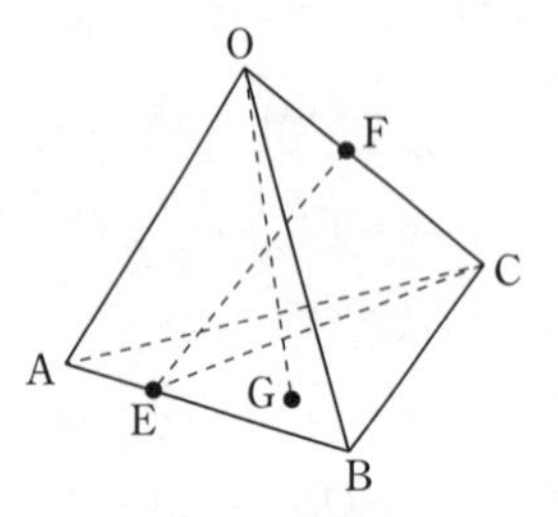

辺 AB を 1：2 に内分する点 E について

$$\overrightarrow{OE}=\frac{2\overrightarrow{OA}+\overrightarrow{OB}}{1+2}=\frac{2}{3}\overrightarrow{OA}+\frac{1}{3}\overrightarrow{OB}\quad (⑤,\ ②)$$

また，三角形 BCE の重心 G について

$$\overrightarrow{OG}=\frac{\overrightarrow{OB}+\overrightarrow{OC}+\overrightarrow{OE}}{3}$$
$$=\frac{1}{3}\left\{\overrightarrow{OB}+\overrightarrow{OC}+\left(\frac{2}{3}\overrightarrow{OA}+\frac{1}{3}\overrightarrow{OB}\right)\right\}$$
$$=\frac{2}{9}\overrightarrow{OA}+\frac{4}{9}\overrightarrow{OB}+\frac{1}{3}\overrightarrow{OC}\quad (①,\ ③,\ ②)$$

である。

直線 OG 上の点 H_1 について

$$\overrightarrow{OH_1}=s\overrightarrow{OG}$$
$$=\frac{2}{9}s\overrightarrow{OA}+\frac{4}{9}s\overrightarrow{OB}+\frac{1}{3}s\overrightarrow{OC}$$

また，直線 EF 上の点 H_2 について

$$\overrightarrow{EH_2}=t\overrightarrow{EF}$$
$$\overrightarrow{OH_2}-\overrightarrow{OE}=t\left(\overrightarrow{OF}-\overrightarrow{OE}\right)$$
$$\overrightarrow{OH_2}=(1-t)\overrightarrow{OE}+t\overrightarrow{OF}$$

ここで，$\overrightarrow{OF}=x\overrightarrow{OC}$ とすると

$$\overrightarrow{OH_2}=\frac{2}{3}(1-t)\overrightarrow{OA}+\frac{1}{3}(1-t)\overrightarrow{OB}+tx\overrightarrow{OC}$$

(⑥，⑤，⓪)

である。

H_1，H_2 が一致すると仮定すると，4 点 O，A，B，C は同一平面上にないから

$$\begin{cases}\dfrac{2}{9}s=\dfrac{2}{3}(1-t) & \cdots\cdots② \\ \dfrac{4}{9}s=\dfrac{1}{3}(1-t) & \cdots\cdots③ \\ \dfrac{1}{3}s=tx & \cdots\cdots④\end{cases}$$

②を変形すると

$$s=\mathbf{-3}t+\mathbf{3}$$

であり，これを③に代入して

$$\frac{4}{9}(-3t+3)=\frac{1-t}{3}$$
$$4(1-t)=1-t$$
$$t=1$$

このとき，②より $s=0$ である。これらを④に代入すると

$$x=\mathbf{0}$$

となり，F が O と異なる点であることに矛盾する。
したがって，直線 EF と直線 OG は交わらない。

2023 年度

大学入学共通テスト
本試験

解答・解説

■数学Ⅱ・B　得点別偏差値表　平均点：61.48／標準偏差：20.18／受験者数：316,728

得　点	偏差値	得　点	偏差値	得　点	偏差値	得　点	偏差値	得　点	偏差値
100	67.6	80	57.7	60	47.8	40	37.9	20	28.0
99	67.1	79	57.2	59	47.3	39	37.4	19	27.5
98	66.6	78	56.7	58	46.8	38	36.9	18	27.0
97	66.1	77	56.2	57	46.3	37	36.4	17	26.5
96	65.6	76	55.7	56	45.8	36	35.9	16	26.0
95	65.1	75	55.2	55	45.3	35	35.4	15	25.5
94	64.6	74	54.7	54	44.8	34	34.9	14	25.0
93	64.1	73	54.2	53	44.3	33	34.4	13	24.5
92	63.6	72	53.7	52	43.8	32	33.9	12	24.0
91	63.1	71	53.2	51	43.3	31	33.4	11	23.5
90	62.6	70	52.7	50	42.8	30	32.9	10	23.0
89	62.2	69	52.2	49	42.3	29	32.4	9	22.5
88	61.7	68	51.7	48	41.8	28	31.9	8	22.0
87	61.2	67	51.2	47	41.3	27	31.4	7	21.5
86	60.7	66	50.8	46	40.8	26	30.9	6	21.0
85	60.2	65	50.3	45	40.3	25	30.4	5	20.5
84	59.7	64	49.8	44	39.9	24	29.9	4	20.0
83	59.2	63	49.3	43	39.4	23	29.4	3	19.5
82	58.7	62	48.8	42	38.9	22	28.9	2	19.0
81	58.2	61	48.3	41	38.4	21	28.5	1	18.5
								0	18.0

数　学　2023年度本試験　数学Ⅱ・数学Ｂ　（100点満点）

（解答・配点）

問題番号（配点）	解答記号	（配点）	正解	自己採点欄
第１問（30）	ア	（1）	⓪	
	イ	（1）	②	
	ウ，エ	（2）	2，1	
	オ	（2）	3	
	$\frac{\text{カ}}{\text{キ}}$	（2）	$\frac{5}{3}$	
	ク，ケ	（2）	ⓐ，⑦	
	コ	（2）	7	
	$\frac{\text{サ}}{\text{シ}}$，$\frac{\text{ス}}{\text{セ}}$	（2）	$\frac{3}{7}$，$\frac{5}{7}$	
	ソ	（2）	6	
	$\frac{\text{タ}}{\text{チ}}$	（2）	$\frac{5}{6}$	
	ツ	（3）	②	
	テ	（2）	2	
	$\frac{\text{ト}}{\text{ナ}}$	（2）	$\frac{3}{2}$	
	ニ	（2）	⑤	
	ヌ	（3）	⑤	
小　計				
第２問（30）	ア	（1）	④	
	イウx^2＋エkx	（3）	$-3x^2+2kx$	
	オ	（1）	⓪	
	カ	（1）	⓪	
	キ	（1）	③	
	ク	（1）	⑨	
	$\frac{\text{ケ}}{\text{コ}}$，サ	（3）	$\frac{5}{3}$，9	
	シ	（2）	6	
	スセソ	（2）	180	
	タチツ	（3）	180	
	テトナ，ニヌ，ネ	（3）	300，12，5	
	ノ	（3）	④	
	ハ	（3）	⓪	
	ヒ	（3）	④	
小　計				
第３問（20）	ア	（1）	0	
	$\frac{\text{イ}}{\text{ウ}}$	（1）	$\frac{1}{2}$	
	エ	（2）	④	
	オ	（2）	②	
	カ.キク	（2）	1.65	
	ケ	（2）	④	
	$\frac{\text{コ}}{\text{サ}}$	（1）	$\frac{1}{2}$	
	シス	（2）	25	
	セ	（1）	③	
	ソ	（1）	⑦	
	タ	（3）	⓪	
	チツ	（2）	17	
小　計				
第４問（20）	ア	（2）	②	
	イ，ウ	（3）	⓪，③	
	エ，オ	（3）	④，⓪	
	カ，キ	（2）	②，③	
	ク	（2）	②	
	ケ	（2）	①	
	コ	（2）	③	
	サシ，スセ	（2）	30，10	
	ソ	（2）	⑧	
小　計				
第５問（20）	$\frac{\text{ア}}{\text{イ}}$，$\frac{\text{ウ}}{\text{エ}}$	（2）	$\frac{1}{2}$，$\frac{1}{2}$	
	オ	（2）	①	
	カ	（2）	9	
	キ	（3）	2	
	ク	（3）	⓪	
	ケ	（2）	③	
	コ	（2）	⓪	
	サ	（3）	④	
	シ	（1）	②	
小　計				
合　計				

（注） 第１問，第２問は必答。第３問～第５問のうちから２問選択。計４問を解答。

解　説

第１問

〔１〕（数学Ⅱ　三角関数）

Ⅲ 1 2 4　　【難易度…★★】

(1)　$\sin\frac{\pi}{6}=\frac{1}{2}$，$\sin 2\cdot\frac{\pi}{6}=\sin\frac{\pi}{3}=\frac{\sqrt{3}}{2}$ であるから

$$x=\frac{\pi}{6}\text{ のとき}\quad \sin x<\sin 2x\quad (\textbf{0})$$

$\sin\frac{2}{3}\pi=\frac{\sqrt{3}}{2}$，$\sin 2\cdot\frac{2}{3}\pi=\sin\frac{4}{3}\pi=-\frac{\sqrt{3}}{2}$ であるから

$$x=\frac{2}{3}\pi\text{ のとき}\quad \sin x>\sin 2x\quad (\textbf{2})$$

(2)　2倍角の公式より

$$\sin 2x=2\sin x\cos x$$

であるから

$$\sin 2x-\sin x=\sin x(\mathbf{2}\cos x-\mathbf{1})$$

$\sin 2x-\sin x>0$ が成り立つとき

「$\sin x>0$ かつ $2\cos x-1>0$」　……①

または

「$\sin x<0$ かつ $2\cos x-1<0$」　……②

$0\leqq x\leqq 2\pi$ の範囲で，① が成り立つ x の値の範囲は

「$\sin x>0$ かつ $\cos x>\frac{1}{2}$」

$0<x<\pi$ かつ $\left(0\leqq x<\frac{\pi}{3},\ \frac{5}{3}\pi<x\leqq 2\pi\right)$

$\therefore\quad 0<x<\frac{\pi}{\mathbf{3}}$

② が成り立つ x の値の範囲は

「$\sin x<0$ かつ $\cos x<\frac{1}{2}$」

$\pi<x<2\pi$ かつ $\frac{\pi}{3}<x<\frac{5}{3}\pi$

$\therefore\quad \pi<x<\frac{\mathbf{5}}{\mathbf{3}}\pi$

よって，$0\leqq x\leqq 2\pi$ において $\sin 2x>\sin x$ が成り立つような x の値の範囲は

$$0<x<\frac{\pi}{3},\quad \pi<x<\frac{5}{3}\pi$$

(3)　加法定理より

$$\begin{aligned}&\sin(\alpha+\beta)-\sin(\alpha-\beta)\\&=\sin\alpha\cos\beta+\cos\alpha\sin\beta\\&\quad-(\sin\alpha\cos\beta-\cos\alpha\sin\beta)\\&=2\cos\alpha\sin\beta\end{aligned}\quad\cdots\cdots③$$

③ で

$\begin{cases}\alpha+\beta=4x\\ \alpha-\beta=3x\end{cases}$ つまり $\alpha=\frac{7}{2}x$，$\beta=\frac{x}{2}$

とおくと

$$\sin 4x-\sin 3x=2\cos\frac{7}{2}x\sin\frac{x}{2}$$

$\sin 4x-\sin 3x>0$ が成り立つとき

「$\cos\frac{7}{2}x>0$ かつ $\sin\frac{x}{2}>0$」（**a**，**7**）　……④

または

「$\cos\frac{7}{2}x<0$ かつ $\sin\frac{x}{2}<0$」　……⑤

$0\leqq x\leqq\pi$ のとき

$$0\leqq\frac{7}{2}x\leqq\frac{7}{2}\pi,\quad 0\leqq\frac{x}{2}\leqq\frac{\pi}{2}$$

であるから，$\sin\frac{x}{2}\geqq 0$ となり ⑤ を満たす x は存在しない．

④ より

$\left(0\leqq\frac{7}{2}x<\frac{\pi}{2},\ \frac{3}{2}\pi<\frac{7}{2}x<\frac{5}{2}\pi\right)$ かつ $0<\frac{x}{2}\leqq\frac{\pi}{2}$

$\left(0\leqq x<\frac{\pi}{7},\ \frac{3}{7}\pi<x<\frac{5}{7}\pi\right)$ かつ $0<x\leqq\pi$

$\therefore\quad 0<x<\frac{\pi}{7},\ \frac{3}{7}\pi<x<\frac{5}{7}\pi$

よって，$0\leqq x\leqq\pi$ において，$\sin 4x>\sin 3x$ が成り立つような x の値の範囲は

$$0<x<\frac{\pi}{\mathbf{7}},\quad \frac{\mathbf{3}}{\mathbf{7}}\pi<x<\frac{\mathbf{5}}{\mathbf{7}}\pi$$

(4)　$0\leqq x\leqq\pi$ のとき，$\sin 3x>\sin 4x$ が成り立つような x の値の範囲は，(3) を利用すると

$$\frac{\pi}{7}<x<\frac{3}{7}\pi,\quad \frac{5}{7}\pi<x<\pi\quad\cdots\cdots⑥$$

また，$0\leqq x\leqq\pi$ のとき，$0\leqq 2x\leqq 2\pi$ であるから

$\sin 4x>\sin 2x$ つまり $\sin 2(2x)>\sin(2x)$

が成り立つような x の値の範囲は，(2) より

$$0<2x<\frac{\pi}{3},\quad \pi<2x<\frac{5}{3}\pi$$

$$0<x<\frac{\pi}{6},\quad \frac{\pi}{2}<x<\frac{5}{6}\pi\quad\cdots\cdots⑦$$

よって，$0\leqq x\leqq\pi$ において，$\sin 3x>\sin 4x>\sin 2x$ が成り立つような x の値の範囲は，⑥ かつ ⑦ より

$$\frac{\pi}{7}<x<\frac{\pi}{\mathbf{6}},\quad \frac{5}{7}\pi<x<\frac{\mathbf{5}}{\mathbf{6}}\pi$$

〔2〕（数学II　指数関数・対数関数）

IV 1 3　【難易度…★】

(1)　$a>0$，$a \neq 1$，$b>0$ のとき

$\log_a b=x$ とおくと　$a^x=b$　(②)

(2)(i)　$25=5^2$ より

$\log_5 25=\mathbf{2}$

$27=3^3=9^{\frac{3}{2}}$ より

$\log_9 27=\mathbf{\frac{3}{2}}$

(ii)「$\log_2 3$ が有理数である」と仮定する．このとき，$\log_2 3>0$ より

$\log_2 3=\frac{p}{q}$　(p，q は互いに素な自然数)

と表すことができるので

$2^{\frac{p}{q}}=3$

であり，両辺を q 乗すると

$2^p=3^q$　(⑤)

この式の左辺は偶数，右辺は奇数であるから矛盾する．

よって，$\log_2 3$ は無理数である．

(iii)「$\log_a b$ が有理数である」とする．

a，b は2以上の自然数であるから，$\log_a b>0$ であり

$\log_a b=\frac{m}{n}$　(m，n は互いに素な自然数)

と表すことができるので

$a^{\frac{m}{n}}=b$

両辺を n 乗すると

$a^m=b^n$

この式が成り立つとき，a，b の偶奇が一致するので，a，b ともに偶数，または a，b ともに奇数である．

よって，対偶を考えて，「a，b のいずれか一方が偶数で，もう一方が奇数(⑤)ならば $\log_a b$ はつねに無理数である」．

第2問

〔1〕（数学II　微分・積分の考え）

V 1 3　【難易度…★】

(1)　$f(x)=x^2(k-x)$

$=-x^3+kx^2$

$f(x)=0$ のとき $x=0$，k であるから，$y=f(x)$ のグラフと x 軸との共有点の座標は

$(0,\ 0)$，$(k,\ 0)$　(④)

$f'(x)=-\mathbf{3}x^2+\mathbf{2}kx$

$=-x(3x-2k)$

$k>0$ より，$y=f(x)$ の増減表は次のようになる．

x	$\cdots$	0	$\cdots$	$\frac{2}{3}k$	$\cdots$
$f'(x)$	$-$	0	$+$	0	$-$
$f(x)$	↘	0	↗	$\frac{4}{27}k^3$	↘

よって，$f(x)$ は

$x=0$　のとき，極小値　0　(⓪，⓪)

$x=\frac{2}{3}k$ のとき，極大値　$\frac{4}{27}k^3$　(③，⑨)

をとる．

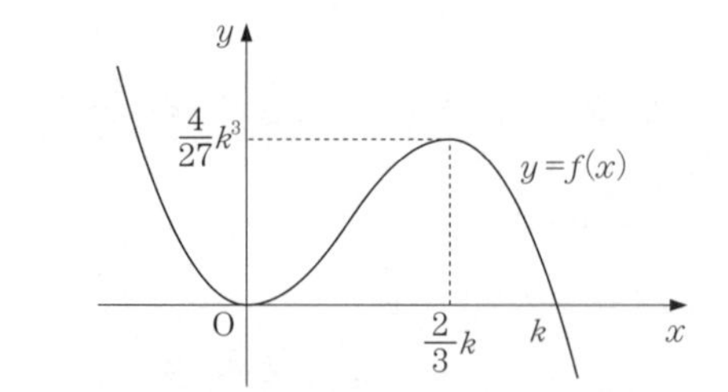

(2)

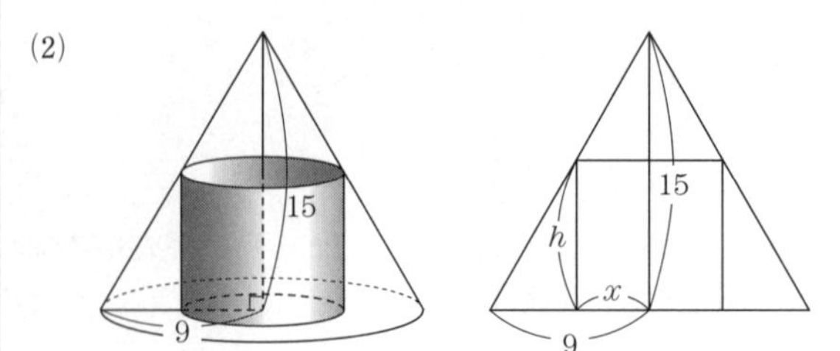

円柱の底面の半径を x，高さを h とすると，三角形の相似を用いて

$(9-x):h=9:15$

$h=\frac{5}{3}(9-x)$

よって

$$V=\pi x^2h=\mathbf{\frac{5}{3}}\pi x^2(\mathbf{9}-x)\quad (0<x<9)$$

(1)で $k=9$ の場合を考えると，$x=\frac{2}{3}\cdot 9=\mathbf{6}$ のとき V は最大で，最大値は

$$\frac{5}{3}\pi\cdot\frac{4}{27}\cdot 9^3=\mathbf{180}\pi$$

〔2〕（数学Ⅱ　微分・積分の考え）
V 4 5　【難易度…★】

(1)
$$\int_0^{30}\left(\frac{1}{5}x+3\right)dx=\left[\frac{x^2}{10}+3x\right]_0^{30}$$
$$=\frac{30^2}{10}+3\cdot 30$$
$$=\mathbf{180}$$

$$\int\left(\frac{1}{100}x^2-\frac{1}{6}x+5\right)dx=\frac{1}{\mathbf{300}}x^3-\frac{1}{\mathbf{12}}x^2+\mathbf{5}x+C$$

（C は積分定数）

(2)(i)　太郎さんの考えによると

$$f(x)=\frac{1}{5}x+3\quad (x\geqq 0)$$

であるから，(1)より

$$S(t)=\int_0^t f(x)\,dx=\frac{t^2}{10}+3t\quad (t>0)$$

$S(t)\geqq 400$ のとき

$$\frac{t^2}{10}+3t\geqq 400$$
$$t^2+30t-4000\geqq 0$$
$$(t-50)(t+80)\geqq 0$$

$t>0$ より　$t\geqq 50$

よって，ソメイヨシノの開花日時は，2月に入ってから50日後となる．（④）

(ii)　花子さんの考えによると

$$f(x)=\begin{cases}\frac{1}{5}x+3 & (0\leqq x\leqq 30)\\ \frac{1}{100}x^2-\frac{1}{6}x+5 & (x\geqq 30)\end{cases}$$

であるから，$t\geqq 30$ として

$$S(t)=\int_0^{30}\left(\frac{1}{5}x+3\right)dx+\int_{30}^{t}\left(\frac{1}{100}x^2-\frac{1}{6}x+5\right)dx$$

ここで，(1)より

$$\int_0^{30}\left(\frac{1}{5}x+3\right)dx=180$$

であり

$$\int_{30}^{40}\left(\frac{1}{100}x^2-\frac{1}{6}x+5\right)dx=\left[\frac{x^3}{300}-\frac{x^2}{12}+5x\right]_{30}^{40}$$
$$=115$$

であるから

$$S(40)=180+115=295<400$$

また，$x>30$ のとき

$$f'(x)=\frac{1}{50}x-\frac{1}{6}>\frac{1}{50}\cdot 30-\frac{1}{6}>0$$

であり，$f(x)$ は増加するので

$$\int_{30}^{40}f(x)\,dx<\int_{40}^{50}f(x)\,dx\quad (⓪)$$

であるから

$$\int_{40}^{50}f(x)\,dx>115$$

これより

$$S(50)=S(40)+\int_{40}^{50}f(x)\,dx>295+115$$
$$=410>400$$

が成り立つので，ソメイヨシノの開花日時は，2月に入ってから40日後より後，かつ50日後より前となる．（④）

第3問　（数学B　確率分布と統計的な推測）

Ⅵ ③④⑤⑥⑦⑧　　【難易度…★★】

(1)(i)　確率変数 X は，正規分布 $N(m,\ \sigma^2)$ に従うので，確率変数 W を

$$W=\frac{X-m}{\sigma}$$

とおくと，W は標準正規分布 $N(0,\ 1)$ に従う．

$X \geqq m$ のとき

$$W=\frac{X-m}{\sigma} \geqq 0$$

であるから

$$P(X \geqq m)=P(W \geqq \mathbf{0})=0.5=\mathbf{\frac{1}{2}}$$

(ii)　標本 $X_1,\ X_2,\ \cdots,\ X_n$ は，それぞれ独立であり，正規分布 $N(m,\ \sigma^2)$ に従うので，平均と分散について

平均　$E(X_1)=E(X_2)=\cdots=E(X_n)=m$

分散　$V(X_1)=V(X_2)=\cdots=V(X_n)=\sigma^2$

標本平均 $\overline{X}$ は

$$\overline{X}=\frac{1}{n}(X_1+X_2+\cdots+X_n)$$

であるから，$\overline{X}$ の平均と分散は

$$E(\overline{X})=\frac{1}{n}\{E(X_1)+E(X_2)+\cdots+E(X_n)\}$$

$$=\frac{1}{n}\cdot nm=m \quad (④)$$

$$V(\overline{X})=\frac{1}{n^2}\{V(X_1)+V(X_2)+\cdots+V(X_n)\}$$

$$=\frac{1}{n^2}\cdot n\sigma^2=\frac{\sigma^2}{n}$$

標準偏差は

$$\sigma(\overline{X})=\sqrt{V(\overline{X})}=\frac{\sigma}{\sqrt{n}} \quad (②)$$

$\overline{X}$ は正規分布 $N\left(m,\ \frac{\sigma^2}{n}\right)$ に従うので，確率変数 Z を

$$Z=\frac{\overline{X}-m}{\frac{\sigma}{\sqrt{n}}}$$

とおくと，Z は標準正規分布 $N(0,\ 1)$ に従う．

正規分布表より

$$P(0 \leqq Z \leqq 1.65)=0.4505$$

であるから

$$P(-1.65 \leqq Z \leqq 1.65)=2\cdot 0.4505=0.901$$

であり，方針において　$z_0=\mathbf{1.65}$

よって，母平均 m に対する信頼度90%の信頼区間は

$$-1.65 \leqq Z \leqq 1.65$$

$$-1.65 \leqq \frac{\overline{X}-m}{\frac{\sigma}{\sqrt{n}}} \leqq 1.65$$

$n=400$ は十分に大きいので，$\sigma=3.6$ として

$$-1.65 \leqq \frac{\overline{X}-m}{\frac{3.6}{\sqrt{400}}} \leqq 1.65$$

つまり

$$\overline{X}-1.65\cdot\frac{3.6}{\sqrt{400}} \leqq m \leqq \overline{X}+1.65\cdot\frac{3.6}{\sqrt{400}}$$

$\overline{X}=30.0$ を用いると

$$29.703 \leqq m \leqq 30.297 \quad (④)$$

(2)(i)　ピーマン全体の母集団から，無作為に1個抽出したとき，そのピーマンがSサイズである確率は(1)より $\mathbf{\frac{1}{2}}$ であるから，確率変数 U_0 は二項分布 $B\left(50,\ \frac{1}{2}\right)$ に従う．よって，ピーマン分類法で25袋作ることができる確率 p_0 は

$$p_0={}_{50}\mathrm{C}_{25}\left(\frac{1}{2}\right)^{25}\left(\frac{1}{2}\right)^{25}=\frac{{}_{50}\mathrm{C}_{25}}{2^{50}}$$

$$=0.1122\cdots$$

(ii)　確率変数 U_k は二項分布 $B\left(50+k,\ \frac{1}{2}\right)$ に従うので

$$E(U_k)=(50+k)\cdot\frac{1}{2}=\frac{50+k}{2}$$

$$V(U_k)=(50+k)\cdot\frac{1}{2}\cdot\left(1-\frac{1}{2}\right)=\frac{50+k}{4}$$

標本の大きさ $(50+k)$ は十分に大きいので，U_k は近似的に正規分布 $N\left(\frac{50+k}{2},\ \frac{50+k}{4}\right)$（③，⑦）に従い，$Y=\dfrac{U_k-\frac{50+k}{2}}{\sqrt{\frac{50+k}{4}}}$ は近似的に標準正規分布 $N(0,\ 1)$ に従う．

$25 \leqq U_k \leqq 25+k$ のとき

$$\frac{25-\frac{50+k}{2}}{\sqrt{\frac{50+k}{4}}} \leqq Y \leqq \frac{25+k-\frac{50+k}{2}}{\sqrt{\frac{50+k}{4}}}$$

つまり

$$-\frac{k}{\sqrt{50+k}}\leqq Y\leqq\frac{k}{\sqrt{50+k}}$$

であるから，ピーマン分類法で 25 袋作ることができる確率 p_k は

$$p_k=P(25\leqq U_k\leqq 25+k)$$
$$=P\left(-\frac{k}{\sqrt{50+k}}\leqq Y\leqq\frac{k}{\sqrt{50+k}}\right)\quad (⓪)$$

正規分布表より

$$P(0\leqq Z\leqq 1.96)=0.4750$$

であるから

$$P(-1.96\leqq Z\leqq 1.96)=2\cdot 0.4750=0.95$$

よって，$p_k\geqq 0.95$ となるような，k の条件は

$$\frac{k}{\sqrt{50+k}}\geqq 1.96$$

$k=\alpha$，$\sqrt{50+k}=\beta$ とおいて $\dfrac{\alpha}{\beta}\geqq 2$ となる自然数 k を考えると，$\alpha\geqq 2\beta$ より $\alpha^2\geqq 4\beta^2$ から

$$k^2\geqq 4(50+k)$$
$$k^2-4k-200\geqq 0$$

$k>0$ より　$k\geqq 2+2\sqrt{51}$

$\sqrt{51}=7.14$ を用いると

$$k\geqq 2+2\cdot 7.14=16.28$$

よって　$k_0=\mathbf{17}$

第 4 問　（数学 B　数列）

Ⅶ [2] [4]　【難易度…★】

(1)・方針 1

$$a_1=10+p$$
$$a_2=1.01(10+p)+p$$
$$a_3=1.01\{1.01(10+p)+p\}+p\quad (②)$$

n 年目の初めの預金が a_n のとき，n 年目の終わりの預金は $1.01a_n$ であり，$(n+1)$ 年目の初めに p 万円を入金するので，$(n+1)$ 年目の初めの預金 a_{n+1} は

$$a_{n+1}=1.01a_n+p\quad (⓪,\ ③)$$

この式を変形して

$$a_{n+1}+100p=1.01(a_n+100p)\quad (④,\ ⓪)$$

これより，数列 $\{a_n+100p\}$ は，

初項 $a_1+100p=101p+10$，公比 1.01 の等比数列であるから

$$a_n+100p=(101p+10)\cdot 1.01^{n-1}$$

よって

$$a_n=(101p+10)\cdot 1.01^{n-1}-100p$$

・方針 2

1 年目の初めに入金した p 万円は，n 年目の初めには $p\cdot 1.01^{n-1}$ 万円になる．(②)

2 年目の初めに入金した p 万円は，n 年目の初めには $p\cdot 1.01^{n-2}$ 万円になる．(③)

一般に，$k=1,\ 2,\ \cdots,\ n$ として，k 年目の初めに入金した p 万円は，n 年目の初めには $p\cdot 1.01^{n-k}$ 万円になる．

よって

$$a_n=10\cdot 1.01^{n-1}+p\cdot 1.01^{n-1}+p\cdot 1.01^{n-2}+\cdots+p$$
$$=10\cdot 1.01^{n-1}+p\sum_{k=1}^{n}1.01^{k-1}\quad (②)$$

ここで

$$\sum_{k=1}^{n}1.01^{k-1}=1\cdot\frac{1.01^n-1}{1.01-1}$$
$$=100(1.01^n-1)\quad (①)$$

であるから

$$a_n=10\cdot 1.01^{n-1}+100p(1.01^n-1)$$
$$=(101p+10)\cdot 1.01^{n-1}-100p$$

(2)　10 年目の終わりの預金は $1.01a_{10}$ 万円であるから，これが 30 万円以上であるとき

$$1.01a_{10}\geqq 30\quad (③)$$

(1) より

$$1.01\{10\cdot 1.01^9+100p(1.01^{10}-1)\}\geqq 30$$
$$10\cdot 1.01^{10}+101p(1.01^{10}-1)\geqq 30$$

$$p \geqq \frac{\mathbf{30}-\mathbf{10}\cdot 1.01^{10}}{101(1.01^{10}-1)}$$

(3) 最初の預金が13万円のとき，n 年目の初めの預金を b_n とすると

$$b_n=(101p+13)\cdot 1.01^{n-1}-100p$$

であるから

$$b_n-a_n=3\cdot 1.01^{n-1} \quad (⑧)$$

第5問 （数学B　ベクトル）

Ⅷ 2 3　【難易度…★】

(1) $\overrightarrow{\mathrm{AM}}=\frac{1}{2}(\overrightarrow{\mathrm{AB}}+\overrightarrow{\mathrm{AC}})=\mathbf{\frac{1}{2}}\overrightarrow{\mathrm{AB}}+\mathbf{\frac{1}{2}}\overrightarrow{\mathrm{AC}}$

内積の定義から

$$\frac{\overrightarrow{\mathrm{AP}}\cdot\overrightarrow{\mathrm{AB}}}{|\overrightarrow{\mathrm{AP}}||\overrightarrow{\mathrm{AB}}|}=\frac{\overrightarrow{\mathrm{AP}}\cdot\overrightarrow{\mathrm{AC}}}{|\overrightarrow{\mathrm{AP}}||\overrightarrow{\mathrm{AC}}|}=\cos\theta \quad (⓪)$$

……①

(2)

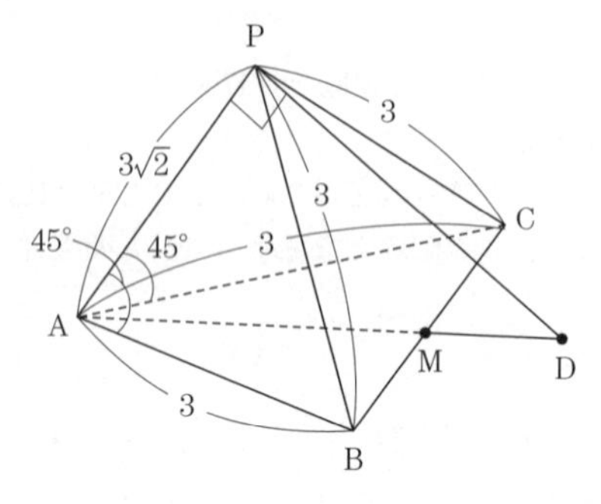

$$\overrightarrow{\mathrm{AP}}\cdot\overrightarrow{\mathrm{AB}}=\overrightarrow{\mathrm{AP}}\cdot\overrightarrow{\mathrm{AC}}=3\sqrt{2}\cdot 3\cdot\cos 45^\circ$$
$$=9\sqrt{2}\cdot\frac{1}{\sqrt{2}}$$
$$=\mathbf{9}$$

点Dは直線AM上にあるので

$$\overrightarrow{\mathrm{AD}}=t\overrightarrow{\mathrm{AM}}=\frac{t}{2}(\overrightarrow{\mathrm{AB}}+\overrightarrow{\mathrm{AC}}) \quad (t\text{は実数})$$

と表すと

$$\overrightarrow{\mathrm{PD}}=\overrightarrow{\mathrm{AD}}-\overrightarrow{\mathrm{AP}}=\frac{t}{2}(\overrightarrow{\mathrm{AB}}+\overrightarrow{\mathrm{AC}})-\overrightarrow{\mathrm{AP}}$$

であり，$\angle\mathrm{APD}=90^\circ$ のとき

$$\overrightarrow{\mathrm{AP}}\cdot\overrightarrow{\mathrm{PD}}=0$$
$$\overrightarrow{\mathrm{AP}}\cdot\left\{\frac{t}{2}(\overrightarrow{\mathrm{AB}}+\overrightarrow{\mathrm{AC}})-\overrightarrow{\mathrm{AP}}\right\}=0$$
$$\frac{t}{2}(\overrightarrow{\mathrm{AP}}\cdot\overrightarrow{\mathrm{AB}}+\overrightarrow{\mathrm{AP}}\cdot\overrightarrow{\mathrm{AC}})-|\overrightarrow{\mathrm{AP}}|^2=0$$
$$\frac{t}{2}(9+9)-(3\sqrt{2})^2=0$$
$$t=2$$

よって

$$\overrightarrow{\mathrm{AD}}=\mathbf{2}\overrightarrow{\mathrm{AM}}$$

(3) $\overrightarrow{\mathrm{AQ}}=2\overrightarrow{\mathrm{AM}}=\overrightarrow{\mathrm{AB}}+\overrightarrow{\mathrm{AC}}$

とする．

(i) $\overrightarrow{\mathrm{PQ}}=\overrightarrow{\mathrm{AQ}}-\overrightarrow{\mathrm{AP}}=\overrightarrow{\mathrm{AB}}+\overrightarrow{\mathrm{AC}}-\overrightarrow{\mathrm{AP}}$

であるから，$\overrightarrow{\mathrm{PA}}\perp\overrightarrow{\mathrm{PQ}}$ のとき

$$\overrightarrow{\mathrm{AP}}\cdot\overrightarrow{\mathrm{PQ}}=0$$
$$\overrightarrow{\mathrm{AP}}\cdot(\overrightarrow{\mathrm{AB}}+\overrightarrow{\mathrm{AC}}-\overrightarrow{\mathrm{AP}})=0$$

$$\overrightarrow{AP}\cdot\overrightarrow{AB}+\overrightarrow{AP}\cdot\overrightarrow{AC}-\overrightarrow{AP}\cdot\overrightarrow{AP}=0$$

$$\therefore\quad \overrightarrow{AP}\cdot\overrightarrow{AB}+\overrightarrow{AP}\cdot\overrightarrow{AC}=\overrightarrow{AP}\cdot\overrightarrow{AP}\quad (⓪)$$

①から

$$|\overrightarrow{AP}||\overrightarrow{AB}|\cos\theta+|\overrightarrow{AP}||\overrightarrow{AC}|\cos\theta=|\overrightarrow{AP}|^2$$

$|\overrightarrow{AP}|\neq 0$ より

$$|\overrightarrow{AB}|\cos\theta+|\overrightarrow{AC}|\cos\theta=|\overrightarrow{AP}|\quad (③)$$

……②

(ii)

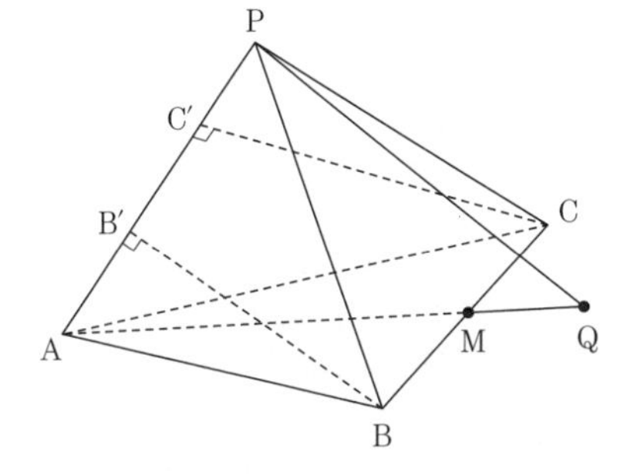

$$k\overrightarrow{AP}\cdot\overrightarrow{AB}=\overrightarrow{AP}\cdot\overrightarrow{AC}\quad (k>0)$$

このとき

$$k|\overrightarrow{AP}||\overrightarrow{AB}|\cos\theta=|\overrightarrow{AP}||\overrightarrow{AC}|\cos\theta$$

$0^\circ<\theta<90^\circ$ より $|\overrightarrow{AP}|\cos\theta\neq 0$ であるから

$$k|\overrightarrow{AB}|=|\overrightarrow{AC}|\quad (⓪)$$ ……③

$\triangle ABB'$，$\triangle ACC'$ において

$$AB'=AB\cos\theta,\ AC'=AC\cos\theta$$

であるから，③より

$$kAB'=AC'$$ ……③′

$\overrightarrow{PA}\perp\overrightarrow{PQ}$ のとき，(i)より②が成り立つので，②から

$$AB'+AC'=AP$$ ……②′

②′，③′より

$$AB'=\frac{1}{k+1}AP,\ AC'=\frac{k}{k+1}AP$$

よって，点B′は線分APを $1:k$ に内分し，点C′は線分APを $k:1$ に内分する．(④)

特に，$k=1$ のとき，B′とC′は一致して，線分APの中点になるので，$\triangle PAB$ と $\triangle PAC$ は，それぞれ $BP=BA$，$CP=CA$ である二等辺三角形になる．(②)

2022 年度

大学入学共通テスト
本試験

解答・解説

■数学Ⅱ・B　得点別偏差値表　平均点：43.06／標準偏差：17.05／受験者数：321,691

得　点	偏差値	得　点	偏差値	得　点	偏差値	得　点	偏差値	得　点	偏差値
100	83.4	80	71.7	60	59.9	40	48.2	20	36.5
99	82.8	79	71.1	59	59.3	39	47.6	19	35.9
98	82.2	78	70.5	58	58.8	38	47.0	18	35.3
97	81.6	77	69.9	57	58.2	37	46.4	17	34.7
96	81.0	76	69.3	56	57.6	36	45.9	16	34.1
95	80.5	75	68.7	55	57.0	35	45.3	15	33.5
94	79.9	74	68.1	54	56.4	34	44.7	14	33.0
93	79.3	73	67.6	53	55.8	33	44.1	13	32.4
92	78.7	72	67.0	52	55.2	32	43.5	12	31.8
91	78.1	71	66.4	51	54.7	31	42.9	11	31.2
90	77.5	70	65.8	50	54.1	30	42.3	10	30.6
89	76.9	69	65.2	49	53.5	29	41.8	9	30.0
88	76.4	68	64.6	48	52.9	28	41.2	8	29.4
87	75.8	67	64.0	47	52.3	27	40.6	7	28.9
86	75.2	66	63.5	46	51.7	26	40.0	6	28.3
85	74.6	65	62.9	45	51.1	25	39.4	5	27.7
84	74.0	64	62.3	44	50.6	24	38.8	4	27.1
83	73.4	63	61.7	43	50.0	23	38.2	3	26.5
82	72.8	62	61.1	42	49.4	22	37.6	2	25.9
81	72.3	61	60.5	41	48.8	21	37.1	1	25.3
								0	24.7

数　学　　2022年度本試験　数学Ⅱ・数学B　（100点満点）

（解答・配点）

問題番号（配点）	解答記号		正　解	配点
第1問（30）	（ア，イ）	（1）	（2，5）	
	ウ	（1）	5	
	エ	（2）	③	
	オ	（2）	0	
	カ	（2）	⓪	
	$\frac{キ}{ク}$	（1）	$\frac{1}{2}$	
	ケ	（2）	①	
	$\frac{コ}{サ}$	（2）	$\frac{4}{3}$	
	シ	（2）	⑤	
	ス	（2）	2	
	セ	（3）	8	
	ソ	（2）	①	
	タ	（1）	①	
	チ	（2）	③	
	ツ	（2）	⓪	
	テ	（3）	②	
小　　計				
第2問（30）	ア	（2）	①	
	イ	（2）	⓪	
	ウ	（2）	③	
	エ	（2）	②	
	オカ$\sqrt{キ}$	（2）	$-2\sqrt{2}$	
	ク	（2）	2	
	ケ，コ	（6）（各3）	①，④（解答の順序は問わない）	
	サ，シス	（2）	b，2b	
	セ，ソ	（2）	②，①	
	タ	（2）	②	
	$\frac{チツ}{テ}$，ト，ナニ，ヌ	（4）	$\frac{-1}{6}$，9，12，5	
	$\frac{ネ}{ノ}$	（2）	$\frac{5}{2}$	
小　　計				

（注）第1問，第2問は必答。第3問～第5問のうちから2問選択。計4問を解答。

問題番号（配点）	解答記号		正　解	配点
第3問（20）	0.アイ	（2）	0.25	
	ウエオ	（2）	100	
	カ	（2）	②	
	キ	（3）	②	
	ク	（2）	1	
	ケ，コ	（2）	4，2	
	サ	（2）	3	
	シス	（2）	11	
	セ	（3）	②	
小　　計				
第4問（20）	ア	（1）	4	
	イ	（1）	8	
	ウ	（1）	7	
	エ	（2）	③	
	オ	（2）	④	
	a_n＋カb_n＋キ	（2）	a_n+2b_n+2	
	ク	（2）	1	
	ケ	（2）	⑦	
	コ	（3）	⑨	
	サ	（2）	4	
	シスセ	（2）	137	
小　　計				
第5問（20）	$\frac{アイ}{ウ}$	（1）	$\frac{-2}{3}$	
	エ，オ	（2）	①，⓪	
	カ，キ	（2）	④，⓪	
	$\frac{ク}{ケ}$	（2）	$\frac{3}{5}$	
	$\frac{コ}{サt-シ}$	（2）	$\frac{3}{5t-3}$	
	ス	（2）	③	
	セ	（2）	⓪	
	ソ	（2）	6	
	タ	（1）	－	
	チ$\overrightarrow{OA}$＋ツ$\overrightarrow{OB}$	（1）	$2\overrightarrow{OA}+3\overrightarrow{OB}$	
	$\frac{テ}{ト}$	（3）	$\frac{3}{4}$	
小　　計				
合　　計				

解　説

第１問

〔１〕（数学Ⅱ　図形と方程式/いろいろな式/三角関数）

Ⅱ 2 4 6，Ⅰ 6，Ⅲ 4　【難易度…★】

(1)　$D : x^2+y^2-4x-10y+4 \leqq 0$

$(x-2)^2+(y-5)^2 \leqq 25$

領域 D は，中心 $(\mathbf{2},\ \mathbf{5})$，半径 $\mathbf{5}$ の円の周および内部である．(③)

(2)　$C : x^2+y^2-4x-10y+4=0$　……①

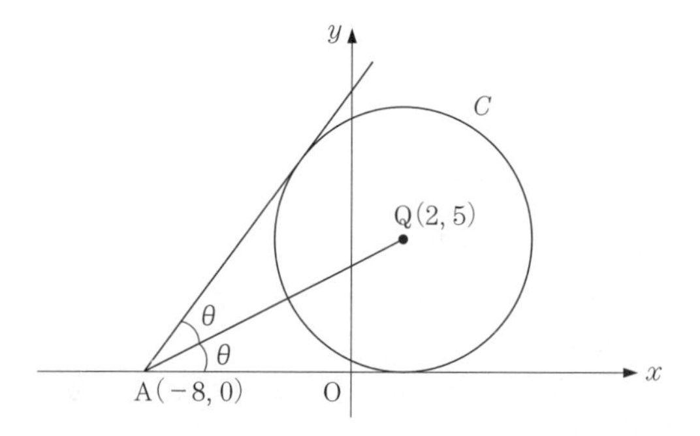

(i)　グラフより，直線 $y=\mathbf{0}$（x 軸）は点 A を通る C の接線の１つである．

(ii)　A を通る C の接線は，y 軸に平行ではないので，接線 ℓ の傾きを k とすると

$\ell : y=k(x+8)$　……②

と表すことができる．

② を ① に代入して

$x^2+k^2(x+8)^2-4x-10k(x+8)+4=0$

$(k^2+1)x^2+2(8k^2-5k-2)x$
$+4(16k^2-20k+1)=0$　……③

③ の判別式を D とすると

$$\frac{D}{4}=(8k^2-5k-2)^2-4(k^2+1)(16k^2-20k+1)$$
$$=-25k(3k-4)$$

C と ℓ が接するとき，③ は重解をもつ(⓪)ので $D=0$ から

$$k=0,\ \frac{4}{3}$$

(iii)　x 軸と直線 AQ のなす角を $\theta\left(0<\theta<\dfrac{\pi}{2}\right)$ とすると，AQ の傾きは $\tan\theta$ であるから

$$\tan\theta=\frac{5-0}{2-(-8)}=\mathbf{\frac{1}{2}}$$

直線 $y=0$ と異なる接線の傾きは $\tan 2\theta$ (⓪)であるから，tan の２倍角の公式を用いて

$$\tan 2\theta=\frac{2\tan\theta}{1-\tan^2\theta}=\frac{2\cdot\frac{1}{2}}{1-\left(\frac{1}{2}\right)^2}=\frac{4}{3}$$

(iv)　(ii)，(iii) より

$$k_0=\mathbf{\frac{4}{3}}$$

であり，ℓ と D が共有点をもつような k の値の範囲は，グラフから

$$0 \leqq k \leqq \frac{4}{3}\quad (⑤)$$

(注)　ℓ と D が共有点をもつ条件は

（C の中心と ℓ の距離）≦（半径）

であり，$\ell : k(x+8)-y=0$ から，点と直線の距離公式を利用すると

$$\frac{|k(2+8)-5|}{\sqrt{k^2+(-1)^2}} \leqq 5$$

$$\frac{|5(2k-1)|}{\sqrt{k^2+1}} \leqq 5$$

$$|2k-1| \leqq \sqrt{k^2+1}$$

両辺を２乗して

$$4k^2-4k+1 \leqq k^2+1$$

$$k(3k-4) \leqq 0$$

$$\therefore\quad 0 \leqq k \leqq \frac{4}{3}$$

〔２〕（数学Ⅱ　指数関数・対数関数）

Ⅳ 1 3 4　【難易度…★★】

(1)　$3^2=9$，$9^{\frac{1}{2}}=3$ であるから

$$\log_3 9=\mathbf{2},\ \log_9 3=\frac{1}{2}$$

よって，$\log_3 9>\log_9 3$ が成り立つ．

また，$\left(\dfrac{1}{4}\right)^{-\frac{3}{2}}=4^{\frac{3}{2}}=8$，$8^{-\frac{2}{3}}=\dfrac{1}{4}$ であるから

$$\log_{\frac{1}{4}}\mathbf{8}=-\frac{3}{2},\ \log_8\frac{1}{4}=-\frac{2}{3}$$

よって，$\log_{\frac{1}{4}} 8<\log_8 \dfrac{1}{4}$ が成り立つ．

以下，$a>0$，$b>0$，$a \neq 1$，$b \neq 1$ とする．

(2)　$\log_a b=t$ ……① とおくと

$$a^t=b\quad (⓪)$$

であるから，両辺を $\dfrac{1}{t}$ 乗すると

$$a=b^{\frac{1}{t}} \quad (⓪)$$

よって，$\log_b a=\dfrac{1}{t}$ ……② が成り立つ．

(3) $$t>\frac{1}{t} \quad (t\neq 0) \quad \cdots\cdots ③$$

・$t>0$ のとき，③ より

$$t^2>1$$
$$t^2-1>0$$
$$(t+1)(t-1)>0$$

$t>0$ に注意して　$t>1$

・$t<0$ のとき，③ より

$$t^2<1$$
$$(t+1)(t-1)<0$$

$t<0$ に注意して　$-1<t<0$

よって，③ を満たす t の値の範囲は

$$-1<t<0,\ 1<t \quad \cdots\cdots ③'$$

(2) より，$t=\log_a b$ とおくと $\dfrac{1}{t}=\log_b a$ であるから，③ すなわち

$$\log_a b>\log_b a \quad \cdots\cdots ④$$

を満たす a，b の条件は，③′ より

$$-1<\log_a b<0,\ 1<\log_a b \quad \cdots\cdots ⑤$$

である．

・$a>1$ のとき

⑤ より

$$a^{-1}<b<a^0,\ a^1<b$$
$$\therefore\ \frac{1}{a}<b<1,\ a<b \quad (③)$$

・$0<a<1$ のとき

⑤ より

$$a^{-1}>b>a^0,\ a^1>b$$
$$\frac{1}{a}>b>1,\ a>b$$

$b>0$ であるから

$$0<b<a,\ 1<b<\frac{1}{a} \quad (⓪)$$

よって，④ を満たす a，b の条件は

$$0<\frac{1}{a}<b<1 \text{ または } 1<a<b$$
$$\text{または } 0<b<a<1 \text{ または } 1<b<\frac{1}{a}$$
$$\cdots\cdots(*)$$

(4)・$p=\dfrac{12}{13}$，$q=\dfrac{12}{11}$ のとき

$0<p<1$，$1<q$ であるから $\log_p q<0$，$\log_q p<0$ であり

$$q-\frac{1}{p}=\frac{12}{11}-\frac{13}{12}=\frac{1}{132}>0$$

より

$$1<\frac{1}{p}<q \text{ すなわち } 0<\frac{1}{q}<p<1$$

よって，(＊)より

$$\log_q p>\log_p q \quad \cdots\cdots ⑥$$

・$p=\dfrac{12}{13}$，$r=\dfrac{14}{13}$ のとき

$0<p<1$，$1<r$ であるから，$\log_p r<0$，$\log_r p<0$ であり

$$r-\frac{1}{p}=\frac{14}{13}-\frac{13}{12}=\frac{-1}{156}<0$$

より

$$1<r<\frac{1}{p}$$

よって，(＊)より

$$\log_p r>\log_r p \quad \cdots\cdots ⑦$$

⑥，⑦ より

$$\log_p q<\log_q p \text{ かつ } \log_p r>\log_r p \quad (②)$$

が成り立つ．

第2問　(数学Ⅱ　微分・積分の考え)
V 3 5 6　【難易度…〔1〕★★，〔2〕★】

〔1〕　$f(x)=x^3-6ax+16$

$f'(x)=3x^2-6a=3(x^2-2a)$

(1)・$a=0$ のとき

$f(x)=x^3+16$

$f'(x)=3x^2$

$y=f(x)$ の増減表とグラフは次のようになる．(⓪)

x	…	0	…
$f'(x)$	+	0	+
$f(x)$	↗	16	↗

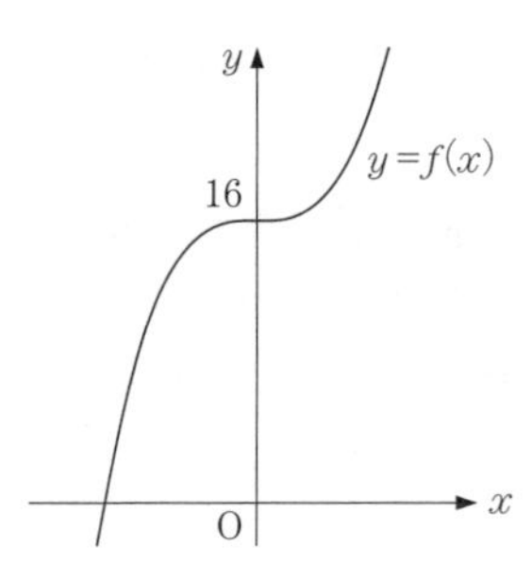

・$a<0$ のとき
$f'(x)>0$ より，$y=f(x)$ は増加関数であり，グラフは次のようになる．(⓪)

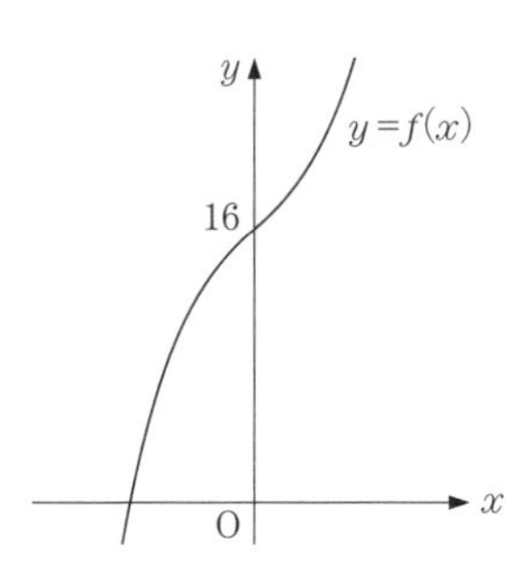

(2)　$a>0$ より，$f'(x)=0$ のとき $x=\pm\sqrt{2a}$ であり，$y=f(x)$ の増減表は次のようになる．

x	…	$-\sqrt{2a}$	…	$\sqrt{2a}$	…
$f'(x)$	+	0	−	0	+
$f(x)$	↗	極大	↘	極小	↗

ここで，極大値は

$$f(-\sqrt{2a})=(-\sqrt{2a})^3-6a(-\sqrt{2a})+16$$
$$=-2a\sqrt{2a}+6a\sqrt{2a}+16$$
$$=4a\sqrt{2a}+16$$
$$=4\sqrt{2}\,a^{\frac{3}{2}}+16$$

同様にして，極小値は

$$f(\sqrt{2a})=-4\sqrt{2}\,a^{\frac{3}{2}}+16$$

よって，曲線 $y=f(x)$ と直線 $y=p$ が3個の共有点をもつような p の値の範囲は

$$-4\sqrt{2}\,a^{\frac{3}{2}}+16<p<4\sqrt{2}\,a^{\frac{3}{2}}+16 \quad (③,\ ②)$$

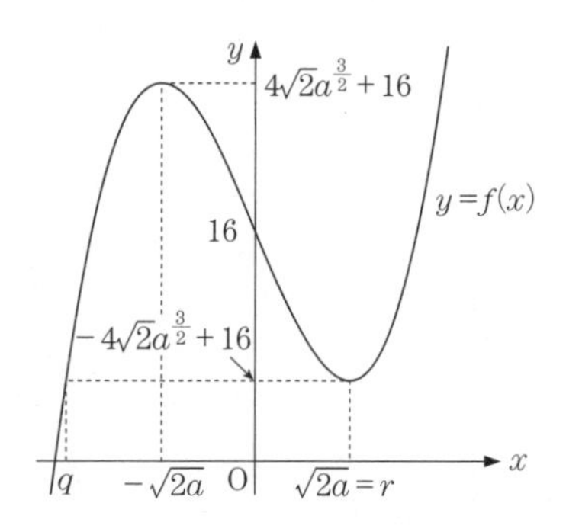

曲線 $y=f(x)$ と 直線 $y=-4\sqrt{2}\,a^{\frac{3}{2}}+16$ は $x=\sqrt{2a}=\sqrt{2}\,a^{\frac{1}{2}}$ において接することに注意して，共有点の x 座標は

$$f(x)=-4\sqrt{2}\,a^{\frac{3}{2}}+16$$
$$x^3-6ax+4\sqrt{2}\,a^{\frac{3}{2}}=0$$
$$\left(x-\sqrt{2}\,a^{\frac{1}{2}}\right)^2\left(x+2\sqrt{2}\,a^{\frac{1}{2}}\right)=0$$
$$\therefore\quad x=\sqrt{2}\,a^{\frac{1}{2}},\ -2\sqrt{2}\,a^{\frac{1}{2}}$$

よって

$$q=\boldsymbol{-2\sqrt{2}}\,a^{\frac{1}{2}},\ r=\boldsymbol{\sqrt{2}}\,a^{\frac{1}{2}}$$

(3)　方程式 $f(x)=0$ の異なる実数解の個数は，$y=f(x)$ のグラフと x 軸の共有点の個数に等しい．

(1)より

$a\leqq 0$ のとき $n=1$

$a>0$ のとき，(2)より，極大値が正であることに注意すると

極小値が正ならば　$n=1$
極小値が0ならば　$n=2$
極小値が負ならば　$n=3$

よって，正しいものは　①，④

(注) 極小値が正になるような a の値の範囲は

$a>0$ かつ $-4\sqrt{2}a^{\frac{3}{2}}+16>0$

$a>0$ かつ $a^{\frac{3}{2}}<2\sqrt{2}$

$\therefore\ 0<a<2$

極小値が0，負になるような a の値の範囲も考えて

$a<2$ のとき $n=1$

$a=2$ のとき $n=2$

$a>2$ のとき $n=3$

〔2〕 $C_1:y=g(x)$，$g(x)=x^3-3bx+3b^2$

$C_2:y=h(x)$，$h(x)=x^3-x^2+b^2$

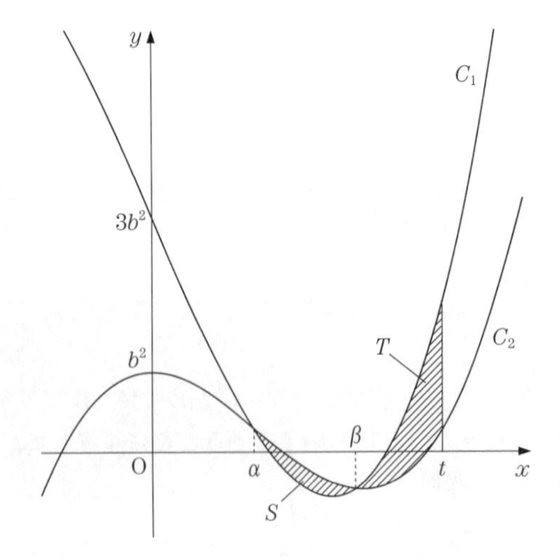

C_1 と C_2 の交点の x 座標は，方程式 $g(x)=h(x)$ の実数解である．

$$g(x)-h(x)=x^2-3bx+2b^2$$
$$=(x-b)(x-2b) \quad \cdots\cdots ①$$

であるから，交点の x 座標は

$x=b,\ 2b$

$b>0$ より

$\alpha=\boldsymbol{b}$，$\beta=\boldsymbol{2b}$

① より，$b\leqq x\leqq 2b$ において

$g(x)-h(x)\leqq 0$ から $g(x)\leqq h(x)$

$x\leqq b$，$2b\leqq x$ において

$g(x)-h(x)\geqq 0$ から $g(x)\geqq h(x)$

よって

$$S=\int_\alpha^\beta\{h(x)-g(x)\}dx \quad (❷)$$

$$T=\int_\beta^t\{g(x)-h(x)\}dx \quad (⓪)$$

$$S-T=\int_\alpha^\beta\{h(x)-g(x)\}dx-\int_\beta^t\{g(x)-h(x)\}dx$$
$$=\int_\alpha^\beta\{h(x)-g(x)\}dx+\int_\beta^t\{h(x)-g(x)\}dx$$
$$=\int_\alpha^t\{h(x)-g(x)\}dx \quad (❷)$$

$\alpha=b$ より

$$S-T=\int_b^t\{h(x)-g(x)\}dx$$
$$=\int_b^t(-x^2+3bx-2b^2)dx$$
$$=\left[-\frac{x^3}{3}+\frac{3}{2}bx^2-2b^2x\right]_b^t$$
$$=-\frac{t^3}{3}+\frac{3}{2}bt^2-2b^2t-\left(-\frac{b^3}{3}+\frac{3}{2}b^3-2b^3\right)$$
$$=-\frac{t^3}{3}+\frac{3}{2}bt^2-2b^2t+\frac{5}{6}b^3$$
$$=-\frac{\boldsymbol{1}}{\boldsymbol{6}}(2t^3-\boldsymbol{9}bt^2+\boldsymbol{12}b^2t-\boldsymbol{5}b^3)$$

$S=T$ のとき

$2t^3-9bt^2+12b^2t-5b^3=0$

$(t-b)^2(2t-5b)=0$

$t>\beta=2b$ より

$$t=\frac{\boldsymbol{5}}{\boldsymbol{2}}b$$

第3問　(数学B　確率分布と統計的な推測)

Ⅵ [1][2][3][5][6]　　　　**【難易度…★★】**

(1)　A 地区で収穫されるジャガイモについて，重さが 200 g を超えるものが 25 % 含まれることから，確率変数 Z は二項分布 $B(400,\ \mathbf{0.25})$ に従う．

よって

Z の平均(期待値)　$E(Z)=400\cdot0.25=\mathbf{100}$

Z の分散　$V(Z)=400\cdot0.25\cdot(1-0.25)=75$

(2)　標本比率 R を $R=\dfrac{Z}{400}$ とするとき

R の平均 $E(R)=\dfrac{1}{400}E(Z)=\dfrac{100}{400}=0.25$

R の分散 $V(R)=\dfrac{1}{400^2}V(Z)=\dfrac{75}{400^2}=\dfrac{3}{80^2}$

R の標準偏差 $\sigma(R)=\sqrt{V(R)}=\dfrac{\sqrt{3}}{80}$　(❷)

標本の大きさ 400 は十分に大きいと考えられるので，R は近似的に正規分布 $N\left(0.25,\ \left(\dfrac{\sqrt{3}}{80}\right)^2\right)$ に従う．

よって，確率変数 U を

$$U=\frac{R-0.25}{\frac{\sqrt{3}}{80}}$$

とすると，U は標準正規分布 $N(0,\ 1)$ に従う．

正規分布表より

$P(0\leqq U\leqq1.68)=0.4535$

であるから

$P(U\geqq1.68)=0.5-0.4535=0.0465$

である．

$U\geqq1.68$ のとき

$$\frac{R-0.25}{\frac{\sqrt{3}}{80}}\geqq1.68$$

$$R\geqq0.25+1.68\cdot\frac{\sqrt{3}}{80}$$

よって，$P(R\geqq x)=0.0465$ となる x の値は

$$x=0.25+1.68\cdot\frac{\sqrt{3}}{80}$$

$\sqrt{3}=1.73$ より

$x=0.25+1.68\cdot\dfrac{1.73}{80}=0.28633$　(❷)

(3)　B 地区で収穫されるジャガイモについて，ジャガイモ 1 個の重さを表す確率変数 X のとり得る値 x の範囲は $100\leqq x\leqq300$ であるから

$P(100\leqq X\leqq300)=\mathbf{1}$

X の確率密度関数 $f(x)$ を

$f(x)=ax+b\quad(100\leqq x\leqq300)$

とすると

$$P(100\leqq X\leqq300)=\int_{100}^{300}f(x)\,dx$$

であり

$$\begin{aligned}\int_{100}^{300}f(x)\,dx&=\int_{100}^{300}(ax+b)\,dx\\&=\left[\frac{a}{2}x^2+bx\right]_{100}^{300}\\&=\frac{a}{2}(300^2-100^2)+b(300-100)\\&=40000a+200b\end{aligned}$$

よって

$40000a+200b=1$

$\mathbf{4}\cdot10^4a+\mathbf{2}\cdot10^2b=1$　　……①

また，X の平均(期待値)m は

$$\begin{aligned}m&=\int_{100}^{300}xf(x)\,dx\\&=\int_{100}^{300}(ax^2+bx)\,dx\\&=\left[\frac{a}{3}x^3+\frac{b}{2}x^2\right]_{100}^{300}\\&=\frac{a}{3}(300^3-100^3)+\frac{b}{2}(300^2-100^2)\\&=\frac{26000000}{3}a+40000b\end{aligned}$$

であるから，$m=180$ のとき

$$\frac{26000000}{3}a+40000b=180$$

$\dfrac{26}{3}\cdot10^6a+4\cdot10^4b=180$　　……②

① より $b=\dfrac{1-4\cdot10^4a}{2\cdot10^2}$ であり，これを ② に代入して

$$\frac{26}{3}\cdot10^6a+4\cdot10^4\cdot\frac{1-4\cdot10^4a}{2\cdot10^2}=180$$

$$\frac{2}{3}\cdot10^6a=-20$$

$$a=-\frac{3}{10^5}$$

このとき，① より

$$b=\frac{1-4\cdot10^4\cdot\left(-\frac{3}{10^5}\right)}{2\cdot10^2}=\frac{11}{10^3}$$

よって

$$f(x)=-\frac{3}{10^5}x+\frac{11}{10^3}$$

$=-\mathbf{3}\cdot10^{-5}x+\mathbf{11}\cdot10^{-3}$　　……③

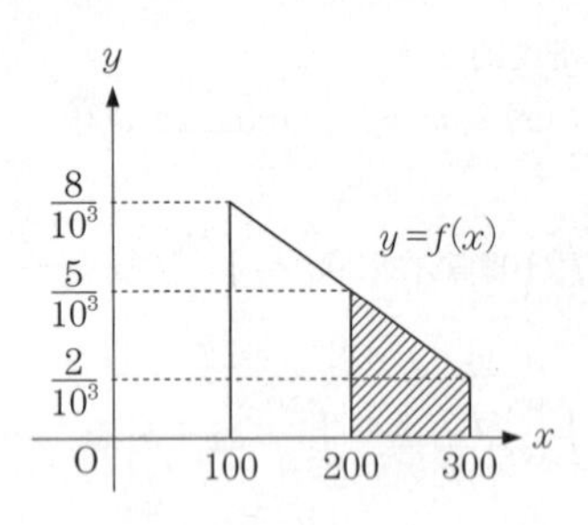

重さが200 g以上のジャガイモの割合は，図の斜線部分の面積になるので

$$P(200 \leqq X \leqq 300)=\frac{1}{2}\left(\frac{2}{10^3}+\frac{5}{10^3}\right)\cdot(300-200)$$
$$=0.35 \quad (❷)$$

(注)

$$P(200 \leqq X \leqq 300)$$
$$=\int_{200}^{300} f(x)\,dx$$
$$=\int_{200}^{300}\left(-\frac{3}{10^5}x+\frac{11}{10^3}\right)dx$$
$$=\left[-\frac{3}{2\cdot 10^5}x^2+\frac{11}{10^3}x\right]_{200}^{300}$$
$$=-\frac{3}{2\cdot 10^5}(300^2-200^2)+\frac{11}{10^3}(300-200)$$
$$=\frac{7}{20}$$
$$=0.35$$

第4問　(数学B　数列)

Ⅶ 2 4　　【難易度…★★】

(1)

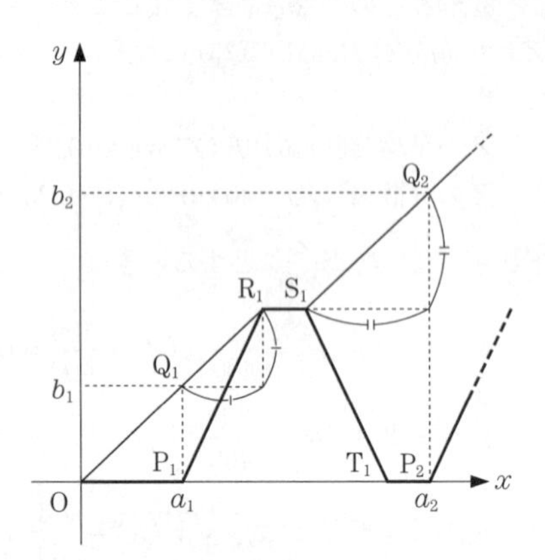

自転車が最初に自宅を出発するときの点をP_1，そのときの歩行者の位置を表す点をQ_1とすると

$P_1(a_1,\ 0)$，$Q_1(a_1,\ b_1)$

自転車が最初に歩行者に追いつくときの点をR_1とする．

花子さんの考え方により，「自転車が歩行者を追いかけるときに，間隔が1分間に1ずつ縮まっていく」ことから，R_1のy座標は$2b_1$，x座標はa_1+b_1であり

$R_1(a_1+b_1,\ 2b_1)$

自転車が自宅に戻るときの点をS_1とすると

$S_1(a_1+b_1+1,\ 2b_1)$

自転車が自宅に到着したときの点をT_1とする．行きと帰りでは同じ時間がかかるので，T_1のx座標は

$$x=a_1+2\{(R_1の\,x\,座標)-(P_1の\,x\,座標)\}+1$$
$$=a_1+2b_1+1$$

となり

$T_1(a_1+2b_1+1,\ 0)$

よって，自転車が2回目に自宅を出発するときの点P_2の座標は

$P_2(a_1+2b_1+2,\ 0)$

このとき，歩行者の位置を表す点Q_2のy座標は

$$y=(S_1の\,y\,座標)+\{(P_2の\,x\,座標)-(S_1の\,x\,座標)\}$$
$$=2b_1+(a_1+2b_1+2)-(a_1+b_1+1)$$
$$=3b_1+1$$

となり

$Q_2(a_1+2b_1+2,\ 3b_1+1)$

である．

$a_1=2$，$b_1=2$ から

$$\mathrm{P}_1(2,\ 0),\ \mathrm{Q}_1(2,\ 2)$$

であり，自転車が最初に歩行者に追いつくときの点 R_1 の座標は

$$\mathrm{R}_1(\mathbf{4},\ 4)$$

さらに，$\mathrm{S}_1(5,\ 4)$，$\mathrm{T}_1(7,\ 0)$ であり

$$\mathrm{P}_2(8,\ 0),\ \mathrm{Q}_2(8,\ 7)$$

であるから

$$a_2=\mathbf{8},\ b_2=\mathbf{7}$$

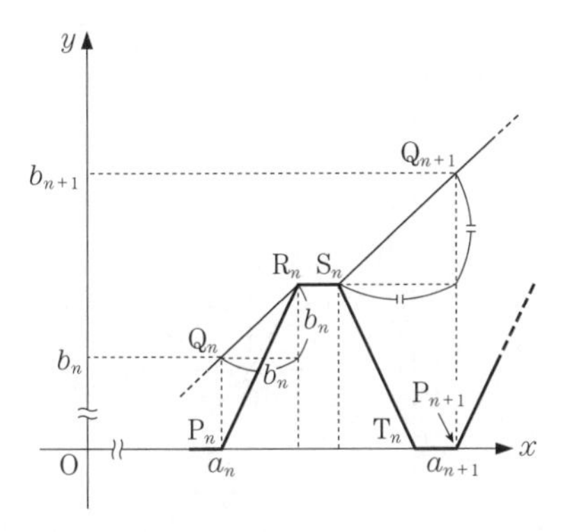

上と同様の考察により，自転車が n 回目に自宅を出発するときの点を P_n，そのときの歩行者の位置を表す点を Q_n とすると

$$\mathrm{P}_n(a_n,\ 0),\ \mathrm{Q}_n(a_n,\ b_n)$$

自転車が n 回目に歩行者に追いつくときの点を R_n とすると

$$\mathrm{R}_n(a_n+b_n,\ 2b_n)\quad (❸,\ ❹)$$

であり，自転車が自宅に戻るときの点を S_n とすると

$$\mathrm{S}_n(a_n+b_n+1,\ 2b_n)$$

自転車が自宅に到着したときの点を T_n とすると

$$\mathrm{T}_n(a_n+2b_n+1,\ 0)$$

よって，自転車が $(n+1)$ 回目に自宅を出発するときの点 P_{n+1} の座標は

$$\mathrm{P}_{n+1}(a_n+2b_n+2,\ 0)$$

であり，そのときの歩行者の位置を表す点 Q_{n+1} の座標は

$$\mathrm{Q}_{n+1}(a_n+2b_n+2,\ 3b_n+1)$$

したがって

$$a_{n+1}=a_n+\mathbf{2}b_n+\mathbf{2} \quad \cdots\cdots ①$$

$$b_{n+1}=3b_n+\mathbf{1} \quad \cdots\cdots ②$$

② を変形して

$$b_{n+1}+\frac{1}{2}=3\left(b_n+\frac{1}{2}\right)$$

数列 $\left\{b_n+\frac{1}{2}\right\}$ は，初項 $b_1+\frac{1}{2}=\frac{5}{2}$，公比 3 の等比数列であるから

$$b_n+\frac{1}{2}=\frac{5}{2}\cdot 3^{n-1}$$

$$b_n=\frac{5}{2}\cdot 3^{n-1}-\frac{1}{2}\quad (❼)$$

① より

$$a_{n+1}=a_n+2\left(\frac{5}{2}\cdot 3^{n-1}-\frac{1}{2}\right)+2$$

$$=a_n+5\cdot 3^{n-1}+1$$

よって，$n\geqq 2$ のとき

$$a_n=a_1+\sum_{k=1}^{n-1}(5\cdot 3^{k-1}+1)$$

$$=2+5\cdot\frac{3^{n-1}-1}{3-1}+(n-1)$$

$$=\frac{5}{2}\cdot 3^{n-1}+n-\frac{3}{2}\quad (❾)$$

これは $n=1$ のときも成り立つ.

(2) n 回目に自転車が歩行者に追いつく点 R_n の y 座標は

$$2b_n=5\cdot 3^{n-1}-1$$

であり

$$2b_4=5\cdot 3^3-1=134$$

$$2b_5=5\cdot 3^4-1=404$$

であるから

$$2b_4<300<2b_5$$

よって，歩行者が $y=300$ の位置に到着するまでに自転車が歩行者に追いつく回数は **4** 回であり，4 回目に自転車が歩行者に追いつく時刻は，R_4 の x 座標であるから

$$a_4+b_4=\left(\frac{5}{2}\cdot 3^3+4-\frac{3}{2}\right)+\frac{134}{2}$$

$$=\mathbf{137}$$

第5問　(数学B　ベクトル)

Ⅷ 2 3 4 5　【難易度…★★】

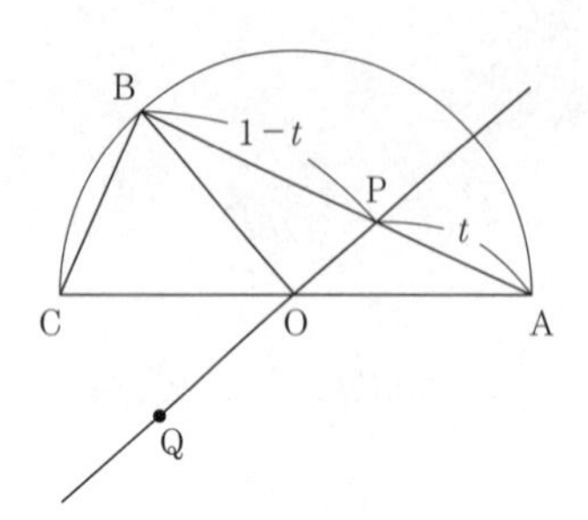

$$|\overrightarrow{OA}|=|\overrightarrow{OB}|=|\overrightarrow{OC}|=1$$

$$\overrightarrow{OA}\cdot\overrightarrow{OB}=-\frac{2}{3}$$

点Pは線分ABを $t:(1-t)$ に内分するので

$$\overrightarrow{OP}=(1-t)\overrightarrow{OA}+t\overrightarrow{OB}$$

(1)　内積の定義から

$$\cos\angle AOB=\frac{\overrightarrow{OA}\cdot\overrightarrow{OB}}{|\overrightarrow{OA}||\overrightarrow{OB}|}=\frac{-\frac{2}{3}}{1\cdot1}=\boldsymbol{-\frac{2}{3}}$$

$\cos\angle AOB<0$ より $\angle AOB$ は鈍角である．

点Qは直線OP上にあるので

$$\overrightarrow{OQ}=k\overrightarrow{OP}\quad(k\text{は実数})$$

と表せる．よって

$$\overrightarrow{OQ}=k\{(1-t)\overrightarrow{OA}+t\overrightarrow{OB}\}$$

$$=(k-kt)\overrightarrow{OA}+kt\overrightarrow{OB}\quad(❶,\ ⓿)\quad\cdots\cdots①$$

$$\overrightarrow{CQ}=\overrightarrow{OQ}-\overrightarrow{OC}$$

$$=(k-kt)\overrightarrow{OA}+kt\overrightarrow{OB}+\overrightarrow{OA}$$

$$=(k-kt+1)\overrightarrow{OA}+kt\overrightarrow{OB}\quad(❹,\ ⓿)$$

$$\cdots\cdots①'$$

$\overrightarrow{OA}\perp\overrightarrow{OP}$ のとき，$\overrightarrow{OA}\cdot\overrightarrow{OP}=0$ であるから

$$\overrightarrow{OA}\cdot\{(1-t)\overrightarrow{OA}+t\overrightarrow{OB}\}=0$$

$$(1-t)|\overrightarrow{OA}|^2+t\overrightarrow{OA}\cdot\overrightarrow{OB}=0$$

$$(1-t)\cdot1^2+t\left(-\frac{2}{3}\right)=0$$

$$t=\boldsymbol{\frac{3}{5}}$$

(2)　$\angle OCQ=90^\circ$ のとき $\overrightarrow{CO}\perp\overrightarrow{CQ}$ から

$$\overrightarrow{CO}\cdot\overrightarrow{CQ}=0$$

$$-\overrightarrow{OC}\cdot\overrightarrow{CQ}=0$$

①′ より

$$\overrightarrow{OA}\cdot\{(k-kt+1)\overrightarrow{OA}+kt\overrightarrow{OB}\}=0$$

$$(k-kt+1)|\overrightarrow{OA}|^2+kt\overrightarrow{OA}\cdot\overrightarrow{OB}=0$$

$$(k-kt+1)\cdot1^2+kt\left(-\frac{2}{3}\right)=0$$

$$\left(\frac{5}{3}t-1\right)k=1$$

$t\neq\frac{3}{5}$ より

$$k=\boldsymbol{\frac{3}{5t-3}}\quad\cdots\cdots②$$

$t=\frac{3}{5}$ のときの点P，すなわち $\overrightarrow{OA}\perp\overrightarrow{OP}$ となる点Pを P_0 とする．

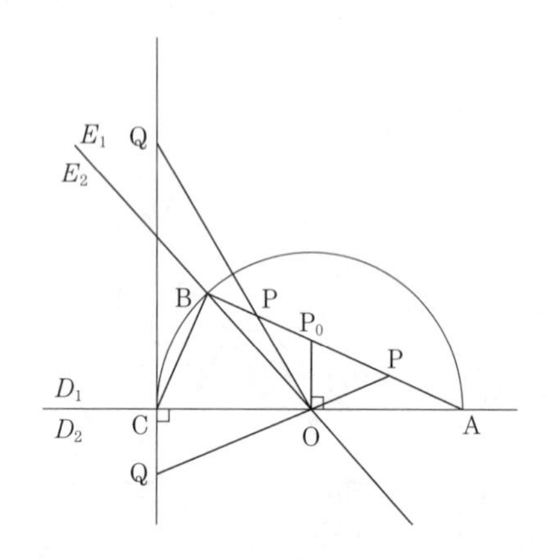

・$0<t<\frac{3}{5}$ のとき，点Pは線分 AP_0（両端を除く）上にあり，② より $k<0$ であるから，点QはOに関してPと反対側にある．

よって，点Qは D_2 に含まれ，かつ E_2 に含まれる．(❸)

・$\frac{3}{5}<t<1$ のとき，点Pは線分 BP_0（両端を除く）上にあり，② より $k>0$ であるから，点QはOに関してPと同じ側にある．

よって，点Qは D_1 に含まれ，かつ E_1 に含まれる．(⓿)

(3)　$t=\frac{1}{2}$ のとき，② より

$$k=\frac{3}{\frac{5}{2}-3}=-6$$

であるから，① より

$$\overrightarrow{OQ}=-3\overrightarrow{OA}-3\overrightarrow{OB}$$

$$=-3(\overrightarrow{OA}+\overrightarrow{OB})$$

よって

$$|\overrightarrow{OQ}|^2=(-3)^2|\overrightarrow{OA}+\overrightarrow{OB}|^2$$

$$=9(|\overrightarrow{OA}|^2+2\overrightarrow{OA}\cdot\overrightarrow{OB}+|\overrightarrow{OB}|^2)$$

$$=9\left\{1^2+2\left(-\frac{2}{3}\right)+1^2\right\}$$

$$=6$$

$|\overrightarrow{OQ}|>0$ より

$$|\overrightarrow{OQ}|=\sqrt{\mathbf{6}}$$

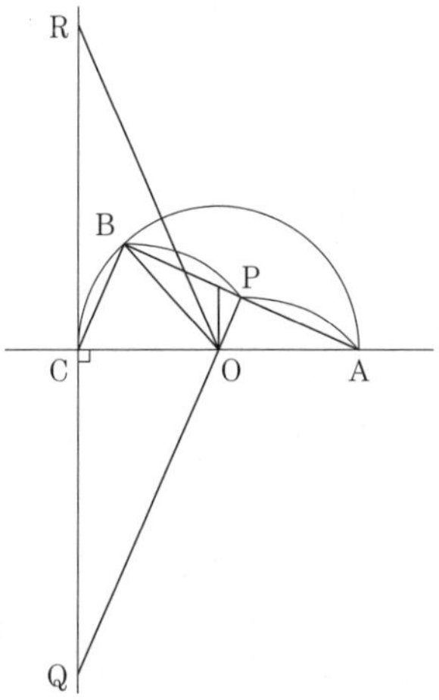

直線 OA に関して，点 Q と対称な点を R とすると，$|\overrightarrow{OR}|=|\overrightarrow{OQ}|=\sqrt{6}$ である．このとき

$$\overrightarrow{CR}=-\overrightarrow{CQ}$$

$$=-(\overrightarrow{OQ}-\overrightarrow{OC})$$

$$=-(-3\overrightarrow{OA}-3\overrightarrow{OB}+\overrightarrow{OA})$$

$$=\mathbf{2}\overrightarrow{OA}+\mathbf{3}\overrightarrow{OB}$$

$\overrightarrow{OA}$ と $\overrightarrow{OB}$ は $\overrightarrow{0}$ でなく，平行でもないので，①′ を用いて

$$\begin{cases} k-kt+1=2 \\ kt=3 \end{cases}$$

$$\therefore \quad k=4,\ t=\frac{3}{4}$$

よって　$t=\mathbf{\dfrac{3}{4}}$

(注)　② より

$$\overrightarrow{OQ}=\frac{3}{5t-3}\{(1-t)\overrightarrow{OA}+t\overrightarrow{OB}\}$$

であるから

$$|\overrightarrow{OQ}|^2=\left(\frac{3}{5t-3}\right)^2\{(1-t)^2|\overrightarrow{OA}|^2$$

$$+2t(1-t)\overrightarrow{OA}\cdot\overrightarrow{OB}+t^2|\overrightarrow{OB}|^2\}$$

$$=\frac{9}{(5t-3)^2}\left\{(1-t)^2\cdot1^2\right.$$

$$\left.+2t(1-t)\left(-\frac{2}{3}\right)+t^2\cdot1^2\right\}$$

$$=\frac{3(10t^2-10t+3)}{(5t-3)^2}$$

$|\overrightarrow{OQ}|=\sqrt{6}$　のとき

$$\frac{3(10t^2-10t+3)}{(5t-3)^2}=6$$

これを解いて

$$t=\frac{1}{2},\ \frac{3}{4}$$

2021年度

大学入学共通テスト
本試験（第1日程）

解答・解説

■数学Ⅱ・B　得点別偏差値表　平均点：59.93／標準偏差：23.62／受験者数：319,697

得　点	偏差値	得　点	偏差値	得　点	偏差値	得　点	偏差値	得　点	偏差値
100	67.0	80	58.5	60	50.0	40	41.6	20	33.1
99	66.5	79	58.1	59	49.6	39	41.1	19	32.7
98	66.1	78	57.7	58	49.2	38	40.7	18	32.2
97	65.7	77	57.2	57	48.8	37	40.3	17	31.8
96	65.3	76	56.8	56	48.3	36	39.9	16	31.4
95	64.8	75	56.4	55	47.9	35	39.4	15	31.0
94	64.4	74	56.0	54	47.5	34	39.0	14	30.6
93	64.0	73	55.5	53	47.1	33	38.6	13	30.1
92	63.6	72	55.1	52	46.6	32	38.2	12	29.7
91	63.2	71	54.7	51	46.2	31	37.8	11	29.3
90	62.7	70	54.3	50	45.8	30	37.3	10	28.9
89	62.3	69	53.8	49	45.4	29	36.9	9	28.4
88	61.9	68	53.4	48	44.9	28	36.5	8	28.0
87	61.5	67	53.0	47	44.5	27	36.1	7	27.6
86	61.0	66	52.6	46	44.1	26	35.6	6	27.2
85	60.6	65	52.1	45	43.7	25	35.2	5	26.7
84	60.2	64	51.7	44	43.3	24	34.8	4	26.3
83	59.8	63	51.3	43	42.8	23	34.4	3	25.9
82	59.3	62	50.9	42	42.4	22	33.9	2	25.5
81	58.9	61	50.5	41	42.0	21	33.5	1	25.1
								0	24.6

数　学　　2021年度　第１日程　数学Ⅱ・数学B　（100点満点）

（解答・配点）

問題番号（配点）	解答記号		正解	自己採点欄
第１問（30）	$\sin\frac{\pi}{ア}$	（2）	$\sin\frac{\pi}{3}$	
	イ	（2）	2	
	$\frac{\pi}{ウ}$，エ	（2）	$\frac{\pi}{6}$，2	
	$\frac{\pi}{オ}$，カ	（1）	$\frac{\pi}{2}$，1	
	キ	（2）	⑨	
	ク	（1）	①	
	ケ	（1）	③	
	コ，サ	（2）	①，⑨	
	シ，ス	（2）	②，①	
	セ	（1）	1	
	ソ	（1）	0	
	タ	（1）	0	
	チ	（1）	1	
	$\log_2(\sqrt{ツ}-テ)$	（2）	$\log_2(\sqrt{5}-2)$	
	ト	（1）	⓪	
	ナ	（1）	③	
	ニ	（2）	1	
	ヌ	（2）	2	
	ネ	（3）	①	
小　　計				

問題番号（配点）	解答記号		正解	自己採点欄
第２問（30）	ア	（1）	3	
	イ x＋ウ	（2）	$2x+3$	
	エ	（2）	④	
	オ	（1）	c	
	カ x＋キ	（2）	$bx+c$	
	$\frac{クケ}{コ}$	（1）	$\frac{-c}{b}$	
	$\frac{ac^{サ}}{シ b^{ス}}$	（4）	$\frac{ac^3}{3b^3}$	
	セ	（3）	⓪	
	ソ	（1）	5	
	タ x＋チ	（2）	$3x+5$	
	ツ	（1）	d	
	テ x＋ト	（2）	$cx+d$	
	ナ	（3）	②	
	$\frac{ニヌ}{ネ}$，ノ	（2）	$\frac{-b}{a}$，0	
	$\frac{ハヒフ}{ヘホ}$	（3）	$\frac{-2b}{3a}$	
小　　計				
第３問（20）	ア	（2）	③	
	イウ	（2）	50	
	エ	（2）	5	
	オ	（2）	①	
	カ	（1）	②	
	キクケ	（2）	408	
	コサ.シ	（2）	58.8	
	ス	（2）	③	
	セ	（1）	③	
	ソ，タ	（4）（各2）	②，④（解答の順序は問わない）	
小　　計				

問題番号(配点)	解答記号		正　解	自己採点欄
第4問(20)	ア	(1)	3	
	イ	(1)	3	
	ウ，エ	(2)	2，3	
	オ，カ，キ	(2)	2，6，6	
	ク	(2)	3	
	$\frac{\text{ケ}}{\text{コ}}n(n+\text{サ})$	(2)	$\frac{3}{2}n(n+1)$	
	シ，ス	(2)	3，1	
	セ，ソ	(2)	4，3	
	タ	(2)	②	
	チ	(2)	2	
	$q>$ツ	(1)	$q>2$	
	$u=$テ	(1)	$u=0$	
小　　計				

問題番号(配点)	解答記号		正　解	自己採点欄
第5問(20)	アイ	(2)	36	
	ウ	(2)	a	
	エ－オ	(3)	a－1	
	$\frac{\text{カ}+\sqrt{\text{キ}}}{\text{ク}}$	(2)	$\frac{3+\sqrt{5}}{2}$	
	$\frac{\text{ケ}-\sqrt{\text{コ}}}{\text{サ}}$	(3)	$\frac{1-\sqrt{5}}{4}$	
	シ	(3)	⑨	
	ス	(3)	⓪	
	セ	(2)	⓪	
小　　計				
合　　計				

(注)　第1問，第2問は必答。第3問～第5問のうちから2問選択。計4問を解答。

解　説

第1問

〔1〕（数学Ⅱ　三角関数）

Ⅲ 1 2 4 5　　【難易度…★】

(1)
$$y=\sin\theta+\sqrt{3}\cos\theta$$
$$=2\left(\frac{1}{2}\sin\theta+\frac{\sqrt{3}}{2}\cos\theta\right)$$

ここで
$$\sin\frac{\pi}{\mathbf{3}}=\frac{\sqrt{3}}{2},\ \cos\frac{\pi}{3}=\frac{1}{2}$$
であるから
$$y=2\left(\cos\frac{\pi}{3}\sin\theta+\sin\frac{\pi}{3}\cos\theta\right)$$
となり，sin の加法定理を用いて合成すると
$$y=\mathbf{2}\sin\left(\theta+\frac{\pi}{3}\right)$$
$0\leqq\theta\leqq\dfrac{\pi}{2}$ のとき $\dfrac{\pi}{3}\leqq\theta+\dfrac{\pi}{3}\leqq\dfrac{5}{6}\pi$ であるから，y は $\theta+\dfrac{\pi}{3}=\dfrac{\pi}{2}$ つまり $\theta=\dfrac{\pi}{\mathbf{6}}$ で最大値 **2** をとる．

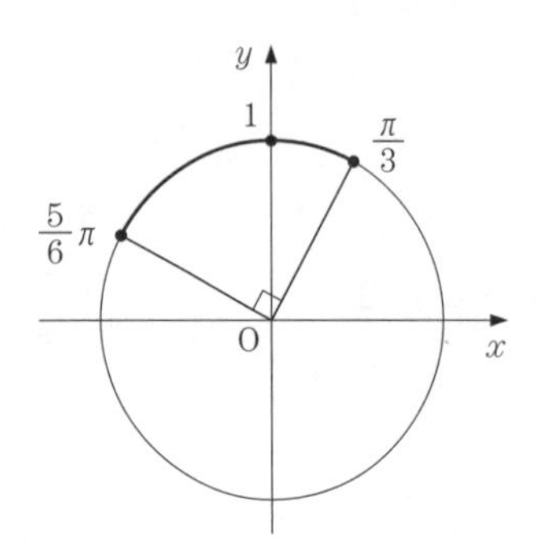

(2)
$$y=f(\theta)=\sin\theta+p\cos\theta$$
とおく．

(i)　$p=0$ のとき
$$f(\theta)=\sin\theta$$
$0\leqq\theta\leqq\dfrac{\pi}{2}$ のとき，$y=f(\theta)$ は $\theta=\dfrac{\pi}{\mathbf{2}}$ で最大値 **1** をとる．

(ii)　$p>0$ のとき
$$f(\theta)=\sin\theta+p\cos\theta$$
$$=\sqrt{1+p^2}\left(\frac{1}{\sqrt{1+p^2}}\sin\theta+\frac{p}{\sqrt{1+p^2}}\cos\theta\right)$$
（⑨）

ここで，α を
$$\sin\alpha=\frac{1}{\sqrt{1+p^2}},\ \cos\alpha=\frac{p}{\sqrt{1+p^2}},\ 0<\alpha<\frac{\pi}{2}$$
（①，③）

を満たす角とすると
$$f(\theta)=\sqrt{1+p^2}(\sin\alpha\sin\theta+\cos\alpha\cos\theta)$$
となるので，cos の加法定理を用いて合成すると
$$f(\theta)=\sqrt{1+p^2}\cos(\theta-\alpha)$$
$0\leqq\theta\leqq\dfrac{\pi}{2}$ のとき，$-\alpha\leqq\theta-\alpha\leqq\dfrac{\pi}{2}-\alpha$ であるから，$y=f(\theta)$ は $\theta-\alpha=0$ つまり $\theta=\alpha$（①）で最大値 $\sqrt{1+p^2}$（⑨）をとる．

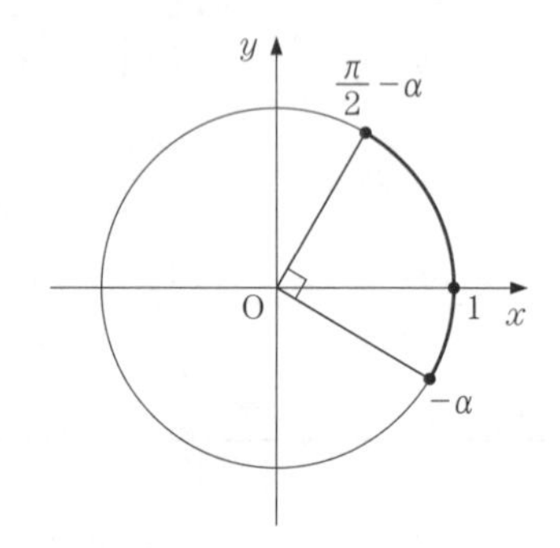

(iii)　$p<0$ のとき

(ii) と同様にして，α を
$$\sin\alpha=\frac{1}{\sqrt{1+p^2}},\ \cos\alpha=\frac{p}{\sqrt{1+p^2}},\ \frac{\pi}{2}<\alpha<\pi$$
を満たす角とすると
$$f(\theta)=\sqrt{1+p^2}\cos(\theta-\alpha)$$
と表すことができる．

$0\leqq\theta\leqq\dfrac{\pi}{2}$ のとき $-\alpha\leqq\theta-\alpha\leqq\dfrac{\pi}{2}-\alpha$ であるから，$y=f(\theta)$ は $\theta-\alpha=\dfrac{\pi}{2}-\alpha$ つまり $\theta=\dfrac{\pi}{2}$（②）で最大値 1（⓪）をとる．

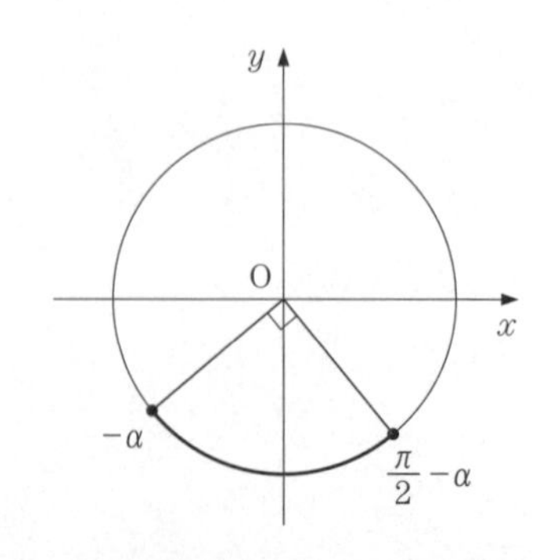

(注)　$0 \leqq \theta \leqq \dfrac{\pi}{2}$ のとき，$\sin\theta \geqq 0$，$\cos\theta \geqq 0$ であるから，$\sin\theta$ が最大かつ $\cos\theta$ が最小のとき，つまり $\theta = \dfrac{\pi}{2}$ で $y = f(\theta)$ は最大になる．

〔2〕（数学Ⅱ　指数関数・対数関数）

Ⅳ 1 3　　　　　　　　　　　　【難易度…★】

$$f(x) = \frac{2^x + 2^{-x}}{2},\quad g(x) = \frac{2^x - 2^{-x}}{2}$$

(1)

$$f(0) = \frac{1+1}{2} = \mathbf{1}$$

$$g(0) = \frac{1-1}{2} = \mathbf{0}$$

$2^x > 0$，$2^{-x} > 0$ から，相加平均と相乗平均の関係を用いると

$$\frac{2^x + 2^{-x}}{2} \geqq \sqrt{2^x \cdot 2^{-x}} = 1$$

ゆえに

$$f(x) \geqq 1$$

等号は，$2^x = 2^{-x}$ つまり $x = 0$ のとき成り立つ．

よって，$f(x)$ は $x = \mathbf{0}$ で最小値 $\mathbf{1}$ をとる．

$g(x) = -2$ のとき

$$\frac{2^x - 2^{-x}}{2} = -2$$

$$2^x - \frac{1}{2^x} = -4$$

$$(2^x)^2 + 4 \cdot 2^x - 1 = 0$$

$2^x > 0$ から

$$2^x = -2 + \sqrt{5}$$

$$x = \log_2(\sqrt{\mathbf{5}} - \mathbf{2})$$

(2)・① について

$$f(-x) = \frac{2^{-x} + 2^x}{2} = f(x)\quad (⓪)$$

・② について

$$g(-x) = \frac{2^{-x} - 2^x}{2} = -\frac{2^x - 2^{-x}}{2}$$

$$= -g(x)\quad (③)$$

・③ について

$$\{f(x)\}^2 - \{g(x)\}^2$$

$$= \{f(x) + g(x)\}\{f(x) - g(x)\}$$

$$= \left(\frac{2^x + 2^{-x}}{2} + \frac{2^x - 2^{-x}}{2}\right)\left(\frac{2^x + 2^{-x}}{2} - \frac{2^x - 2^{-x}}{2}\right)$$

$$= 2^x \cdot 2^{-x}$$

$$= \mathbf{1}$$

・④ について

$$f(x)g(x) = \frac{2^x + 2^{-x}}{2} \cdot \frac{2^x - 2^{-x}}{2}$$

$$= \frac{2^{2x} - 2^{-2x}}{4}$$

$$= \frac{1}{2} g(2x)$$

$$\therefore\quad g(2x) = \mathbf{2} f(x) g(x)$$

(3)　(1) より $f(0) = 1$，$g(0) = 0$ であることに注意する．

(A)～(D) において $\beta = 0$ とおくと

(A)　$f(\alpha) = g(\alpha)$　：成り立たない

(B)　$f(\alpha) = f(\alpha)$　：成り立つ

(C)　$g(\alpha) = f(\alpha)$　：成り立たない

(D)　$g(\alpha) = -g(\alpha)$：$\alpha = 0$ のときに限り成り立つ

よって，つねに成り立つ式は (B) であると推定できる．

(B) について

$$(\text{右辺}) = f(\alpha)f(\beta) + g(\alpha)g(\beta)$$

$$= \frac{2^\alpha + 2^{-\alpha}}{2} \cdot \frac{2^\beta + 2^{-\beta}}{2} + \frac{2^\alpha - 2^{-\alpha}}{2} \cdot \frac{2^\beta - 2^{-\beta}}{2}$$

$$= \frac{2^{\alpha+\beta} + 2^{\alpha-\beta} + 2^{-\alpha+\beta} + 2^{-\alpha-\beta}}{4}$$

$$+ \frac{2^{\alpha+\beta} - 2^{\alpha-\beta} - 2^{-\alpha+\beta} + 2^{-\alpha-\beta}}{4}$$

$$= \frac{2^{\alpha+\beta} + 2^{-(\alpha+\beta)}}{2}$$

$$= f(\alpha + \beta)$$

$$= (\text{左辺})$$

したがって，任意の実数 α，β について (B) が成り立つ．(①)

第2問　（数学Ⅱ　微分・積分の考え）

V 2 3 5 6　　　　　　　　　　　　【難易度…★】

(1)
$$y=3x^2+2x+3 \quad \cdots\cdots①$$
$$y'=6x+2$$
$$y=2x^2+2x+3 \quad \cdots\cdots②$$
$$y'=4x+2$$

関数①，②それぞれにおいて

$x=0$ のとき　$y=3$，$y'=2$

であるから，①，②のグラフには次の共通点がある．

- y 軸との交点の y 座標は $y=\mathbf{3}$ である．
- y 軸との交点 (0, 3) における接線の方程式は

$y=\mathbf{2}x+\mathbf{3}$

次に，⓪～⑤の２次関数のグラフについて，y 軸との交点における接線の方程式を求めると

⓪　$y=3x^2-2x-3$，$y'=6x-2$ から
　　$y=-2x-3$

①　$y=-3x^2+2x-3$，$y'=-6x+2$ から
　　$y=2x-3$

②　$y=2x^2+2x-3$，$y'=4x+2$ から
　　$y=2x-3$

③　$y=2x^2-2x+3$，$y'=4x-2$ から
　　$y=-2x+3$

④　$y=-x^2+2x+3$，$y'=-2x+2$ から
　　$y=2x+3$

⑤　$y=-x^2-2x+3$，$y'=-2x-2$ から
　　$y=-2x+3$

よって，y 軸との交点における接線の方程式が，$y=2x+3$ となるものは　**④**

次に，曲線 $y=ax^2+bx+c$ を P とする．

$P：y=ax^2+bx+c$

$y'=2ax+b$

$x=0$ のとき $y=c$，$y'=b$ であるから，P 上の点 (0, $\boldsymbol{c}$) における接線 ℓ の方程式は

$\ell：y=\boldsymbol{b}x+\boldsymbol{c}$

ℓ と x 軸との交点の x 座標は，$y=0$ とおいて

$$x=-\frac{\boldsymbol{c}}{\boldsymbol{b}}$$

a，b，c が正の実数のとき，P は下に凸の放物線であり，$-\dfrac{c}{b}<0$ であるから

$$S=\int_{-\frac{c}{b}}^{0}\{ax^2+bx+c-(bx+c)\}dx$$
$$=\int_{-\frac{c}{b}}^{0}ax^2dx=\left[\frac{a}{3}x^3\right]_{-\frac{c}{b}}^{0}=\frac{ac^3}{\mathbf{3}b^3} \quad \cdots\cdots③$$

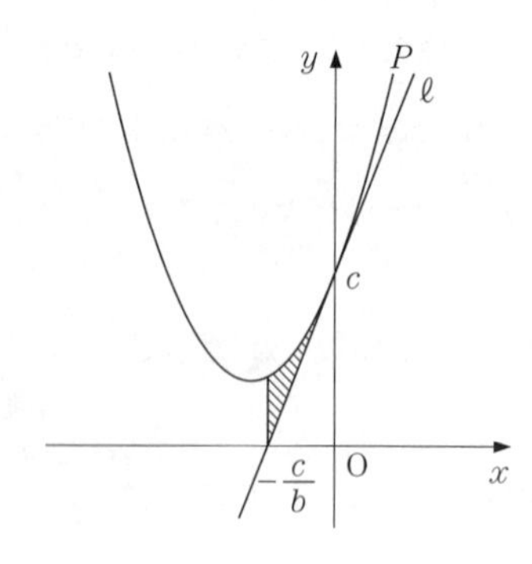

$a=1$ のとき，③から

$$S=\frac{c^3}{3b^3} \qquad \therefore\quad c=\sqrt[3]{3S}\cdot b$$

S が一定のとき，b と c の関係を表すグラフの概形は **⓪**

(2)
$$y=4x^3+2x^2+3x+5 \quad \cdots\cdots④$$
$$y'=12x^2+4x+3$$
$$y=-2x^3+7x^2+3x+5 \quad \cdots\cdots⑤$$
$$y'=-6x^2+14x+3$$
$$y=5x^3-x^2+3x+5 \quad \cdots\cdots⑥$$
$$y'=15x^2-2x+3$$

関数④，⑤，⑥それぞれにおいて

$x=0$ のとき　$y=5$，$y'=3$

であるから，④，⑤，⑥のグラフには次の共通点がある．

- y 軸との交点の y 座標は $y=\mathbf{5}$ である．
- y 軸との交点 (0, 5) における接線の方程式は

$y=\mathbf{3}x+\mathbf{5}$

曲線 $y=ax^3+bx^2+cx+d$ を Q とする．

$Q：y=ax^3+bx^2+cx+d$

$y'=3ax^2+2bx+c$

$x=0$ のとき $y=d$，$y'=c$ であるから，Q 上の点 (0, $\boldsymbol{d}$) における接線の方程式は

$y=\boldsymbol{c}x+\boldsymbol{d}$

次に

$f(x)=ax^3+bx^2+cx+d$

$g(x)=cx+d$

より

$h(x)=f(x)-g(x)=ax^3+bx^2$

$h'(x)=3ax^2+2bx$

$=x(3ax+2b)$

$h'(x)=0$ のとき $x=0$，$-\dfrac{2b}{3a}$ であり，a，b は正の実数であるから $y=h(x)$ の増減は次のようになる．

x	$\cdots$	$-\dfrac{2b}{3a}$	$\cdots$	0	$\cdots$
$h'(x)$	$+$	0	$-$	0	$+$
$h(x)$	↗	$\dfrac{4b^3}{27a^2}$	↘	0	↗

よって，$y=h(x)$ のグラフの概形は　②

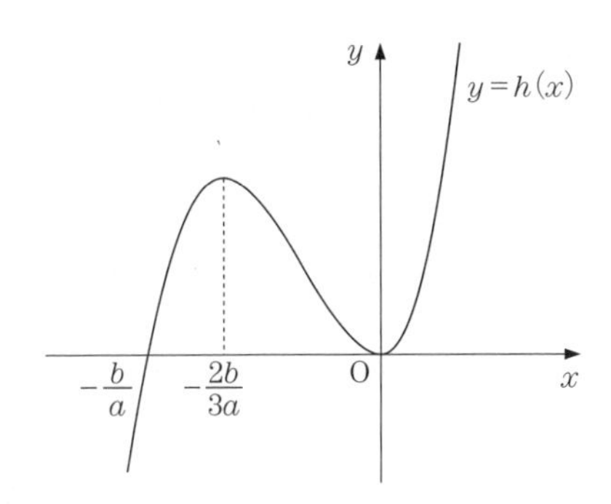

$y=f(x)$ と $y=g(x)$ のグラフの共有点の x 座標は方程式 $f(x)=g(x)$ つまり $h(x)=0$ の実数解であるから

$$ax^3+bx^2=0 \qquad \therefore \quad x=-\boldsymbol{\frac{b}{a}},\ \boldsymbol{0}$$

また，$|f(x)-g(x)|=|h(x)|$ であり，$y=h(x)$ のグラフを利用すると $y=|h(x)|$ のグラフは次のようになる．

・$-\dfrac{b}{a}>0$ のとき

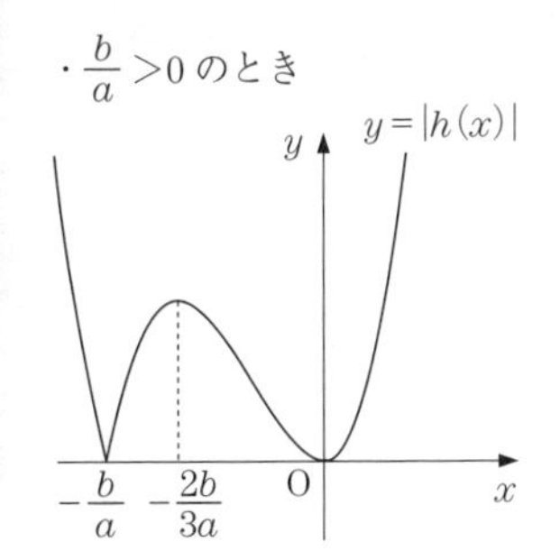

・$-\dfrac{b}{a}<0$ のとき

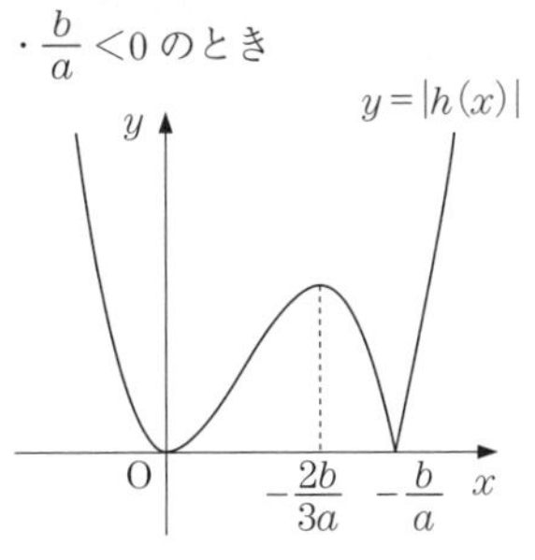

よって，x が $-\dfrac{b}{a}$ と 0 の間を動くとき，$|f(x)-g(x)|$ の値が最大となるのは $x=-\boldsymbol{\dfrac{2b}{3a}}$ のときである．

(注)　$y=|h(x)|$ のグラフは，$y=h(x)$ のグラフの x 軸の下側の部分のみ折り返したものになる．

第3問　（数学B　確率分布と統計的な推測）

Ⅵ 2 3 5 6 7 8　【難易度…★】

(1)　確率変数 X は二項分布 $B(100,\ 0.5)$（③）に従うので

X の平均（期待値）は　$100\cdot 0.5=\mathbf{50}$

X の分散は　$100\cdot 0.5\cdot(1-0.5)=25$

X の標準偏差は　$\sqrt{25}=\mathbf{5}$

(2)　標本の大きさ 100 は十分に大きいので，X は近似的に正規分布 $N(50,\ 5^2)$ に従う．よって，確率変数 Z を

$$Z=\frac{X-50}{5}$$

とおくと，Z は近似的に標準正規分布 $N(0,\ 1)$ に従う．

$$\begin{aligned} p_5&=P(X\leqq 36)\\ &=P(Z\leqq -2.8)\\ &=0.5-P(0\leqq Z\leqq 2.8)\end{aligned}$$

正規分布表より

$$P(0\leqq Z\leqq 2.8)=0.4974$$

であるから

$$p_5=0.5-0.4974=0.0026\fallingdotseq 0.003 \quad (①)$$

母比率が 0.4 のとき，X は二項分布 $B(100,\ 0.4)$ に従うので

X の平均（期待値）は　$100\cdot 0.4=40$

X の分散は　$100\cdot 0.4\cdot(1-0.4)=24$

X の標準偏差は　$\sqrt{24}=2\sqrt{6}$

標本の大きさ 100 は十分に大きいので，X は近似的に正規分布 $N(40,\ (2\sqrt{6})^2)$ に従う．よって，確率変数 W を

$$W=\frac{X-40}{2\sqrt{6}}$$

とおくと，W は近似的に標準正規分布 $N(0,\ 1)$ に従う．

$$\begin{aligned} p_4&=P(X\leqq 36)\\ &=P\left(W\leqq -\frac{\sqrt{6}}{3}\right)\\ &=0.5-P\left(0\leqq W\leqq \frac{\sqrt{6}}{3}\right)\end{aligned}$$

$\dfrac{\sqrt{6}}{3}<2.8$ より

$$P\left(0\leqq W\leqq \frac{\sqrt{6}}{3}\right)<P(0\leqq W\leqq 2.8)$$

よって

$$p_4>p_5 \quad (②)$$

(注) $\dfrac{\sqrt{6}}{3} \fallingdotseq 0.8$ であり，正規分布表より

$$P(0 \leqq W \leqq 0.8) = 0.2881$$

であるから

$$p_4 \fallingdotseq 0.5 - 0.2881 = 0.2119$$

よって

$$p_4 > p_5$$

(3) 標本の大きさ100は十分に大きいので，標本平均が204，母標準偏差が150であることを用いると，母平均 m に対する信頼度95％の信頼区間は

$$C_1 = 204 - 1.96 \cdot \frac{150}{\sqrt{100}}$$

$$C_2 = 204 + 1.96 \cdot \frac{150}{\sqrt{100}}$$

として，$C_1 \leqq m \leqq C_2$ となる．よって

$$C_1 + C_2 = 204 \times 2 = \mathbf{408}$$

$$C_2 - C_1 = 1.96 \cdot \frac{150}{\sqrt{100}} \times 2 = \mathbf{58.8}$$

また，信頼度95％の信頼区間 $C_1 \leqq m \leqq C_2$ とは，例えば100回の標本抽出において95回ぐらいは $C_1 \leqq m \leqq C_2$ が成り立つということであるから

$C_1 \leqq m$ も $m \leqq C_2$ も成り立つとは限らない （❸）

(4) Q高校の生徒全員から100人を抽出して調査する場合，無作為抽出においては n と36の大小はわからない．（❸）

(5) 校長先生が行った調査結果による標本平均を $\overline{Y_C}$ $(=204)$ とすると，(3)より

$$C_1 = \overline{Y_C} - 1.96 \cdot \frac{150}{\sqrt{100}}$$

$$C_2 = \overline{Y_C} + 1.96 \cdot \frac{150}{\sqrt{100}}$$

図書委員会が行った調査結果による標本平均を $\overline{Y_D}$ とすると，(3)と同様に

$$D_1 = \overline{Y_D} - 1.96 \cdot \frac{150}{\sqrt{100}}$$

$$D_2 = \overline{Y_D} + 1.96 \cdot \frac{150}{\sqrt{100}}$$

無作為抽出において，$\overline{Y_C}$ と $\overline{Y_D}$ の大小はわからないので，信頼区間について

$D_2 < C_1$ または $C_2 < D_1$ となる場合もある （②）

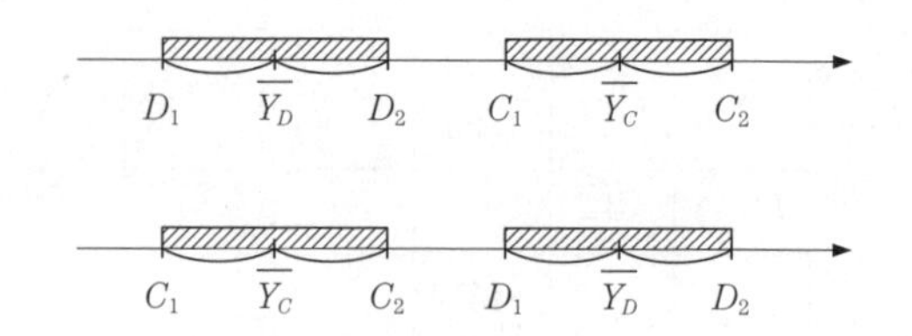

また，$\overline{Y_C}$ と $\overline{Y_D}$ の大小はわからないが

$$C_2 - C_1 = D_2 - D_1 \left(= 1.96 \cdot \frac{150}{\sqrt{100}} \times 2 \right)$$

が成り立つ．（④）

よって，正しいものは ❷，❹

第4問　（数学B　数列）

Ⅶ 1 2 3 4　　【難易度…★★】

$$a_nb_{n+1}-2a_{n+1}b_n+3b_{n+1}=0 \quad \cdots\cdots①$$

(1)　数列 $\{a_n\}$ は，初項3，公差 p の等差数列であるから

$$a_n=\mathbf{3}+(n-1)p \quad \cdots\cdots②$$
$$a_{n+1}=3+np \quad \cdots\cdots③$$

数列 $\{b_n\}$ は，初項3，公比 r の等比数列であるから

$$b_n=\mathbf{3}r^{n-1}$$

$b_n\neq0$ より，① の両辺を b_n で割ると

$$a_n\cdot\frac{b_{n+1}}{b_n}-2a_{n+1}+3\cdot\frac{b_{n+1}}{b_n}=0$$

$\dfrac{b_{n+1}}{b_n}=r$ であるから

$$a_nr-2a_{n+1}+3r=0$$
$$\mathbf{2}a_{n+1}=r(a_n+\mathbf{3}) \quad \cdots\cdots④$$

②，③ を ④ に代入して

$$2(3+np)=r\{3+(n-1)p+3\}$$
$$(r-\mathbf{2})pn=r(p-\mathbf{6})+\mathbf{6} \quad \cdots\cdots⑤$$

すべての自然数 n に対して ⑤ が成り立つので

$$(r-2)p=r(p-6)+6=0$$

$p\neq0$ より

$$r=2,\ p=\mathbf{3}$$

(2)　(1) より

$$a_n=3+(n-1)\cdot3=3n$$
$$b_n=3\cdot2^{n-1}$$

であるから

$$\sum_{k=1}^{n}a_k=\sum_{k=1}^{n}3k=\frac{\mathbf{3}}{\mathbf{2}}n(n+\mathbf{1})$$
$$\sum_{k=1}^{n}b_k=\sum_{k=1}^{n}3\cdot2^{k-1}=3\cdot\frac{2^n-1}{2-1}=\mathbf{3}(2^n-\mathbf{1})$$

(3)

$$a_nc_{n+1}-4a_{n+1}c_n+3c_{n+1}=0 \quad \cdots\cdots⑥$$

⑥ より

$$(a_n+3)c_{n+1}=4a_{n+1}c_n$$

$a_n>0$ より $a_n+3\neq0$ であるから

$$c_{n+1}=\frac{\mathbf{4}a_{n+1}}{a_n+\mathbf{3}}c_n \quad \cdots\cdots⑥'$$

$a_n=3n$，$a_{n+1}=3(n+1)$ より

$$\frac{4a_{n+1}}{a_n+3}=\frac{12(n+1)}{3n+3}=4$$

であるから，⑥′ は

$$c_{n+1}=4c_n$$

となる．よって，数列 $\{c_n\}$ は，初項3，公比4の等比数列である．(**②**)

(4)

$$d_nb_{n+1}-qd_{n+1}b_n+ub_{n+1}=0 \quad \cdots\cdots⑦$$

⑦ より

$$qb_nd_{n+1}=b_{n+1}(d_n+u)$$

$q\neq0$，$\dfrac{b_{n+1}}{b_n}=2$ より

$$d_{n+1}=\frac{\mathbf{2}}{q}(d_n+u) \quad \cdots\cdots⑧$$

初項3の数列 $\{d_n\}$ が，公比が0より大きく1より小さい等比数列であるとき

$$d_n=3s^{n-1}\quad(0<s<1)$$

と表されるので，⑧ に代入して

$$3s^n=\frac{2}{q}(3s^{n-1}+u)$$
$$3\left(s-\frac{2}{q}\right)s^{n-1}=\frac{2u}{q}$$

この式がすべての自然数 n に対して成り立つので

$$s-\frac{2}{q}=\frac{2u}{q}=0$$
$$s=\frac{2}{q},\ u=0$$

$0<s<1$ より

$$0<\frac{2}{q}<1 \qquad \therefore\quad q>2$$

このとき，⑧ は

$$d_{n+1}=\frac{2}{q}d_n$$

となるので，数列 $\{d_n\}$ は，公比 $\dfrac{2}{q}\left(0<\dfrac{2}{q}<1\right)$ の等比数列である．

よって，求める必要十分条件は

$$q>\mathbf{2}\quad かつ\quad u=\mathbf{0}$$

第5問 (数学B　ベクトル)

Ⅷ 2 3 5　　【難易度…★】

(1)

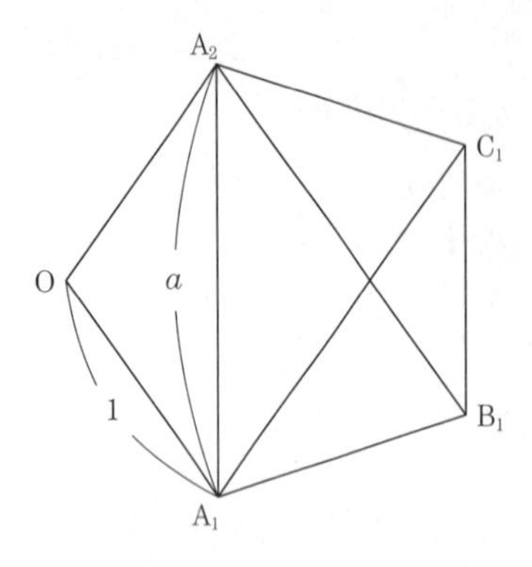

正五角形の1つの内角の大きさは

$$\frac{180^\circ\times3}{5}=108^\circ$$

$\triangle A_1B_1C_1$ は $A_1B_1=B_1C_1$ の二等辺三角形であるから

$$\angle A_1C_1B_1=\angle B_1A_1C_1=\frac{180^\circ-108^\circ}{2}=\mathbf{36}^\circ$$

同様にして

$$\angle OA_1A_2=36^\circ$$

であるから

$$\angle C_1A_1A_2=108^\circ-36^\circ\times2=36^\circ$$

このとき，錯角が等しいので，平行線の性質から

$$A_1A_2 /\!/ B_1C_1$$

であり，$A_1A_2=a$，$B_1C_1=1$ より

$$\overrightarrow{A_1A_2}=\boldsymbol{a}\overrightarrow{B_1C_1}$$

よって

$$\overrightarrow{B_1C_1}=\frac{1}{a}\overrightarrow{A_1A_2}=\frac{1}{a}(\overrightarrow{OA_2}-\overrightarrow{OA_1})\quad\cdots\cdots①$$

同様にして

$$\overrightarrow{A_2B_1}=a\overrightarrow{OA_1},\ \overrightarrow{A_1C_1}=a\overrightarrow{OA_2}$$

が成り立つので

$$\begin{aligned}\overrightarrow{B_1C_1}&=\overrightarrow{B_1A_2}+\overrightarrow{A_2O}+\overrightarrow{OA_1}+\overrightarrow{A_1C_1}\\&=-a\overrightarrow{OA_1}-\overrightarrow{OA_2}+\overrightarrow{OA_1}+a\overrightarrow{OA_2}\\&=(a-1)\overrightarrow{OA_2}-(a-1)\overrightarrow{OA_1}\\&=(\boldsymbol{a-1})(\overrightarrow{OA_2}-\overrightarrow{OA_1})\quad\cdots\cdots②\end{aligned}$$

$\overrightarrow{OA_1}$ と $\overrightarrow{OA_2}$ は $\vec{0}$ でなく平行でもないので，①，② より

$$\frac{1}{a}=a-1$$

$$a^2-a-1=0\quad\cdots\cdots(*)$$

$a>0$ より

$$a=\frac{1+\sqrt{5}}{2}$$

(2) (1) より

$$|\overrightarrow{A_1A_2}|^2=a^2=\left(\frac{1+\sqrt{5}}{2}\right)^2=\frac{\mathbf{3}+\sqrt{\mathbf{5}}}{\mathbf{2}}$$

一方

$$\begin{aligned}|\overrightarrow{A_1A_2}|^2&=|\overrightarrow{OA_2}-\overrightarrow{OA_1}|^2\\&=|\overrightarrow{OA_2}|^2-2\overrightarrow{OA_1}\cdot\overrightarrow{OA_2}+|\overrightarrow{OA_1}|^2\\&=1^2-2\overrightarrow{OA_1}\cdot\overrightarrow{OA_2}+1^2\\&=2-2\overrightarrow{OA_1}\cdot\overrightarrow{OA_2}\end{aligned}$$

よって

$$\frac{3+\sqrt{5}}{2}=2-2\overrightarrow{OA_1}\cdot\overrightarrow{OA_2}$$

$$\therefore\quad \overrightarrow{OA_1}\cdot\overrightarrow{OA_2}=\frac{\mathbf{1}-\sqrt{\mathbf{5}}}{\mathbf{4}}\quad\cdots\cdots③$$

同様にして

$$\overrightarrow{OA_2}\cdot\overrightarrow{OA_3}=\overrightarrow{OA_3}\cdot\overrightarrow{OA_1}=\frac{1-\sqrt{5}}{4}\quad\cdots\cdots③$$

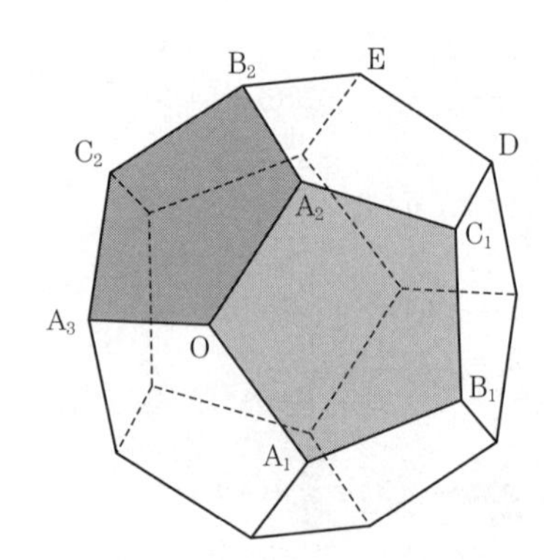

面 $OA_1B_1C_1A_2$ に着目すると

$$\overrightarrow{OB_1}=\overrightarrow{OA_2}+\overrightarrow{A_2B_1}=\overrightarrow{OA_2}+a\overrightarrow{OA_1}\quad\cdots\cdots④$$

面 $OA_2B_2C_2A_3$ に着目すると

$$\overrightarrow{OB_2}=\overrightarrow{OA_3}+\overrightarrow{A_3B_2}=\overrightarrow{OA_3}+a\overrightarrow{OA_2}\quad\cdots\cdots⑤$$

⑤ から

$$\begin{aligned}\overrightarrow{OA_1}\cdot\overrightarrow{OB_2}&=\overrightarrow{OA_1}\cdot(\overrightarrow{OA_3}+a\overrightarrow{OA_2})\\&=\overrightarrow{OA_1}\cdot\overrightarrow{OA_3}+a\overrightarrow{OA_1}\cdot\overrightarrow{OA_2}\\&=\frac{1-\sqrt{5}}{4}+\frac{1+\sqrt{5}}{2}\cdot\frac{1-\sqrt{5}}{4}\end{aligned}$$

(③ より)

$$=\frac{-1-\sqrt{5}}{4}\quad(⑨)$$

$$\begin{aligned}\overrightarrow{OA_2}\cdot\overrightarrow{OB_2}&=\overrightarrow{OA_2}\cdot(\overrightarrow{OA_3}+a\overrightarrow{OA_2})\\&=\overrightarrow{OA_2}\cdot\overrightarrow{OA_3}+a|\overrightarrow{OA_2}|^2\\&=\frac{1-\sqrt{5}}{4}+\frac{1+\sqrt{5}}{2}\cdot1^2\quad(③\text{ より})\end{aligned}$$

$$=\frac{3+\sqrt{5}}{4}$$

よって

$$\overrightarrow{OB_1}\cdot\overrightarrow{OB_2}=(\overrightarrow{OA_2}+a\overrightarrow{OA_1})\cdot\overrightarrow{OB_2}\quad(④\text{ より})$$
$$=\overrightarrow{OA_2}\cdot\overrightarrow{OB_2}+a\overrightarrow{OA_1}\cdot\overrightarrow{OB_2}$$
$$=\frac{3+\sqrt{5}}{4}+\frac{1+\sqrt{5}}{2}\cdot\frac{-1-\sqrt{5}}{4}$$
$$=0\quad(⓪)$$

このとき，$\overrightarrow{OB_1}\perp\overrightarrow{OB_2}$ であるから

$$\angle B_1OB_2=90^\circ$$

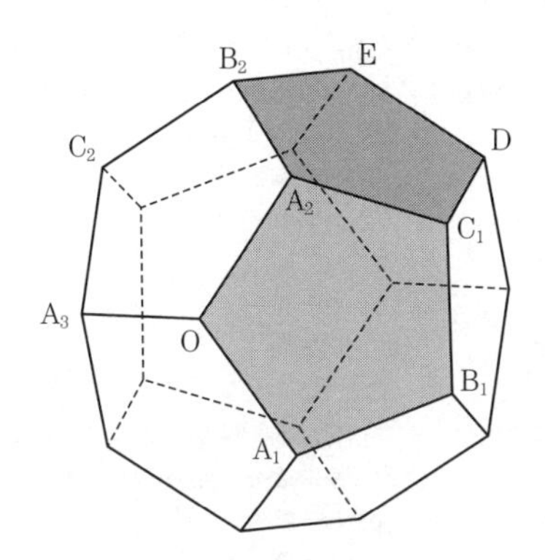

面 $A_2C_1DEB_2$ に着目すると

$$\overrightarrow{B_2D}=a\overrightarrow{A_2C_1}=\overrightarrow{OB_1}$$

であるから，四角形 OB_1DB_2 は平行四辺形であり，さらに，隣り合う 2 辺について

$$OB_1=OB_2(=a),\ \angle B_1OB_2=90^\circ$$

であるから

四角形 OB_1DB_2 は正方形である　(⓪)

(注)

$$\overrightarrow{OB_1}\cdot\overrightarrow{OB_2}=(\overrightarrow{OA_2}+a\overrightarrow{OA_1})\cdot(\overrightarrow{OA_3}+a\overrightarrow{OA_2})$$
$$(④,\ ⑤\text{ より})$$
$$=\overrightarrow{OA_2}\cdot\overrightarrow{OA_3}+a|\overrightarrow{OA_2}|^2+a\overrightarrow{OA_1}\cdot\overrightarrow{OA_3}+a^2\overrightarrow{OA_1}\cdot\overrightarrow{OA_2}$$
$$=\frac{1-\sqrt{5}}{4}+a\cdot1^2+a\cdot\frac{1-\sqrt{5}}{4}+a^2\cdot\frac{1-\sqrt{5}}{4}\quad(③\text{ より})$$

(＊)より $a^2=a+1$ であるから

$$\overrightarrow{OB_1}\cdot\overrightarrow{OB_2}=\frac{1-\sqrt{5}}{4}+a+a\cdot\frac{1-\sqrt{5}}{4}+(a+1)\cdot\frac{1-\sqrt{5}}{4}$$
$$=2\cdot\frac{1-\sqrt{5}}{4}+a\left(1+2\cdot\frac{1-\sqrt{5}}{4}\right)$$
$$=\frac{1-\sqrt{5}}{2}+\frac{1+\sqrt{5}}{2}\cdot\frac{3-\sqrt{5}}{2}=0$$